国家出版基金项目
NATIONAL PUBLICATION FOUNDATION

CONSTRUCTION PATTERNS OF CHINESE COSTUME

VOLUME OF ETHNIC COSTUME

中华民族服饰
结构图考

少数民族编

刘瑞璞　何鑫　编著

中国纺织出版社

2013年·北京

## 内 容 提 要

本书以标本和文献相结合且重标本的研究方法，以中国少数民族典型服饰为研究对象，以北京服装学院民族服饰博物馆藏品、私人收藏和南方少数民族实地样本为考察线索，通过对 60 多件民国以前和原生态的实物标本进行深入、科学、系统地数据采集及其结构图测绘，文献考据和一定量的复原工作，完整、客观、详细地记录了相关服饰结构的数据信息和形制面貌，基本形成了以南方少数民族服饰为主体的结构图谱，在文献上具有"中国少数民族服饰结构图谱系"的记录、传承、利用和研究价值。

本书通过对少数民族服饰结构的数据信息和形制面貌的综合分析与汉族古典服饰结构的比较研究，探寻和阐释中华服饰文脉的合理内核与结构形制差异的环境、地域和人文因素的影响，进而提出从"布幅决定结构"这种"节俭"的普世价值，到"敬畏物质"的道儒体验，再到"天人合一"的"丝绸文明"，无一不是通过十字型平面结构的共同基因承载着这个中华服饰文化研究"格物致知"的命题。

## 图书在版编目（CIP）数据

中华民族服饰结构图考 . 少数民族编 / 刘瑞璞，何鑫编著 .—北京：中国纺织出版社，2013.8

ISBN 978-7-5064-9636-0

Ⅰ.①中… Ⅱ.①刘… ② 何… Ⅲ.①少数民族—民族服饰—服饰图案—中国—图集 Ⅳ.① TS941.742 8-64

中国版本图书馆 CIP 数据核字（2013）第 057205 号

---

Zhonghuaminzu Fushi Jiegou Tukao Shaoshuminzu Bian
中华民族服饰结构图考 少数民族编

项目总监：李炳华

策划编辑：张晓芳 责任编辑：张晓芳 魏萌 宗静

责任校对：陈红 梁颖 余静雯 责任设计：何建 责任印制：刘强

---

中国纺织出版社出版发行

地址：北京市朝阳区百子湾东里 A407 号楼 邮政编码：100124

邮购电话：010-67004461 传真：010-87155801

http://www.c-textilep.com

E-mail: faxing@c-textilep.com

北京利丰雅高长城印刷有限公司印刷 各地新华书店经销

2013 年 8 月第 1 版第 1 次印刷

开本：889mm×1194mm 1/16 印张：50.375 印数：1—2000

字数：858 千字 定价：660.00 元

---

凡购本书，如有缺页、倒页、脱页，由本社图书营销中心调换

# 自序

# 从契字结构到丝绸文明

清末大学者王国维在研究甲骨文的时候发现，包括《诗经》《史记》这样千古不朽的典籍也需要怀疑了。甲骨刻辞作为殷墟时期的遗物，虽然已经三千多年但记录的信息是可靠的，因为没有哪种信息和载体比当时的实物更真实可靠，即使是《史记》，如果与此相悖也值得怀疑。当王国维把甲骨契文的研究与司马迁的《史记·殷商本纪》比对时发现了《史记》的缺失。因此，有一些学者认为孔子时代的思想家们在研究殷商文化时就苦于它的一手材料之不足，而对三百多年之后汉代的《史记》我们又有什么理由去相信它呢。这在当时的学术界刮起了一股疑古风。庆幸的是作为当时学术界领军人物的王国维并没有随波逐流，而是创造了学术研究的"二重证据法"，即文献典籍与考古发掘考据相互补充比较的研究方法。由此建立了从疑古、释古到考古的我国史学研究的考据学派。

## 一

中国古典服饰研究作为我国漫长历史文化研究的一个点，虽然也继承了二重证据法的研究方法，开始重视考古发掘和传世标本的考证，但在研究视角和兴趣上，研究者往往是形而上大于形而下。我国的学术传统历来是"重道轻器"，行而上者谓之道，形而下者谓之器，因此，"玄学"就成为文人崇尚的学术境界。在他们看来，研究器不过是雕虫小技，甚至触及它都生怕学界所不齿。然而，客观上恰恰是这些器的实践在支撑着这些学术成就（典籍）或隐藏着它的实质。也因为这些器的实践不足，使这些学术时常被补充、修正，甚至被颠覆。因此，诸如古典服饰形态的装饰说、规制说、伦理说、民俗说等长期被学术界定论的观点我们也有理由怀疑，因为通过对服饰标本结构（即"器"）的研究证据表明，结构形态与节俭动机有着千丝万缕的联系，换言之"布幅决定着服装结构的经营"，这是一个不能被学术界忽视的格物致知的命题。甲骨刻辞从清末孙诒让的《契文举例》（1904 年）、王国维的"新学"，到今天李学勤教授建立的"甲骨文考据学"，几代学者的研究，对其结构的考证始终是他们研究的核心和突破口。对古典华服结构的研究，无论是在考古界还是在学术界，始终是被边缘化的。原因之一，以口传心授为载体的华服结构文献（剪裁图录）始终没有发现和流传于世。而在古典建筑上清前朝已形成体系的就有《营造法式》中华建筑学的教科书不必说，仅清代古建筑设计和施工图著录的相关文献就有雷发达家族传世的古典建筑教科书"样式雷"流传下来，被学术界视为古建筑结构与施工的集大成者，为继承研究提供了可靠的原始资料。原因之二，我们对传统服饰文化的研究历来疏于对古代服饰结构的考证和整理，认为对古典华服结构的研究不过是裁缝手艺人的事，没有学术价值，因此我们会经常发现有肩缝的唐服问世，甚至在复原的古典华服中出现了绱袖的作品。而古典建筑、古典家具学术界研究的气象则完全不同，很快走出了华服研究学说流于表象的逻辑阐释。中华人民共和国第一代古建专家梁思成、林徽因、罗哲文等建筑大家们对我国古代建筑做了大量系统的结构测绘和著录工作，为我们留下了一笔古典建筑宝贵的文化遗产，重要的是它是以建筑结构测绘著录的形式继承下来的，这是最具价值的继承和研究态度，值得古典华服研究借鉴。

## 二

古典家具有关结构研究注录文献的空白，几乎与古典服饰研究具有同样的状况，但是当今的大收藏家、文博专家王世襄先生的《明式家具研究》填补了这个空白，而它的最大贡献和成果就是对明代古典家具结构进行了系统测绘、挖掘和梳理。而传统服饰文化有关结构考据的研究几乎还处在"开荒"状态。早在 20世纪 90 年代，沈从文先生的《中国古代服饰研究》，黄能馥、陈娟娟先生的《中华历代服饰艺术》等，这些可以说是我国第一代古典华服研究的大家研究成果，让我们既仰慕又有遗憾。这里将《中国古代服饰研究》和《明式家具研究》作一粗略比较发现，前者为中国整个古代史跨度，后者仅涉及明代和清初，但前者篇幅只是后者的二分之一还弱。最重要的是，王世襄先生汇集了中华人民共和国还健在的制作古典家具的京作木匠的传统技艺并作了系统的著录。王世襄先生能够近距离接触的古典家具，包括他大量的私人收藏，并对其结构进行了细致、全面的数据采集、测绘和整理，与实物照片一并收录到他的《明式家具研究》和《明式家具珍赏》中，这种以古典家具结构著录、整理和建树的成果不仅在学术界、文博界、考古界甚至在整个文化领域都影响深远。值得思考的是，这部专著在中国香港出版发行之后（1985年9月），先是在欧美刮起了一股中国古典家具之风，后进入我国大陆，继而波及世界。这种以家具单一而狭窄（明代）的中华传统文化研究成果在世界范围的传播，甚至比"时尚"还来得迅猛，以结构图考为特色的《明式家具研究》功不可没。《中国古代服饰研究》的情况就不同了。虽然它与《明式家具研究》《明式家具珍赏》几乎在同一时期出版发行，也都出炉于中国香港的出版单位，但影响有限，多在国内专业的学术界传播。其中有两个重要原因：一是文献考证远远大于实物标本考证；二是疏于对典型服装结构的研究，包括文献中服装结构的考证、标本结构的考证和文献与标本结构比较的研究，这些关键课题都被排除在外，亦或许是这些内容过多会降低学术性。

# 三

2009年11月出版的《古典华服结构研究——清末民初典型袍服结构考据》是我们多年来带着这样的困惑和探索迈出的一步，可以说是对中华民族服饰结构研究做了一项基础性工作，也是一项尝试性工作。值得欣慰的是，这让我们发现了古典华服结构系统自先秦到清末格物致知的重大命题。此次《中华民族服饰结构图考　汉族编》和《中华民族服饰结构图考　少数民族编》的出版，将汉民族和少数民族具有代表性的服饰进行系统的结构数据采集、测绘和整理，运用基础文献研究与标本考证相结合的研究方法，探讨大中华多民族古典服饰结构特性的内在机制和真正动机会有重大突破，这是本书要着力做的。然而，若以整个中国古代史跨度进行研究，以我们的能力、学术积累和有限的文博控制仍然存在问题，王世襄先生"集中兵力打歼灭战"的研究方法值得借鉴。以"清末民初汉族和少数民族典型服饰结构考据"作为标本研究的切入点是本套书的核心内容和特点。这除了有学术和客观条件的考虑，还有一个契机，就是将"清末民初北京地区汉民族典型服装结构研究"这个课题成功完成了北京市教委人文社科项目·首都服饰文化与服装产业研究基地项目，"少数民族传统服饰结构研究"课题被列入"北京市学术创新团队"项目，并建立了教师及研究生组成的研究团队。历经一年多的文献研究，两年多的博物馆标本研究，三年多的少数民族服饰田野考察，得到了丰厚和不可多得的一手材料和考察成果，为《中华民族服饰结构图考　汉族编》和《中华民族服饰结构图考　少数民族编》的出版奠定了基础。

　　这一成果的理论突破，对中华古代服饰文化研究的装饰说、规制说、伦理说、民俗说的传统理论至少是个补充、修正，甚至是颠覆。特别是通过对实物标本结构的考据得出的结论，发现在传统观点的背后还有一个隐秘的"格物致知"命题，即穷及事物本原的规律与动机，使装饰的、规制的、伦理的、民俗的这些传统理论有了一个落脚点。从结构深入研究的事实证明，像汉字结构一样稳定的古典华服结构形态与"节约和敬物"的动机有关，建立了装饰是为完善结构形式而存在，结构形式又以不破坏面料的完整性和原生态而设计（一切都在织布机的宽度下展开）这一全新的理论。因此，大中华服饰结构"十字型、整一性、平面化"的面貌长期以来没有发生根本改变，与"节俭"这种普世的生存动机、以"敬物"为核心的"天人合一"的宇宙观密不可分。我们有理由相信，传统文化强调"善美合一"的背后一定不能缺少"真"的本体，可见传统的装饰说、规制说、伦理说、民俗说的观点，也不能脱离"格致"这个基本命题。可以想象，如果这个基本命题没弄清楚，这些甚至是没有得到可靠证据证实的观点就会长期存在下去。例如，代表西方主流的欧洲服装结构的研究结论产生了完全不同于东方的格致命题，即"复杂型、分析性、立体化"的西方服饰结构形态，造就了以"真美合一"为核心的人本主义的西方服饰学说。这就产生了完全不同于东方以"丝绸文明"为特征的"羊毛文明"（羊毛决定服装结构的服饰文化特质）。格致命题最可靠之处在于，它遵循了存在决定意识的基本法则。正如王国维先生从甲骨契字结构的研究中发现了《史记》典籍的先天不足一样，以结构研究为核心的考据学实证不可或缺。作为古代服装研究而言，只有结构研究才能解释"十字型、整一性、平面化"的古典华服结构形态是建立在"丝绸文明"唯物论基础之上的，当然那些传统的观点也不能脱离这个基本判断。以欧洲为代表的西方服装形态是由"复杂型、分析性、立体化"结构所决定的，而这种结构正是"羊毛文明"的后果。因为高寒地带使欧洲人选择了羊毛，羊毛的可塑性使他们创造了"分析的立体结构"；亚热带使中国人选择了丝绸，丝绸的不易破坏性让我们的祖先坚守着"十字型、整一性、平面化"结构古老而稳定的基因（象形文字思维）。可见，古典华服稳定的"十字型、整一性、平面化"结构正是"丝绸文明"的归宿。现今我们对某个课题无论怎样研究，都不要忘记回到"适者生存"这个原点：存在决定意识，经济基础决定上层建筑。

# 前言

　　《中华民族服饰结构图考　少数民族编》主要以田野考察、博物馆调查和文献考据相结合的研究方法加以整理成书。在三年多的时间里走访了广西壮族自治区、云南（路经贵州）、海南三省（下文简称为南方）的诸多少数民族聚居地、文化遗址和博物馆，采集到尽可能原生态和具有代表性的实物标本，并在实地通过分组合作方式对实物进行了拍照、数据采集和测绘作业。在考察过程中遇到了意想不到的困难和艰苦，特别是许多少数民族居住在人迹罕至的偏远山区，道路艰险，物资匮乏，加之语言上的障碍，似乎大自然在刻意地掩饰屏蔽着我们所渴望触及的少数民族文化。然而，凭借我们对少数民族传统服饰的热爱以及探寻其隐秘已久的神奇瑰宝的渴求，克服了种种不利因素，终于一次次地拨开少数民族服饰的神秘面纱，每当亲眼目睹到存留已久的服饰精品，感受到世代传承的民族文化，难掩饰内心的喜悦，同时又一次次地感慨中华文明的博大精深，一次次迫不及待地记录下那些数不清的宝贵信息。

　　对这些服饰的研究我们目标明确，那就是从采集尽可能多的结构信息入手。中华传统服饰世代传承的十字型平面结构，通过这次的整理发现，南方少数民族也是如此，并成为我们研究的重点和主体。首先，南方少数民族的服饰具有中华各民族服饰的典型性和代表性，因此对它们的系统研究，就中华民族服饰文化的研究成果而言是具有指标性的。特别在服饰的结构系统整理上，可以窥见各民族多样性文化的蔚为大观背后，为什么都坚守着十字型平面结构这个中华民族的共同基因（这需要有一个多民族聚居且相对稳定的地域，这一点南方地域更加凸显）。其次，南方少数民族居住地多处在地质阻隔的生态圈中，原生态文化的保存成为可能，而中原北方和沿海相对发达或无地质阻隔的平原地域的少数民族文化，基本上成了人们的记忆和博物馆中的标本。当然，南方少数民族现有原生态服饰遗存也不能幸免，正因如此，把重点和主体放到南方少数民族服饰中有着强烈的抢救意图，并且在选择研究对象上集中在原实物标本上（现代化和汉化过重的不作为重点），以更好地获取真实、可靠的第一手材料，并且这些材料真实地反映了我国少数民族服饰文化的概貌。少数民族服饰多样性的文化特征，通过结构上的研究，我们既可以看到中华大一统的服饰文化脉络，又可以看到各民族因地域、文化以及民族间的交流交往而产生的特异性差别。从中我们还深切地体会到先人在服装结构上所体现出的智慧及蕴涵其中的哲学思想，对我们现代人无疑是一种教诲和提醒，其价值直至今日都闪烁着耀眼的光芒，有待我们去认真地学习、继承和保护。更重要的是，它让我们对当今的设计乃至社会的种种文化现象的研究以深刻的反思。这些都是以往从服饰表征的形而上研究中所未曾发现的。

本书以三次考察带回的资料为蓝本，参与考察的人员众多，特别要感谢王羿副教授和北京联合大学的曹建中老师、倪映疆老师和同学们，以及北京服装学院"民族服饰结构研究"课题组的年轻教师邵新艳、常卫民和研究生团队的陈静洁、王佳丽、潘姝雯、张瑶、陈果、刘晓青等同学们，他（她）们在数据采集、拍照、测绘、文字整理，后期的效果图、结构图创作等方面作了大量的无可替代的工作，并完成了三次民族服饰田野考察汇报展览。正是大家的坚持、努力和互助，才保证了田野考察博物馆调查的顺利完成。

贵州少数民族服饰以北京服装学院民族服饰博物馆的藏品为标本，进行的提炼和整理。我们的科研团队与北京服装学院民族服饰博物馆紧密合作，并得到两任馆长徐雯教授和贺阳副教授及馆员同仁的大力支持，为我们提供了一个可持续性研究中华民族服饰文化的学术平台。

还要感谢同在北京服装学院 TPO&PDS 工作室的王永刚、万小妹、张婵、尹芳丽研究生，在本书的完成过程中，离不开平日里他们的支持、鼓励和帮助，在此一并表示感谢。


编著者

2013 年 3 月于北京服装学院

# 目录

# 第二章　云南少数民族服饰

# 第四章　云南融入少数民族服饰 423

# 第六章　广西壮族自治区支系众多的瑶族服饰

# 第八章  海南少数民族服饰

# 第一章

# 绪论——服饰结构研究，寻找中华民族一脉相承的共同基因

  从历史的角度看，中国服装史上的五次重大变革除最末一次是将西方服饰形态、文化采用"拿来主义"，具有革命性特征外，其余四次均同中国的少数民族有关，从服饰结构上考量更具有本真性和纯粹性。纵观华夏文明长河，中华民族始终是多民族多元文化相互交融发展的民族，中国的服饰文化亦是在汉民族与各少数民族服饰风格不断融合下得以丰富。少数民族服饰在中国服装史上占有极其重要的地位，研究少数民族传统服饰对于把握中国服装文化及其发展脉络具有重要的价值，而研究和认识它们的结构信息则是破解这种文脉基因的重要指标。

  新时期文化建设的特点和发展，越来越重视传统文化的保护。近年来，无论是在国内还是国际，中国的传统文化遗产的发掘和保护都受到了前所未有的瞩目。中国的服装设计若想真正在世界范围突破传统的欧美和日本等服装强国的包围，立足于中华民族、挖掘传统服饰文化精髓才是根本，亦是必经之路。令人欣喜的是，我国本土设计师及服装工作者近年来民族文化意识不断增强，保护少数民族传统文化的呼声也不断提高。然而，科学研究的成果滞后，特别是在结构技术层面上的研究不足，作为传统民族服饰的研究现状看，始终没有突破"形而上大于形而下"的格局。

  当我们进入这个研究层面的时候，却有了重大发现。中国各民族传统服饰在结构上虽有独具特色的形态，但它的结构系统"连根共树"，即平面直线剪裁，以通袖（水平）和通身（竖直）为轴线的十字型平面结构维系着中华传统服饰稳定而古老的结构状态。这种平面十字型结构以其原始朴素的面貌走过我国漫漫五千年历史，一直延续到民国初年，特别是华夏诸多民族无一例外地采用了这种结构形制。这可以说是中国各民族一脉相承的共同基因，在此基础上，各民族服饰因地域、环境等诸多因素，具体形式上又不尽相同，不同时期随着历史长河的

推移演进也产生了众多变化。各民族间相互交融、借鉴、影响，使华夏众多民族服装形制形成了"求大同、存小异"的格局，充分展现了中华民族服饰的"整体性求和谐、多样性求发展"的大智慧。

中华民族服饰历经数千年存留下来固有的平面形制的成因、史据等亟待解决的问题仅通过表征研究无法形成有说服力的结论，这就需要通过对传统服饰结构进行研究，寻找一个非逻辑的实证理论。纵观华夏历史，幅员辽阔，民族众多，由诸多民族构成的中华民族服装文化整体中，因地域、环境、文化、生活习惯的差别，各民族服饰之间又形成了结构差异性。历史上各民族间相互影响产生的"杂交"更是增大了中华服装文化的复杂程度，即使最为庞大的汉族，在不同时期、不同地区也呈现出大相径庭的风格、结构特征。因此，奢望透过一个民族或是宏观地只谈中华民族服饰表象来研究华夏服装文化特质，难免落入无本之木的结论。对各少数民族服饰结构的研究是个很关键的突破点。通过详细完整地梳理各少数民族传统服饰结构信息，能够更为全面地认识和比较各民族的服饰文化精髓，更为清晰而深入地探索发现大中华服装文化整体性和差异性的理论根据。这种各民族的服装结构研究，向我们清晰地展现出中华民族在朴素的"天人合一"传统哲学思想影响下，服装结构力求节俭、自然，并依此衍生出无数匠心独运的精妙设计，以及不同民族在大一统的平面形制下为适应不同的地域环境、文化背景等所形成的独到结构形式和功能特点，使结论变得可靠而清晰。

因此，以结构为载体的研究，以此解决前人表征研究的不足；从结构角度重新审视中华传统服装文化，解读中华传统服装整体性和多样性；通过对结构细致地研究，更加深入、科学地梳理出中华民族传统服装平面十字型结构的变迁及特征，发掘其功能、文化价值以及工艺上的精妙之处；通过类型化的对比研究，更加系统、全面地探究中华各民族服装结构相互交流交融的文脉，以及相互之间的异同、成因及社会、环境的适用性，以提供产生这种文化表象的实证依据。如此，会使这项研究回归理性。

研究少数民族服装结构的意义在于，继承前人研究成果的情况下，开拓出一整套新的科学严谨的服装结构比较研究方法和技术路线，以图考数据的文献形式，记录并传承中华传统服装的结构体系，提供一套系统、可靠的实物标本及其相关的结构图谱、数据，特别是汉族与少数民族比较研究的文献资料，对今后的相关研究和应用开发具有较强的指导性价值。通过结构的比较研究，重新分析解读中华传统服装文化的整体性及不同民族服装结构的功能性与其历史、环境、文化相适应的差异性，补充以往一些表征研究的实证结论，这将会丰富传统服装研究的视野，也提供了传统服饰研究的新视角。

汉族与少数民族服装结构的比较研究是传统服饰文化研究的新探索，核心是以结构研究为切入点，方法是实证与理论相结合，强调考案和实物考据结论。

实证部分，一是对实地典型实物标本的数据收集、测绘和整理；二是通过结合文献资料进行实验，分析复原实物，获取科学、可靠、真实的信息。以此获取详细准确的服装结构图及其相关技术信息，并进行形制、类别、工艺等方面的对比分析。

理论部分，通过服装史论、风格、工艺、结构等文献研究，并结合近年来相关的研究成果，力求通过结构角度的比较研究有新的突破和发现。由实证数据结合相关文献研究，得出各民族服装结构间的异同，并通过结构图复原进行类比分析，推断并论述产生这种共通和差异的原因，理解认知中华民族服装文化的整体性和多样性结构机制，比单纯的文献研究更可靠和真实。

以结构研究为载体，是因为结构是服装中最为本质的东西，结构的改变会带来服装的质变。为什么说中华服饰五次变革只有最后一次是革命性的，换言之，在对中华民族本真的研究时，对少数民族服饰结构研究是个不可或缺的路径。中西方服装的最根本差别表现在平面结构与立体结构上，所谓"最后一次是革命的"就是放弃了十字型平面结构，而少数民族服饰还在保留着。中华民族传统服装一脉相承正是其典型的十字型平面结构的"通假"。以往对于传统服装粗放宏观的史论研究或详细的纹样、图案研究只能获得表象结论，并不能真正揭示中华服装文化究竟如何传承、传承什么、稳定与变迁的实质。所以，探寻传统服装文化，把握民族服饰融合、发展的脉搏，从结构入手研究获取的结论不可或缺，历史和国际文化研究的经验值得汲取。

采取比较研究是因为中国传统服装结构总体上是统一的平面十字型，但着眼于地域的民族个体，不同时期的服装结构在发生变革，不同地域同一民族服装结构也有差别，族群间的不同支系亦不尽相同，何况我国的历史始终是各民族交融发展的历史，这就使中国传统服装的研究变得更加复杂。例如，清朝"男从女不从"，女装满汉之间在前中期区别较为明显，但相互影响借鉴，逐渐区别甚微，致使很多人混淆了满汉服装。只有对民族间服装结构细致地对比研究，才能发现真正的异同。同，表现为传承中华大一统服装结构；异，具体因地适宜的文化背景和生产生活习惯使然。随着这些结构变化研究的深入，结构就越清晰可靠，甚至对传统理论具有颠覆性，如"节俭"决定结构形态，并非装饰；"敬物"造就了面料使用的完整性，并非富有，等等。

实物研究以专业博物馆与田野考察相结合。京津地区的汉族实物主要为北京服装学院民族服饰博物馆所提供的馆藏和私人收藏，进行实物测量、数据采集并复原结构图。田野考察重点放在西南地区实物标本的研究，考察当地少数民族原住民传统服饰状况及当地博物馆参观记录。

在两年多的时间里，我们走访了广西壮族自治区、云南（路经贵州）、海南三省诸多少数民族聚居地，采集到尽可能原生态和具代表性的实物标本，并在实地通过分组方式对实物进行了几乎地毯式的拍照、数据测绘作业。每当亲眼目睹到存留已久的服饰精品，感受世代传承的民族文化，难掩内心的喜悦，同时又一次次感慨中华文明的博大精深，一次次迫不及待记录下那些数不清的宝贵信息。对这些服饰的研究我们目标明确，那就是从结构入手，挖掘出中华传统服饰世代传承的十字型平面结构的第一手材料。使我们既可以看到中华大一统的服饰文脉，又可以看到各民族因地域、文化以及民族间的交流交往而产生的特异性差别。从中我们还深切地体会到了先人在服装结构上所体现出的智慧及蕴涵其中朴素的哲学思想，这种人文智慧至今都闪烁着耀眼的光芒，让我们去认真地学习、继承、保护和坚守，更重要的是，它让我们对当今的创新乃至社会中出现的种种低俗文化现象以深刻的反思。这些都是以往从服饰表征的研究中所未曾发现的。

# 第一节　从少数民族服饰结构看中华服饰文明传承的文脉

　　中华服饰文明历史积淀深厚而悠久,对整个中华文明有着深刻的意义。《易·系辞下》记载,"黄帝、尧、舜垂衣裳而天下治,盖取诸乾坤。"衣冠服制自古以来即是中华文明的重要组成部分,甚至是作为礼仪制度而存在,世代传承。中国传统文化,特别是具统治地位的儒家思想重礼仪,对穿衣的制度要求严格而缜密,绝不可乱,如"作淫声、异服、奇技、奇器以疑众,杀","异服"即不合礼制。同时,中国服饰文化丰富而璀璨,样式形制的繁复可谓举世罕见,中国历来被称为"衣冠之国"。

　　而中华服饰文明的形成以中原地区为重。"东方曰夷,被发文身,有不火食者矣;南方曰蛮,雕题交趾,有不火食者矣;西方曰戎,被发皮衣,有不粒食者矣;北方曰狄,衣羽毛穴居,有不粒食者矣。"中原地区自上古时期即在整个中华文明的圈落中一家独大,中原农耕文化是中华文明成形的统治力量,中原的服饰文化在中华服饰文化的发展历史上也占据着主导地位。汉族即为南北朝时北方少数民族对中原民族的称谓沿袭下来形成的。浩瀚的历史长河中,直至民国以前,汉族服饰都自始至终稳定地近乎保守地沿袭着中华传统的十字型平面结构,这种典型的华夏服饰文明同样深刻地影响着整个中华民族服饰体系。南北方少数民族大都严格恪守着平面十字型结构。在这样的基本服饰结构体系中,各民族间的交流融合又十分频繁。汉族服饰虽有被动的变革,如元、清两朝入主中原,或是主动的改制,如汉武灵王"胡服骑射",但汉族服饰仍作为主流形制,深刻地影响了各少数民族服饰的形成与发展,以至于时至今日,汉族中消失殆尽的传统服饰形制、结构,在南方许多少数民族中仍有所沿袭。这些民族犹如中华服饰文明的活化石,为我们探寻中华传统服饰文化提供了宝贵的实物标本。

# 一、表象蔚为大观基因一脉相承

氏族：我国历史上一个重要的民族。从先秦至南北朝，氏族分布在今甘肃、陕西、四川等省的交界处，大部分集中于陇南地区。魏晋南北朝时期，以氏族为主，先后建立过仇池、前秦、后凉等政权，对当时的历史有重大的影响。

羌族：我国最古老的核心族群之一，大约在旧石器时代的晚期，他们就活动在黄河中上游平原及渭河流域。他们的一支在距今6000年前后向西迁移，而进入甘、青地区，其中一部分为了生存需要，他们逐步放弃原始的农耕生活，开始了一种全新的以养羊为主要特色的牧业生产方式。至此，作为"西戎牧羊人"的羌族人正式走上历史舞台。

南方少数民族形成与发展的历史同北方民族也有着千丝万缕、难以割断的联系。例如，形成于青海河湟地区的古东方大族羌人除部分进入中原融合为汉族，留于发祥地或从黄河流域向西南迁徙过程中，逐渐形成了汉藏语系藏缅语族的羌族、藏族、彝族、哈尼族、白族、纳西族、傈僳族、景颇族、怒族、德昂族、拉祜族等。史上著名的"五胡乱华"中即有氏羌，氏羌为氏族和羌族的并称。《诗·商颂·殷武》曰："自彼氏羌，莫敢不来享，莫敢不来王。"孔颖达疏："氏羌之种，汉世仍存，其居在秦陇之西。"还有历史上分布于"交趾至会稽七八千里"的古越人，后统称为百越、百濮，发展为汉藏语系壮侗语族和苗瑶语族的各民族以及南亚语系孟高棉语族的各民族，如壮族、侗族、傣族、毛南族、仡佬族、苗族、瑶族、德昂族、佤族、布朗族等。秦时统称西南少数民族为西南夷，秦始皇统一六国，在岭南地区建置南海、桂林、象三郡，修五尺道通云、贵地区，都加强了西南夷和中原的联系。无论氏羌还是百越，都与汉族世代交往密切，长期杂居，深受汉文化影响，这也直接反映在其后裔的民族文化上，其中就包括服饰文化。所以，中华传统服饰文化实质上是以中原汉文化为核心稳固传承的大一统的多元文化，在对南方少数民族的考察过程中充分体现在了服饰的形制和结构上。

"中国古典服装是平面直线剪裁，以通袖线（水平）和前后中心线（竖直）为轴线的十字型平面结构为其固有的原始结构状态。这种平面十字型结构以其原始朴素的面貌走过我国漫漫五千年历史，一直延续到民国时期。"汉族如此，南方少数民族亦是如此。甚至今天很难在服饰完全西化的汉族服饰身上找到古典华服的影子，却发现南方诸多少数民族的不仅尘封旧裳乃至日常的老人服饰还都恪守着传统十字型平面裁剪，古典华服的基因在那里保藏至今。

通过对南方有代表性的少数民族共近五十种原住民服饰结构图的测绘整理，从外观上虽然看似千差万别，但深究其结构，无论其形制简单或复杂，差异或大或小，衣片如何分断，在各民族传统服饰之间始终不变的是通袖线和通身线构成的十字型平面结构，隐藏着中华民族服饰一脉相承的基因密码，但在表象上却是蔚为大观。

汉族与典型南方少数民族传统服饰十字型平面结构对比一览（以清末民初形制为限）

| 标本 | 款式图 | 结构分解图 | 备注 |
|---|---|---|---|
| 汉族服装的基本结构 | | | 北京，清末大襟女袄，典型汉服传统十字型平面结构 |
| 狗瑶 | | | 贵州，女子上衣，本族特色的十字型平面结构 |
| 安普式苗族 | | | 贵州，女子上衣，本族特色的十字型平面结构 |
| 拉祜族老缅支系 | | | 云南，女子上衣，相似北方传统袍服的十字型平面结构 |

| 标本 | 款式图 | 分解结构图 | 备注 |
|---|---|---|---|
| 哈尼族 | | | 云南，女子上衣，似汉服大襟袄 十字型平面结构 |
| 哈尼族倮尼支系 | | | 云南，女子上衣，南方特点的十字型平面结构 |
| 基诺族 | | | 云南，女子上衣，南方特点的十字型平面结构 |
| 德昂族 | | | 云南，女子上衣，南方特点的十字型平面结构 |

| 标本 | 款式图 | 结构分解图 | 备注 |
|---|---|---|---|
| 纳西族 | | | 云南，女子上衣，受传统汉服影响的十字型平面结构 |
| 阿昌族 | | | 云南，女子上衣，与汉族对襟短袄相似的十字型平面结构 |
| 白族 | | | 云南，女子上衣，与汉族对襟袄结构相似的十字型平面结构 |
| 花腰傣 | | | 云南，女子上衣，直交领对襟的十字型平面结构 |

| 标本 | 款式图 | 结构分解图 | 备注 |
|---|---|---|---|
| 花腰彝 | | | 云南，女子上衣，南方特征的十字型平面结构 |
| 彝族保支系 | | | 云南，女子上衣，与汉族袍服相似的十字型平面结构 |
| 丘北撒尼彝 | | | 云南，女子上衣，南方特色的十字型平面结构 |
| 路南撒尼彝 | | | 云南，女子上衣，与汉族挖大襟相似的十字型平面结构 |

| 标本 | 款式图 | 结构分解图 | 备注 |
|---|---|---|---|
| 阿细彝 | | | 云南，女子上衣，南方特征的十字型平面结构 |
| 蒙古族 | | | 云南，女子内层上衣，北方袍服特征明显的十字型平面结构 |
| | | | 云南，女子外层上衣，北方袍服特征明显的十字型平面结构 |
| 飘巾黑衣壮 | | | 广西，女子上衣，与汉族大襟袄相似的十字型平面结构 |

中华民族服饰结构图考　少数民族编

| 标本 | 款式图 | 结构分解图 | 备注 |
|------|--------|-----------|------|
| 黑巾黑衣壮 | | | 广西，女子上衣，受汉族影响的十字型平面结构 |
| 侬壮 | | | 广西，女子上衣，南方特色的十字型平面结构 |
| 侗族 | | | 广西，女子上衣，似深衣的交领左衽十字型平面结构 |
| 毛南族 | | | 广西，女子上衣，与汉族偏襟袍服相似的十字型平面结构 |

| 标本 | 款式图 | 结构分解图 | 备注 |
|------|--------|-----------|------|
| 红头盘瑶 | | | 广西，女子上衣，中华古老的直领对襟的十字型平面结构 |
| 尖头盘瑶 | | | 广西，女子上衣，本族特色的十字型平面结构 |
| 茶山瑶 | | | 广西，女子上衣，本族特色（中华古老的直领对襟）的十字型平面结构 |
| 山子瑶 | | | 广西，女子上衣，汉服挖大襟特征的十字型平面结构 |

| 标本 | 款式图 | 结构分解图 | 备注 |
|------|--------|-----------|------|
| 红瑶 | | | 广西，女子织衣，南方特点的十字型平面结构 |
| | | | 广西，女子绣衣，本族特色的十字型平面结构 |
| 白裤瑶 | | | 广西，女子上衣，人类初始形态贯头衣遗风的十字型平面结构 |
| 融水苗族 | | | 广西，女子上衣，本族特点的交领左衽十字型平面结构 |

| 标本 | 款式图 | 结构分解图 | 备注 |
|---|---|---|---|
| 白苗 | | | 广西，女子上衣，南方特点的十字型平面结构 |
| 西畴花苗 | | | 广西，女子上衣，似汉服挖大襟的十字型平面结构 |
| 丘北花苗 | | | 广西，女子上衣，具有南方特色的十字型平面结构 |
| 润黎 | | | 海南，女子上衣，人类初始形态贯头衣遗风的十字型平面结构 |

| 标本 | 款式图 | 结构分解图 | 备注 |
|---|---|---|---|
| 美孚黎 | | | 海南，年轻女子上衣，本族特征的十字型平面结构 |
| | | | 海南，老年女子上衣，本族特征的十字型平面结构 |
| | | | 海南，孝衣，本族特色的十字型平面结构 |
| | | | 海南，随葬衣，本族特色的十字型平面结构 |

| 标本 | 款式图 | 结构分解图 | 备注 |
|---|---|---|---|
| 美孚黎 | | | 海南，树皮衣，本族特色的十字型平面结构 |
| 杞黎 | | | 海南，女子上衣，本族特色原始的十字型平面结构 |
| 哈黎 | | | 海南，女子上衣，本族特色的十字型平面结构 |
| 海南苗族 | | | 海南，女子上衣，本族特色的十字型平面结构 |

从上表所列出的各民族传统服装中，可以发现这些结构可细分为北方袍服规整特征的十字型平面结构、沿袭古老交领衽式形制的十字型平面结构、继承南方原始贯头衣古老遗风的十字型平面结构、南方窄衣袖"零碎"特色的十字型平面结构。这些多元而丰富的表象却维系传承着中华大一统的十字型平面服饰结构系统。这很有些像中华汉字稳固的象形、表意和通假的独特味道，很值得我们进行深入研究。

# 二、 带有北方袍服特征的十字型平面结构

传统上南北方服饰的最大差异在于南方以窄衣窄袖为主，北方多宽袍大袖。产生这种差异的原因，既有地域性因素，源于自然的"特异性选择"，也与经济、文化有关。北方历史上多较南方富足，亦是历代的政治、经济、文化中心，窄衣窄袖适于生产劳作，而宽袍大袖则是有闲阶层的符号，袍服的宽大有其制度上、权力上的象征意义。沈从文先生讲道："我国古代阶级形成初期，统治阶层人物尚未完全脱离劳动，（小袖齐膝短衣）为便于行动的衣式。由商到东周末春秋战国，沿用已约一千年，社会上下阶层始终还穿用"，"春秋战国以来，儒家提倡宣传的古礼制抬头，宽衣博带成为统治阶级不劳而获、过寄食生活的男女尊贵象征。"于是，向来区分南北方服饰的首要原则就是衣身的宽窄。除此之外，北方袍服结构的特征还有类似前中接偏襟或挖大襟后接里襟、圆下摆等。但从上表中可以看到有许多的南方少数民族身上显露出了传统汉服中宽博袍服的影子，格外引人注目，南北方服饰的历史渊源和交流融合可见一斑。这种有北方服饰特征的南方少数民族服饰，充分说明了南北方服饰传承着统一的源自夏商时期所确立的中国服饰传统平面结构。

这一结构类型的少数民族有拉祜族老缅支系、纳西族、毛南族、傈彝、哈尼族、黑衣壮族、蒙古族、藏族、西畴花苗、路南撒尼彝、山子瑶等。

## 带有北方袍服规整特征的十字型平面结构

| 标本 | 款式图 | 结构分解图 |
|---|---|---|
| 北方汉族传统袍服 | | |
| 拉祜族老缅支系 | | |
| 纳西族 | | |
| 毛南族 | | |

中华民族服饰结构图考　少数民族编

| 标本 | 款式图 | 结构分解图 |
|------|--------|-----------|
| 倮彝 | | |
| 哈尼族 | | |
| 飘巾黑衣壮 | | |
| 黑巾黑衣壮 | | |

| 标本 | 款式图 | 结构分解图 |
|------|--------|------------|
| 西畴花苗 | | |
| 云南蒙古族 | | |
| | | |
| 路南撒尼彝 | | |

中华民族服饰结构图考 少数民族编

| 标本 | 款式图 | 结构分解图 |
| --- | --- | --- |
| 山子瑶 | 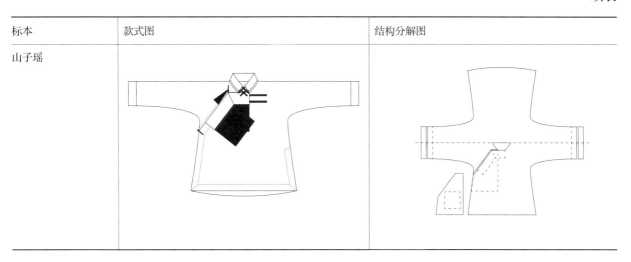 | |

从上表中可以清晰地看到，这些南方少数民族服装结构的共同特点是右衽、偏襟，且有里襟，这是北方汉族传统大襟袍服的典型特征，呈现出亲近北方形制的十字型平面结构，表现出文明发达地区总是流向文明欠发达地区的人类社会发展的普世价值。

这些少数民族中大都是历史上有着北方血统的流动民族。例如，拉祜族祖先为西北青藏高原氐羌族，从黄河上游逐渐南迁至澜沧江两岸。拉祜族老缅支系的女子袍服保留了其民族历史上南迁前的特征，像藏族服饰的形制，右衽、偏襟，北方袍服特征明显。其窄衣窄袖又极具南方特色，袖长较短，不及手腕，或许是为了适应南方湿热天气在迁徙后做出的改良。在拉祜老缅服饰上可以看出，南北风格自然地融合，既有典型的南方少数民族特征，又有北方大襟袍服的影子，一定程度上印证了拉祜族源于古青藏高原的氐羌族自北向南迁徙的历史，南北方的渊源关系深厚，使中华服饰文明南北方的界限变得模糊。

纳西族女袍特别之处是其宽衣大袖的形制与南方典型的窄衣窄袖样式相悖，更趋近于北方汉族的传统袍服，颇有些清末民初旗人袍服（无领袍服）的风范。整件服装呈现出清晰的传统十字型平面结构。纳西族居住环境相对原始而闭塞，与外界的交流在过去并不频繁，是由于其源于北方后加以本土化形成的。虽然它们之间确切的传承性关系还有待考证，但可以确定的是，如出一辙的典型古典华服平面结构绝非偶然，它所表现出的北方传统袍服的血统显而易见，也可看出南北方服饰文化的渊源长久而深刻。

毛南族、倮彝、哈尼族、飘巾黑衣壮和黑巾黑衣壮女子上衣的平面结构基本上沿袭着清末民初的偏襟右衽袍服形制，是典型的北方汉族十字型平面结构。

　　云南兴蒙蒙古族女装制式和内蒙古鄂尔多斯蒙古族女装颇为相似，上装由三件组成。这也从服饰上印证了历史上关于兴蒙蒙古族是由北方迁徙至此的民族信息。外层主服平面展开呈典型的中华十字型平面结构，且北方服装特征明显，宽衣大袖，和周边南方原住民的窄衣窄袖对比鲜明。袖口和衣身都较为宽大，下摆为圆摆，较宽，翻折的袖口饰以绣布与清朝的镶绲工艺较为相仿。右衽偏襟，里襟短、大襟长，并结合两侧开衩工艺的形制，延续着北方汉族服装结构的传统，无领却在领口包有布条又是旗人袍服的形制，中华服饰文化的传承性和包容性再次体现得淋漓尽致。云南蒙古族较晚迁入，迁入之前的传统服饰即为典型的北方袍服形制，定居于此后，受地域环境及周边民族的影响，服饰形制略有改动，但顽强地固守着北方特征，其继承沿袭了北方游牧民族的血统，不像各民族普遍的服饰现代化过程是自发主动地改变。可见在我国漫长的服饰文化发展历史中平面结构的一脉相承，即使纵贯南北，服装的基本结构并无根本差异。这种像汉字一样一路走来，从没有隔断的民族基因，即使是不断迁徙的蒙古族，也始终坚守着。

　　西畴花苗、路南撒尼彝、山子瑶的女子上衣除了偏襟右衽外，还有都采用了类似传统旗袍的"挖大襟"裁剪工艺。西畴花苗女装后领窝几乎呈直线，这与汉民族服饰的古法裁剪很接近。云南省路南县撒尼彝女子上衣，样式接近于汉族传统的右衽偏襟长衫，平面结构基本保持着清末民初汉服结构的形制。山子瑶实物标本基本上采用了汉化的大襟连裁的十字型结构，右侧内襟贴口袋沿袭了汉服的形制。下摆呈前直后弧，前短后长，这些都表现出汉瑶交融的面貌。衣身前后及袖上均无破缝，显然是由于现代机织面料幅宽满足了衣身和衣袖的横宽，同时"挖大襟"的传统裁剪工艺也被传承下来。

　　这一类型的少数民族服装是具有北方传统袍服特征的十字型平面结构，是南北方民族的历史渊源和文化交流、生活交融促成的中华服饰文明一脉相承的典型样貌。

# 三、沿袭古老（对襟）交领衽式形制的十字型
平面结构

　　我们知道，最典型的传统汉服形制是交领衽式，历史悠久。从夏商时期的上衣下裳，到后代的深衣、襦裙、袍服等，事实上从战国以后古典华服出现的对襟、大襟都是从交领演变而来，交领衽式代表了中国传统汉服的最根本形制之一。特别值得注意的是，唐朝时日本引进了我国传统的汉服交领衽式，时至今日，在汉族中几乎绝迹的交领衽式形制却在日本的和服上保存完好。在南方少数民族地区，我们欣喜地发现了传承下来的交领衽式形制的十字型平面结构。

　　采用这种结构的民族如花腰傣、红头盘瑶、茶山瑶、融水苗族、美孚黎等，从结构形态看，都不难发现隐秘的中华服饰古老的信息，见下表。

# 沿袭北方古老（对襟）交领衽式形制的十字型平面结构

| 标本 | 款式图 | 结构分解图 |
|---|---|---|
| 花腰傣 | | |
| 红头盘瑶 | | |
| 茶山瑶 | | |
| 融水苗族 | | |

| 标本 | 款式图 | 结构分解图 |
|------|--------|------------|
| 美孚黎 | 年轻女子 | |
| | 老年女子 | |
| | 孝衣 | |
| | 随葬衣 | |

这些少数民族服装的共同特点是呈现出了北方古老的交领衽式结构特征，一字带式领型充当了领子和门襟的双重作用，从领口延至下摆，衣身结构都近乎工整地保持着左右对称、前后对称，是保持着最为原始信息的十字型平面结构。

红头盘瑶的服装标本为对襟，领口呈一字型，领子展开结构为长方形，成型后表现出独特的三角领造型，这种组合可以说是中华古老服饰结构的"活化石"。其与现代衣领的立体结构不同，表现出平面的规整性，非常有利于在宽阔的领缘上作繁复的刺绣，表达对生活的憧憬。这种结构成型后呈三角形和矩形组合的对襟，从领部类似贴边延至胸下。它是通过一字领口在后领处与衣身接缝，前领至胸前贴缝在衣身上。实际穿着时，红头盘瑶将本看上去是对襟的服装采用了类似现代双排扣的穿法，左右门襟相叠。不同的是两襟斜向上拉并束腰。由于两襟横向拉力的作用，使领口敞开，形成颈部的弧形。领子的受力点依托布的厚度和硬度也从人体的颈部转移到肩部、背部，使立领的长方形结构在领部呈现出立体造型，经过胸至腰间逐渐服帖并收紧，使胸部形成了立体贴合的造型效果，客观上仍保留着唐宋服饰的风范。日本和服亦沿袭着这种结构形制，或许从现存的少数民族服饰结构中窥见这种文化的传播和交流。同样的结构还见于茶山瑶。重要的是，典型的十字型平面结构保持着中华传统一贯的结构形态值得深入研究。

茶山瑶为大瑶山瑶族五支系之一（茶山瑶、坳瑶、花蓝瑶、盘瑶、山子瑶）。虽然传统的石木横阔式建筑日趋被现代水泥瓦房所取代，但生活上仍存留着传统瑶族文化习俗。特别是传统服饰，彰显着茶山瑶独特的民族风格和族群特征，承载着漫长岁月里族群演化并隐含着甚至是中华民族的古老基因。茶山瑶女子上衣与红头盘瑶相仿，可见瑶族各支系间同源共生，源远流长。茶山瑶服装更接近瑶族本色结构，它与红头盘瑶在结构上都表现出对襟一字型领口呈长方形衣领的标志性特征。结构十分规整，左右、前后形状完全对称，直摆。茶山瑶的一字领结构同样近似于传统的交领左衽，虽是对襟，但穿着时束带左襟搭住右襟，穿着形态极富唐宋遗风。

融水苗族自治县位于广西北部，女子上衣平面结构规整对称。衣身结构采用对襟加"拼衽"的方式，穿着时类似于传统汉服的交领形制，但两襟相交位置较低至腰间。总体来看，融水苗族的女子上衣可谓是苗族中另类的"宽衣大袖"，较为粗犷。

海南美孚黎年轻女子上衣保持了古老的平面规整的结构特点，对襟接袖，袖和衣身在袖窿处断开，这是基于有效使用布料的目的，而并非现代服装主体结构意识。一字领的结构是古老（对襟）交领的原始形态，包括领口贴布的形制与唐宋对襟袍服结构相比几乎如出一辙。地理位置遥远又属不同民族，历史上也无交流接触或是杂居的记载，可以大胆推测这种领型结构始于黎族、瑶族先民，还未分化，有一字领的存在，在漫长的历史中，黎族、瑶族在隔山望水相距遥远的地方均传承沿袭下了此结构，虽产生了演化改变，但基本结构形制未变。这说明远古的朴素认知决定了朴素的造物形态，就如同并没有交往，也不可能产生交往的史前文明，但都产生了象形文字一样的伟大创造。美孚黎女子上衣的一字领基本保持了交领右衽的汉服传统制式，也很有唐宋时期的风范，可以说是古老技艺和形器制式的继承，这同样有中华汉字结构传承的味道。

这一类型的少数民族服装沿袭了北方古老交领右衽形制的十字型平面结构，从大中华的文化背景考察个体基因的角度，这种结构传承沿用了我国最为古老且历代相承的上衣下裳的结构，是南北方同宗同源促成的中华服饰文明最古老的文化符号。

# 四、继承南方原始贯头衣遗风的十字型平面结构

贯头衣"大致用整幅织物拼合，不加裁剪而缝成，周身无袖，贯头而着，衣长及膝"。所谓贯头，颜师古释为："著时从头而贯之"。在中国服饰历史中，贯头衣在百越民族中广泛流行。《后汉书·东夷列传》中记载："其男衣皆横幅结束相连。女人被发屈紒，衣如单被，贯头而著之"。《三国志·魏志·倭人传》中也有"男子皆露紒，以木棉招头。其衣横幅，但结束相连，略无缝。妇人被发屈紒，作衣如单被，穿其中央，贯头衣之。种禾稻、苎麻、蚕桑、缉绩，出细苎、缣绵"。《后汉书·西南夷列传》中载："邑豪岁输布贯头衣二领"。而这种服饰正是《山海经·海外东经》中"贯匈国在其东"中所说的百越民族的习俗。其实贯头衣之说，始于汉人。《汉书·地理志》中记载儋耳、珠崖郡"民皆服布如单被，穿中央为贯头"。这里说的儋耳、珠崖郡即为现在的海南岛。

可见，贯头衣在中华传统服饰中先于（对襟）交领衽式的形制，在历史上南方少数民族地区长时期广泛穿着使用，今天仍保持纯粹和完整。甚至由百越传至日本，历史上古越族后分为内越、外越，内越向南会稽山地迁徙，外越东渡漂流至日本等地。故日本史前文化同我国江南百越文明颇为近似，因此，贯头衣也成为日本古代典型服饰之一。贯头衣上承载了最为原始而典型的中华传统服饰平面结构信息，影响力深远而广泛。

具有贯头衣特征的南方少数民族主要有白裤瑶、润黎。这两个民族服装的结构特点是衣身规整、对称，且为整幅，中央留缝以贯头。相比较而言，白裤瑶的结构更符合"不加裁剪而缝成""周身无袖""贯头而着"的古风，润黎则在以贯头衣为主体的情况下加入了衣袖和侧片。

白裤瑶被联合国教科文组织认定为民族文化保留最完整的单一民族，被称为"人类文明的基因"，是一个由原始社会生活形态直接跨入现代社会生活形态的民族，至今仍遗留着母系社会向父系社会过渡阶段的社会文化形态和信息。其传统服饰也较为完整纯粹地保存了下来，形态结构极其原始，上衣一前一后两块方形布，中间留出头的尺寸，两肩拼缝而成很像古希腊爱奥尼长袍的结构，存留着原始贯头衣的遗风。没有衣袖，两边肩上各用黑布连接，腋下没有缝合，全是敞开，不穿内衣，女性身体若隐若现，遗存着源于对母性和生殖上至高无上的崇拜表象。瑶族的先民即为百越的一支，通过白裤瑶的女夏装，我们依稀可以看到其先民的

贯头衣样式，虽单片幅布变为了双片，肩缝假袖（或许不是作为袖子存在而有其他原因），但少经裁剪且分片简单方正，贯头衣的原始遗风犹存。

润黎又称"本地黎"，即最早在海南岛上居住的黎族。史书记载最早的黎族穿贯头衣就是指润黎。润方言女子上衣裁剪结构独特而规整，属直开贯头衣类，图案分布讲究而精美，"双面绣"是其最精彩之处。润黎女装堪称是人类原始服装的活化石，保留了人类原始社会最典型的贯头衣的基因，即西方文明的"套头式"和东方文明的"对襟式"。幅布在中心纵向开缝为领，套头而穿。既为贯头形制，可以说它是中华传统平面十字型结构的初始形态。润黎手工织布的幅宽较窄，采用独特的侧身结构，衣身由三片布构成，以弥补贯头衣形制幅宽难以满足人体围度，于是贯头的幅布两侧由侧身缝缀一起，这可以看作是传统贯头衣演化的结果。

这一类型的少数民族服饰继承了南方古老贯头衣的遗风，颇为简单且真实，自中华服饰文明伊始，南北方这种结构便渗透在大一统的平面十字型结构之中。

## 继承南方古老贯头衣遗风的十字型平面结构

| 标本 | 款式图 | 结构分解图 |
|---|---|---|
| 白裤瑶 | | |
| 润黎 | | |

# 五、具有南方窄衣袖"碎拼"特色的十字型平面结构

南方少数民族服饰中不乏独有的、异于北方传统汉服的结构样式，这是南方少数民族服饰结构的特色所在，在潮湿温暖的南方长时间历史积淀中逐步形成并继承的具有本族特征的结构。例如，狗瑶、安普式苗族、哈尼族傻尼支系、丘北撒尼彝、阿细彝、侬壮、红瑶、丘北花苗、杞黎、哈黎、海南苗族等。

这些少数民族服装结构除表现出的地域特色之外，它们的共同特点是：分片多、夸张造型、前后差量大、窄衣窄袖等。但从整体上看，仍不脱离规整的十字型平面结构。

安普式苗族上衣展开后，虽分片较多，但可看出整体状态规整对称，为典型的中华传统十字型平面结构。肩部虽然采用接袖，但仍保持平面结构，袖窿肥大，袖口窄小，如此大的反差在南方少数民族中并不多见，更像是继承了传统汉服的大袖特点。衣身短小，领子结构独特而复杂，但也未脱离古老（对襟）一字型结构，表现出这种民族服饰既保持传统又相互交融的文化特质。"碎拼"是贵州安普式苗族最大的特点，北方汉族服装结构和南方少数民族服装结构的典型特征都在这件衣服上有所体现，我们一直以来从表征上认为，但凡提及中华传统服饰文明的传承发展即为中原汉民族的服饰文化，但通过结构可以看到，南方少数民族同样继承发扬了典型的古典华服结构精神，南北方的频繁交流，相互借鉴，共同促成了本质统一而又表现出多元化特点的大一统的中华服饰文明。

侬壮女子上衣展开结构如同斧子形状，下摆上翘的弧度很大，从腋下到下摆也有很大的弧度，穿着时形成了宛若飞檐的造型，与壮族的建筑风格不谋而合。衣袖较窄，袖上从接袖处至袖口由三片贴布全部盖上，这和耐磨、更换袖片、物尽其用有关。裁剪仍为典型的对称十字型平面结构。

这些南方少数民族服饰极具地域特色，但无论其结构的处理怎样千差万别，都始终未能脱离传统的十字型平面结构，可见中华服饰文明的根基是南北方的共制，多样性始终是基于这种最为根本的共制结构而万变不离其宗，那么，结构多样性的探究又是解开少数民族服饰形态之谜的重要因素。

## 具有南方窄衣袖"碎拼"特色的十字型平面结构

| 标本 | 款式图 | 结构分解图 |
|------|--------|------------|
| 狗瑶 | | |
| 安普式苗族 | | |
| 哈尼族傻尼支系 | | |
| 丘北撒尼彝 | | |

| 标本 | 款式图 | 结构分解图 |
|------|--------|------------|
| 阿细彝 | | |
| 侬壮 | | |
| 红瑶 | | |

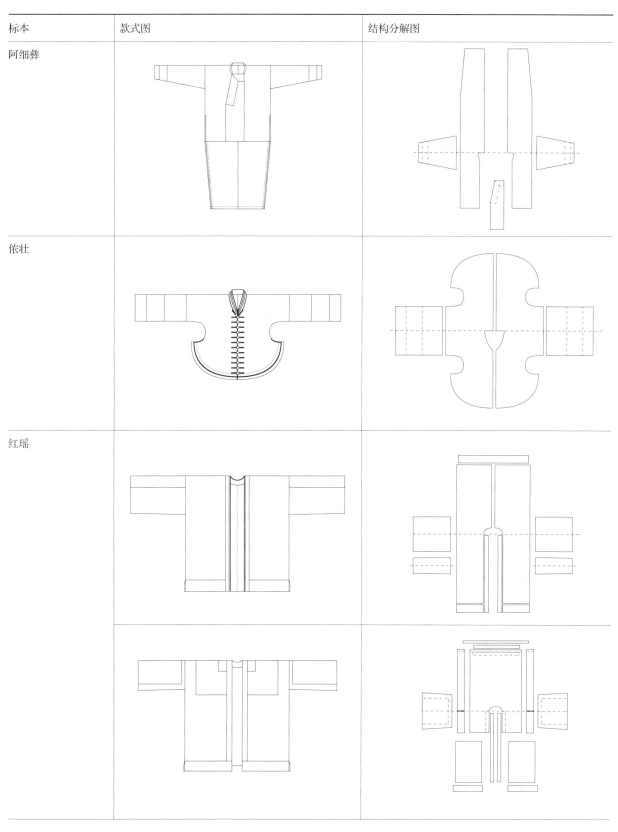

中华民族服饰结构图考　少数民族编

| 标本 | 款式图 | 结构分解图 |
|------|--------|-----------|
| 丘北花苗 | | |
| 杞黎 | | |
| 哈黎 | | |
| 海南苗族 | | |

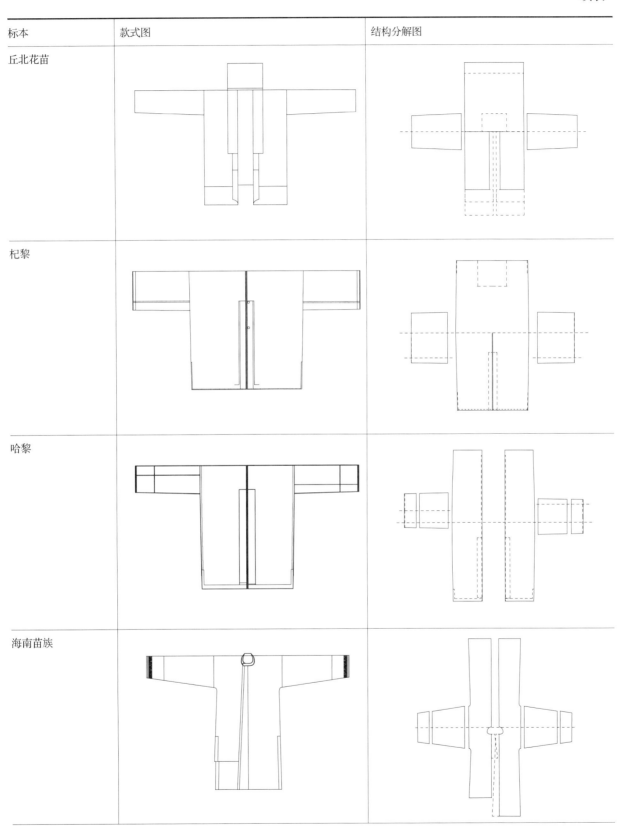

# 第二节 自然的"特异性选择"

地域性的差异对于服饰形制、服装结构的形成产生着重要的影响，最为明显的就是北方的宽袍大袖和南方的窄衣窄袖，很多服装结构特征是依托于地域环境而存在。形成的动机最根本在于其功用性价值。《淮南子·汜论训》中有"伯余之初作衣也，緂麻索缕，手经指挂，其成犹网罗；后世为之机杼胜复，以便其用，而民得以掩形御寒"。可见服装最早是因其功能而存在。《淮南子·齐俗训》中也写道："古者，民童蒙不知东西，貌不羡乎情，而言不溢乎行，其衣致暖而无文。"功能性先于文化性存在于服装，先致暖，后有纹饰。服装始终是为了人类适应自然环境、适应人类生存而产生、演变形成了现在的样子，特别是在传统民族服装上，几乎所有稳固传承的服装结构都有其实用性特质。在一定程度上可以说是自然选择了服装，特定地域的自然环境决定了人类穿着与之相适应的服装形制，尤其是在自然条件恶劣、物资贫乏的地区和生产力不发达的远古，一切从功用性、从环境的适应性出发，才能得以世代传承，犹如达尔文"特异性选择"的生物进化理论，自然选择了生命力更为顽强的物种。就人类服装而言，一定会选择和创造更适应自然环境、更为实用的服装形制。这也同中华传统道教文化中"天人合一"的思想不谋而合，顺乎自然的选择，就势趋利，形成了各不相同多元的服饰结构。

# 一、适于南方山林环境生活劳作的功用性结构

南方少数民族普遍世居于崇山峻岭之中，高原和丘陵的环境远不像北方平原那样一马平川、良田万顷，云贵高原多为梯田种植或是林牧业，这样的先天环境造就了许多适于生活劳作功能的服饰结构，在自然的选择淘汰中世代传承下来。自然环境造就了服装的形制。

## （一）方便劳作的百褶裙

南方少数民族下装为裙和裤两种，其中裙子又以褶裙和筒裙两种形式为主。百褶裙在西南少数民族地区被为数众多的妇女所采用，特别是苗、瑶、壮、侗、彝等这些民族形成时间较早，自身文化、生产水平较为先进，百褶裙成为她们显示富足的标志。其实，百褶裙与妇女营造"隐私"的小环境有关，相对开阔的环境，百褶裙更便于劳作。与筒裙相比，百褶裙的制作工艺复杂，形制也更为丰富，在一定程度上反映了一个民族的发展水平。相对应的就是这些穿百褶裙的民族大都居住活动范围辽阔，生活环境多为山区，人口也较多。正是因为较为恶劣的山地，百褶裙的最大好处在于通过褶裥处理，提供了下肢足够的活动空间，便于劳作时肢体的运动，尤其是山林间地势崎岖，双腿活动的限制必须到最小，百褶裙无疑是自然"特异性选择"下的结果。

百褶裙是我国南方少数民族独特的服装形制。这些百褶裙共同的特点是费料、费时、费力，结构上底边围度都很大，裙子铺开接近正圆，通过裙身上的细密褶裥，既能满足收腰量，又为下肢提供了足够的活动空间，以便于在山林间劳作。这同少数民族生活的地域紧密联系，生存环境是百褶裙在南方苗、瑶等民族广泛穿着的根本原因。

百褶裙为南方少数民族中最为常见、也是最传统的结构样式，但在此基础上，还出现了以百褶裙基本款式为基础进行改良形成的变种百褶裙。这些异化的百褶裙在南方少数民族地区也是基于生活方式的改变而实用化的，主要出现在壮族、彝族这两个少数民族的聚居地，而在苗族、瑶族地区并未发现。或许是因为百褶

裙发源于使用最为普遍的苗族，但壮族、彝族则是作为外来款式引进，因此对于传统，并无苗族那样如族群符号般的固守，而是吸收其款式特点并加以再造。

依壮褶裙为黑色，分为三段。最上部是靛蓝色粗布腰头，两端有系带；中间部分抽细密褶；下部分自然散开，上下疏密有致。

诺苏彝未婚女子的裙子由三节构成，婚后多至四五节，裙子第一或第二节以下才是百褶形制。裙子上简下丰，在裙身上有类似于育克的分割线，将上下分为两段，线上部平整，贴近身体，线下部均匀多褶。这样的结构在臀部贴近人体，分割线下密集的叠褶提供了良好的腿部活动量，可以说是一种朴素的人体工学。褶裙依颜色分为多段，但从结构上看，仍为两部分，即无褶合体的上部和宽松有褶的下部。

诺苏彝传统工艺的褶裙，是用羊毛擀制的面料制作而成，手工制作，厚重保暖，配色鲜亮、明快。诺苏彝族独特的褶裙工艺随着时间的流逝，已面临着消亡的境地。诺苏彝族的传统褶裙上部亦十分宽大，缠裹数层后形成合体的样式，侧边不合缝，通过捆扎方式穿着，这不仅费料，工艺也很复杂，而逐渐被现代的褶裙所取代，作为文化信息也逐渐消亡。

---

**方便活动的南方少数民族褶裙**

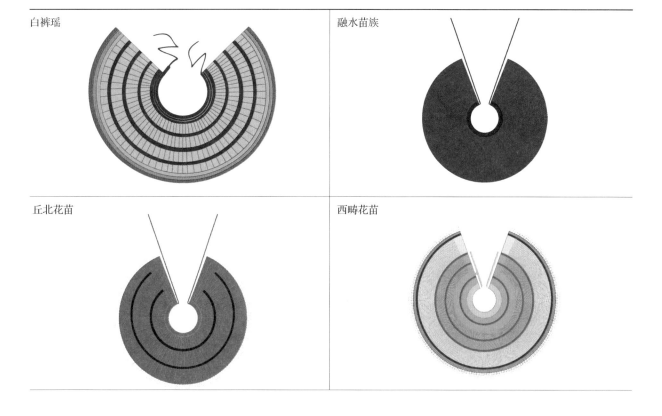

白裤瑶　　　　　　　　　　　　　融水苗族

丘北花苗　　　　　　　　　　　　西畴花苗

绣衣红瑶

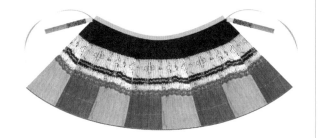

织衣红瑶

白苗

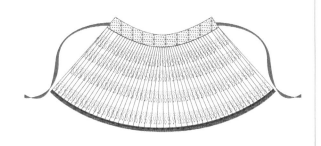

黑巾黑衣壮

三江侗族

侬壮

诺苏彝

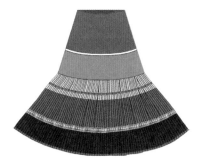

第一章 绪论——服饰结构研究，寻找中华民族一脉相承的共同基因

## （二）保护双腿免受伤害的绑腿

绑腿是南方少数民族常见的配饰，系在小腿上起保护作用。南方少数民族大多居住在山区，生活劳作过程中腿部易受林间杂草、蚊虫侵害，较厚的绑腿适合砍柴等山中的活动，避免身体被荆棘和树枝划伤，简单实用，起到很好的保护作用。

南方少数民族绑腿主要分为三种：一是方形布缝缀成筒状，直接穿脱；二是长方形布在腿上缠裹后用绑腿带系扎；三是三角形布在腿上缠裹后用绑腿带系扎。这三种形制一直沿袭到今天，可见其结构必然各有所长，才能在漫长的历史中始终保持这样的稳定形态。

筒状绑腿的最大好处在于便于穿脱，但是密封性较差，贴体度不好，要考虑到穿脱时满足脚踝的围度，下口必须留出足够的松量，所以穿着后较松，还需要用绳子捆绑。采用这种筒状绑腿的民族主要有哈尼僾尼族、融水苗族、山子瑶和茶山瑶。

方形布的绑腿缠裹后系绑腿带，多层叠后较厚实，保护性好，但略显臃肿，影响活动。采用这种方形绑腿的民族主要有白裤瑶、汉傣、三江侗族等。

三角形布的绑腿的好处在于比方形布节省了约一半的面料，将方形布沿对角线裁开而成。螺旋状缠裹减少了重叠量，不会过于厚重，同时，又为穿着的女子在田野间劳作提供了良好的保护。

无论何种形制的绑腿，都十分厚重，其目的都是为双腿提供足够的保护，这是南方少数民族在山区长期生存中创造的功能性服饰，也可以说是自然环境造就了绑腿。

常服首先要便于日常的生活劳作，基于此产生了与之相适应的服饰形制。特别是历史上少数民族的传统服饰比汉族更适于生产劳作，实用性强，于是产生了汉族的多次服饰变革，主动吸收少数民族服饰的优点。在考察中可以感受到南方少数民族服饰的最突出特点就是功用性强，看似不经意的一片布，可能隐藏着很实用的功能信息。这也是同南方自然条件恶劣、物资匮乏、生产力较落后相关的，在有限的物质条件下，优先满足实现服装的功能性是至关重要的。

## 南方少数民族绑腿

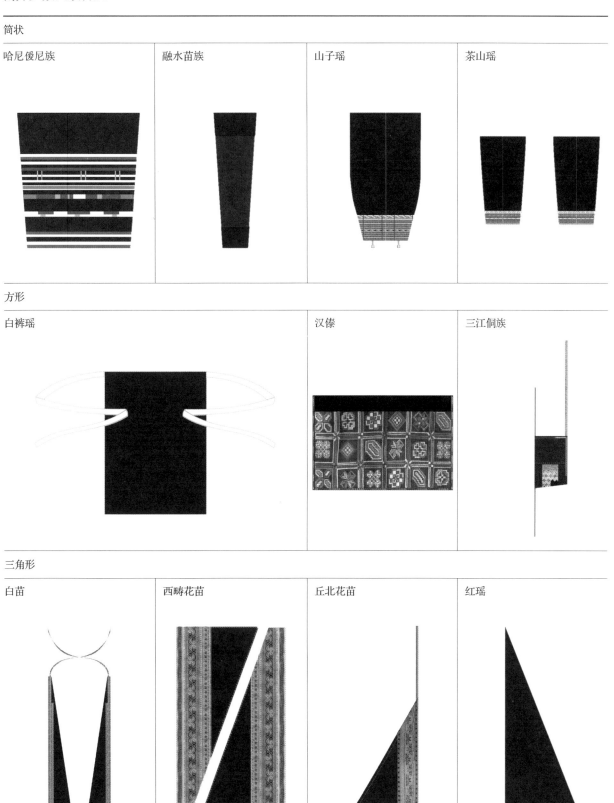

筒状

哈尼僾尼族　　融水苗族　　山子瑶　　茶山瑶

方形

白裤瑶　　汉傣　　三江侗族

三角形

白苗　　西畴花苗　　丘北花苗　　红瑶

# 二、 自然选择的功能性设计

为了便于日常的生活劳作，南方少数民族的服饰上出现了很多功用性的结构设计。这些极为实用的服饰结构设计，在长时间的历史中被保存下来。可见，凡是功能性设计，都长期稳固地传承着，成为标志性特征，而且少有改变。因为这种设计利于人类生存发展的需求，也就是自然"特异性选择"所要保留的，缺乏实用性必然要被自然所淘汰，服饰的特别结构也就应运而生。

## （一）下摆前短后长的特别密码

不少南方少数民族以农耕为主，长时期田间劳作，导致南方标志性的服装结构特征——下摆前短后长。这种结构减少了前摆对双腿活动的束缚，避免正面过于臃肿，有利于在田地里耕种时弯腰、蹲起。这种前短后长的形制，汉族人是通过束起前摆在腰带上来减少障碍；欧洲人燕尾服的前短后长和西装的圆摆斜向设计都是出自同一个动机。如果探究谁影响谁，这是幼稚的，这种服装结构，是人类在同一个历史时期通过社会实践的智慧反映，就像象形文字在东西方文明的萌动时代同时出现一样。

白族女子上衣下摆前直后圆、前短后长，不知是否来源于汉族传统的天圆地方观念，其实更重要的动机是跟她们长期的田间劳作有关，这也是西南少数民族服装标志性的结构特征。前摆短及腰，后摆长过臀，两侧有小开衩。

纳西族女子上衣前为直摆且短，后为圆摆而长，这种前短后长、两侧开衩均有黑色宽边的形制是纳西族服装的独到之处，也是西南少数民族地域性的典型特征。前摆短于后摆，推测是由于围裙完全遮住正面，缩短前摆既节省布料，又不至于在正面堆积得过于臃肿。当下田劳作时去掉围裙，前短后长会更加方便。

丘北撒尼彝女装前身像是短袄，后身像是长袍。

阿细彝女装前短后长，后摆类似燕尾，上丰下窄，穿着时别在腰间，有侧开衩，且沿侧衩和底边饰黑边，造型独特。胸前斜襟也较为特别，偏襟拼接而成，这与布幅较窄有关。虽保存有传统手工艺，今天大体上仅限于年长者穿着。

尖头盘瑶女子上衣下摆前直后弧,前摆向上翻折两次并固定,重叠量为5厘米,形成明显的前短后长形态,保持着盘瑶独特之处。在盛装时前摆垂下胸饰将围腰遮住,这恐怕就是劳作和行使礼仪的区别。它的真实用途还需要考证,据调查的信息推测与田间劳作有关。

这些民族服饰下摆前短后长的特征,反映了日常多农耕的生活方式。可以说正是田间劳作的生活方式导致了服装形制上的相似,地域性特征决定着生产、生活方式,催生了服装结构的特征,可谓自然环境长时间的实践而选择了适合的服装结构。

**南方少数民族服饰前短后长的标志性下摆**

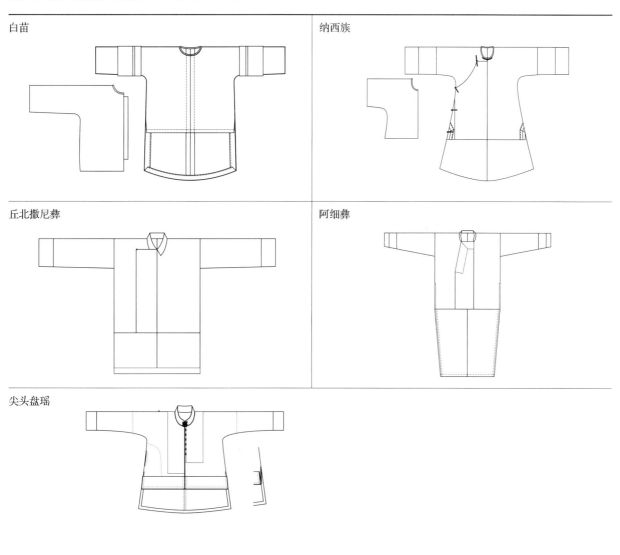

白苗

纳西族

丘北撒尼彝

阿细彝

尖头盘瑶

## （二）配饰功能的地域性

围腰（或围裙）是南方少数民族中多采用的配饰之一，为何如此受到少数民族的青睐并一直传承下来？

飘巾黑衣壮围裙为纯黑色，无过多装饰，表现出浓厚的地域性，其结构规整、典型，裙底边垂到小腿下部，具有一裙三用的特点：一是作为妇女标志性的生活用途，围裙戴上后，经过善折巧扮将围裙一角往上打折成三角形系于腰间（前身），以适应妇女不同的家务；二是赶集或走亲友、回娘家的时候，可将围裙底翻卷上来做成小包袱，用以包装衣物、针线和日用杂货等；三是在劳动的时候，可把围裙卷上来做斗形的袋子，以便容纳在劳动中捡来的少量莱豆类和零星的杂粮。如此方便实用，难怪在南方大部分地区都能见到这种围腰，这也是与汉族围裙最接近的形制。

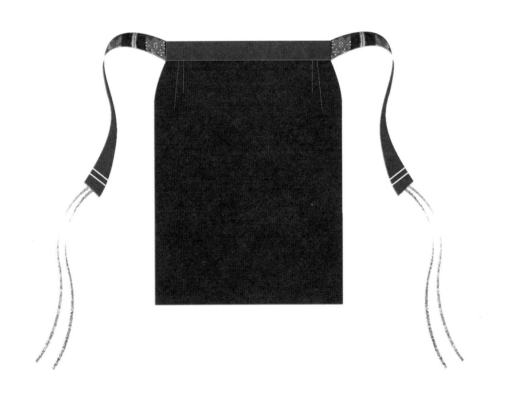

飘巾黑衣壮女子围裙

背婴带也是南方许多少数民族中颇具特色的生活用品。茶山瑶背婴带样式美观，色彩鲜艳，且充满了吉祥的装饰，如垂坠的串珠，飘散的丝绦以及铜钱、铜铃。中间位置多层贴布保证了背婴带的保暖性和舒适性，后围腰与背婴带组合使用，表现出瑶族传统生活的精致和憧憬。背婴带结构独特而实用，背婴部分为 T 字形，两边接长带。T 字形布下端用另配腰带固定在后腰，两边的长带在胸前系结，婴儿置于后背形成的布袋空间里，既安全舒适，又便于妇女生产劳作，育婴生产两不误。

茶山瑶、侬壮的背婴带结构基本相同，不同的是后者使用大面积精美的刺绣，以宣示族群的图腾与愿景。

围腰和背婴带都是典型的南方极具功能性的配件，极大地便利了少数民族同胞的日常生活生产，因此被广泛长期流行于南方各民族。它们的地域性除结构上的区别外，更重要的是族群色彩和图案系统的辨识性和象征性。

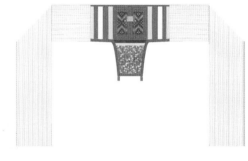

侬壮背婴带　　　　　　　　　　茶山瑶背婴带款式图

# 三、入乡随俗，存祖于心

迁入云南的蒙古族和藏族，由于地域环境的改变，不同于原住地，先前的传统服饰也随即产生了与现居住环境相适应的转变，吸收了周围原住民族的服饰特点，入乡随俗，实则自然的"特异性选择"，选择了更适合新地域的服饰形制。然而，他们并没有因为环境的改变而放弃祖先根本，因此，服饰的主体结构信息仍"存祖于心"。

云南兴蒙的蒙古族服饰引入了南方原住民的围腰。这种围腰和南方原住民的多数围腰形制相近，但形状为左右对称的五边形，也较为宽大。这样的围腰在内蒙古地区并不多见，资料上对于蒙古族腰饰的记载也多为元朝流行的"辫线袄"。从围腰的样式来看，极有可能是从南方原住民中引进，是蒙古族在云南各民族之间融合过程中"为我所用"的产物。这是在特殊的地域产生的奇特现象，充分体现了中华民族的包容性，令人不禁想起盛唐时，包容万千，和而不同的大国气象。

蒙古族典型女装为长袍样式，而在兴蒙多为上穿短上衣，下着裤，这与南方

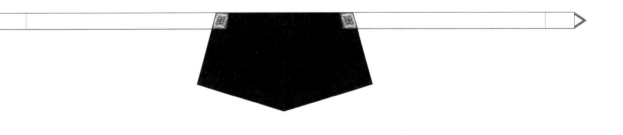

**云南兴蒙蒙古族女子围腰**

少数民族习惯有关。一方面是各民族间相互交流融合的结果，另一方面是由于生活环境和方式的改变，服饰形制随之改变。例如，适应湿热的气候，从开阔的草原到崎岖山野，自然的"特异性选择"成为不同民族融合的媒介。

兴蒙蒙古族的内层主服也趋近于南方的样式。较为贴身，立领较高，和南方少数民族服装明显不同的是袖子，袖下弧线明显，颇有宋代汉服"垂胡"的遗风，右衽大襟的十字型平面结构又是典型的北方袍服形制。袖缘的装饰纹样可以说是入乡随俗的点睛之笔，在相同的本质下演绎出不同的细节，既是蒙古族、汉族和原住民族文化巧妙结合的精妙之作，也生动地演绎着中国传统求同存异的和谐思想。

藏族女子服饰套装包括头饰、立领右衽长袍、坎肩。藏族服饰与自然环境息息相关，他们居住的环境地广人稀，服饰上正折射出蓝天白云的大自然色彩，采用蓝色和白色为主体色，间以七彩色在门襟、袖口、下摆处进行装饰，色彩鲜艳明朗；宽大的长袍便于保暖御寒。但云南藏族女袍细观可发现其发生了自然的"特异性选择"，不同于雪域高原上原住地藏民服饰。

这里的藏族女袍从结构上看更像是一种汉化后的改良款。外观上似同传统藏服无异，实际上内衣和外袍缝缀为一体，这是为了适应当地并无青藏高原般高海拔寒冷的环境。

无论是蒙古族还是藏族，都在南迁改变地域环境后，服饰发生了相应的变化，可见自然的"特异性选择"因地域环境直接作用在了服饰上，淘汰了与新环境不相适应的部分，并选择了当地其他民族较为适用的服饰元素。

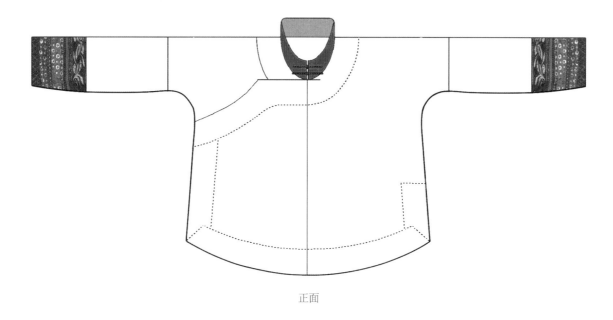

正面

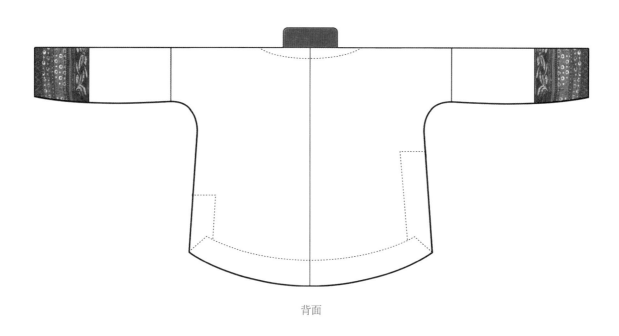

背面

兴蒙蒙古族内层主服

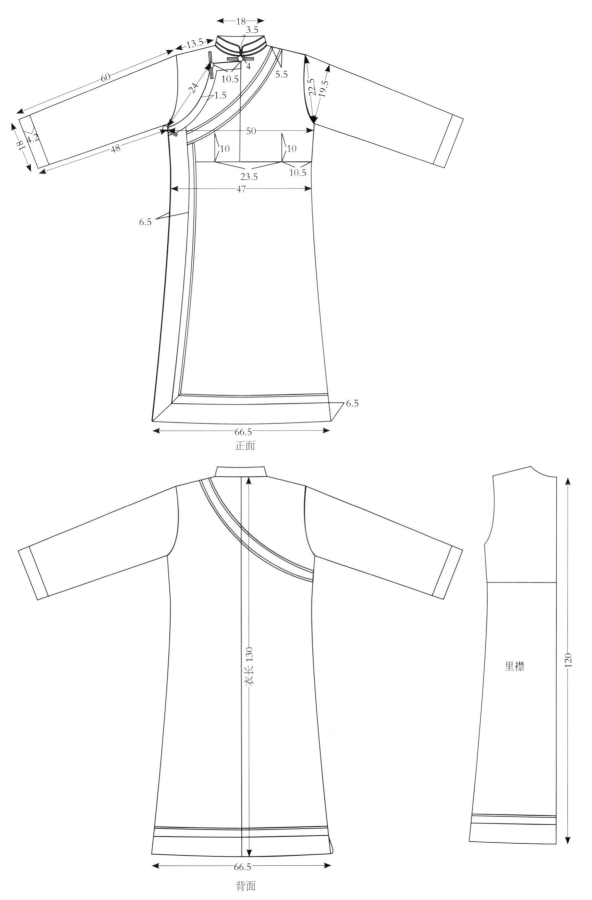

正面

背面

里襟

云南藏族女袍及外观尺寸

# 四、特殊的"女性化"装饰

在众多的南方少数民族中，装饰性是普遍的，但男女有明显的识别性。德昂族男装衣身上装饰有大量极具德昂族特色的彩色绒球，珠链相接，特别是后背，从领披垂下来整片彩球十分艳丽，煞是惹眼。我国大部分民族男装都鲜有如此繁花似锦的多彩装饰，德昂族男装的这种看似女性化的饰物很值得作深入的民族学研究。对各色绒球如此迷恋，体现着德昂人独特的审美趣味。其实，这样的装饰有着实际的功用，即在山林中更容易被伙伴发现辨识；对于野兽，红色、彩色的绒球往往有警示和驱魔的神力。而作为男耕女织社会的妇女，这种装饰却是多余的。

这种颇为特殊的女性化装饰其实在南方少数民族地区并不罕见，只是我们用现代人的美学标准进行主观的解读，真正的动机在于生存大于装饰，是长期的山林生活获取的经验所表现出的"功利主义"（这种装束必然带来吉利的后果）的表象特征，正是自然环境促成了这样看似不合常理的装饰风格。

**德昂族男性装饰女性化**

**图片来源：何鑫 摄**

# 第三节　节俭和物质崇拜催生的服饰结构

宋代理学创始人朱熹认为，格物致知是说一切从实际出发，求其事物本源获取的客观规律，才能善止内心的道德。对于少数民族服装的形制来讲，就是自然现有的物质条件对于服装形态与衍化规律的决定性，这其中包括对社会道德发展的进程有所建构。生产力相对落后，只能尽可能地利用物质资源，提高利用率，这对于物资较为匮乏的山区来说，意义重大。南方少数民族相对中原北方民族物质稀缺，因此普遍对于物质更加珍惜。在中国传统的文化意识中，物由天赐，在物质匮乏的南方少数民族地区更是如此，于是他们极尽所能保持物质的完整性不被破坏，形成了敬物、崇物的民族意识。其实，即使是在较为富足的北方，汉族的传统服饰同样表现出了对"物"的敬畏思想，这可以说是整个中华民族在特定时代共通的文化意志。因此，南方少数民族服饰的节俭与物质崇拜思想表现出的普世价值，十字型平面结构正是这种思想的集中表现。

## 一、外华内敛的节约美学

节俭和美观是少数民族服饰所必须权衡的一对矛盾。少数民族往往借服饰以寄托对美的向往，但物的稀缺却限制着用料，容不得一丝面料的浪费，必须有节制地施料，以避免一切不必要的消耗。在他们看来，浪费是对天地不敬，难以容忍。于是我们可以看到，中国南北方服饰都有重表轻里的传统，外露的装饰精美，里层的往往尽可能简化，以求节约。外华内俭以平衡美观和节约之间的矛盾，这也是对物的珍惜的一种表现。

僳彝女子上衣的传统平面结构右里襟极短，在斜襟恰能遮挡住的衣侧处横断，左侧开衩也较高。据此可看出，在当地较为艰苦、物资匮乏的深山环境中，僳彝人是极尽可能力图节俭。同时，整个衣身介于大部分南方少数民族的窄衣窄袖和北方的宽袍大袖的中间状态，里襟减短，也减少了前襟的重叠量，这都与山区湿热的自然环境有关，既要便于劳作，又要通风散热。讲求外观的完整性，在看不到的内里尽量的节约（比中原传统汉服要节省很多），僳彝做到了极致。

白苗、西畴花苗、丘北花苗的绑腿有一个共同的特点，就是都为直角三角形，且在长直角边上缀有窄长的绣带。这样做的好处是旋转向上缠裹的时候绑腿只露出绣带，而底布完全被绣带遮住。通过如此精妙的设计，既节省了更为珍贵的绣布，又保持了美观，暴露与遮蔽相得益彰。外观上整个小腿都有绣带装饰，但实际上只是在暴露的窄带施以刺绣，而被遮蔽住的内里采用粗布，极大地节约了费时且昂贵的刺绣，这种外华内俭的手法达到既美观又节约的效果。

胸兜是融水苗族服饰的典型特征之一，银链颈后相连，细带系于后背，胸口处多装饰对称的花草纹、鸟纹的织锦。胸兜是在菱形布的上角附梯形挖领窝的织布制成。穿在对襟衣里，完全遮挡住了胸口，只露出脖子。菱形两边还附有两块长方形布片，在菱形两角向上至长方形接边处缝系带。穿着时由于外衣的对襟遮蔽了大部分胸兜，所以只在暴露出的胸口处缀有织锦，这充分体现出融水苗族的节俭精神，不浪费一寸绣布，同时保持外观的完美。

尖头盘瑶女子上衣前襟绣布从领后环绕，左右襟绣布长短不同，这种现象虽不普遍，但很有地域性特征，它在中原服饰历史中难得一见。左右门襟上的装饰布不对称，右胸长于左胸，在实际穿着时，长的装饰右襟搭上短的左襟，系腰带时恰好遮挡住了左边短的装饰部分。这种施用精致耗时的绣工，节省一寸都是很有意义的。

上述的无论是主服还是配饰，都是为了力图节俭而产生的特别的结构形制，基于外华内俭的理念，保持外观的完美，尽可能在不会暴露出的内里节约用料，以平衡节俭与美观的矛盾。

白苗绑腿绣带包覆粗布的效果

**图片来源：** 何鑫 摄

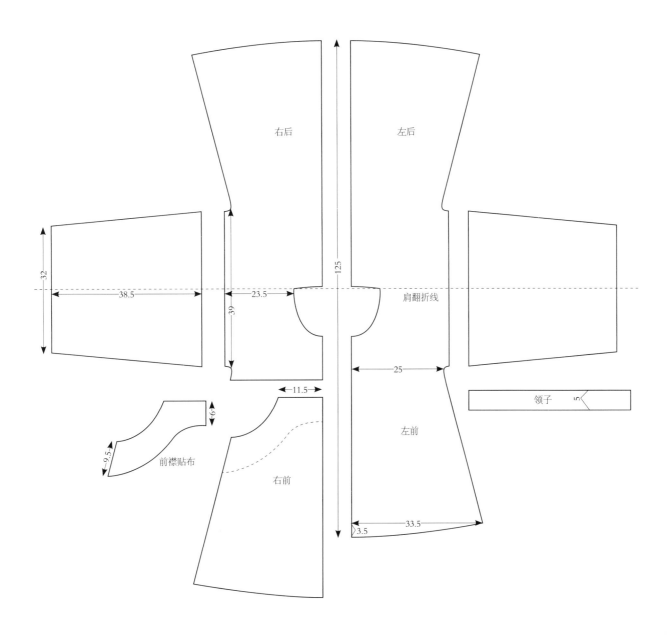

右后

左后

肩翻折线

领子 5

前襟贴布

右前

左前

32

38.5

39

23.5

125

11.5

9

9.5

25

33.5

3.5

俚彝女子上衣结构分解图

## 二、因材施制，完物为尚

    现代的设计多是因形施物，先预想出效果后再对布料进行复杂的裁剪、缝制，为了达到标新立异的造型可以不择手段，最不需要限制的就是物资的过度消耗。而中国传统的敬物思想，使他们努力保持物的完整性，试图最大可能不去破坏面料的原始状态，因材施制，通过最少的剪裁，最为纯粹地实现服装的构成，看重本源状态的物，对它们充满了崇尚和敬重，因此培养了朴素而牢固的节俭意识，这是形成少数民族服饰结构特色的根本动机。

## （一）体现"敬物"思想的断缝

    包括汉族在内的中国传统服饰所用面料均为手工织造，布幅的大小受限于织机。南方少数民族多用腰织机，织机的宽度较窄，布幅就无法达到十字型结构的横宽，这也是与汉族服饰结构稍有不同的地方。在尽可能美观的情况下，依赖于现有织布，南方少数民族通过不同位置的断缝处理来满足护身和材料完整性的统一，这也是南方少数民族普遍对物的态度。

    断缝是解决幅宽不足的一种方法，既可减少对布料的裁剪破坏，又可达到衣身的横宽并尽量美观整齐。我们在反观存留下来的传统服装时，通过断缝位置的测绘，也可以推测出手工织布的大致幅宽。最为常见的是衣身的前后中断缝和袖身之间断缝，除此之外，衣身上还有不少其他位置的断缝，充满了整幅利用的设计智慧。

    袖上断缝是北方常见的断缝形式，布幅的宽度大约是前中到袖断缝位置的距离。在南方少数民族中也有不少采用了这种形式，黑巾黑衣壮即是如此。广西那坡黑巾黑衣壮采集到的女子上衣是典型的平面十字型结构。前后中断缝，从领口斜襟直线至腋下。因织布幅宽有限，在袖上有断缝，衣身每片即是整幅布裁成。以幅布宽度制作衣身，自然状态宽度至袖上，形成断缝接袖，最大限度地保持了衣身的完整，布料最少被破坏。

    南方少数民族中还有一种传统的衣袖断缝位置，如同拉祜老缅女子袍服一样，在袖根和衣身的连接处断缝。我们知道，北方尤其是汉族传统服饰断袖位置往往是依据布宽而定，是为了尽最大可能利用布幅的宽度。南方少数民族生活的环境相对较艰难，物资匮乏，理应更加注重裁剪以节约布料，但我们见到许多平面结构的少数民族服饰将断袖位置安放在了身袖结合部。一方面是因为大部分服装衣身上下同宽，而不同于北方的宽大下摆，南方的窄衣在肩部断袖能更大限度地提高面料使用率；另一方面是更多地利用边角余料，或是用贴饰、接绣布等手段来掩盖袖上更多的断缝，以此来更大限度地实现"物尽其用"的朴素自然观。与汉族袖上断缝的目的是一致的，都是基于节俭和崇物的考虑，只是视具体情况而采用不同的处理方式。

纳西族衣身偏襟在右侧，接有一小块三角形，而左侧衣身上并未出现，后衣身侧开衩处也不存在这种现象，显然不是受布幅所限，最为可能的是采用余料裁剪的偏襟而横宽不足，导致此结构。

藏族男子的偏襟右衽长袍呈半汉化的样式，出现了落肩、装袖，却没有袖窿，衣袖接缝仍为直线。长袍为交领右衽，襟顺领条而下，斜至衣侧。前中虽无断缝，但右前襟有拼接，下摆宽达96厘米，显然拼接更是因布幅不足，也显示了当地人极尽节俭的态度。前中无断缝固然较拼接更美观且符合常理，但相对在侧襟处拼接不影响美观，可见美观要妥协于材料的利用率。这让今天崇尚低碳的我们要重新审视"美的标准"。

融水苗族女装较独特的结构特征是两襟亮布在靠近前中处有断缝，大概是因对襟相交的重叠量导致布幅不足所致，故下摆处接约11厘米宽的三角形布。幅布裁剪衣身，接余料的下摆，尽可能保持主身的完整性，最大化地节约亮布面料。

三江侗族女子上衣较肥大，无领、偏襟、左衽形制，由亮布制作，保持着本色的原始结构，样式在南方少数民族服饰中是少见的。上衣展开后规整而对称，前后中均断缝，在前中两个斜襟处也是在中线位置断开再拼接三角形布，这是由于亮布手工制作，工艺复杂，布幅较窄，这样做是为了尽可能地保证面料的完整性。三江侗族的女子上衣是非常典型的平面结构，无论从面料、工艺还是构造学上，都承载着很有价值的先民历史和文化信息。衣身在胸线处横向有断缝，上下断开，是另一种解决布幅宽度、节省面料的方法。出现这种断缝的少数民族还有花腰傣和基诺族。

花腰傣女子内衣长不及腰，形状如同"凸"字，偏襟，黑色，是上下分割的结构，胸围线断开。下部分纱向为纬纱向。推测花腰傣织布幅宽仅为25厘米左右，对于内衣上半身为一个幅宽（23厘米加上2厘米的缝份），下半身横向为一个幅宽（20.8厘米加上包边），通过横向分割，下半部分既满足了围度要求，又不会出现断缝，不失为明智之举。因上下在胸围线断缝，袖窿呈方形，和大多数民族无袖坎肩样式差异较大，其实这种形制才是其本色之样（坎肩的圆袖窿是受了汉族的影响）。

基诺族的男装均在胸部附近有断开，衣身分为上下两部分。上半部分纱向为经向，下半部分纱向为纬向，经纱向摆脱了幅宽对衣片的限制，下半部分不用分片，如同一块加宽的围腰，幅宽32.5厘米加1.5厘米缝份，刚好是一个布幅的宽度（34厘米），以此最大限度地利用了布料。在纹样上，因为是织条纹，纹样在织布过程中已经确定，也巧妙地利用了纹样的经纬方向变化，而形成基诺族服饰独特的风格。基诺族女子主服胸围线以上为黑色土布，下接色织条纹布。和男装一样，基诺族女装在用布方式上也是以经纬纱向分上下两部分。但在结构设计上有所不同，上半部分衣片平面展开呈倒凹字形，长方形缺口作为领窝和前襟，并没有后中断缝，导致这种情况的原因是采用了现代面料。原始状态后中断缝，与男装相似，袖宽、上半部分衣片宽度的一半、下半部分衣片的幅宽都恰为一个完整的幅宽，充分体现出少数民族惜物如金的思想，尽量保持面料的完整性。

润黎族衣侧的结构独特，并不是通常所见在侧缝拼接，而是前后衣侧片为整块布沿侧缝翻折，再与前后衣身片相连。润黎族与多数南方少数民族采用前后中断缝解决布幅宽度不足的缺陷不同，在大中华一统的平面十字型结构下采用了更为适合本民族贯头衣的巧妙结构处理。这种结构对海南身处物资匮乏的山区，可以有效地节俭布料。

## 南方少数民族的衣身断缝

那坡黑衣壮（袖上断缝）

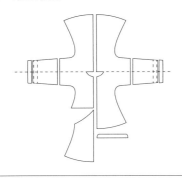

拉祜老缅支系（袖根和衣身连接处断缝）

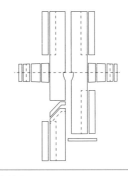

纳西族（右襟三角断缝）

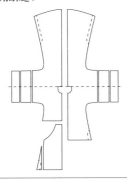

藏族（右襟三角断缝）

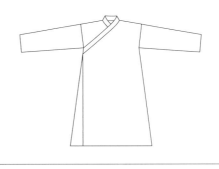

融水苗族（对襟断缝）

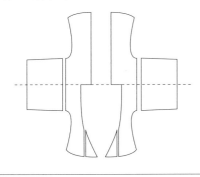

花腰傣（胸线横断缝）

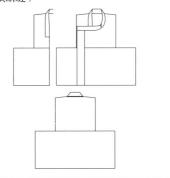

基诺族男装（胸线横断缝）

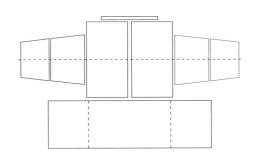

基诺族女装（胸线横断，因用现代面料而无后中断缝）

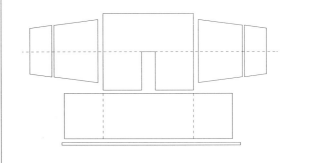

润黎族（前后衣侧断缝）

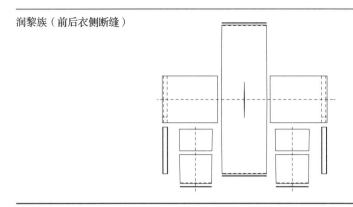

上表中的袖子、前襟、胸线、三角侧断缝等方式，其共同目的都是为了保证衣身上最少的接缝，最大化地利用面料，竭力减少浪费，而蕴含其中的就是对物的崇拜思想，也可以说是节俭和崇物的思维决定了这些结构上断缝位置的设计。

即使少数民族的服饰在现代化的过程中，这种朴素的敬物价值观仍有保留，传统的思想在人们脑海中根深蒂固。例如，龙胜红瑶的绣衣和织衣，在结构上的最大特点就是朴素自然整齐划一，表现出氏族社会原始服装结构形态的典型特征，即最大可能地保持衣料的原生状态，以最大限度地运用材料。红瑶织衣和绣衣主要是织物加工和后期绣工上的区别，特别表现在纹样制造方法的不同。绣衣是在深色布上拼缝上绣有较小面积纹样的布片；而织衣大面积的纹样、图案则是由于衣身的布片在织造过程中已经织有纹样，直接将有纹样的布片裁剪缝制。绣衣更加精美和更具工艺性。织衣和绣衣的数据虽然采集于同一村寨，却出现了结构上的差异，织衣后中破缝，而绣衣后身为整片布。绣衣所用的深色布均为现代工业生产的面料，工业化生产的布料与传统手工织造的布料最大区别在于布幅，工业制品的布幅远大于手工织造，传统服饰受限于布幅，必然会破中缝，否则无法达到衣身的宽度要求，而工业制品的布匹则摆脱了这种限制。绣衣上的纹样是后贴缝在衣身上的，面积较小，也不必破中缝。织衣衣身的纹样则是在织布过程中织造，仍为传统手工织布，布幅受限，故后衣身破中缝，可以说是因材施制的朴素而伟大的敬畏自然（物质）的理念延伸。由此也可看出汉瑶古今文化的交融情况，由于现代纺织工业制品的渗透，已经改变了传统的衣身结构，庆幸的是传统的织绣工艺仍有保留。

## 红瑶绣衣、织衣对比

绣衣

红瑶绣衣结构分解图

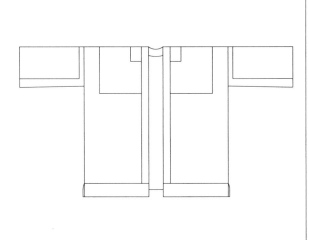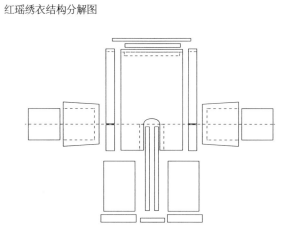

织衣

红瑶织衣结构分解图

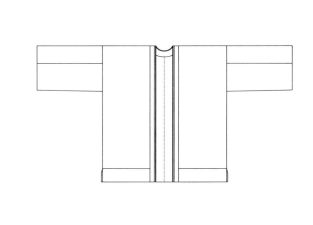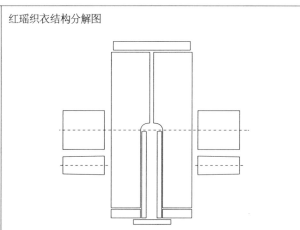

## （二）幅布包头

南方少数民族多用包头巾，看似造型各异，千变万化，实际上展开后大都为一块幅布。就像折纸一样，尽管折叠出的造型多种多样，展开不过是一张白纸。保持材料的原始状态不加裁剪，而是通过折叠捆扎成型，这对我们当今的设计很有启发，复杂的解构重组和最为质朴的先民智慧究竟孰优孰劣？我们不停地破坏重构，一遍遍地循环，而忘却了先祖们因材施制而保持对物质的敬畏这种现代高度文明的境界。

包头巾是许多少数民族必不可少的服饰品，具有束发、保护头部、御寒、标志等作用，功能甚多，大多为布幅织造而成，简单的方形或长方形布通过折叠形成丰富的造型，重点把心思放在折叠方式上是以显示族群、宗教和婚姻状况。

基诺族女子的头巾也被称为"基诺锦"，折叠成三角形尖帽，外形有些类似唐代三彩女俑所戴幂篱，它并无遮面，多为白色织纹布。女子头巾是基诺族非常独特的服饰组成部分，因为它是其民族身份辨识的重要途径，有些类似于英国苏格兰格子不同样式代表着不同家族一样。基诺族的女子配服更像是立裁或是折纸一样，头巾展开是未经裁剪的长方形布，这在西南少数民族中极具普遍性，也表现出很朴素的"施物观"（对物质自然形态的保护和敬畏）。头巾是沿中线对折，如此简易的形制也反映出基诺族从原始氏族社会直接进入现代社会的痕迹。

毛南族女子的配饰仅有包头，保持着一贯朴素的人生观。包头为黑色、无任何装饰的长方形粗布，这表示已婚。

花腰彝最具特色的就是服饰的繁复，配件种类多样。头帕展开是一块长方形的布料，这块布料是由三块布料拼接而成，用红色、黑色、绿色的布料做底，然后在上面用各种颜色的丝线绣上精美绝伦的花纹。戴于头上时，将这整块长方形的布料折叠成帽状，绣满花纹的悬垂部分折在头前方的正中间，然后用两条布带进行束扎固定，布带底端的缨花分别垂于耳旁。这种看似复杂的包头实际上只是三块余料拼成的长方形，仍保持着少数民族一贯的节俭，而精美的绣花展示着未婚妇女的高超手艺。

侬壮族妇女的包头巾是简单的长方形黑布，通过折叠缠裹形成山丘状造型。飘巾黑衣壮女子包头白色两端饰流苏。包头在佩戴时被黑衣壮妇女灵巧地在头上折叠呈小山状，流苏在头两侧自然悬垂，极具特色。飘巾黑衣壮的配饰普遍尺寸较大。包头巾主体是一整块长 114 厘米、宽 32.5 厘米的手工织布，需折叠数层才能围在头上。黑巾黑衣壮妇女包头巾是一块自己纺织染成的长条黑布，穿戴时先围绕在头上，然后翻折成类似棱镜片形状，罩在整个头上，再把头巾的两端分别垂挂到双肩上，看上去朴素自然，同时还可以当作帽子遮荫用。

## 南方少数民族女子包头

| 标本 | 款式图 | 图片来源：何鑫 摄 |
|---|---|---|
| 基诺族 | 包头巾 | |
| 毛南族 | 包头巾 | |
| 花腰彝 | 包头巾 | |

| 标本 | 款式图 | 图片来源：何鑫 摄 |
|---|---|---|
| 侬壮 | 包头巾 | |
| 飘巾黑衣壮 | 包头巾 | |
| 黑巾黑衣壮 | 包头巾 | |

这些包头都是最为简单质朴的长方形，幅布或余料少有裁剪，简易，未经破坏的原生状态保持完好，少数民族对布料的珍视可见一斑，而不同的包头方式显示着不同族群民风取向，也隐秘着这是一种氏族文化的历史密码。

## （三）幅布为裙

　　贯头衣、幅布为裙是远古人类上衣下裳形制中最为原始和普遍的形态。将整幅织布依所需截断，无须复杂裁剪，直接围于腰间成筒裙样式。这种不经裁剪将整幅布缠裹在身上的穿衣方式在古代希腊、埃及、西亚都曾出现过，是非常古老的服饰形制。这种原始文明的遗留，为我们传递着远古的信息。在南方许多地区的少数民族都有幅布为裙的习俗，但随着时间的推移，不少形制发生了不同程度的改变，如侧缝缝缀呈筒状或是以省道收腰、多幅连缀等，但仍残留着幅布为裙的遗风。幅布为裙所蕴藏的最为显著的信息就是在物质匮乏、材料稀缺的情况下，保留着因材施制，坚持衣料原始状态不宜破坏反复施之的崇物思想。

　　海南少数民族中，润黎存留有最为原始状态的幅布为裙形制，美孚黎也很古朴，只是男裙样式比幅布裙多了腰头且抽褶收腰。其他南方少数民族女子多穿着由幅布裙演化而来的筒裙，即将侧缝缝缀，同时像佤族、勐朗拉祜族、德昂族、美孚黎女裙多为几幅面料，而不是传统的单幅，佤族还引入了现代的省道结构，但同样能看出幅布裙遗存下来的保持面料完整性的传统。即使它们经过改良、演变，不断现代化，仍尽量避免不必要的裁剪，以面料本色示人。由此可见，寄托着敬物心态的因材施制思想始终在少数民族传统服饰中占据着重要地位，即使社会经济发展，仍未抛弃节俭的传统。

　　在新中国成立前，由于生产力落后，佤族人自织布往往供不应求，导致衣裙都较短，甚至赤裸上身。而现在的佤族经济水平发展很快，传统手工服装逐渐被工业化产品取代，裙子的款式已没有"幅布为裙"（用自己织的织锦围于腰间，右端覆盖在左端上，裙长为一个布幅的遗风），而是把裙布的两端缝合在一起，变为"筒裙"。临沧市双江县的佤族妇女服饰，尤其是中老年服饰，仍然保留着一些佤族服饰的重要细节：老年妇女下身着长裤，长裤外再着"幅布裙"，这是佤族服饰与其他民族服饰的最大区别之一。这种最典型的区别在年轻人身上已经不复存在，大多数情况采用裙子与上衣同色，拼深色条，后开衩，修长合体，非常现代，紧紧地包裹在人体上，后中装拉链。裙身分为上下两段，在膝盖处拼接，应该说刚好运用了两个布幅。如果说在结构上还保留着传统佤族服装信息的话，就只有筒裙上的这条接缝了。

　　筒裙可以看作是幅布裙的一种进化，主体为一块或几块幅布连缀成筒状而成，极少对面料进行剪裁或是改变其初始形状，腰围的差量通过重叠来解决，同时留下了腿部的活动松量，与西方通过省道解决腰臀差相比，这种重叠对于物的完整性保持得更好，更加自然随性。

勐朗拉祜族的筒裙是由一整块长方形布料对折而成，相对于上衣的立体结构本色得多，并未用省来处理腰臀差量，而是将腰部余量在左侧重叠，保持了原生态的整布形制。

德昂族女子的筒裙由三块等阶梯形布拼接而成，由上至下布长逐渐加大，结构简朴而传统。穿着时在腰部绕近两圈，有相当大的重叠量，围成筒状造型。对于筒裙，重叠量大的好处在于保持了腿部活动空间的同时也增加了私密性，也无意间在腰部加了褶量，通过腰带和围腰束紧，这种宁可牺牲舒适也要保持物质完整性的"低碳"意识，很值得现代人对崇尚的那种"破坏性的设计"进行反思。

美孚黎女子习惯穿着筒裙。筒裙结构分片较多，五片长方形布环绕拼接和南方少数民族"幅布裙"一样，也都有原始遮羞布的共同特征。筒裙结构规整，由四片拼接，结构样式很像云南佤族的筒裙。美孚黎男子下身围裙还带有原始遮羞布的痕迹，相同大小的两片矩形布幅，同在右侧加饰边，腰间捏活褶，交错对齐腰线，再用一条近似梯形的白色宽布条固定腰部，布条两侧系带。可以认为"遮羞布"就是"幅布为裙"的原始形态；筒裙则是"幅布裙"的终极形式。

海南润方言妇女的短筒裙在各方言黎族妇女中最短，筒裙仅长 28 ~ 38 厘米，腰围要求紧贴腰部，不扎腰带，上至肚脐下面，裙底边只及大腿，能遮小腹，俯腰即露出臀部。这与"遮羞"的观点相悖，其实是一种现代人的误判，因为用现代人的观点解释史前人的行为，解释得越清楚就越不可靠，这是人类文化学的另一种观点，"遮羞是为了吸引"，又回到了"物竞天择"的原点上。黎族由于居住的地理环境不同，筒裙的长度从短在膝上到长及脚踝而各具不同。例如，沿海平原地区妇女多着长筒裙，深山地区妇女多穿中筒裙或短筒裙。这正反映出服装形制的确立是与生活环境和生产方式的需要相关联。筒裙以黑色为底，用各种精美花纹图案的单面织锦面料缝缀上去，我们知道这需要多少个农闲时间才能完成，筒裙的面积越大，这种付出就越大，加之这种极短的幅布结构对海南身处物资匮乏的山区，可以有效地节省布料，她们普遍使用超短的筒裙也就不难理解了。

## 南方少数民族幅布裙的遗风

| 标本 | 款式图 | 结构图 |
|---|---|---|
| 佤族 | | |
| 勐朗拉祜族 | | |
| 德昂族 | | |

| 标本 | 款式图 | 结构图 |
|---|---|---|
| 美孚黎 | | |
| 美孚黎男裙 | | |
| 润黎 | | |

# 三、物尽其用，以艺寄愿

　　尽可能地利用现有材料，尤其是在物质条件匮乏的地区，极尽所能，不浪费一寸面料，甚至用传统意义上非纺织品的材料，以求服饰最大化的功能，就像先古时期的兽皮衣一样，是人类对服饰最初的要求。重要的是，这种朴素的施物观所体现的少数民族在物资匮乏环境下极尽节俭的传统被传承下来。

## （一）自然取物，树皮为衣

**美孚黎树皮衣**

**图片来源：** 海南省博物馆

　　直至今日，海南美孚黎仍存留有极为原生态的树皮衣。顾名思义，树皮衣是用树皮制衣，遗存着最为原始的信息和敬物思想。美孚黎用"见血封喉"树（学名箭毒木）制成的树皮布不但经久耐洗，而且柔软、洁净，因此它被黎族先民当作制作树皮布的首选树种。这可以说是史前先民服饰形态的最后守望者，它成为研究史前服饰文明不可替代的实物标本。树皮衣裁剪沿袭着黎族固有平面结构，只是不宜拼接太多而更加规整，和赫哲族的鱼皮衣一样是我国少数民族进入纺织文明之前民族服饰生态的典型。我们可以从中窥探出原始自然经济和物资匮乏的服饰文化形态，这对探究中华服饰的起源提供了一种现实的研究途径和真实的实物证据。除美孚黎外，我国还有一些地区如傣族、哈尼族等也有树皮制衣的传统。但没有哪个民族能像美孚黎树皮衣那样原汁原味的保留到今天。据考古发现，早在3000多年前，海南黎族就有制作穿着树皮衣的传统了。让人担心的是海南的开放，会加速树皮衣的消亡，保护应成为当务之急。树皮衣结构保持着传统的古老形制，对襟，接袖，一字领。由于受材料限制，树皮衣的尺寸并不是很规整，左右衣片数据有偏差，幅宽也较窄，因材施制是最好方法。纺织技术最早也出现在海南，这种围腰式的织机在偏远的少数民族地区还在使用，但它的产量非常有限。以树皮制衣是因纺织材料的极度稀缺被迫不得已而为之，但也看出先民们顺自然之愿，无所不用其极，尽现有材料之所能，极尽节俭的精神被世代传承着，尽管各种纺织品的出现，他们仍保持着这个传统。

## （二）物尽其用，拼艺为美

拼布工艺在中国服装历史上别具一格，南北方都有出现。主流汉文化多是用边角余料配合主体作拼缘饰处理，如领缘、袖缘、摆缘等，充分体现出中国传统思想观念中"好物适之"的节俭美学。整体拼布工艺展现的是各族人民的独特审美，这是由环境和不平衡发展所决定的。为了最大限度地使用面料，通过小片面料的拼接组合，形成颇为精美的图案。这种把节约的动机和技艺的愿望结合得天衣无缝的文化现象，是探索少数民族服饰美学的重要依据。

丘北撒尼彝围裙颇似南方少数民族常用的"水田衣""百家衣"，各种花色、纹样是用布片拼接而成，搭配得繁而不乱，错落有致，间隔或以黑色调和。裙身又似汉族的"马面裙""百鸟衣"，由一片片布条纵向拼接，而这些布条亦多为两样色布接缝。可见撒尼彝女子拼布技艺的巧思，在生活中力求节俭的情况下表现出对美的独特品位和追求。围腰为拼布结构，可视为上下两部分。上半部分类似于现代女子吊带背心，两侧由两条宽布条并列成肩带直至腰间，胸前平行排列六片梯形布，上窄下宽。下半部分为裙，纵向布条拼接，下摆正中和左前、右前各有相邻两片横断接缝，这足以说明边角余料的使用，表现出西南地区少数民族从不缺少朴素的美学智慧和方法。

景颇族女裙呈不规则四边形，由多片不同纹样的织布拼接而成。为什么会采用如此奇怪的形状还是个谜。推测根据西南少数民族这种服饰结构形制的普遍性与资源贫瘠和布料难得有关，对布料的节俭和物尽其用成为他们的自觉意识。服饰的结构形态以如何节省布料而定，否则会降低他们的生活质量，甚至会影响部族的生存。或许如同汉族传统的百家衣，由零碎的织布余料拼接而成，它多用在妇女和儿童服饰上。百家衣的意思就是谁都可以拿，以此维系着宗族的联络和兴

丘北撒尼彝围裙的拼接美学

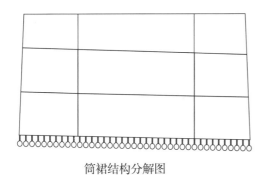

筒裙结构分解图

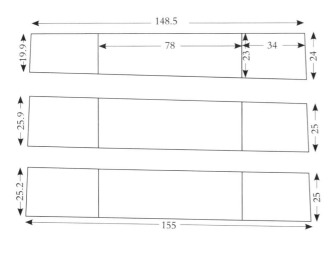

景颇族女裙不规则拼接

旺，但它的动机是要尽量把这些边角余料用完，赋予它合理的归宿，就是把宗族的愿望寄托其中。

纵向拼接的形制极其罕见，所有布片都呈条状，仅在白族男装中见到一例白色直身长袍。长袍由九块幅宽为13厘米左右的土布缝制而成，手工制作痕迹明显，土布质地松紧不一。这样竖向拼接的衣服结构无论在南方还是北方都不多见，拼缝的动机究竟是什么，要看是普遍现象还是个案。但有一点可以肯定，西南少数民族服装为了最大限度地运用材料，结构采用整齐划一的矩形，尽量不破坏原布状态或以少裁剪为原则。白族男子的这件长袍拼布宽度为13厘米，这刚好是手工织布26厘米左右幅宽的一半，这个案例最有力地说明了白族长袍可谓是这一原则集中表现的实物证据。

在南方少数民族的服饰上，还经常可以看到在关节活动处或是其他易磨损部位有附加的贴补布，看似装饰，实际上更重要的是起到加固的作用，提高服装的耐用性。在物资匮乏的南方山区，通过贴补的形式，既延长服装的寿命，又不影响美观，巧妙的构思难能可贵。例如，白族女装在袖中外套着缝了一块有装饰图案的方形布，与清末旗人的马蹄袖有异曲同工之妙，大大增加肘部的耐磨性。花腰彝妇女的大襟衣肩上左右各有一块浅色补丁样的贴布，这两块贴于肩和袖身连接部位的方形绣花布，从功能性上考虑是为了加固经常劳作摩擦的部位，以增强保护性。飘巾黑衣壮女装在衣身沿领围处有一圈贴布，以增加肩部的牢固性。通过贴布增加服装的耐用性，同样是采用拼接花纹的方式，这与汉族服饰的装饰性拼接手法殊途同归。

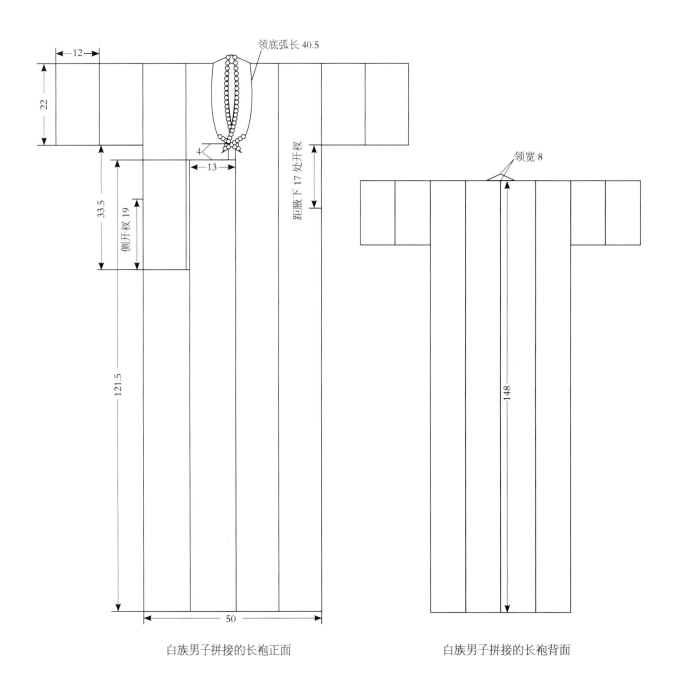

白族男子拼接的长袍正面　　　　　　　　白族男子拼接的长袍背面

# 四、凸显节制传统的半偏襟

半偏襟是指出现在南方许多少数民族上衣中的独特小偏襟样式。传统汉服的偏襟宽度与里襟相同，至腋下和衣侧，系带或用盘扣相连，穿着时不露里襟。但在南方，许多少数民族的传统服饰偏襟较窄，不及胸宽的一半，穿着时露出里襟，如汉傣、丘北撒尼彝、阿细彝、云南藏族、海南苗族等。

在汉傣的村落里采集的两套女装标本，其中一套即为半偏襟的样式，类似于清末的琵琶襟。偏襟较窄，宽12.5厘米，更像是对襟的搭门。

云南省丘北县撒尼彝女装虽为右衽偏襟结构，但细节上与通常见到的偏襟多有出入。偏襟较窄，只有里襟的一半左右。这种半偏襟长衫的样式在彝族中很普遍。整个衣身展开后布幅裁片几乎均为直线，横平竖直，变化较小，十分规整。总体上仍为窄衣窄袖的传统南方少数民族平面结构，这种右衽小襟和前短后长的形制表现出南方少数民族最典型而独到的特征。

阿细彝女上衣样式酷似丘北撒尼彝，结构平面展开后可见前偏襟窄小，后身从后侧开衩处向下渐窄，前后中均断缝。偏襟与左身相连的接缝并不在前中，前身幅宽小于后身，形成中间左右分离，通过前中有15厘米宽形成中置偏襟搭门的独特结构，这点同大部分南方少数民族偏襟上衣均不相同。

云南迪庆地区的藏族女子常穿着一种坎肩，样式酷似一些彝族的半偏襟，这种缩水的偏襟样式生动地演绎着藏、汉、彝多民族文化融合的历史信息。偏襟形状呈直角梯形，上边长12.5厘米，下边长19厘米，并未贯通到底边，这是考虑到便于腿部的活动。

海南苗族女子长衫结构和阿细彝有些相似。半偏襟上窄下宽，门襟单独拼接在前中缝，在左片衣领处还接有一小片里襟，前后中断缝，属于南方少数民族典型的平面结构。在广西同彝族临近的苗族中，我们并未发现有半偏襟结构的存在，却在海南苗族中发现。这种半偏襟结构产生的原因很可能是因为迁徙到海南的苗族物资匮乏力图节俭所致，其较之汉族传统偏襟省出的面料，足以制作领、袖口等用料较少的部位。我们从这些少数民族服饰半偏襟的形制与汉族服饰的偏襟加以比较会发现：半偏襟主要用于少数民族服装；偏襟窄摆同时出现时，少数民族服装在前中破缝，而汉服不破缝。这一方面说明少数民族服饰结构善于化整为零，这样可以更有效地使用余料，另一方面少数民族服饰结构仍处在低水平阶段。

## 南方少数民族的半偏襟结构

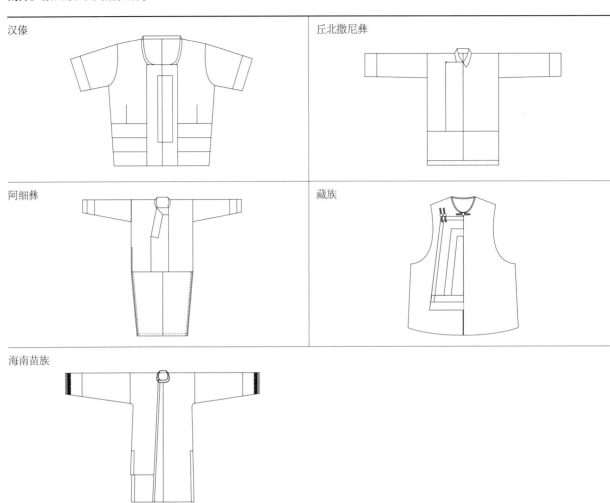

汉傣

丘北撒尼彝

阿细彝

藏族

海南苗族

中华民族服饰结构图考　少数民族编

# 五、缅裆裤崇尚运动和织物完整的杰作

传统汉族本不穿裤装，只有类似筒袜的裤腿，无裆，后从西域引进了有裆裤的形制，这与南方少数民族缅裆裤不无关系，甚至是完全"拿来主义"的。在杭州丝绸博物馆，有一件辽代的绢质三角裤，两侧开衩，中间满裆，需与连袜裤配套穿着，连袜裤将短裤的两侧罩住，而短裤则可作为长裤的直裆，两者配合起来既保温又便于骑马。连袜裤在辽金时流行于北方，称为"吊敦"，由于当时南北方互为敌国，宋朝曾严禁民间穿用。可见，有裆裤在辽金时传统汉民族中仍是作为异物，无裆裤的形制仍为主流。南方何时开始着缅裆裤尚不得而知，关于南方先民的记录也多是着裙。在考察过程中发现许多南方少数民族穿着缅裆裤，裤子的总体结构相似，却不尽相同，各具特点。但值得注意的是，它们已经不像北方传统无裆裤那样固守平面结构。对裤裆的结构考虑也就是如何便于运动而不是美观，特别像哈尼族僾尼支系、克木人、黑衣壮、毛南族的扭裆结构，更是一种便于运动又不严重破坏布料完整性的智慧之作。

哈尼族僾尼支系宽松的缅裆长裤适用于山中生活的居住环境，在劳作时将长裤挽起来，凉爽舒适。这种古老的缅裆裤结构几乎可以认为是中华古典裤子结构的活化石。缅裆裤较宽大，裤腿中线和外侧断缝，内侧翻折。南方少数民族中多出现这种结构的裤子，形成了裆下裤腿扭转的趋势，符合人体双腿前后活动时对裤裆的牵引状态，充分体现出缅裆裤平面结构中对运动的考虑。但不同民族对"裤裆"结构的处理不尽相同，哈尼族的这种缅裆裤内侧翻折有一个较奇怪的小三角补布，具体功用尚不能有一个合理的解释。而从分片较多这一现象看，最合理的推测是充分利用长时间积累下来的边角余料这种节俭意识的反映。

克木男子着阔腿裤，大裆。裤子却保持着南方缅裆裤的结构样式，虽然并不是资料中所记录的传统克木人装扮，但相对于上衣的汉化程度，大概是从傣族引进的裤子样式并未改动。

白裤瑶男裤为白色，平铺呈三角形，裆下有超大的余量，穿着时堆积在腿间。白裤瑶男裤是三块布通过错位折叠，相互拼接，形成裤腰、裤腿和裤裆，无腰头，结构规整而巧妙，宽松肥大，适于劳作。采用这种结构形制的还有湖南省靖州花苗的男裤。翻折原理大同小异，只是靖州花苗的结构更加规整对称，裆和裤腿不断开，严守着"幅布为裤"的"崇物"设计原则。这两款男裤都是通过布幅平面折叠形成运动的空间造型，非常像幼儿折纸一样充满着智慧，将面料的利用率发挥到极致，不浪费一丝一毫，可见传统服饰中凝聚着人类的才智和巧思设计，充满着物尽其用的思想，给我们今天的设计师们着实上了一课。仍存在的疑问是白裤瑶男裤为何要错位折叠，形成一种扭转的趋势，这样无疑是增加了制作工艺的时间和难度。另外，不同的民族存在相同的设计理念而又采取如此多元的技巧，这给我们太多的思考和保护的冲动。华夏民族一统的个性表达，不是说说而已，她们存在着活生生的事实和密符需要解开。

花腰彝妇女的裤子为宽腰扭裆裤，较肥大，在裤裆处有块菱形布对折，形成前后两个三角形，以增大裆量、臀围松量，便于活动。

飘巾黑衣壮女裤裤腿宽阔，裤裆肥大，裤长至脚踝，与上衣的窄衣窄袖恰相反。这样的形制便于日常劳动，在当地湿热的环境下也较利于通风散热。近年流行的哈伦裤外观样式颇似南方少数民族缅裆裤，裤裆都有很大余量，但结构上始终保持着平面的思维定式。飘巾黑衣壮的缅裆女裤结构用现代结构原理是无法解读的，它没有侧缝，而是在裤腿的前后中线上断缝，在两侧翻折。裤腿内侧的翻折结构，

**辽代绢质三角裤**

**图片来源**：杭州丝绸博物馆馆藏

保证了裤腿大部分纱向都和裤管方向相同，提高了面料的利用率。裆部不像现代女西裤那样合体，余量保证了日常劳作时足够的活动量。但褶皱不能避免，这刚好是现代哈伦裤所追求的。可见这是一个充满悖论的时代……

黑巾黑衣壮女裤与飘巾黑衣壮缅裆裤属同一系统，区别只在细节，即腰头蓝色，并在其上边抽松紧。裤腿宽阔，裤裆肥大，裤长类似于九分裤，穿着时裤子基本和身体不接触，有很大的空间，利于通风散热，肥阔的裤子也同日常劳作方式相适应，这种女裤结构是标准的南方缅裆裤。裤腿分为四片，每两片形状相同，外侧两片沿侧缝翻折，内侧两片下部沿内侧缝线翻折。虽为平面结构，但通过翻折拼接，如同折纸一样，形成了不同立面、不同维度的立体构成，成为现代哈伦裤的灵感。

毛南族女裤较肥大，拼接缝都和上衣一样缉明线，结构保持传统的缅裆裤形制。裤腿并不像现代常见的裤子那样在裤腿内侧和外侧接缝，而是在每条裤腿的前中和后中拼接，在内外侧缝翻折。裤腿内侧的翻折很有特点，使每条裤腿内侧下部分纱向和裤腿外侧方向相同，使前后裆的部位呈斜纱向而变得柔软，这样运动起来双腿更舒服。插角结构尽可能最大限度地利用了面料，减少浪费。比较特殊的是在前后腰部各有一小片三角形补布，似乎并不是必需，究竟有什么目的仍有待考证。

## 南方少数民族的缅裆裤便于运动的整布幅裁剪

| 标本 | 款式图 | 结构图 |
|------|--------|--------|
| 哈尼族僾尼支系男裤 | | |
| 克木人男裤 | | |
| 白裤瑶男裤 | | |
| 靖州花苗男裤 | | |

中华民族服饰结构图考　少数民族编

| 标本 | 款式图 | 结构图 |
|---|---|---|
| 海南苗男童裤 | | |
| 花腰彝女裤 | | |
| 飘巾黑衣壮女裤 | | |
| 黑巾黑衣壮女裤 | | |

| 标本 | 款式图 | 结构图 |
|------|--------|--------|
| 毛南族女裤 | | |

　　无论是哪一种缅裆裤，包括北方、南方少数民族和汉族，在静止状态下，双腿之间会产生大量的"裆褶"，这虽然便于运动，但不符合美观的标准，这或许是在继承和弘扬华服的传统时，它都被排除在外的原因。然而我们犯了一个理论上的错误，按照毕加索的话说，科学只有进化没有变化，艺术只有变化没有进化。如果我们接受服饰是时尚观点的话，缅裆裤的"裆褶"虽不被大多数人接受（不符合审美习惯），就像哈伦裤不被大多数人接受一样，但其作为一种概念而可贵。所以，从"裆褶"中创造出"哈伦概念"的不是中国人而是西方设计师，很值得思考，重要的是他并没有照搬，即使这样，哈伦裤也无法与一千年前辽代的三角裤相比。

# 第四节　少数民族服饰现代化的担忧

在少数民族历史中,服饰受汉族影响是在中华传统平面结构系统内的"汉化",是融合中华民族传统思想的"汉化"。而现在"汉化"的意思与历史不同,它是在汉族服装结构已经西化后"被汉化",是由传统平面结构变为立体结构的异化形态,更为正确的说法应该是"被现代化"。随着我国经济的高速发展,社会的进一步开放,传统服饰文化却变得岌岌可危。越来越多的少数民族地区被开发,跨越式的发展,面临着与汉族过去同样的"全盘西化"的问题。我们过去经历过太多暴殄天物圣所哀的事情,传统汉服的消亡,古城的改建,传统文化被我们轻而易举地亲手损毁。时至今日,每当我们想重拾中华文明世代传承的瑰宝时,总是痛心疾首,为我们过去的目光狭隘,认识浅陋而悔之不及。在南方考察时,深切地体会到南方少数民族服饰的现代化进程愈演愈烈,重犯着以往汉族一模一样的错误。

## 一、形式大于内容，表征重于本质

少数民族服饰现代化的一个重要特征是保留形式、表征,主要表现在装饰手法上。而主体已基本全盘西化,根本性的就是在结构系统的立体化。往往表面看似惊艳,其实乏善可陈,令人担忧。

例如,传统的景颇族服装制作繁复且耗时,上衣逐渐被汉化。随着社会经济的发展,景颇族的传统服饰率先失去的是常服的舞台,逐渐被礼服化,基本只能见于节日盛装。在技艺上,景颇族现在所谓的传统服装实际已经明显现代化,不仅仅是材质上的改变(很少使用自制土布),结构上也发生了质变,虽然外观上还是传统景颇族的黑衣、红裙、银泡、花饰,但上衣的落肩、装袖,都表明了传统的平面结构已经被立体造型所替代。经历了数千年历史变迁,景颇族服饰从氐羌族中分化、演变,其间在同外族的交流中不断改良,但他们始终恪守着"平面"的传统,直到现代化似乎成为少数民族服饰命运的不归路。

潞西市华桃林村的景颇族男子服装为立领对襟,襟上装盘扣,通身为黑色,领、襟、兜上都有机绣装饰，胸袋上还有似乎是景颇图腾的绣片，甚至内领处还有"××厂制"的商标，可以看到明显的商品化痕迹。传统手工男子服装已经消失，裤子为现代西裤样式。景颇族男子喜欢随身佩刀，如今更多的是作为旅游商品而失去了实际功能。从结构上看可以一目了然已经完全立体化了。资料记载景颇族传统男装为对襟窄衣，衣长不及腰，袖短且窄。我们所见的男装显然是杂糅而成，装袖立领，合体的衣身，汉化痕迹明显。

景颇族女子服饰的保护也不乐观，只在表面上还保留着某些信息，如上衣对襟、无领、黑色，领、襟、袖缘有黄色细边，衣身较短，只及腰。采样的景颇族女装中最能说明其汉化明显的是在结构上前后下摆处均出现了省道来吸收腰部的余量，以求合体，同样还有落肩、装袖，这些都是现代女装结构的特征，与中国传统服装的十字型平面结构大相径庭。用现代汉族女装的结构来套用本族传统女装外观形制在景颇族体现得格外明显，这也意味着其传统服装从本质上已步入了"现代化"。

景颇族服饰源于氐羌而终于现代化，而傈僳族相比之下有过之而无不及。同样属藏缅语族，氐羌族后裔，如今又都被汉化，服装结构亦发生了质变。这既与少数民族地区的现代化转型，社会环境转变，生产、生活方式的改变有关，这是外部因素，也与少数民族地区"穷则思变"的主观意识密切相关。现代工业化成衣相比于传统手工制衣无疑具有便捷、价廉、耐穿等优势。现代化的趋向使这些地区日常穿着的汉化服饰成为时尚。外观样式的传统装束也掩盖不了服装裁剪的立体结构，成衣化、戏装化的大趋势，使傈僳族服饰的文化特质仅限于节日场合，如著名的"刀杆节"。过去傈僳族装饰多用的珊瑚、贝壳、珠料、银等，如今也被塑料工业制品、仿金属片所取代。采集的傈僳青年女子上衣刺绣均采用机绣，料珠、花边、亮片都是工业制品。传统服饰结构已发生改变，装袖，上衣后中有破缝，前后身均有腰省，衣身呈现明显的收腰造型，落肩明显，相对于传统服装造型更加贴合人体。裙子由八块机织面料拼接而成，裙侧装有拉链，传统的百褶裙也已不见踪迹。服装所承载的宗族情感、原始信仰、历史内涵等逐渐被淡化。现在的傈僳族服饰可以说是形式大于内容，表征重于本质。我们能做的大概只有减缓她的消亡，而事实上我们往往在做着加速它们消亡的事情，例如为了发展经济而非理性的开发旅游业，或者没有配套的传统文化保护法规和措施等。可见傈僳族固有的服饰文化研究恐怕要到博物馆了。

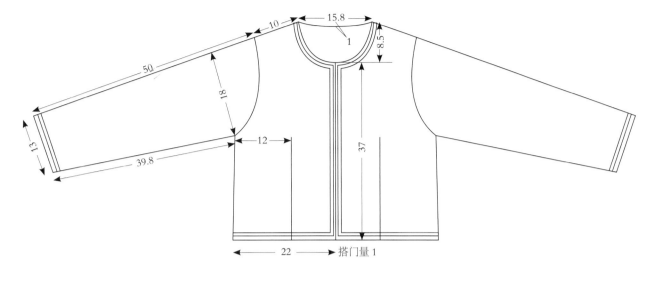

正面

背面

现代景颇族女子上衣结构已经完全立体化了

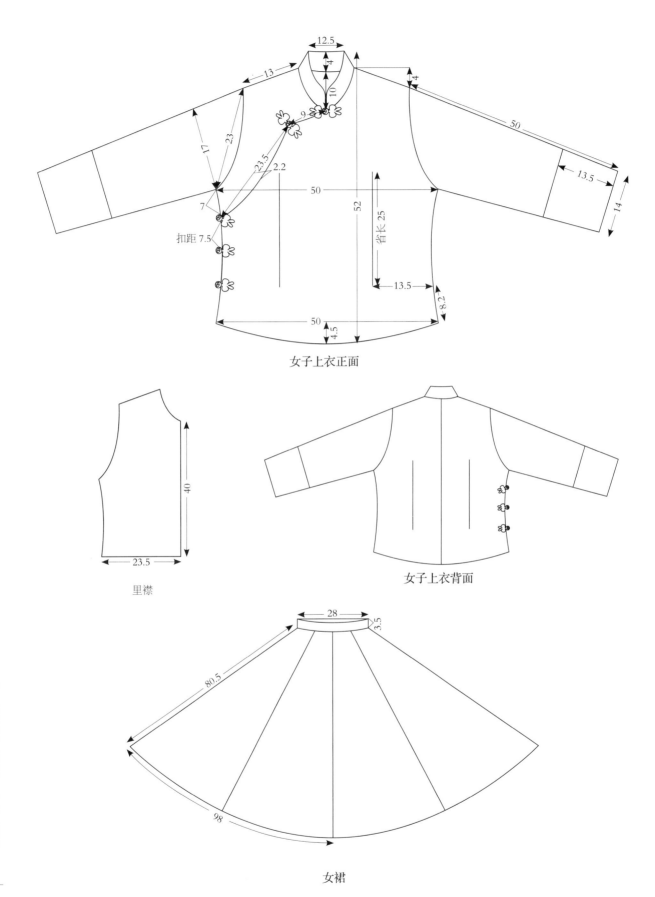

女子上衣正面

里襟

女子上衣背面

女裙

## 二、族群意识弱化

随着少数民族地区的开放，民族间的交流融合达到了历史上从未有过的程度，族群意识也因此逐渐弱化。对于一个民族、一个支系极为重要的族群符号，所指的内涵越发淡化、混乱甚至湮灭。云南文山州丘北县八道哨地区的花苗服饰清晰地体现了苗族支系间融合的特征。在此地既有丘北花苗的对襟，也有类似西畴花苗的偏襟形制，两种女装除主服样式不同，外配饰并无差异。例如，只用在苗族支系披领形制，过去是作为族群辨识的符号，现如今更多的只是其装饰作用，被各支系随意使用。

**贴饰背牌:** 花苗、白苗、青苗在衣身后领线上习惯接一块披领，上贴有精美绣布。传统上花苗为尖形，白苗、青苗为四方形。

丘北花苗的上衣领后缀方形贴饰背牌，即长方形披领，其结构造型是苗族各族群传统上相互区分的符号之一。花苗为尖领，白苗为方领，苗族一直流传着关于披领造型由来的传说。而在此地区的花苗服饰中，既出现了方领也有尖领存在，包括对襟和偏襟结构亦在这里共存，使苗族具有识别功能的符号系统变得混乱。可见融合不等于同化，如果现代化是以牺牲民族文化的多元性为代价，那么这种现代化是不科学和不健康的。

苗区的白苗女子上衣饰流苏的贴饰为圆形，该样式为文山式花苗的特征之一，贴饰普遍为尖形，这是识别苗系族群的符号，如今白苗服饰的这种文化信息已经模糊不清。该地区白苗的服装底布颜色最具标志性的白色也变成了多色，出现了一种现代时尚"混搭"的现象，族群原生态的归属文化符号被严重破坏，这是现代时尚的败笔。

苗族支系众多，历史上迁徙又较为频繁，在迁徙过程中民族自身不断进行着内部与外部的融合变化，如何为苗族支系分类在学术界一直存在争议与这种符号的混乱有关。"白苗"这种称谓是从服饰颜色上进行区分的（相应的还有"花苗""青苗"等），当地族人自称为"蒙豆"，也是"白苗"之意，当地汉人也称其为"白苗"。也有从语言学的角度对苗族进行划分，还有通过地域来划分苗族支系的。这里所列的支系名称主要是结合取样的地域给出的最普遍的习惯性称谓。但是其服饰形制却出现了本不属于"白苗"的特征（"花苗"亦是如此），甚至出现了该支系女子穿着整套其他支系的传统服装形制，究其原委，这应该是文山地区"花苗""白苗""青苗"相互融合的结果。三个支系（花、白、青）的苗族散落地分布在文山壮苗自治县，在一定地域只是相对集中地聚居着某个支系，但同周边其他支系间相互的文化交流融合不可避免。特别是随着社会经济一体化、现代化的转型，传统服饰所具有的身份辨识作用以及支系认同感在逐渐削弱，少数民族自身文化的保护意识随着现代化的冲击在减弱，主观上打破固有族群意识寻求对外的开放。于是，对服饰的约束越发淡化，各支系的服装日渐趋同，支系间的栅栏也随之消失。这种融合导致了现在支系服饰的混乱，不只是这里的白苗，还包括花苗。现在对于当地苗族的称谓更多意义上也只是一种惯称，实际上已经没有十分明显的区别。因此，在服饰结构上也一定表现出某种混合体的特征，这其中有本族群各支系间的，也包括汉族在内的外族文化的影响。可见相近地域的混居甚至杂居，对于民族间的交流甚至同化有着重要的推进作用，减少隔阂，促进融合。这也就导致了各族各支系间族群意识的弱化，特别是现代"俗文化"意识的侵入，严重的话，将会产生族群被现代化吞并直至消亡，或许在不久的将来，我们很难再区分苗族的支系，甚至弱势的支系只能永远作为一种历史记忆而存在。

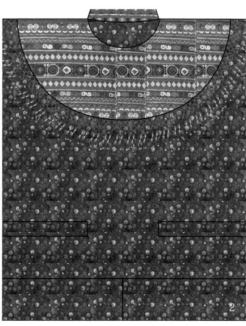

1 丘北花苗女子上衣的方形贴饰背牌已"苗系"不分
2 白苗女子多色上衣和贴饰背牌失去了纯粹感

# 三、从结构上看民族服饰的消亡程度，男装大于女装

大部分西南少数民族男装和女装的结构形制往往有较大区别，特别是随着社会情境的变迁，男装的改变首当其冲，传统男装常服为礼服化，但礼服消亡的趋势也十分明显，导致男女装的民族性被拉大（与男人走出大山多于女人有关）。像基诺族那样男女装基本同制的形式非常少见，人类男女装的分化很大程度上是随着文明的发展而产生，这也充分说明了基诺族虽步入现代社会，但仍保存着对本族文化的尊重和保护意识，也许他们的文化本身就具有这种传统，而其他民族的现状更令人担忧。

采集的布朗族男装样本在结构上已经完全现代化了，装袖、对襟、立领、盘扣，更像是具有少数民族风格的工业制品，有些许演出服的感觉，这说明当地的汉化程度较为明显，特别体现在男装上。在南方少数民族地区，男装的汉化进程往往比女装更为迅速和剧烈，见到它们也只能在节日，而且已被礼服化，常服穿着同汉族无大差异，服装结构从平面结构变为立体，窄衣窄袖变得更加合体，传统的十字型平面结构已经成了一种民族的记忆。男裤结构同样近似于现代西装裤，明显成衣化。相对于传统的女子裙装，男裤装完全丧失了其本来面貌，即便在节日，缅裆裤也难得一见。这一现象不仅是布朗族，南方大部分少数民族地区，传统男装服饰走进历史已成定局。

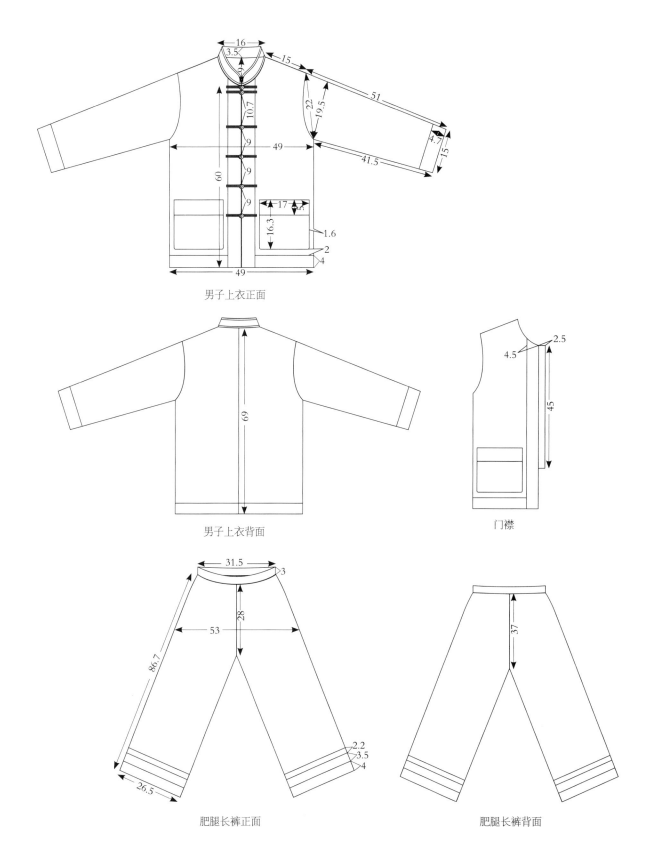

男子上衣正面

男子上衣背面

门襟

肥腿长裤正面

肥腿长裤背面

布朗族男子套装在结构上已经完全现代化

# 四、 面料的现代化影响着传统服饰结构

　　少数民族服饰的现代化往往最先是从面料开始，现代机织面料的价廉、耐用、便捷显然更为实用，也更适于生产劳作，传统面料的局限性、高成本等弊端导致其迅速被取代。面料的改变，特别是幅宽的增大，导致传统服饰上的断缝等结构处理显得多余，于是紧随其后的即是结构的简化。当然，这种改变还尚未影响根本的传统平面结构，仍是在平面基础上的革新，不属于引入省道等立体结构的西化。

　　德昂族男子上衣较短，袖子平直，基本仍保留了我国传统的十字型平面结构，但后领窝有下挖现象（传统无下挖），领子结构保持了直线，下摆平直，两侧有开衩，前中断缝接偏襟，后中无破缝。这同面料使用工业品有关，传统机织面料幅宽不可能达到袖缝间的 65 厘米左右，但现代工业品可以达到而无须断成两片。偏襟重叠部分通过单裁拼接，就形成了今天在工业制品下的"后无缝、前有缝"的独特结构，也可以说是德昂族在现代化充盈的物质条件下并没有放弃节俭意识的杰作。简单的结构传递着德昂族传统的信息，与过去的记载相比，男装结构几乎没有变化，这倒是很令人欣慰。面料的改变影响结构，这也提醒我们在织制面料普遍引入少数民族地区的今天，对于传统服饰结构的继承显得越发紧迫和必要，这也说明现代化建设和传统文化的保护是可以和平共处的。

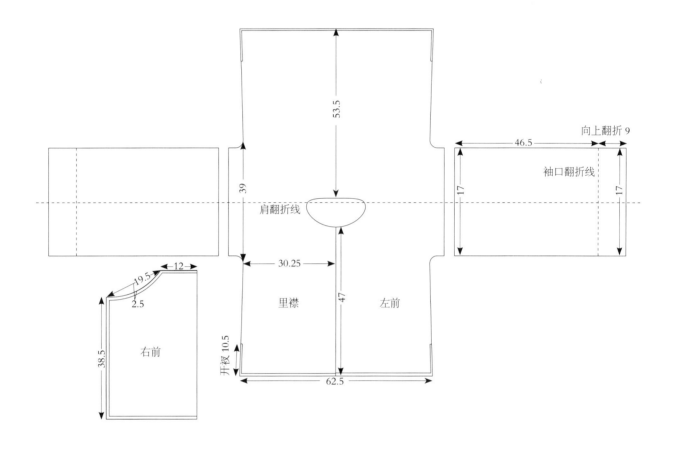

德昂族男子上衣利用现代布幅完成的结构图

## 五、旅游开发是加速保护还是加速消亡传统民族服饰文化

非物质文化遗产的旅游开发究竟是为了什么？是否可以为了经济的利益而伤害一个民族的传统文化？南方大部分少数民族地区的旅游开发严重破坏了当地的传统民族文化、服饰文化，这令人担忧。最大问题是以经济的标准粗制滥造了一个民族形象，而毁掉的是一个民族的文化基因。

云南少数民族众多，克木人则是最早的土著之一，历史上他们长期处于迁徙状态，克木人有句俗语是"三天搬家，三月迁村"。20 世纪 50 年代，克木人尚处于原始社会末期向奴隶社会过渡阶段，其母系氏族社会的痕迹至今仍较为明显。克木人的本族姓氏直接取用野兽、鸟、草木等名称，并以此作为本姓氏族群的图腾加以崇拜，外族、同姓氏族都禁止通婚，这都可以看出克木人古老的历史和原始的文化形态。遗憾的是，本应承载着克木人古老信息的服装却未能传承下来，采样地区克木人着傣、汉服饰，本族服饰已消失殆尽，能读到的古老信息更多的是在男子身上的第一层衣服——文身。克木人多信奉佛教，因此在村寨里常见到一些男人僧侣装扮。在西双版纳的旅游景点，有克木人的民族生态园。那里的克木人大都身着两块土布，一块披在上身，类似斗篷、披肩，另一块围在腰间成简单裙装。那里的男人没有权利住在房子里，而住在树上的草棚，被称为"鸟人"，女人有事用长木棍捅草棚通知男人下来，可以看出母系氏族社会中女性的尊贵地位。可惜，这些克木人的"鸟人草棚"已经成为旅游景点被各地游客参观，以这种方式来保存少数民族传统文化不知道是幸还是不幸。

采集的克木男装样本明显失去了传统服装结构形制，装袖、立领更像汉族改良的中式男装，口袋形状也不是像南方少数民族常见的方形，而是将袋口改成了运动服口袋，现代痕迹明显，不知传达的是克木人信息还是什么？最大的问题是为游客提供了一个错误的克木人信息。

相对于男装，更趋于傣族化的克木女装看上去更像是戏服或是现代时装样式，通身湖蓝色，短上衣左侧薄纱袖，右侧无袖，搭一条长纱带，带和衣身连接处系一朵扎花。过膝筒裙上覆层更为宽大的薄纱。衣裙都有镂空和刺绣的花样，在田野中煞是引人注目，俨然已从原始的蒙昧状态步入了现代"文明"社会。女装整

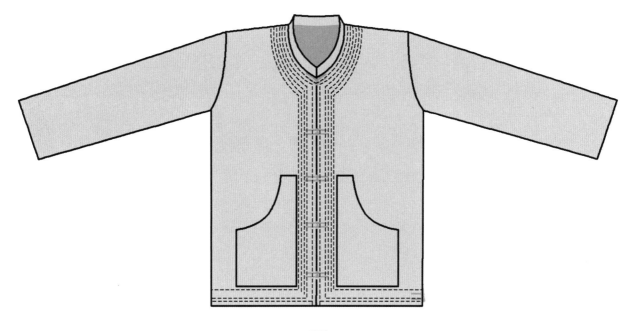

正面

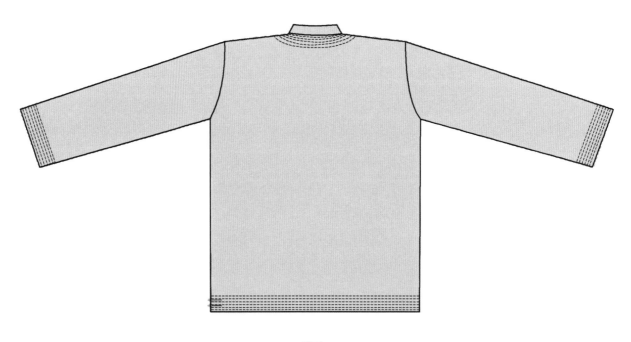

背面

克木人男子上衣和口袋款式传递着错误的信息

套都较为贴身，上衣的下摆和裙腰处都出现了省道的立体结构。上衣的短袖为装袖，有明显的收腰。裙子的腰头很窄，腰省明显是现代西装裙的结构。显然，克木人的女装是汉、傣和西方服饰的杂糅品，完全是现代化克木人的样式，这恐怕是任何一个少数民族在现代化转型过程中必须面对的问题。如何在发展经济、提高生活水平的前提下保留传统文化，而不是任其消亡或非理性地变革，是个很值得思考的课题。旅游开发和传统保护本应是双赢的结果，当我们的法规、政策和文化智慧还不够完美的时候，我们宁可不开发，对任何民族遗产，我们要多一些敬畏之心，这应该是我们对传统文化的基本态度。

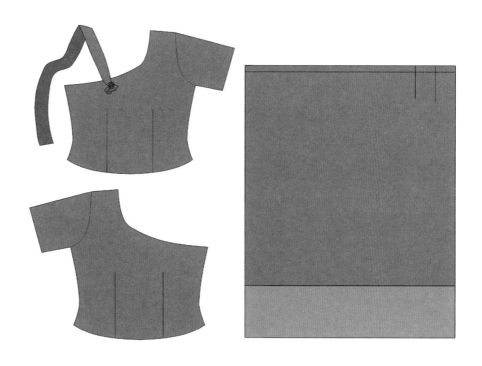

克木人女子套装时装化倾向

# 第五节　结语

中华历史之悠久，民族之众多，形成了无与伦比光辉璀璨的华夏服饰文明，无愧于"衣冠之国"。各族传统服饰丰富多彩，样式众多，特别是南方聚居了我国大部分少数民族及其支系，许多民族的传统服饰文化历久弥新，在北方汉民族传统服饰几近消亡的情况下，她仍风韵不减，保持着本源生态，存留着中华民族服饰古老的基因，实在弥足珍贵。

虽然多民族、多元文化表现出多样的民族特色，但不可割裂的是其共属于大中华一脉相承的文化血脉。从诸多少数民族数不胜数的服饰中，我们仍能清晰地看到无论如何变化，其传统结构严格恪守着以通袖线（水平）和前后中心线（竖直）为轴线的平面十字型结构特征。这些少数民族传统服饰中，有分片多、直线裁剪、夸张造型、前后差量大、窄衣窄袖等南方特点明显；有继承贯头而着的古老"贯头衣"遗风；有北方宽衣大袖偏襟的袍服；有沿袭古老交领衽式的形制。但始终不变的是中华服饰十字型平面结构的历史文脉。

南方地区自然环境以山区为主，历史上相对北方平原地貌更闭塞且环境恶劣，从而导致服饰结构的"分析性"。自然的"特异性选择"决定了服饰功能性结构得以稳固传承，服饰为适应自然环境而设计，不同的自然环境下产生与之相适应的功用性服饰结构，因此也形成了服饰结构的地域性特征。例如，适于在南方山林环境活动的百褶裙和具有保护作用的绑腿，适于田间劳作的前高后低的下摆结构，实用性极强的围腰和背婴带，等等；在云南，迁入的藏族、蒙古族为适应新的环境而改变了部分固有服饰结构的现象。这些都可以看出特定自然环境选择了与之相适应的功能性服饰结构，也就是自然的"特异性选择"造就了十字型平面结构中华服饰大一统文化背景下的多元风貌。

因自然条件、历史等因素影响，南方的经济发展水平较低，物质资源匮乏，同时传统文化中反映出朴素的物质崇拜思想，对自然、对物质充满了热爱与敬畏之心，在造物过程中也满怀对神、对自然的景仰，因此，尽量保持造物的完整性，避免一切不必要的浪费，这种敬物节俭的思想同样也体现在了服装结构上。例如，保持服装外观规整的同时尽可能节约并在遮蔽处施余料的方法；根据面料的原始状态而设计结构，以减少过多的裁剪，保持面料的完整性；充分运用纺织品或余料拼接制衣，力图节俭；满足功能需求的同时尽可能节制用料的半偏襟形制，等等。

这些服饰结构均因节俭和物质崇拜而催生。

中西方服饰的最大区别在于，中华传统服饰在漫长历史中始终如一的固守着十字型平面结构，而西方服饰从哥特时期由平面二维构成转向了立体的三维构成并一直持续至今。从中华服饰体系不可或缺的少数民族服饰中，我们发现了十字型平面结构的原始形态和中国服饰历史中三个典型形制，即交领、对襟、大襟都有所表现，这种与中华象形文字结构"稳固式文化"现象的不谋而合，值得更进一步的"人类文化学研究"。

值得注意的是，通过对中华少数民族服饰结构的研究，传统服饰传承的现状令人担忧：形式大于内容，表征大于内涵，服饰文化的本质正在逐渐消亡，存留下的文化信息越来越缺少其固有性和纯粹性。现代文化的冲击，各族及支系相互交往、汉化的程度前所未有，特别是现代化非理性的文化渗透加剧使族群意识弱化，以往服饰上能反映出族群特征的符号性结构也日趋混乱甚至消失。在服饰现代化的过程中，首当其冲的是原生态男装的消失。其次是现代化面料的大量使用造成传统工艺的失传。传统男装先于女装走上了现代化道路而率先进入历史。价廉、便捷的现代机织化纤面料替代了传统手工面料，进而影响传统结构不复存在，取而代之的就是完全现代化的立体结构。而许多地区普遍的旅游开发，重视经济利益而轻视传统文化保护和传承，特别是有意或无意地放弃了对深层结构技艺的坚守，加速了当地传统服饰消亡的步伐。这一切都让人忧心忡忡，不禁为少数民族传统服饰文化的保护备感焦虑，难道现代化真的成为传统文化的不归路？我们不能再像过去一样重蹈覆辙，以牺牲传统为代价来迫切取得短时间的物质繁荣和生活享受，而应尽快加大力度投入更多的精力、财力和强化保护文化遗产政策，来维护、传承、弘扬属于我们整个人类的服饰文化遗产。

# 第二章

# 云南少数民族服饰

　　云南少数民族众多，大部分为原住民族，自古以来就定居在这里，世代繁衍生息，创造了辉煌灿烂的少数民族文化，特别是在服饰上体现得淋漓尽致。族群之间、支系之间各不相同，本章中将依次展现田野考察的哈尼族、基诺族、克木人、拉祜族、德昂族、景颇族、傈僳族、纳西族、佤族、阿昌族、布朗族、白族、傣族服饰结构图研究整理的成果。

# 第一节　哈尼族

哈尼族属汉藏语系藏缅语族彝语支，主要聚居在云南红河和澜沧江的中间地带，历史悠久，源于古代"氐羌人"，魏晋南北朝时期，与彝族的先民同被称为"乌蛮"。

哈尼族妇女个个都会刺绣挑花，衣襟、袖口、裤边都要用各色彩线绣上各种图案，色调对比强烈，并用银链、银币、银泡作为胸饰和腰饰，头饰上缀以各种式样的银质饰品，喜庆节日穿在身上，形成一道特有的民族风景线。哈尼族服饰无论在原料、色彩、款式还是装饰手法上，无不与梯田农耕生产密切相关。

哈尼族有尊老爱幼的传统，长者在村中处处受到尊待。男女老少能歌善舞，平日里喜好随身携带乐器。农历十月的第一个属龙日是哈尼人的"春节"，家家户户桌连桌沿街摆出宴席，形成长街宴，成为全体哈尼人共庆佳节的独特风格。

图片来源：何鑫 摄

# 一、避世深隐风光秀丽造就了哈尼族服饰的特点

哈尼族在中国是一个古老的民族，大多居住在海拔 800 ～ 2500 米风光秀丽的山区。梯田稻作文化尤为发达，独特的生存环境形成了哈尼族多姿多彩的服饰文化。

哈尼族崇尚黑色，无论男女，其服装均以黑色为主基调，这是其在漫长的迁徙过程中形成的历史沉重感和审美的心理要求，以及社会历史文化发展及自然环境和梯田稻作农业所决定的。哈尼族以梯田农业为主要生产方式，黑色，对高山农耕生产者来说在保暖、耐脏、耐磨等方面都有独特优势；另外，这一习俗也与地理环境、社会生活的"避世深隐"的民族心理有关。

1 项链

2 僾尼头饰

3 哈尼儿童服饰

4 僾尼支系旧照

5 僾尼刺绣

6 哈尼住宅

7 哈尼族僾尼女子服饰

8 僾尼妇女头饰

**图片来源:** 何鑫 摄

# 二、哈尼族服饰结构图考——女子主服外观效果

　　哈尼族妇女上衣为右衽长袖，年轻妇女多以银币为纽扣，色调多为红色和暗红色两种。在衣襟、领子和袖子处以布条及卷草纹、犬齿纹作为装饰。领口部位和衣襟的装饰颇多，以黑色绣银花绒布为主，并配以各色细布条。衣身色彩鲜艳、明快，面料似为绉绸，多用现代工业制品取代了土布。

　　哈尼族女子喜好胸前饰银链、银币、银泡等。银链多以鱼为主要形态，通常是一条最大的银鱼下面悬挂两条稍小的银鱼，每条稍小的银鱼下面又悬挂两条小银鱼，最小的银鱼下面则悬挂大大小小的银螺蛳。这种胸前挂饰把生活中的动物巧妙地运用到了装饰中，并表明这是一种盛装。

1 女子主服正面
2 女子主服侧面
3 女子主服背面

图片来源：何鑫　摄

哈尼族女子上衣效果图（正面）

哈尼族女子上衣效果图（背面）

# 三、哈尼族服饰结构图考——女子主服结构复原

哈尼族不同地域、不同支系服装的形制差异较大。在云南省元阳采集的澜沧哈尼族样本为偏襟长衣，窄衣窄袖。

衣身主体分为五片，基本保持了清末汉服的结构形制。虽采用了现代工业制品面料，但仍保持了传统的平面结构特点，即受传统手工面料幅宽所限衣身前后有断缝，可推测传统织布幅宽为 38 厘米左右。

领口、门襟、袖子处装饰贴布分片较多。前中拼接的偏襟长至距领口线 2.5 厘米左右，在前领口处出现了一个明显的折角。这在各族服饰中并不常见。推测原因一是因领深仅为 3.2 厘米，如果偏襟加长达到领口线，偏襟上的扣位也随之提高，银币做的扣子会贴近肩翻折线和领窝，影响肩线翻折和颈部的舒适性；原因二是可能在制作过程中布长不足；原因三是为了与弧形偏襟的细贴边相一致。

领子是受汉化影响出现的，传统哈尼族女装根据以往资料记载多为无领结构。女子上衣的侧开衩较高，约 36.5 厘米，这与方便劳作有关。

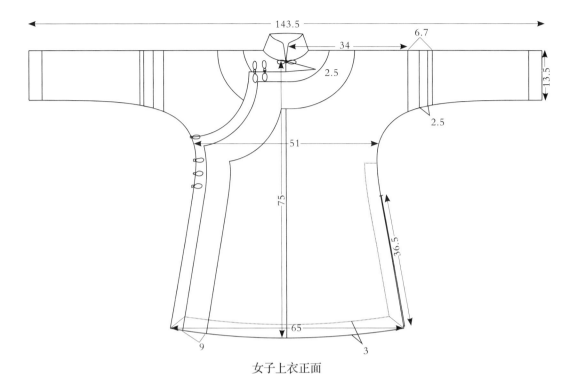

女子上衣正面

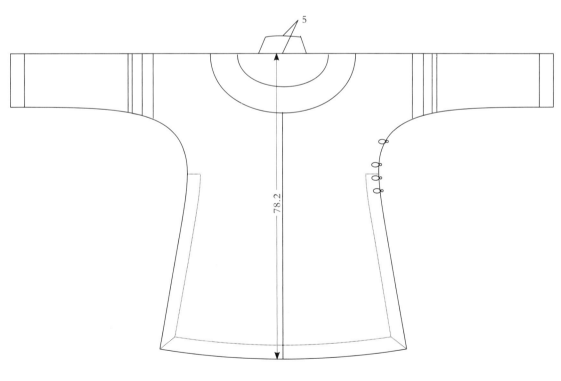

女子上衣背面

注：本书中所有图片中数字的单位均为厘米（cm）。

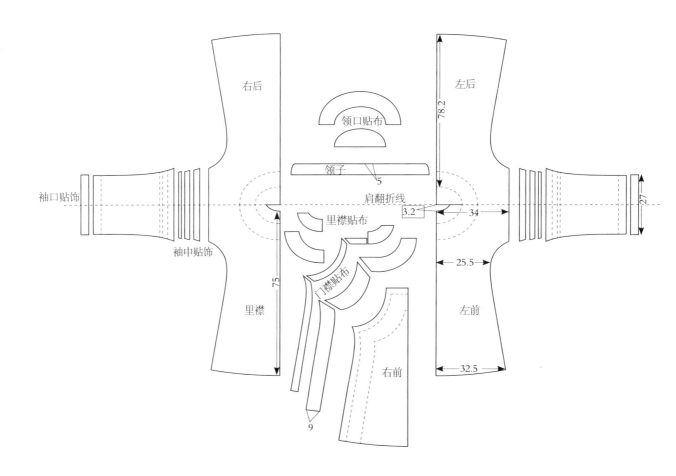

領口貼布

領子

袖口貼飾　　　肩翻折線

袖中貼飾　　里襟貼布

里襟　　門襟貼布

右前

里襟　　9　　左前

78.2

27

3.2　　34

25.5

75

32.5

5

女子上衣结构分解图

# 四、哈尼族服饰结构图考——女子配饰外观效果

哈尼女子头饰分环形发带和长条绣布两部分，环状发带上缀两排银坠，并饰有银饼、银泡，发带上边呈连续花瓣状，中间位置附长条绣布，同样饰有银饼、银坠，穿戴时绣布垂向脑后。

云肩装饰更加精美，六枚花瓣上密密麻麻排列着数层银泡，覆满整片云肩底布，只露出桃心形卷草纹样，似细线勾勒，色彩上银色与橙色、绿色相得益彰。

坎肩底布是哈尼人崇尚的黑色，饰线状银泡连成成排的涡形纹样，如行云流水。衣身前后均有十个有色的旋涡环绕在正中赤色太阳纹周围。底摆的几何纹样似山形纹。整幅坎肩似乎在诉说着哈尼族生存的地理环境：烈日当头，巍峨连绵的山脉间澜沧江汹涌滚动。

头饰图片：何鑫　摄

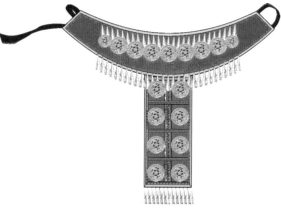

头饰

云肩图片：何鑫　摄

云肩

女子坎肩正面

女子坎肩背面

# 五、哈尼族服饰结构图考——女子配饰结构复原

哈尼族女子坎肩结构上出现了落肩、后领开深，原始结构应该与主服相似肩无断缝。

云肩呈花瓣造型，中间依领口挖洞，一瓣前中断缝，由两组银扣联结。穿戴时从断缝套在颈部，断缝花瓣置于前中。云肩最早可追溯到隋朝敦煌的壁画中，其款式特点似由北方游牧民族引入，唐宋时期在汉族中已颇为流行。何时被引入哈尼族的服装体系中不得而知。哈尼族的祖先"氐羌人"部落秦朝时受战乱影响从青海、甘肃、西藏高原南迁，在宋代滇东南的哈尼族首领受宋王朝令世领六诏山区，开始与中原有了密切联系，在这时引入云肩的可能性较大。无论何时在哈尼族中出现的云肩，从这一件小的装饰即可看到自古以来我国民族间相互交流、融合的频繁，从胡人到汉人到哈尼族，更难能可贵的是哈尼族在漫长的历史进程中保留了这种民族交往的云肩，而在汉族服饰中却早已消失，传统汉服的基因在哈尼族服饰中得以留存。

汉族的儿童围嘴虽保留着云肩的基本形制，但哈尼族云肩保留了更具原生态的历史信息，更有研究价值。

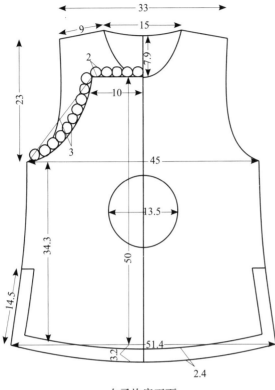

女子坎肩正面

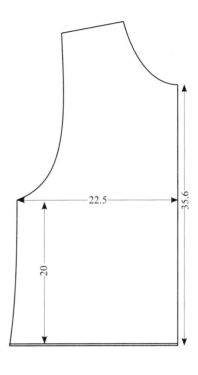

右里襟

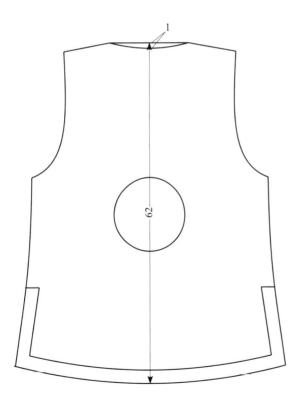

女子坎肩背面

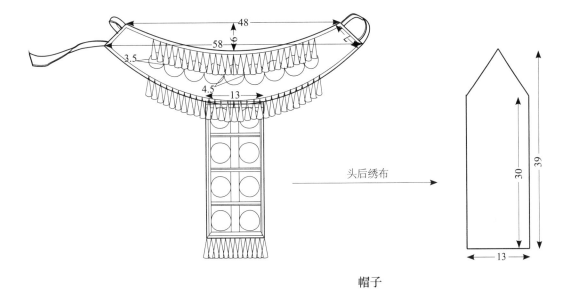

头后绣布 →

帽子

云肩

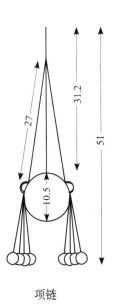

项链

# 六、哈尼族僾尼支系服饰结构图考——男装外观效果

考察采样澜沧地区哈尼族僾尼支系，发现保存着较为完整的传统僾尼服装样式。

男子主服黑色，包括有领和无领两种样式。哈尼族认为黑色是可以辟邪的保护色，故服装均以黑色为主，再缀以各色装饰。侧缝有绣条装饰，左右胸部贴刺绣布口袋。背部横向两条绣带将后衣身分为三部分，每部分左右对称共绣有六棵彩树。大量使用银泡，不规则散布在衣身前后，犹如黑夜中点点繁星。银铃也被反复使用，绣带、胸兜、后摆、衣扣上都有坠饰。前中由三或四组粗线搭扣相连。后中下摆有开衩，绣条包边，开衩两侧绣成小方形，颜色不一，外侧再围有一圈绣条装饰。

哈尼族僾尼支系的男裤为黑色粗棉布，裤长及脚踝，上有藏蓝色裤腰。裤子较为简单，同上衣的繁复装饰形成鲜明对比。

宽松的缅裆长裤适用于哈尼族僾尼支系山中生活的居住环境，在劳作时将长裤挽起来，凉爽舒适。这种古老的缅裆裤结构几乎可以认为是中华古典裤子结构的活化石。

1 僾尼男子服装正面
2 僾尼男子服装侧面
3 僾尼男子服装背面

**图片来源：**何鑫 摄

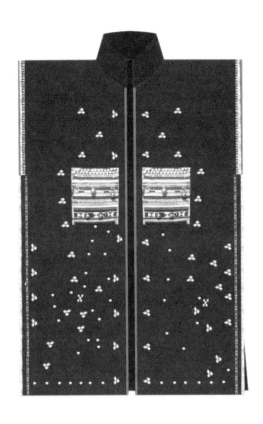

男子坎肩正面

男子坎肩背面

男裤正面

# 七、哈尼族僾尼支系服饰结构图考——男装结构复原

哈尼族僾尼支系男装分上衣坎肩和下装缅裆裤。坎肩有无领和有领两种，有领显然是受汉化影响出现，无领形制更为原始。

上衣较为贴身，肩部分下摆同宽，衣身形制原始，结构为整幅布中间挖领口对折后拼缝两侧制成。下摆两侧和后中均有开衩，可能是因为衣身较长，开衩以满足臀围的活动。

缅裆裤较宽大，裤腿中线和外侧断缝，内侧翻折。南方少数民族中多见这种结构的裤子，后文中彝族、壮族等也多有出现，但哈尼族的这种内侧翻折裤有一个较奇怪的小三角补布，具体功用尚无准确、合理的解释。而从分片较多这一现象看，像裤外侧断缝，上衣后中也有断缝，并不像大多数民族服装结构那样是受织机所能达到的最大布幅宽度所限而断缝。这些断缝使每片布幅都很窄，在25厘米以内，显然不是织机的宽度。如此不必要的分片无形中增加了缝纫的工作量，是否有其他什么原因，尚待进一步探究。但最合理的推测是充分利用长时间积累下来的边角余料这种节俭意识的反映。

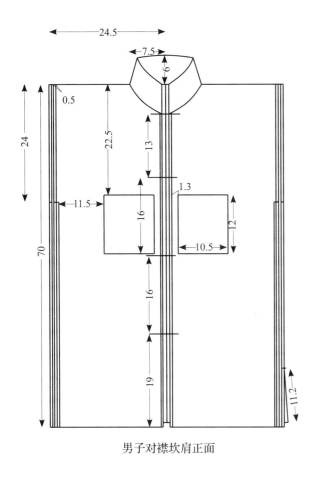

男子对襟坎肩正面

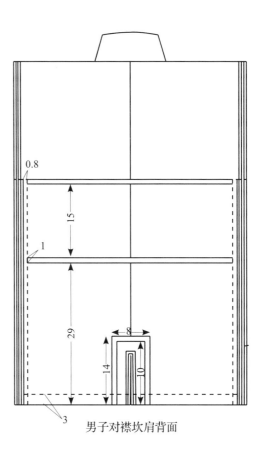

男子对襟坎肩背面

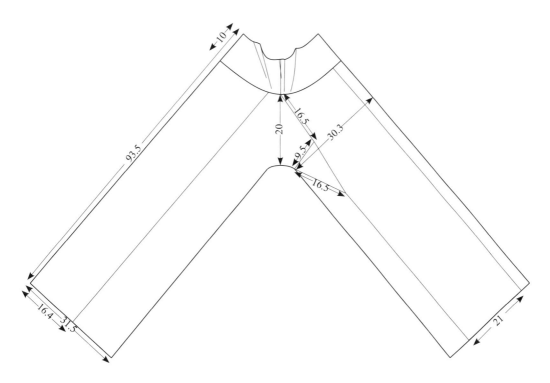

男子缅裆长裤

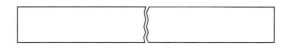

腰头

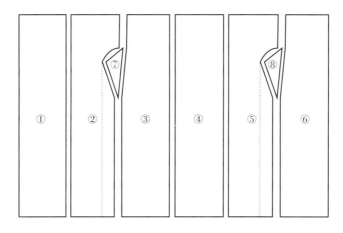

裤片分解图及内侧翻折线

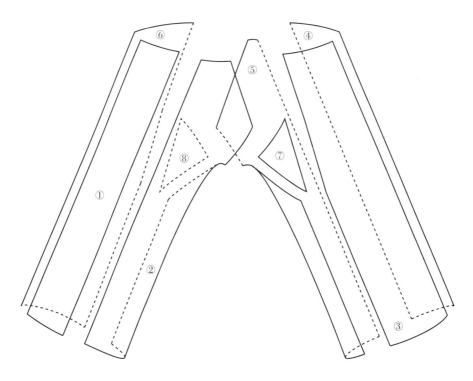

缅裆裤分片结构示意图

# 八、哈尼族僾尼支系服饰结构图考——女子主服外观
## 效果

　　澜沧地区哈尼族僾尼支系的女子服饰多是以繁复的头饰、无领对襟上衣、胸兜、短裙和护腿套为基本组合。这种表现为最本色的装扮形态，也传递着古老而有价值的信息。

　　女子上衣以黑色为主调，领口、衣襟、下摆、袖口均有挑花绣条装饰。袖口还依次饰有绿、白、红、黄、蓝五色彩布。衣身上也有粗细纹样不一的绣条，似乎在映照着哈尼族生活中的层层梯田。特别是胸部上银泡堆成的小三角形宛若重峦叠嶂的山影。后背的图案更像是甚至连他们自己也不清楚的氏族密码，后背胸围线上绣的纹样似乎是一种古老的象形文字（一些学者认为它们是"文字前的图形文字"），虽然资料上记载哈尼族并无文字。下摆上的刺绣拼布长度相同，纵向排为四列，间隔的两列样式相同。服装结构也保留得比较纯粹。

1 僾尼女子服装正面
2 僾尼女子服装侧面
3 僾尼女子服装背面

图片来源：何鑫 摄

女子对襟上衣正面

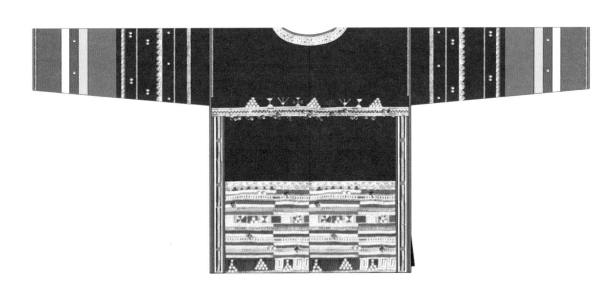

女子对襟上衣背面

# 九、哈尼族僾尼支系服饰结构图考——女子主服结构复原

哈尼族僾尼支系女子上衣为对襟，后中断缝，挖有后领窝，无领。

结构较为独特的是袖子和衣身在肩袖结合处断开，袖子并不是沿肩翻折线对称的平面结构，在袖底出现了袖下的翻折线，袖子的缝合线起始点从腋下上移，通过不对称的平面结构出现了简单梯形的造型。这与现代女西装一片袖的偏斜趋势有相似之处。

袖子的幅宽达到了 34 厘米，衣身每片幅宽为 22.5 厘米，基本可以认为面料幅宽为传统机织土布。如果布幅只能达到 40 厘米，为满足幅宽要求，完全可以和我国传统服装结构一样在袖上断缝，接袖也刚好是半个布幅，每片在 32 厘米左右；如果布幅能达到 45 厘米，则后中不必断缝。出现这样反传统的结构，一是可能因为受汉化服装结构的影响，包括挖后领窝、被西方化了的袖身上断缝；二是或许因为袖下翻折线的出现，袖底缝线的偏斜需从袖窿线开始。至于这种特殊的袖子结构从何时开始出现，是外来影响还是哈尼族僾尼支系世代流传，目前尚未知晓。但有一点是可以肯定的，这就是大中华传统服装十字型平面结构一统下的多元格局，造就了像汉字一样的东方文化符号。

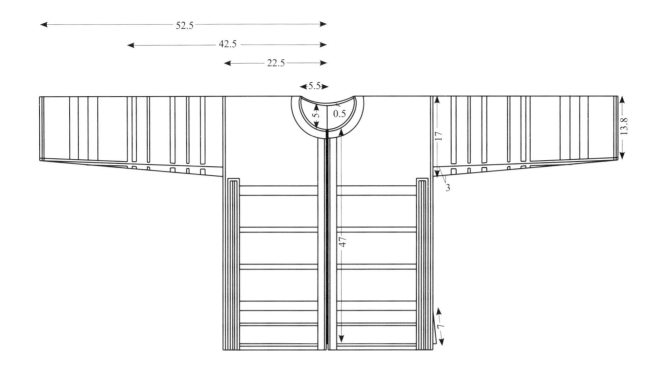

女子对襟上衣正面

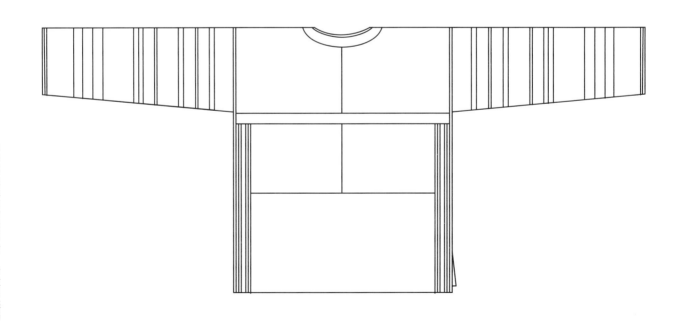

女子对襟上衣背面

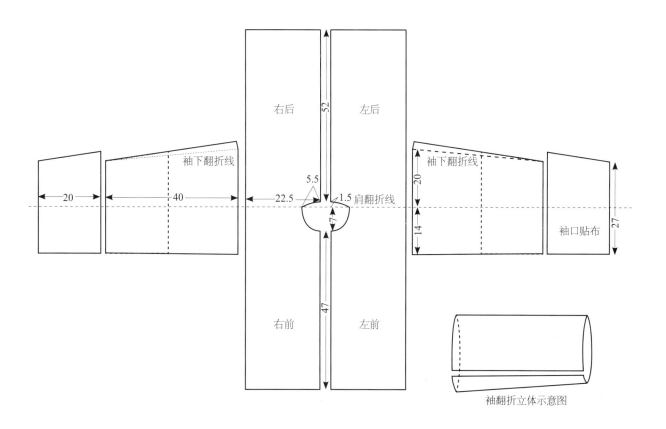

女子对襟上衣结构分解图

# 十、哈尼族僾尼支系服饰结构图考——女子配饰外观效果

　　僾尼女子的围腰由两条相同的长方形绣布并列在前中，绣布下摆和两侧缀流苏，穿着时身后系带。

　　绑腿具有很强的实用功能，较厚的绑腿适合砍柴等山中的活动，避免身体被山上的荆棘和树枝划伤。

　　抹胸同样是蓝底饰挑花绣，两条绣带类似肩带，穿着时从胳膊套入搭在肩上。

　　和男子的裤子一样，裙子也有较多的拼接，藏蓝色，腰系绳固定。

　　可以看出，哈尼族僾尼支系喜好在深色底布上配以大量银饰和刺绣，纹样以花纹和几何纹为主，特别是呈线性排列，用层层的彩色线条来装饰，犹如将梯田穿在了身上。

1 围腰
2 挎包

**图片来源：** 何鑫　摄

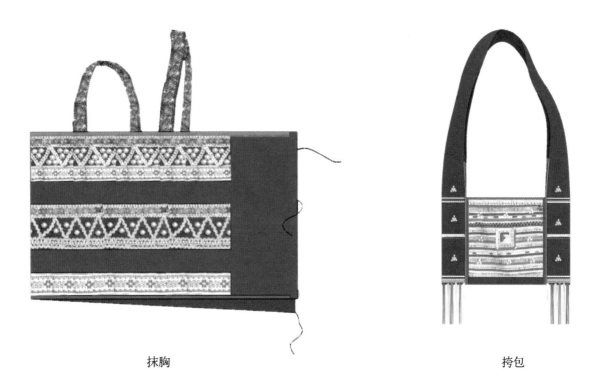

抹胸 　　　　　　　　　　　　　　　　　　　　　　　　挎包

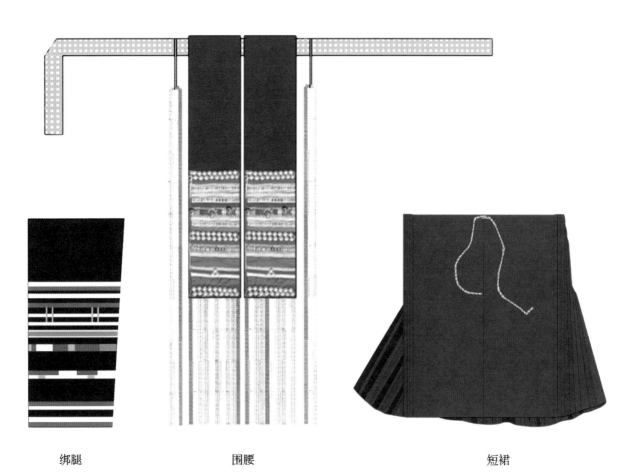

绑腿 　　　　　　　围腰 　　　　　　　　　　　　短裙

# 十一、哈尼族僾尼支系服饰结构图考——女子配饰结
## 构复原

　　哈尼族僾尼支系的女子短裙颇有汉族马面裙的风韵，前中为两片 21 厘米 ×56 厘米的长方形布，两侧接数片压细褶的布片围成桶状，形成很独特的拼接效果。腰部穿绳系结。

　　绑腿是由梯形布片围合成桶状，将两个斜边拼缝而成。这种绑腿相对于其他民族三角形系结的绑腿更加便于穿脱，但是贴体度不好，为了保证能穿过脚跟，下口必须留出足够的松量，因此还需要用绳子捆绑。

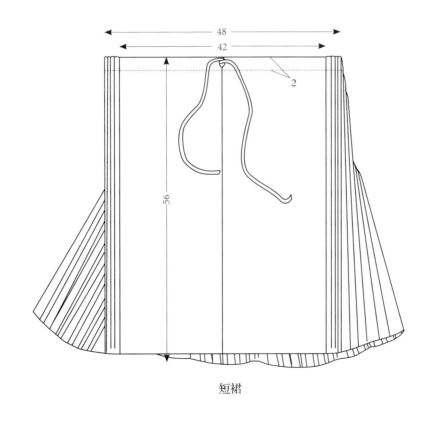

短裙

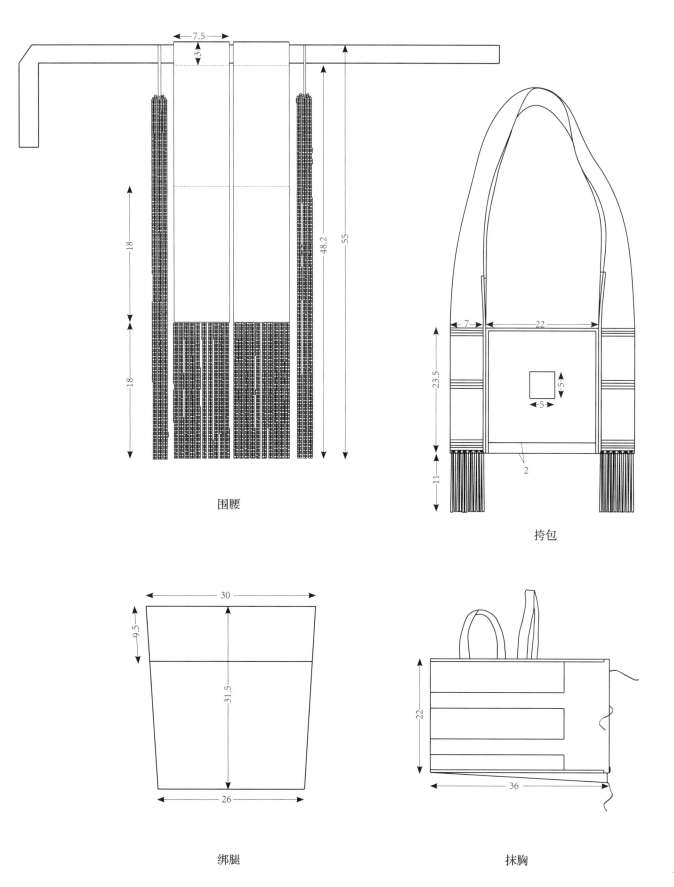

围腰

挎包

绑腿

抹胸

# 第二节　基诺族

　　"基诺"，意为"舅舅的后代"或"尊敬舅舅的民族"，可见基诺族保持了浓厚的氏族信息。基诺族主要分布在云南省西双版纳州景洪县基诺乡及四邻山区。使用基诺语，属汉藏语系藏缅语族彝语支，无本民族文字。

　　基诺族的房屋建筑过去是"干栏式"的竹楼，随着人民生活水平的提高，开始逐渐以牢固、不易失火的木柱石基、瓦顶"竹楼"，代替不结实又不利于防火的茅草顶竹楼。

　　基诺族的头饰独具特色，女子头戴一顶白底黑纹的尖角顶披风式帽子，有的帽子长度很长，绣有彩色的挑花几何图案，下边用珠子、绒线和羽毛做流苏。未婚少女将帽子服帖地戴在头上，已婚妇女则在头上架起一个竹篾编的架子，使帽子高高隆起。上身穿着对襟无领无扣镶有七色纹饰的短褂，称为"彩虹衣"，胸前有精美刺绣，缀有圆形银饰的三角形贴身衣兜，衣服袖口和裙子边上镶上红、黄、蓝等色彩的花边。下身穿黑白相间、镶边、前面可开合式的短裙，裹绑腿。

　　服装原料多为棉麻混纺的土布，颜色以原色为主，其间点缀黑红色条。织布技术原始简易，织出来的布不润滑、无光泽，但结实耐用，原材料的朴实无华也使得基诺族的服饰具有古朴素雅的风格。

# 一、"舅之后代"传递父系氏族社会的密码

基诺族同哈尼族一样同属汉藏语系的藏缅语族，是先秦南迁的氐羌族群的一部分，汉晋时继续南迁至西双版纳地区。其名称隐含着原始氏族社会的秘笈。20世纪50年代以前，基诺族仍处于原始状态，毁林开荒，刀耕火种，间歇耕作。"舅之后代"是母系社会"姨之后代"从氏族重视女性过渡到注重男性的结果。可以说人类父系氏族社会初期的表现形式之一，在基诺族文化中所保存下来的就是五六十人的父系大家庭在一个男性家长的领导下，住长形的竹楼。

通过哈尼族服饰中能随处可见保存下来的原始信息，如祭祀祖先和万物生灵的原始宗教、巫术的流行、对太阳的崇拜等。太阳的图案在基诺族的服饰上应用很多，基诺族有一种重要的法器"太阳鼓"。传说基诺族的祖先遭遇洪水，一对基诺族男女青年藏在鼓里经过了七天七夜才得以逃生，使族群得以繁衍。

虽然如今的基诺族已经不见过去父系氏族社会的生活方式，竹楼草顶换成了青砖绿瓦，氏族大家庭也已瓦解，但从他们的传统习俗、服饰中，我们仍能看到基诺族原生态的影子，特别是保持的原始服装结构在西南少数民族中是比较纯粹的。在西双版纳郁郁葱葱的山林中，基诺族以传统服饰为载体，传递着曾经氏族社会的古老信息。

1 基诺族青年女子服饰

2 基诺族女子服饰背面

3 基诺族女子服饰侧面

4 基诺族女子胸兜

5 基诺族民居

6 基诺族男子头饰

7 基诺族青年男子服饰

8 基诺族织机

**图片来源：** 何鑫 摄

# 二、基诺族服饰结构图考——男子上衣外观效果

　　非常可贵的是，在实地采集的基诺族男子上衣面料都是用传统的腰织机织出的棉麻混纺布，全手工缝制。其可视为由传承人所完成的基诺服饰非物质文化遗产。

　　固有的服装形制保持完好。上、下装底色均为白色，胸前、袖上都有红、黑、蓝条纹，对襟图案左右对称。这些纹样是先织出细条纹布后再依布制衣。后背正中用彩线绣有极具基诺族特征的"太阳花"纹样，同样的纹样也出现在男子头带上，和"太阳鼓"一样，都反映出了基诺人对于太阳的原始崇拜。

　　基诺族男子头带上最好的装饰品是用红豆组成花纹的饰物，下面坠有白木虫的翅膀，这是姑娘给小伙子的定情信物，白木虫的翅膀坚硬、光亮、永不褪色，象征着坚贞不渝的爱情。

　　基诺族男子下穿白色宽大棉布长裤，两侧和裤脚都装饰着橙色绣条，未见传统的绑腿。

　　基诺族传统男装本是对襟无扣，后来吸取了传统汉服的立领特点，出现了盘扣。

1 基诺族男子服装正面
2 基诺族男子服装背面
3 基诺族男子服装细节

**图片来源：** 何鑫　摄

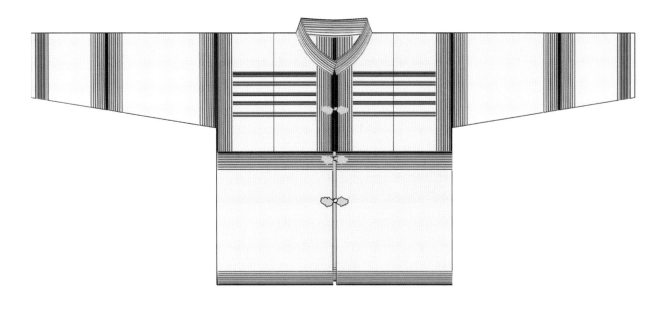

男子汉化长袖上衣正面

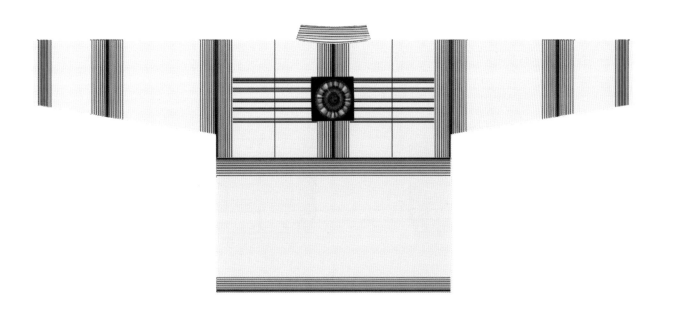

男子汉化长袖上衣背面

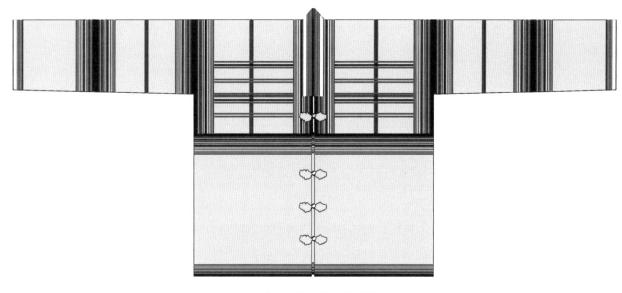

男子本土化长袖上衣正面

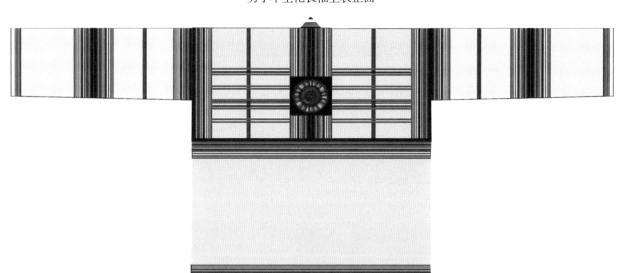

男子本土化长袖上衣背面

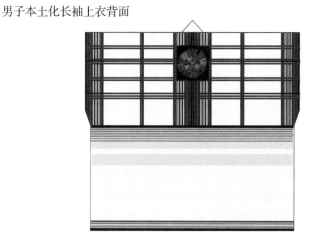

男子无袖上衣正面　　　　　　　　　男子无袖上衣背面

# 三、基诺族服饰结构图考——男子上衣结构复原

　　领子多为直领（本土化结构），是基诺族服装固有的结构，立领是受汉族服饰影响的结果，出现的时间也较晚。门襟为对襟。袖子分长袖、无袖，长袖均为接袖，平面结构。文献记载的基诺族男装为无领，考察所见的直领和立领应是受周边其他民族服饰影响引进改良而成。立领受汉化的影响比较严重，有1厘米的后领开深，和传统汉服无后领窝基本一致。直领更为原始，它只是在前衣身断缝中心处缝上了一条绣布，这也是西南少数民族服装最典型的结构形态。

　　传统的织布幅宽约为34厘米。基诺族的男装均在胸部附近有断缝，将衣身分为上、下两部分。而且上半部分纱向为经向，下半部分纱向为纬向，纬向布裁剪时长度可不受幅宽的限制，下半部分不用分片，如同一块加宽的围腰，宽度为32.5厘米，加1.5厘米的缝份，刚好是一个布幅的宽度（34厘米），最大限度地利用了布料。在纹样上，因为是织条纹，纹样在织布过程中已经确定，纹样的纵横方向变化也巧妙地加以利用，而形成基诺族服饰独特的风格。

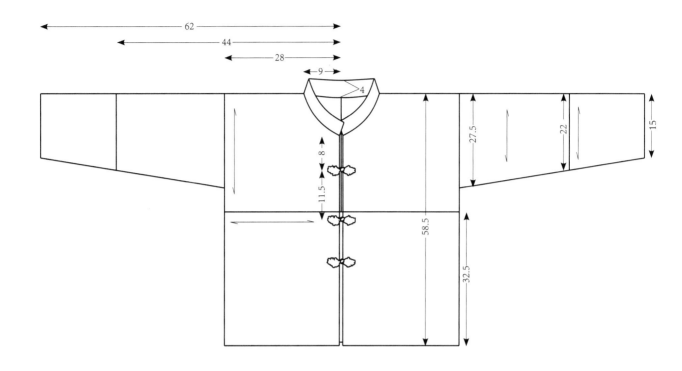

男子立领上衣正面

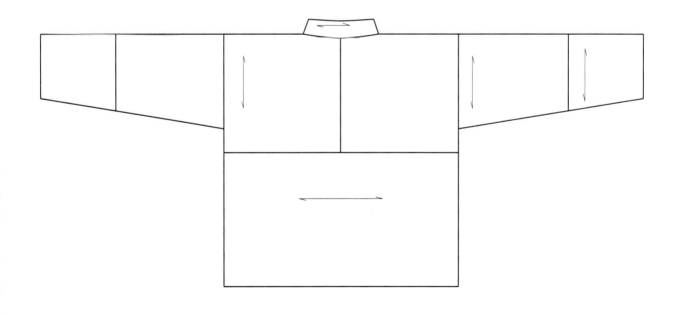

男子立领上衣背面

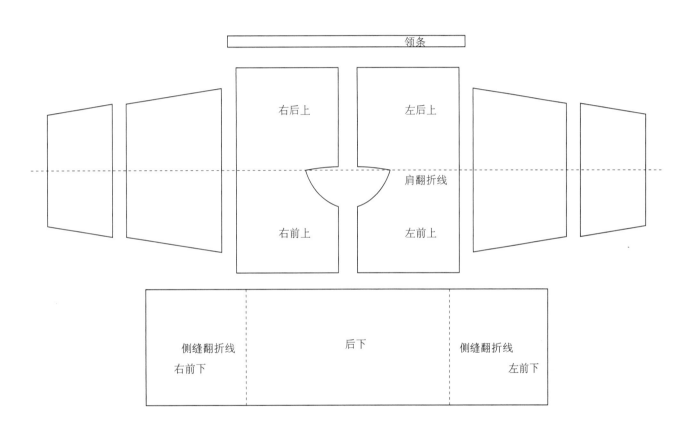

男子立领上衣结构分解图

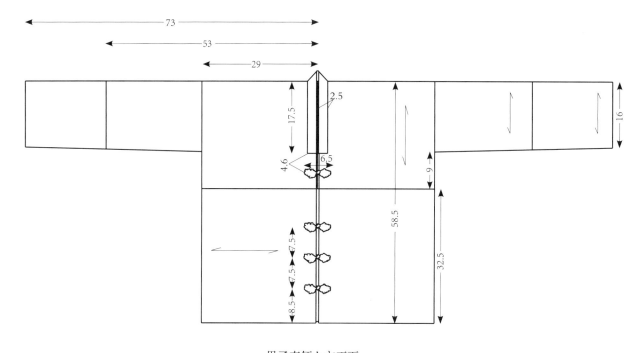

男子直领上衣正面

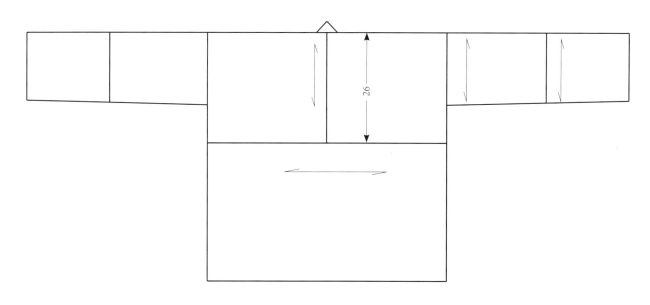

男子直领上衣背面

中华民族服饰结构图考　少数民族编

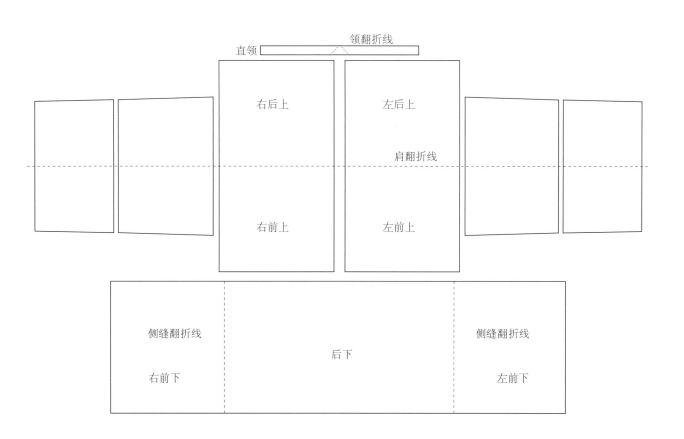

男子直领上衣结构分解图

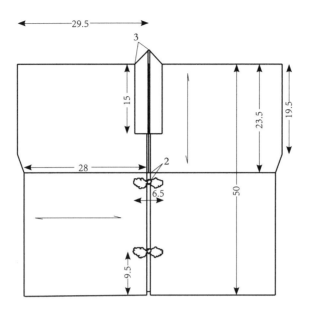

男子无袖上衣正面

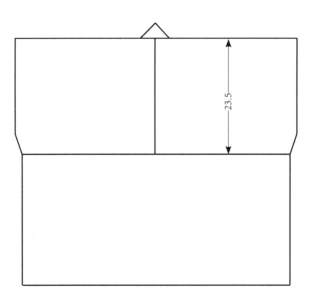

男子无袖上衣背面

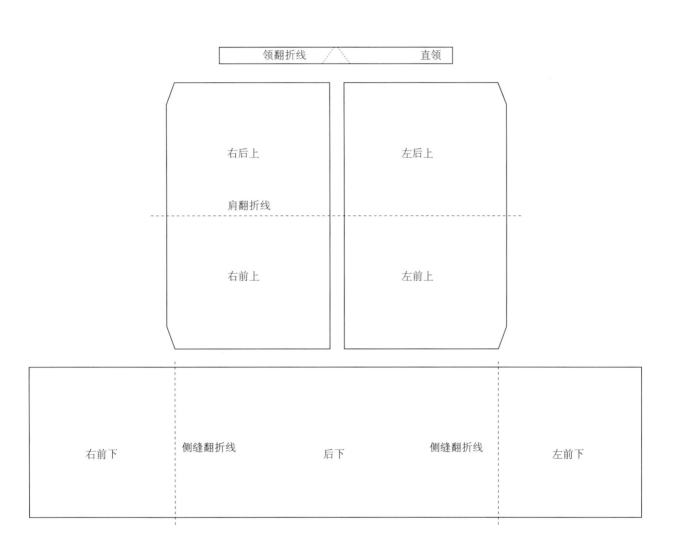

男子无袖上衣结构分解图

# 四、基诺族服饰结构图考——女子上衣外观效果

　　基诺族女子主服胸围线以上为黑色土布，下接色织条纹布。衣袖主体用宝蓝色棉布，袖口同样接条纹色织布。

　　如此大面积的色织纹布让人想起红瑶的织衣，只是基诺族的女装应用色织布的面积并未遍布整个衣身，色彩和纹样的层次既丰富又有节奏感，用现代设计的眼光看，基诺人可称得上是设计大师了。

　　基诺族女子服装肩上也有刺绣花边，纹样以花纹、鱼纹为主，表现出西南少数民族崇拜自然的共同特点。

1 基诺族女子服装正面
2 基诺族女子服装背面

图片来源：何鑫　摄

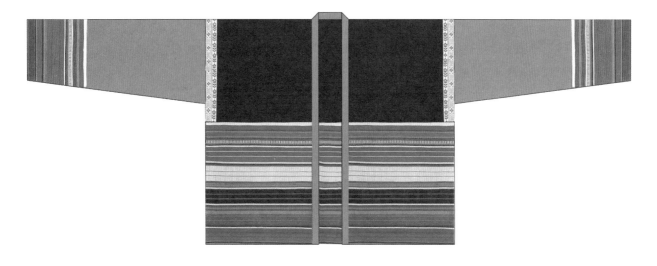

女子上衣正面

女子上衣背面

# 五、基诺族服饰结构图考——女子上衣结构复原

与男装一样，基诺族女子上衣在用布方式上也以经纬纱向分上下两部分。但在结构设计上有所不同，上半部分衣片平面展开呈倒"凹"字形，长方形缺口作为领口和前襟，1.5 厘米宽绲边以饰领口和门襟。

采样的女装所用黑色底布为现代工业制品，后中无断缝。

袖子为接袖，袖口拼接相似于下摆色织布。

大部分西南少数民族男装和女装的结构形制往往有较大区别。特别是随着社会情境的变迁，男装的改变首当其冲，传统男装礼服消亡的趋势十分明显，导致男女装的区别更是被拉大（亦和男人走出大山多于女人有关）。像基诺族这样男女装基本同制的形式非常少见，人类男女装的分化很大程度上是随着文明的发展和社会分工而产生，这也充分说明了基诺族虽步入现代社会，但仍保存着对本族文化保护的意识，也许他们的文化本身就具有这种传统。

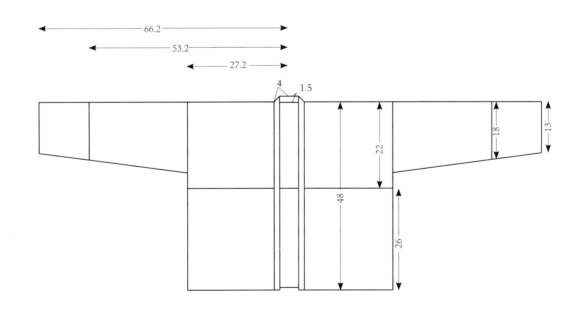

女子上衣正面

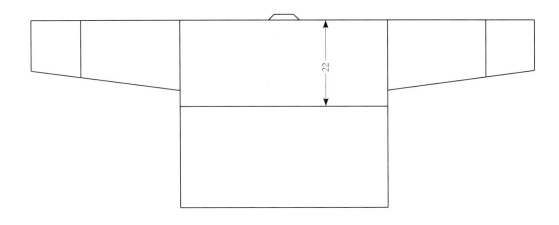

女子上衣背面

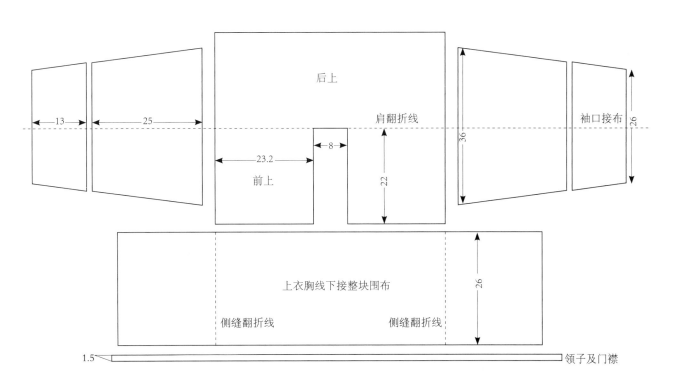

女子上衣结构分解图

# 六、基诺族服饰结构图考——女子配饰外观效果

　　女子的头巾布也被称为"基诺锦"，折叠成三角形尖帽，外形类似唐代三彩女俑所戴的幂篱，只是并无遮面，多为白色织纹布。女子头巾是基诺族非常独特的服饰组成部分，因为它是其民族身份辨识的重要标志，有些类似于英国苏格兰格子，不同样式代表着不同家族一样。

　　基诺族女子的兜肚为菱形黑色布，上有银泡装饰，并在四角绣五彩"太阳花"，绣花布包边。上角接方形十字绣布，多为几何形花纹。穿戴时于腰后和颈后系带。

　　围裙由三块布组合成一整块长方形，围腰后在前中重叠，系绳作为腰带固定。

1 兜肚
2 挎包

图片来源：何鑫　摄

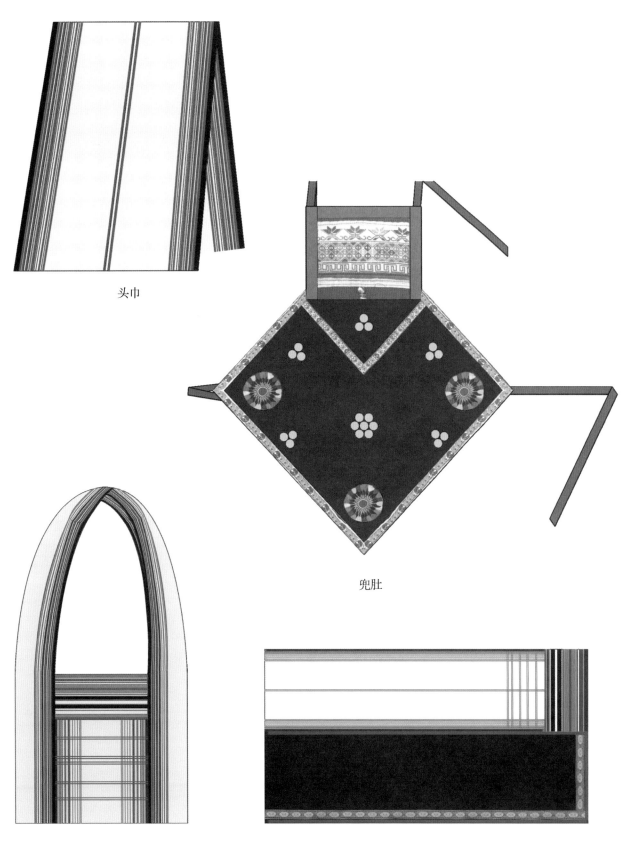

头巾

兜肚

挎包

围裙

# 七、基诺族服饰结构图考——女子配饰结构复原

基诺族的女子配饰像折纸一样，无论头巾还是裙子，甚至裤子，展开都是未经裁剪的长方形布，这在西南少数民族中极具普遍性，也表现出很朴素的"施物观"（对物质自然形态的保护和敬畏）。

头巾是沿中线对折，裙子也是简单地包裹后在腰部束扎。如此简易的形制也反映出基诺族从原始氏族社会直接进入现代社会的痕迹。

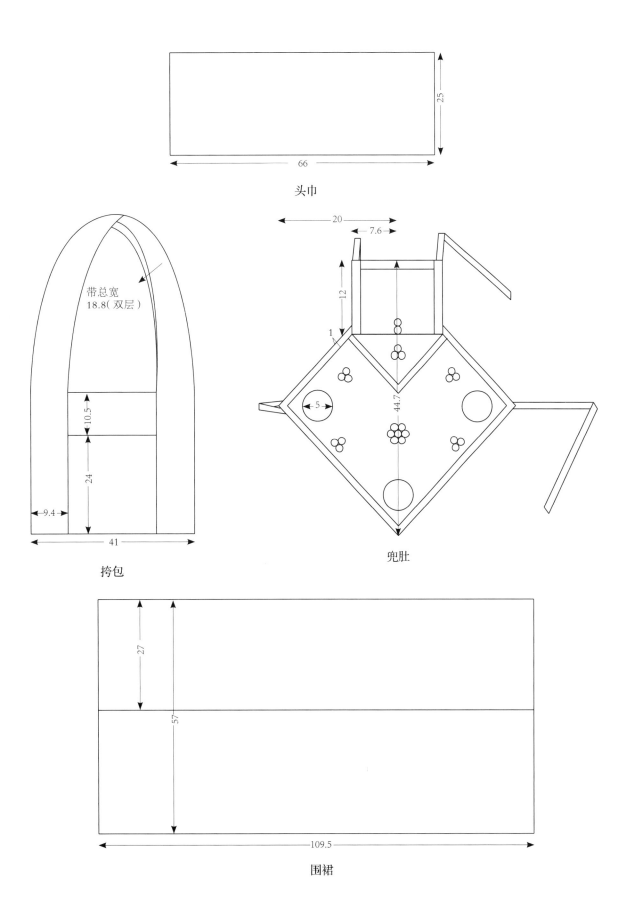

头巾

带总宽
18.8（双层）

10.5

24

9.4

41

挎包

20

7.6

12

1

44.7

5

兜肚

27

57

109.5

围裙

# 第三节　克木人

中国有 56 个民族，但还有一些极少数的人群，因为种种原因并未被列为一个民族，被称为"未识别民族"，克木人就是这样的族群，属于跨境民族。

克木人的先民均出自"百濮"族系，即古代的"闽濮""鸠濮""裸濮""扑子蛮"之类，但语言属南亚语系孟—高棉语族，克木人在老挝称为"老听"或"卡族"，泰国称"卡"，越南称"摩依人"，总数不下 40 万人❶，以老挝最多，我国的云南仅有约 2500 人。

克木人信鬼神，祭供祖先，崇拜图腾。每个村寨都祭"官鬼"，一般是在大树下摆一块画有人像的石头，每年一二月份开发坡地之前，搭一棚子举行祭祀仪式。每个家庭供有祖先灵位，一般在夜间祭祖。祭祖时，人们要模仿本族图腾（如虎或鸟）的动作。婚姻是一夫一妻制，夫兄弟婚、妻姊妹婚相当普遍。保存母系氏族余势，招婿之风盛行，舅父在家中具有重要地位。在村里我们遇见一位来自四川的上门女婿，在此居住了十多年，已学会了克木人和傣族的语言，完全融入了克木人的生活。

克木人过去耕作方法是刀耕火种。现在克木人除了学习种植水稻等粮食作物外，还种植橡胶、甘蔗、茶叶、砂仁等经济作物，并发展家庭养殖业，生活水平大幅度提高。妇女已学会用自己种的棉花纺织。因为其居住环境大多是傣族人，现在的克木人从建筑、服装，甚至宗教信仰都与傣族相近。男女衣饰穿戴和傣族相同，男子耳垂上留有大孔，可见原来戴过沉重的耳环。男子大多文身，文身图案很丰富。

通过当地克木族老妇人亲手做的一件素白的小衫，可以看出其裁剪别致、工艺独特，与傣族服装仍有不同，特别是裤子的结构，还保留着古朴而自然的气息。

中华民族服饰结构图考　少数民族编

---

❶文中少数民族人口数据均来源于《中国统计年鉴》（2005 年）。

# 一、克木人服饰简朴而承载着丰富古老的信息

云南少数民族众多，克木人则是最早的土著之一，历史上他们长期处于迁徙状态，克木人有句俗语是"三天搬家，三月迁村"。相传克木人曾在勐腊县尚勇的天峰山一带建立过强大的王国，开采磨歇井盐畅销老挝、越南、泰国、缅甸等国，后被傣族征服，沦为奴隶。

和基诺族相似，20世纪50年代，克木人尚处于原始社会末期向奴隶社会过渡阶段，其母系氏族社会的痕迹至今仍较为明显。克木人的本族姓氏直接取用野兽、鸟、草木等名称，并以此作为本姓氏族群的图腾加以崇拜，外族、同姓氏都禁止通婚。铜鼓也是克木人祭祖的重要礼器，他们认为铜鼓象征着祖先魂灵，这都可以看出克木人古老的历史和原始的文化形态。遗憾的是，本应承载着克木人古老信息的服装未能传承，采样的地区克木人着傣族、汉族服饰，本族服饰已消失殆尽，能读到的古老信息更多的是在男子身上的第一层衣服——文身。克木人多信奉佛教，因此在村寨里常见一些男子僧侣装扮。在西双版纳的旅游景点，有克木人的民族生态园，那里的克木人大都身着两块土布，一块披在上身类似斗篷、披肩，一块围腰成简单裙装。那里的男人没有权利住在房子里，而住在树上的草棚，被称为"鸟人"，女人有事找男人，就用长木棍捅草棚通知男人下来，可以看出母系氏族社会中女性的尊贵地位。可惜这些克木人长年在旅游景点中被各地游客参观，以这种方式来保存少数民族传统文化，不知道是幸还是不幸。

1 克木男子僧侣装扮

2 克木妇女服饰

3 克木女子傣化的服饰

4 克木妇女服饰背面

5 克木民居

6 克木男子服饰

7 女上衣腰褶

8、9 克木男子文身

图片来源: 何鑫 摄

# 二、克木人服饰结构图考——男装外观效果

采集的样本克木男子上装呈对襟立领，青灰色，简单而朴素，门襟、领口、袖口、底摆都缉数道明线，两对盘扣为一组，共五组，均匀排列在门襟上，底摆侧缝有开衩，各用一组盘扣连接。腰间佩刀。下装为阔腿裤，大裆。

1 男子服装正面
2 男子服装侧面
3 男子服装背面

**图片来源：**何鑫　摄

男子上衣正面

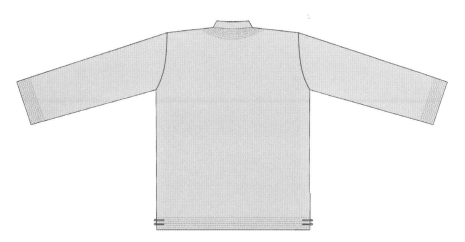

男子上衣背面

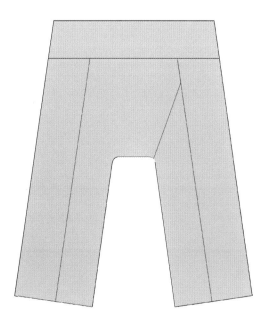

男裤

# 三、克木人服饰结构图考——男装结构复原

这套克木族男装上衣明显失去了传统服装结构形制，其装袖、立领结构更像汉族改良的中式男装，口袋形状也不像南方少数民族常见的方形，而是将袋口改成了弧线，现代痕迹明显。

奇怪的是裤子却保持着南方缅裆裤的结构样式，虽然并不是资料中所记录的传统克木人装扮，但明显弱于上衣的汉化程度，大概是从傣族引进的裤子样式并未改动。

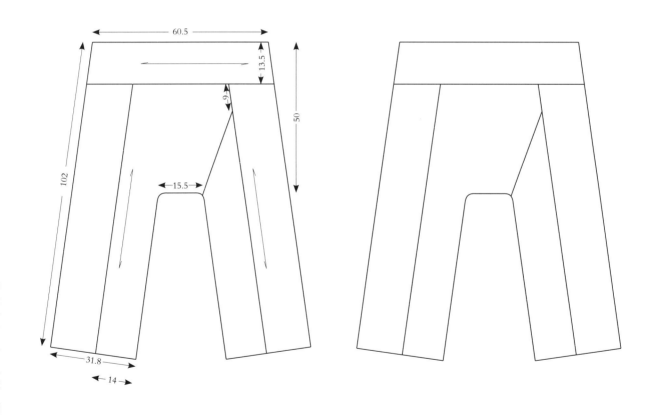

男裤正面 男裤背面

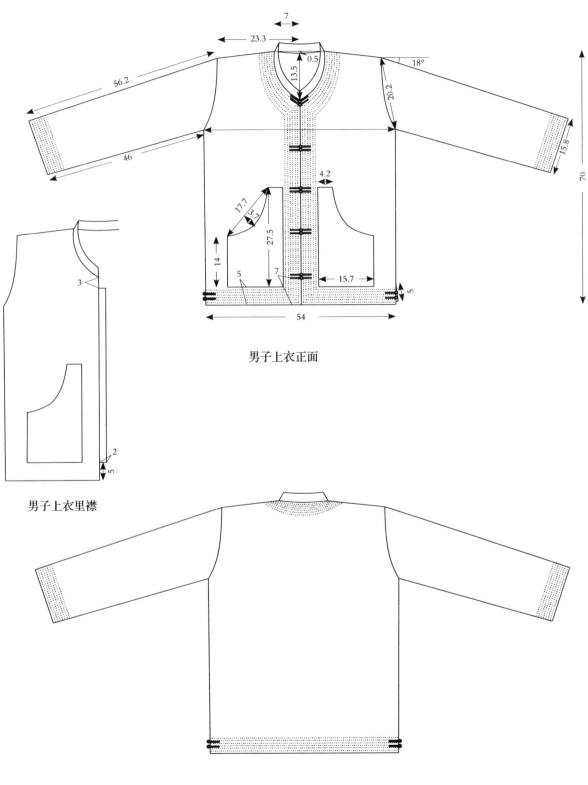

男子上衣正面

男子上衣里襟

男子上衣背面

# 四、克木人服饰结构图考——女装外观效果

　　相对于男装，更趋于傣族化的克木女装看上去更像是戏服或是礼服的样式，通身湖蓝色，短上衣左侧为薄纱袖，右侧无袖，右肩头搭一条长纱带，带和前衣身连接处系一朵扎花。过膝筒裙上覆层更为宽大的薄纱。衣裙都有镂空和刺绣的花样。女子着装后，在田野中煞是引人注目，俨然已从原始的蒙昧状态步入了文明的现代社会。

1 女子服装正面
2 女子服装侧面
3 女子服装背面

图片来源：何鑫 摄

女子上衣正面

女子上衣背面

筒裙

# 五、克木人服饰结构图考——女装结构复原

　　女子整套服装都较贴身，上衣的下摆和裙腰处都出现了省道的西化结构。

　　上衣的短袖为装袖，有明显的收腰。

　　裙子的腰头很窄，腰省很好地解决了腰部的余量，以求得到更加合体的造型。

　　显然，克木人女子服装是汉族、傣族和西方的杂糅品，完全是现代化的克木人的样式，这恐怕是任何一个少数民族在现代化转型过程中都必须面对的问题。即如何在发展经济、提高生活水平的前提下保留传统文化，而不是任其消亡，这是个值得思考的课题。

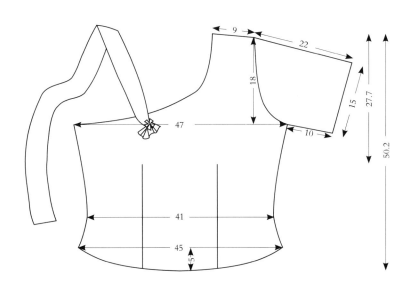

女子上衣正面

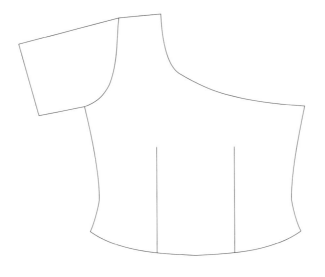

女子上衣背面

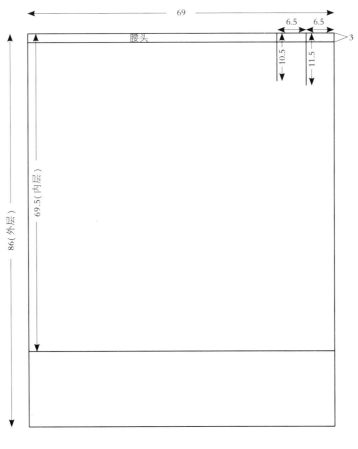

筒裙

# 第四节　拉祜族

拉祜族源于古氐羌人，属汉藏语系缅藏语族彝语支，主要分布在云南省南部的澜沧、孟连、双江、勐海、西盟等县。"拉祜"一词是这个民族语言中的一个词汇，"拉"为虎，"祜"为将肉烤香的意思。因此，在历史上拉祜族被称为"猎虎的民族"。

衣尚黑色是拉祜族服饰的一个特色，以黑色为美并为主色。拉祜族服装大多在黑色底布上，用彩线和色布绣缀各种花边图案，再嵌上洁白的银泡，使整个色彩既深沉而又对比鲜明，给人以很强的视觉感。

拉祜族妇女平时多赤足，有些地方妇女还有用黑布裹脚的习惯。在她们出门时，总是肩挎背袋，既可以装盛物品，又能显示自己的纺织技艺。

拉祜族男女均喜戴银质项圈、耳环、手镯，妇女胸前还多佩挂大银牌。节日盛装时，男女均喜背长方形的挎包。挎包系自织的青布或红白彩线编织而成，包上饰有贝壳和彩色绒球。

在云南澜沧等拉祜地区，男子穿黑色或蓝色对襟短衫，用银泡或银币、铜币做纽扣，用黑色或蓝色的布包头或戴瓜形小帽。澜沧县拉祜男子戴的帽子，用六至八片正三角形蓝黑布拼制而成，下边镶一条较宽的蓝布边，顶端缀有一撮约15厘米长的彩穗垂下。有的不戴帽子，则用黑布长巾裹头。成年男子还带一个烟盒和烟锅，身挂一把长刀。

同汉族、傣族接触比较多的地方，拉祜族男女也喜欢穿汉族和傣族服装。

# 一、善于学习的拉祜族

　　拉祜族是一个颇为奇特的民族，原本无文字，20世纪初美国的传教士H.H
蒂伯创制了拉祜文（称老拉祜文），这与很多拉祜的古歌、传说得以保存下来有关。
拉祜族的信仰既有本族的原始宗教，也有外来的大乘佛教以及基督教、天主教。
多元化的宗教信仰表明拉祜族是一个开放的、善于学习吸收外来文化的民族。

　　拉祜族祖先为西北青藏高原氐羌人，从黄河上游逐渐南迁至澜沧江两岸。云
南藏缅语系的少数民族都源于古代氐羌人，但唯独拉祜族的一些支系保留有南迁
之前的北方特点，长袍偏襟右衽，高开衩至腋下，头部缠近3米长的头巾，很像
藏族服饰的形制。然而细观拉祜族服饰，我们又能发现许多澜沧江地区其他少数
民族的服饰特点，如哈尼族善用的银泡、银坠装饰等。一些和汉族、傣族接触较
多的地区，汉、傣服饰的风格便被吸收进来。在不断地保留传统和学习改良过程中，
形成了如今多元化、地域化的拉祜族服饰。

1 拉祜族女子服装正面
2 拉祜族女子服装侧面
3 拉祜族女子服装背面
4、5 拉祜族女子服装门襟
6 拉祜族女子服装背饰
7 拉祜族女子服装细节
8 拉祜族女子服装正面细节变化
9 拉祜族女裙侧面细节

# 二、勐朗拉祜族服饰结构图考——女子主服外观效果

　　勐朗拉祜族女子多着对襟短上衣，下配长筒裙。

　　领有立领、无领两种。在领口、门襟、下摆、袖臂等处镶嵌银泡、亮片、花边。纹样以几何纹为主。在无领上衣的领口和门襟部位，银泡和各色亮片组成一个个三角形，相互咬合，错落有致，色彩鲜亮，好似教堂的马赛克玻璃窗。

　　勐朗拉祜族女子服装的面料多是黑丝绒，颜色与镶嵌的银泡、彩条、亮片呈鲜明的对比。这种材质和色彩对比所产生的奇特效果神奇而美妙。传统拉祜族服装材质为麻，从种植到纺线、织布，均由妇女手工完成，平添无限古朴韵味。然而，随着生产生活方式的现代化，首先体现在服装上的就是面料的改变，便利、廉价的工业成品取代了手工织土布，不仅是拉祜族，在南方诸多少数民族服装上都有体现。

1 拉祜族女子服装正面
2 拉祜族女子服装侧面
3 拉祜族女子服装背面

**图片来源：**何鑫　摄

对襟女子上衣正面

对襟女子上衣背面

# 三、勐朗拉祜族服饰结构图考——女子主服结构复原

在勐朗拉祜族采集的上衣样本均为装袖结构，肩部破缝，有落肩，后领口开深，后中无破缝，底摆适当内收。从结构上看，基本属西化的造型。可见拉祜族的服装造型汉化程度颇深，面料的改变只是皮毛，而结构上的改变则是动其筋骨。数千年来，中华民族传统的平面结构源远流长、一脉相承，汉族在清朝灭亡后服装形制发生剧变，引入了西方的立体结构，平面结构只在少数民族地区得以保留。但随着少数民族地区的开放，生活方式的变迁，与外界交流日趋频繁，特别是受人数众多的汉民族影响，服装形制也在迅速地变化和革新。正如勐朗的拉祜族，结构由平面变为立体，发生了根本性的转变，这也意味着其传统服饰发生了质的变化。材质的改变不一定带来结构的变化，例如我们看到的许多少数民族采用工业制品面料，但服装结构仍保持固有的面貌，说明民族的根犹存。如果服装结构发生了质变，外在的东西即便保留得很纯粹，其实文化的特质已经名存实亡。因此，中山装标志着一个时代的开始，也生动地诠释了这一点。勐朗拉祜族也体现着服装所具有的社会变革性。

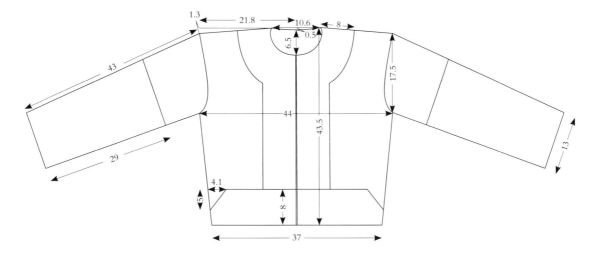

女子对襟上衣正面

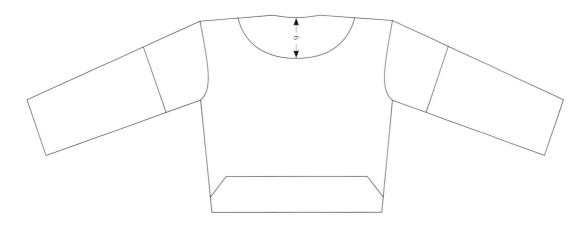

女子对襟上衣背面

# 四、勐朗拉祜族服饰结构图考——女子配饰外观效果

　　挎包为多色几何纹样织布制作，根据土布的使用可推测其年代应相对久远，包两侧缀有流苏及线球。

　　筒裙的面料是黑丝绒，在膝盖至裙摆处缝制现代的彩色花边及亮片，色彩鲜艳的花边与黑色面料呈鲜明的对比。黑色作为底色再加以彩色装饰是西南少数民族较常见的配色手法。尚黑的民族除拉祜族外还有彝族、傈僳族、阿昌族等，阿昌族妇女甚至将牙齿染黑。

　　采集的筒裙样本均是由一整块平面长方形布料对折而成，且由机器缝制。筒裙系腰链，这种环环相扣的腰链十几年前曾在中原地区颇为流行过一阵，时至今日竟成了拉祜族常用配饰，可见拉祜族对外族的包容吸收也是与时俱进的。

1 拉祜族女子挎包
2 女子筒裙

图片来源：何鑫 摄

筒裙正面

筒裙背面

裙腰链

挎包

# 五、勐朗拉祜族服饰结构图考——女子配饰结构复原

　　挎包和筒裙结构相对保留本土化特色。挎包主体是两块方形布对合，两侧连接细带。筒裙则是采用整块长方形布。相对于上衣的立体结构，筒裙更具本土化，并未用省来处理腰臀差量，而是将腰部余量在左侧重叠，保持了原生态的结构形制。

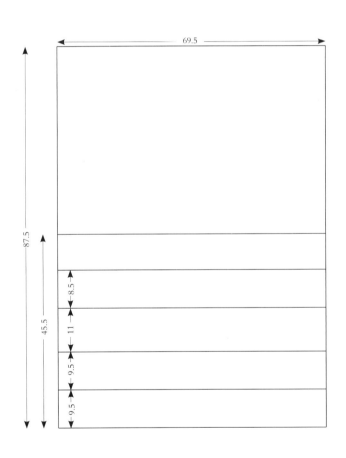

筒裙

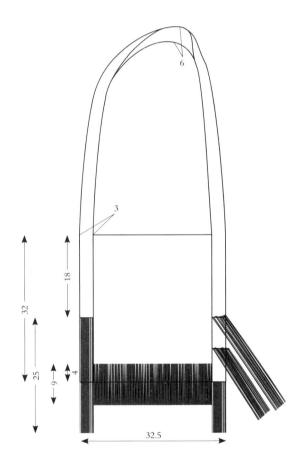

挎包

# 六、拉祜族老缅支系服饰结构图考——女子主服外观效果

　　拉祜族老缅支系女装独特之处是小交领配右衽偏襟的长袍。长袍两侧开衩很高。衣襟上嵌有银泡或银牌，襟边、袖口及衩口处均镶饰彩色几何纹布或各色布块。整体黑色衣服上缀以色彩斑斓的图案，显得格外庄重、富丽。

　　这一类型服装较多地保留了北方民族袍服的特点，无论是形制还是装饰都很像藏族女装。这在一定程度上印证了拉祜族源于古青藏高原的氐羌人。

1 拉祜族老缅支系女
　子服装正面
2 拉祜族老缅支系女
　子服装侧面
3 拉祜族老缅支系女
　子服装背面

**图片来源：** 何鑫　摄

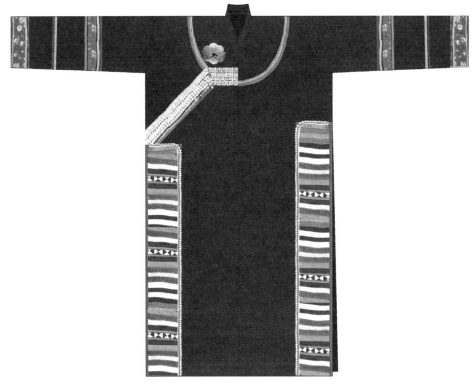

女子长袍正面

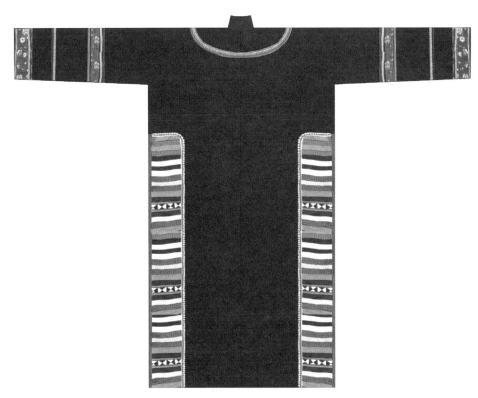

女子长袍背面

中华民族服饰结构图考　少数民族编

# 七、拉祜族老缅支系服饰结构图考——女子主服结构复原

　　拉祜族老缅支系女装平肩处无破缝，衣身前后中均破缝，与勐朗拉祜族相比，这里的服装结构显然仍是传统的平面形式。整体结构和北方袍服十分相似，但其窄衣窄袖又极具南方特色。袖长较短，不及手腕，或许是为了适应南方湿热天气在迁徙后做出的改良。多拼贴布条也常见于南方民族，北方虽有缘饰，但袖中多拼接极为罕见。

　　我们知道，北方尤其是汉族传统服饰的断袖位置往往在前袖，袖根与衣身自成一片，为的是尽最大可能利用布幅的宽度，力图节俭且避免不了因布幅不足导致袖上的断缝。南方少数民族生活的环境相对较艰难，物资匮乏，理应更加注重裁剪以节约布料，但我们见到许多平面结构的少数民族服饰将断袖位置安放在了肩袖结合部。推测，一方面可能是因为大部分这样的服装衣身上下同宽，而不同于北方的宽大底摆，南方的窄衣在肩部断袖能更大限度提高面料使用率；另一方面是更多地利用边角余料，或是用贴饰、接绣布等手段来掩盖袖上更多的断缝，以此来更大限度地实现物尽其用的朴素自然观。

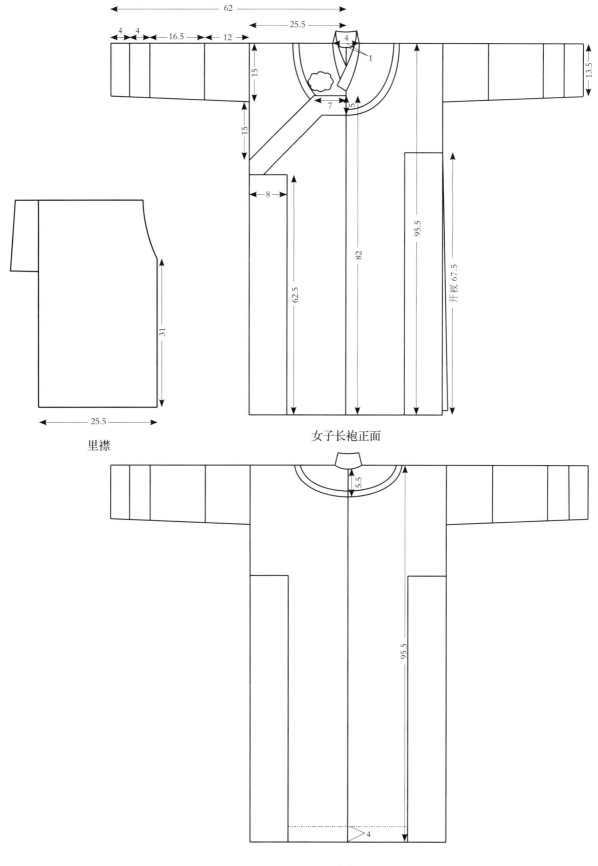

里襟

女子长袍正面

女子长袍背面

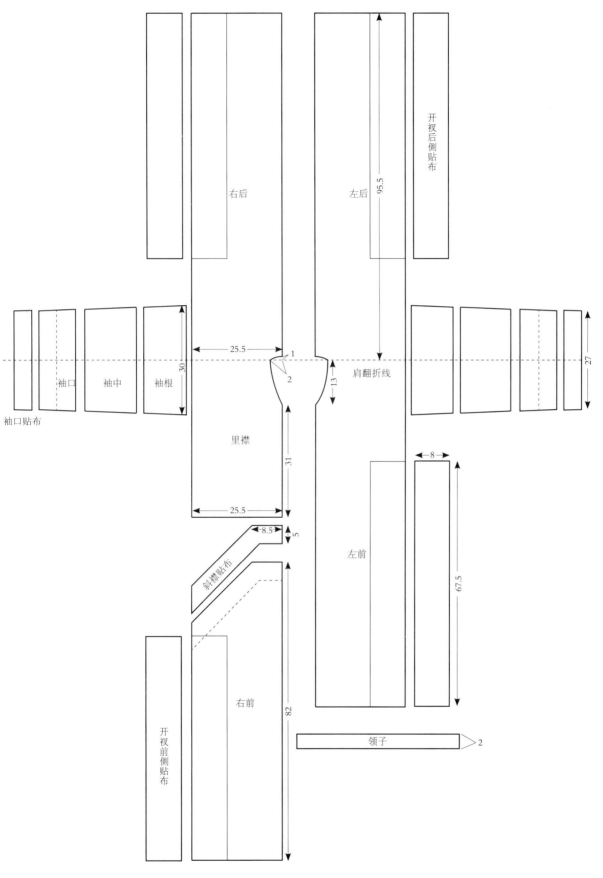

右后

左后

开衩后侧贴布

95.5

25.5

30

袖口

袖中

袖根

袖口贴布

里襟

肩翻折线

1
2

13

27

31

25.5

8

左前

67.5

5

8.5

斜襟贴布

右前

82

开衩前侧贴布

领子

2

女子长袍结构分解图

# 第五节　德昂族

　　德昂族是一个跨境民族，有相当数量的人口居住在缅甸境内。我国的德昂族主要分布在云南省德宏傣族景颇族自治州的潞西县和临沧地区镇康县，其余散居于临沧、思茅、保山等地，共有 1.5 万余人，绝大多数与景颇、佤、汉等民族混杂而居。过去，他们曾被称作崩龙族，1985 年后统一称为德昂族。德昂族信仰小乘佛教。德昂族有自己的语言，无文字。德昂语属南亚语系孟高棉语族。德昂族喜居干栏式竹楼。他们主要从事农业生产，尤其善于种茶，茶是待客必不可少的佳品。

　　德昂族的服饰具有浓郁的民族特色。德昂族妇女的裙子多为彩色横纹筒裙，上可遮胸，下及踝骨，并织有鲜艳的彩色横条纹，不同支系在色彩、条纹上有显著的区别。德昂族妇女的头饰比较特殊，妇女不留头发，剃光后绕包头，包头可以说是德昂族妇女与生俱来服饰的组成部分，它两端如发辫，垂在背后。有的德昂妇女婚后留发，戴黑布包头。德昂族妇女服饰的别致之处还体现在"藤篾缠腰"，成年妇女都佩带腰箍并以多为荣。腰箍大多用藤篾编成，也有的前半部分是藤篾，后半部分是螺旋形的银丝。藤圈宽窄粗细不一，多漆成红、黑、绿等色，有的上面还刻有各种花纹图案或包上银皮、铝皮。传说古时候德昂女子是满天飞的，男子为了将女子拴住，便用藤篾做圈，套在女子腰上，久而成俗。德昂族女子成年后，在裙子的腰部佩戴上五六圈或十余圈，甚至二三十圈藤篾制的腰箍，姑娘佩戴的腰箍越多，说明她的追求者越多。

　　德昂族的配饰中，五彩斑斓的绒球别具特色。这种绒球是先用一小缕毛线扎成球形，再染成红、黄、绿等色，男子包头布的两端、姑娘的耳环上以及男女挂包的四周都要钉上它们。更引人注目的是，青年男子在胸前挂上一串五色绒球，而姑娘们则装饰在衣领之外，如同朵朵鲜花开放在她们的胸前和项颈间，鲜艳夺目，别具一格，表现出一种原始的择偶文化。

中华民族服饰结构图考　少数民族编

图片来源：何鑫 摄

# 一、崇尚"崩龙"图腾的德昂服饰

　　德昂族历史悠久，是云南西南部最早的原住民，有十分古老的信仰和祭祀习俗。其崇拜龙图腾，代表了西南少数民族和中原地区一脉相承的文化渗透和交流，清代史料记载德昂族的称谓为"崩龙"。因此，它和中原一样保持了悠久的龙文化历史。传说德昂族女子筒裙的纹饰就与其先民对龙和大鸟的崇拜有关。春季祭龙时，村寨杀鸡、杀猪，祭祀画纸龙，众人叩拜。

　　云南西南部许多地方虽无德昂族居住，但仍保留着曾经德昂语的名称，如崩龙山等。他们聚居的中缅边境山区，云雾缭绕，就像龙图腾一样为这个古老的民族增添了几分神秘的气息。

1 德昂族女子服饰正面
2 德昂族女子服饰背面
3 德昂族男、女服饰
4 德昂族腰织机
5 腰饰
6 胸饰
7、8 德昂族老人服饰

**图片来源：** 何鑫 摄

## 二、德昂族服饰结构图考——男子主服外观效果

　　德昂族男子服装为披领右衽偏襟，衣长较短，蓝色为主色调，袖口、底边、门襟都有深蓝色贴边。衣身上装饰有大量极具德昂族特色的彩色绒球，珠链相接，特别是后背，从披领垂下来整片彩球装饰，十分艳丽，煞是惹眼。南方甚至整个中国大部分民族的男装都鲜有如此繁花似锦的多彩装饰，德昂族男装这种看似女性化的饰物很值得进行深入的民族学研究。

**1** 德昂族男子服装正面
**2** 德昂族男子服装侧面
**3** 德昂族男子服装背面

**图片来源：**何鑫　摄

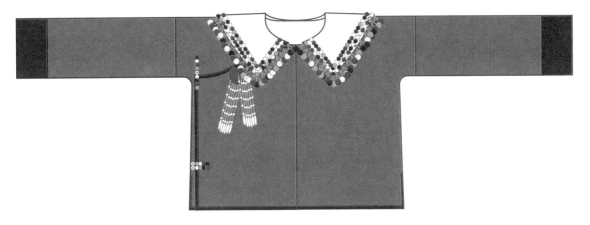

男子上衣正面

男子上衣背面

# 三、德昂族服饰结构图考——男子主服结构复原

　　德昂族男子上衣较短，袖子平直，基本仍保留了中国传统的十字型平面结构，但后领口有下挖现象（传统无下挖），披领结构保持了直线。

　　德昂族男子上衣的下摆平直，两侧有开衩，前中断缝接偏襟，后中无破缝。这同面料使用工业品有关，传统机织面料幅宽达不到袖缝间宽度要求（65厘米左右），但现代工业品可以达到此幅宽而不需要断成两片。可是偏襟重叠部分必须单裁，就形成了今天在工业制品下的"后无缝前有缝"的独特结构，也可以说是德昂族在现代化充盈的物质条件下并没有放弃节俭意识。

　　简单的结构传递着德昂族传统的信息，和过去的记载相比，男子服装结构几乎没有变化，这倒是很令人欣慰。

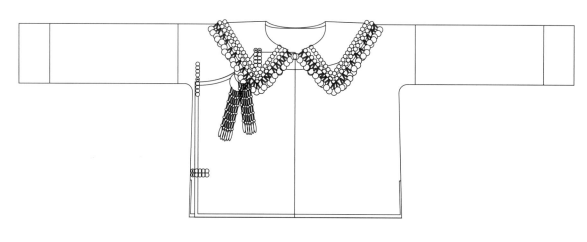

男子上衣正面

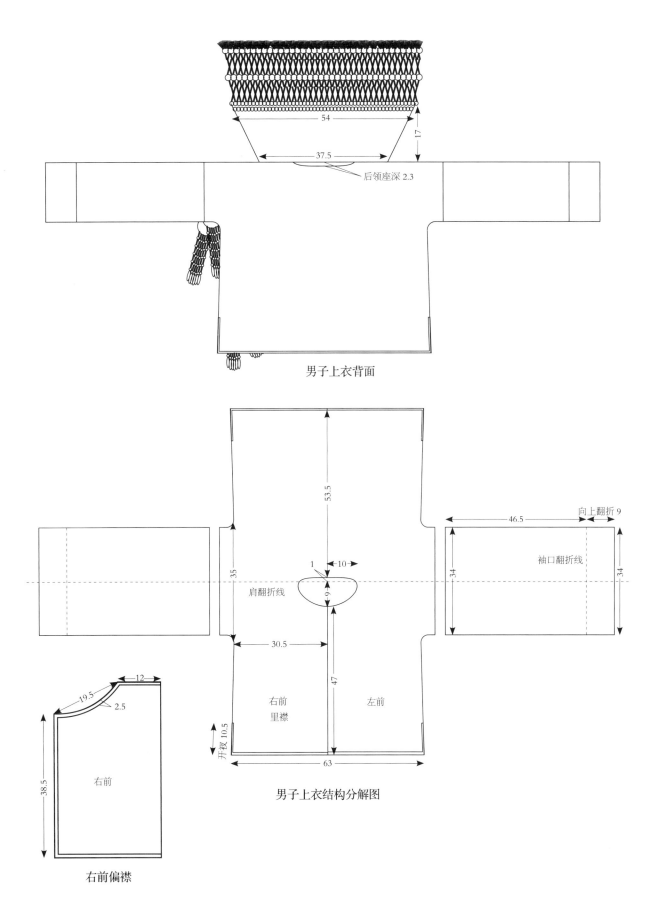

54

17

37.5

后领座深 2.3

男子上衣背面

53.5

向上翻折 9

46.5

34

袖口翻折线

34

1 10

肩翻折线

9

35

30.5

右前
里襟

左前

47

开衩 10.5

63

12

19.5

2.5

右前

38.5

右前偏襟

男子上衣结构分解图

# 四、德昂族服饰结构图考——女子主服外观效果

德昂族女子上衣同男装颇为相似，装饰更为花哨。对襟短上衣，披领，门襟上有银牌为纽扣。同样坠满七彩绒球，鲜亮醒目。对各色绒球的如此迷恋，体现着德昂人独特的审美习惯，或许也有其实际的功用性价值，如在山林中更容易被伙伴发现辨认，红色对于野兽往往也有警示的作用。

德昂族女子上衣的胸前门襟上有两道鲜艳的红色贴布，传说是源自德昂先祖三姐妹在吃牛肉时不慎将牛血滴在胸口，将衣襟染红，于是流传至今。

1 德昂族女子服装正面
2 德昂族女子服装侧面
3 德昂族女子服装背面

图片来源：何鑫　摄

女子上衣正面

女子上衣背面

# 五、德昂族服饰结构图考——女子主服结构复原

德昂族女子上衣和男子上衣一样都较为短小，袖窄，保持着平面结构，前中破缝为门襟，后中无断缝。衣身下摆明显窄于胸宽，呈逐渐收小的趋势，这在南方少数民族的女装中并不多见，是独特的传统形制还是汉化所致，仍待考证。

德昂族女子上衣衣领的平面形状为梯形，长度较短的下领边与衣身的领窝相接，上领边翻下贴在肩头，形成披领造型。衣身上挖有后领窝。

德昂族男女服装的共同特点是衣身窄小，披领宽大，装饰繁多。不同的是男装为偏襟，女装为对襟，这也是值得探讨的地方。

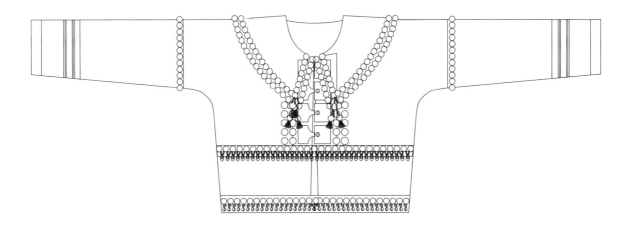

女子上衣正面

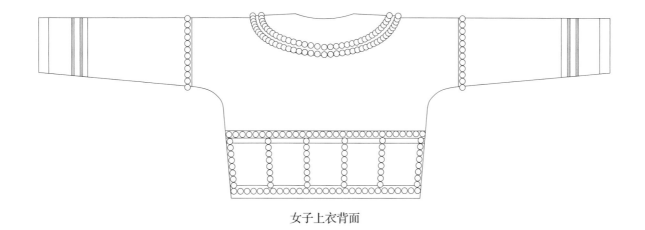

女子上衣背面

后下摆绣布 16

23

25.5

42

后

领围 39　　1　肩翻折线

2.5

袖口
翻折线

37.5

12

47

8.5

前

袖口贴布

13

37

领上口 57

13

领下口 39

翻领

女子上衣结构分解图

# 六、德昂族服饰结构图考——女子配饰外观效果

德昂族女子配饰很有特点，过去德昂族妇女剃光头，包裹头巾布。唐代即有对德昂族女子包头习俗的记录"出其余垂后为饰"。德昂族女子有饰腰的传统，过去"藤篾缠腰"，腰箍越多表明女子越优秀。现在的宽腰带也装饰着数层绣条、亮片、花边。德昂的筒裙是区分支系的辨识物。不同支系的德昂女子筒裙的样式并没有什么区别，但是彩条的颜色却各不相同。与胸前红色贴布的传说相同，是德昂族先祖三姐妹杀牛时牛尾沾血甩在了裙上，于是她们按照牛血的颜色和位置织了三种不同花色的筒裙流传至今。

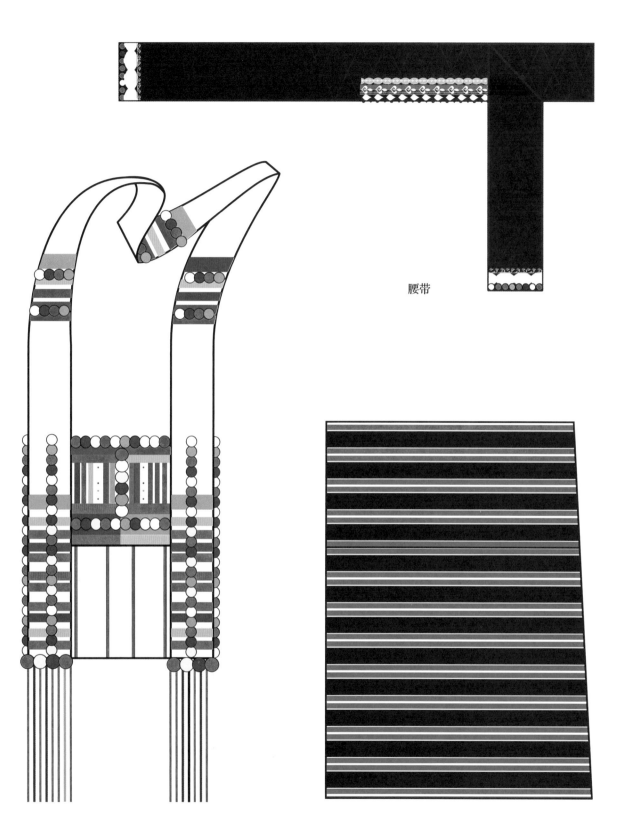

腰带

拷包　　　　　　　　　　　　　　　　　筒裙

# 七、德昂族服饰结构图考——女子配饰结构复原

德昂族女子的筒裙由三块梯形布拼接而成，由上至下布长逐渐加大，结构简朴而传统。腰围达到 127 厘米，下摆围度为 137 厘米，穿着时腰部围绕近两圈，有相当大的重叠量，围成桶状造型。对于筒裙，重叠量大的好处在于增加了腿部活动的空间，利于活动，也无意间在腰部加了褶量，通过腰带和围腰束紧这种以牺牲舒适度保持物质的完整性，很值得现代人反思我们崇尚的那种"破坏性的设计"。

腰带、围腰都是长布带，腰带上有垂饰，使筒裙余褶被掩饰。

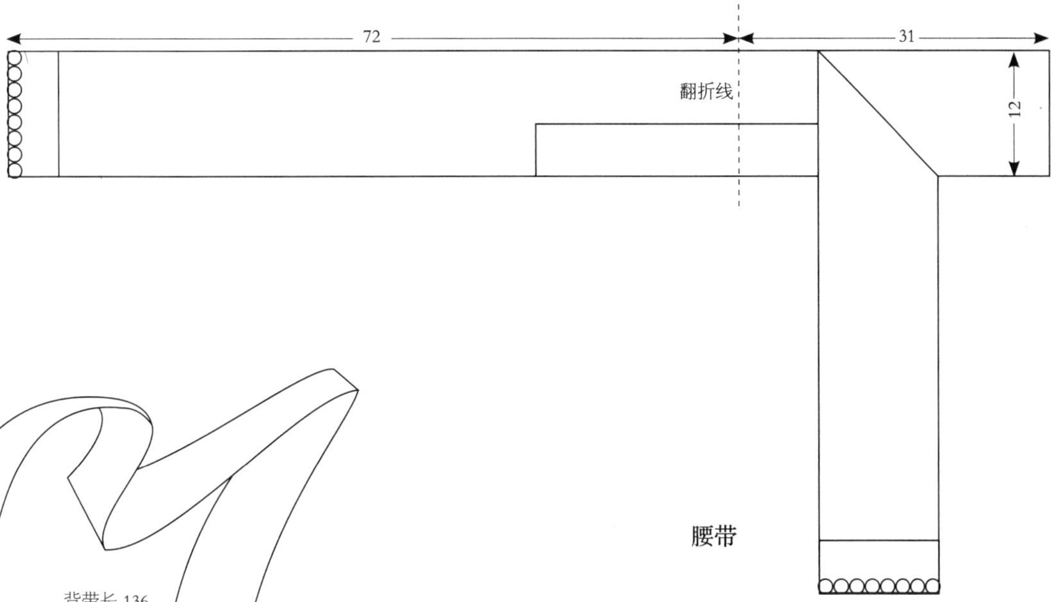
72
31
翻折线
12

腰带

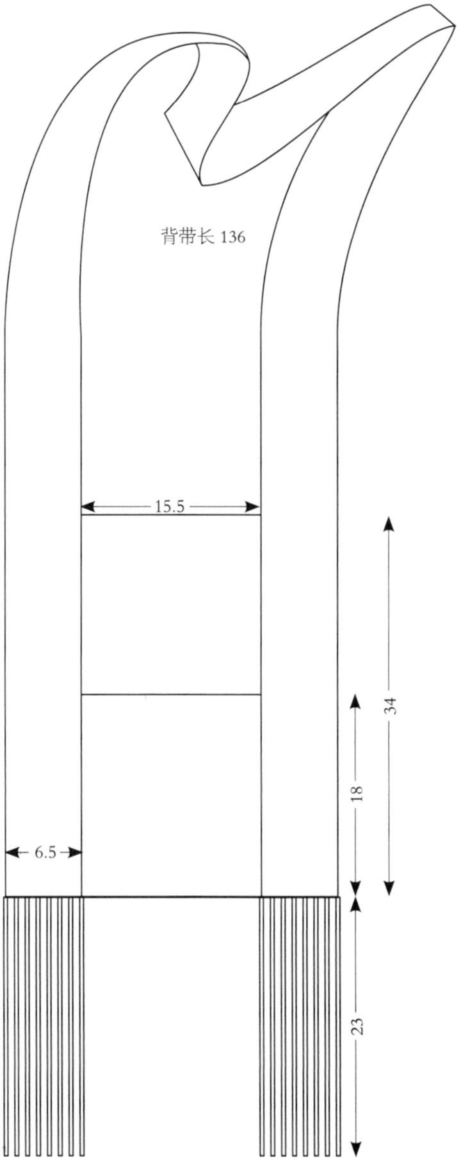
背带长 136
15.5
34
18
6.5
23

挎包

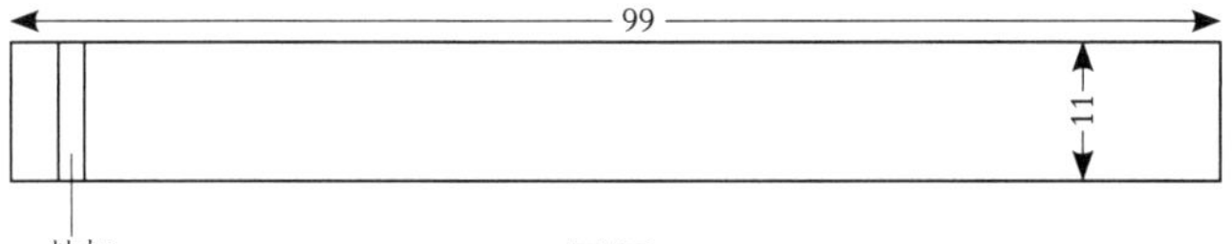
99
11
粘扣

围腰

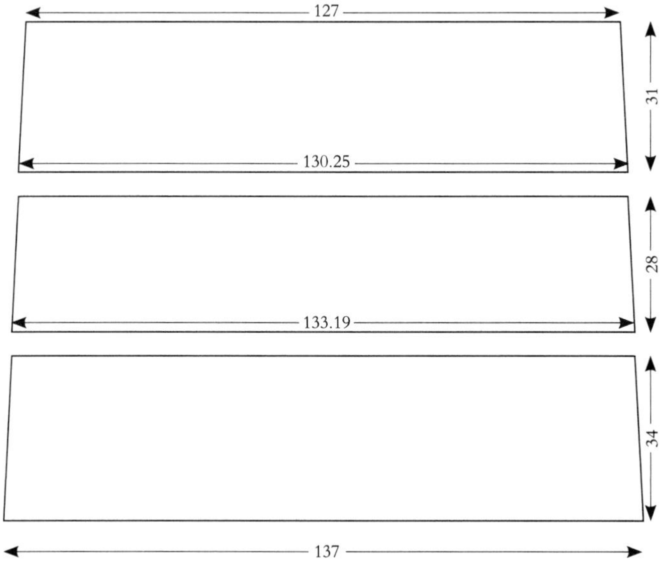
127
31
130.25
28
133.19
34
137

筒裙

# 第六节　景颇族

景颇族是从古代北方氐羌族部落发展演变过来的民族之一。在德宏州，景颇族是五种世居民族之一，又是主体民族，同时也是跨境民族。景颇族有景颇和载瓦两种方言，使用以拉丁字母为基础的拼音文字——景颇语。

景颇族服饰特点朴实厚重、端庄、典雅。喜欢红、黑、白、黄等鲜明的颜色。常用质地较厚实的棉布做服装。女子盛装的最大特点是上衣缀有象征星月的银泡装饰，银泡成排排列，最后一排银泡下坠有银制流苏，并垂芝麻铃为饰。姑娘们远远走来，银泡反射的光芒耀眼夺目，所缀银缨摇曳而叮当作响，十分悦耳。

女子上装为黑色平绒质地合体窄袖短衣，圆领，对襟，硬币扣。下穿红色几何纹毛织筒裙或红色为主体的色织筒裙，较宽且长，一般长达小腿部位，腿部裹上毛织护腿，便于在山地丛林中出入。头戴高高的红色毛织包头，耳戴筒环，颈戴项圈，腕戴银镯。景颇族姑娘也有戴藤圈的习俗，姑娘们腰间围上藤圈，表示她们是龙女的化身，也是青年男子表达爱情的礼物。

青年男子用白布包头，头帕一端垂于耳侧，饰红色绒球，称为"英雄花"。老年男子则用黑布包头。男子佩长刀为饰，善刀舞。男子外出挂长刀或扛火枪，体现了景颇族尚武的习俗。

经过历史的洗礼，景颇族传统服饰色彩构成的主体为黑、白、红三色，至今流传而盛行，可见，黑、白、红三色已经成为景颇族的传统民族服饰的标志色。

# 一、演变于氐羌族终结于汉化的景颇族服饰

景颇族属汉藏语系藏缅语族，凡藏缅语族都与古代西北的氐羌族群有着密切的渊源关系。据景颇族自传历史记载，其先民最早居住在青藏高原，后南迁至滇缅地区，这也同氐羌族的迁徙经历不谋而合。观其传统女装，更会发现许多细节和其他祖先同为氐羌族群的少数民族服饰相似甚至几无差异，如对襟上衣、筒裙、胸口银牌扣都和典型的氐羌族后裔德昂族女装颇为相像，还有对绒球的喜好，不能不说这其中一定有其历史渊源。只是景颇族更加开放，与外界其他民族一直有广泛的交流和联系，在德宏许多地方，景颇族与外族杂居。传统的景颇族服装制作昂贵且耗时长久，逐渐出现了上身着汉族服装、下身穿景颇服装的现象。随着社会经济的发展，景颇族的传统服饰更是逐渐退出了常服的舞台，逐渐礼服化，只能见于节日盛装。通过考察服装结构我们发现，景颇族现在所谓的传统服装实际已明显汉化，不仅仅是材质上的改变，结构上发生了质变，虽然外观上还是传统景颇族的黑衣、红裙、银泡、花饰，但上衣的落肩、装袖都表明了传统的平面结构已经被立体造型所替代。经历了数千年历史变迁，景颇族服饰从氐羌族分化、演变，在同外族的交流中不断改良，最终归结在了汉化这条似乎已成为少数民族服饰命运趋势的道路上。

1 景颇族女子服装正面

2 景颇族女子服装侧面

3 景颇族女子服装背面

4 景颇族男子服装

5 景颇族女子头饰、肩饰

6 景颇族女子腰箍

7 银泡肩饰

8 景颇族女子服饰

9 景颇族女子服饰细节

**图片来源：** 何鑫 摄

# 二、景颇族服饰结构图考——男装外观效果

　　潞西市华桃林村的景颇族男子服装为立领对襟，襟上装盘扣，通身为黑色，领、襟、兜上都有机绣纹饰，胸袋上还有似乎是景颇图腾的绣片。可以看到明显的商品化痕迹，甚至内领处还有"××厂制"的商标（唛头）。传统手工男子服装已经消失。

　　景颇族男子的头巾裹成柱形，格子图案，额前刺绣装饰好似徽章，一侧饰垂绒球。

　　裤子为现代西裤样式。

　　景颇族男子喜欢随身佩刀，如今更多的是作为装饰，而失去了实际功能。

1 景颇族男子服装正面
2 景颇族男子服装侧面

图片来源：何鑫 摄

男子上衣正面

男子上衣背面

# 三、景颇族服饰结构图考——男装结构复原

　　从景颇族男装的结构上可以一目了然地看出其立体造型。

　　据资料记载，景颇族传统男子服装为对襟窄衣，衣长至臀，袖短且窄。我们所见的男子服装显然是杂糅而成，装袖立领，合体的衣身，汉化痕迹明显。

　　景颇族男子头巾展开是整块长方形布，有9厘米长的拼接布，并在拼接的部分坠饰绒球。

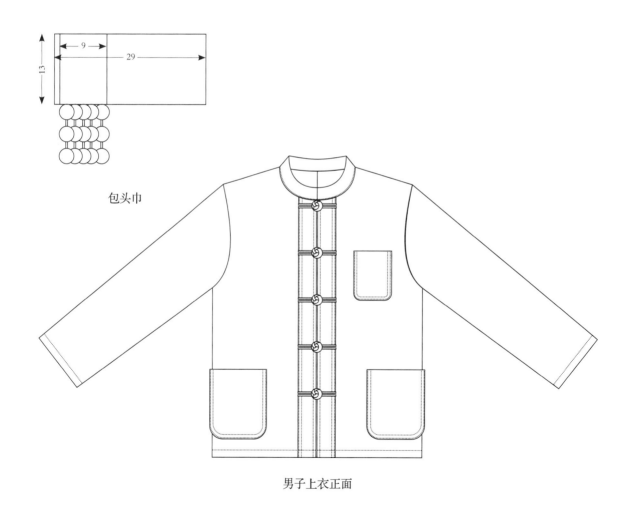

包头巾

男子上衣正面

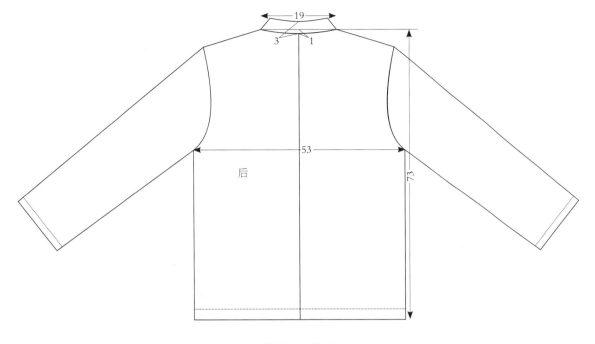

男子上衣背面

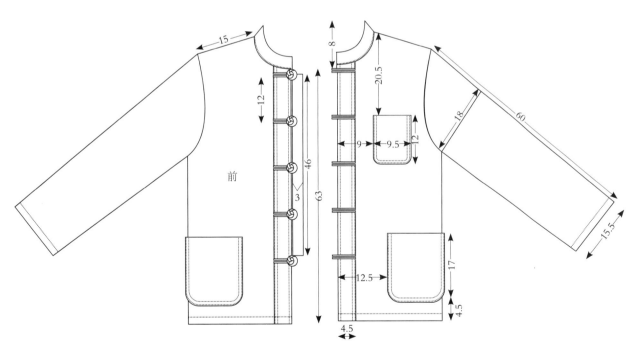

男子上衣门襟

# 四、景颇族服饰结构图考——女子主服外观效果

　　华桃林村的女子上衣对襟无领,黑色,领、襟、袖缘均有黄色细饰边。衣身较短,过腰。

　　景颇族女子服装最大的特点是肩部装饰一圈极为夸张的银饰,三层硕大的银泡外垂有大量银链,再坠饰水滴状的银片,好似飞鸟的翎羽,在黑色的底布上显得格外耀眼。

1 景颇族女子服装正面
2 景颇族女子服装侧面
3 景颇族女子服装背面

图片来源: 何鑫 摄

女子上衣正面

女子上衣背面

# 五、景颇族服饰结构图考——女子主服结构复原

　　采样的景颇族女装中最能说明其汉化程度颇深的结构是在前后下摆处均出现了省道以收进腰部的余量，达到合体，同样还有肩斜、装袖都是现代女装结构，与我国传统服装的平面结构大相径庭。

　　用现代汉族女装的结构来套用本族传统女装外观形制在景颇族服饰中体现得格外明显。这也意味着其传统服装从根本上已步入了现代化。

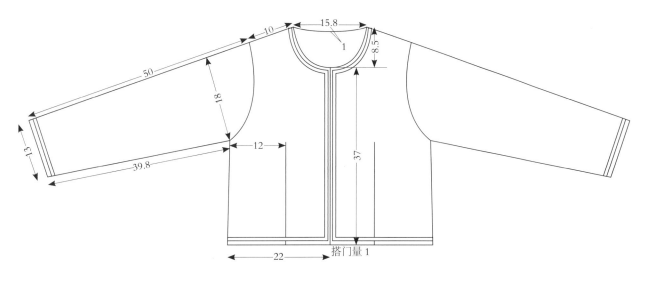

女子上衣正面

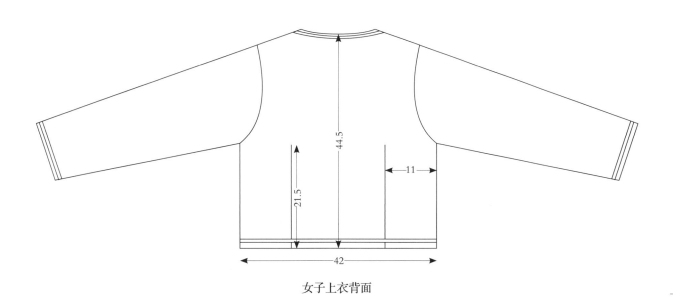

女子上衣背面

# 六、景颇族服饰结构图考——女子配饰外观效果

　　景颇族女子筒裙和头饰用色大胆，色彩鲜亮、明快，几种高纯度的色彩搭配极富视觉冲击力，与上衣的黑色对比鲜明。

　　在采集过程中，我们发现了两种景颇女子的下装，一种是用织机将毛线和棉线混在一起织的裙片；另外一种则是毛线织成的筒裙。无论是哪类裙装，我们都可以看到菱形装饰纹样。通过对当地人的了解，也明显感觉到如今的中年妇女极少有织布的技艺，更多的是利用现成的商品。

1 筒裙
2 包头

图片来源：何鑫　摄

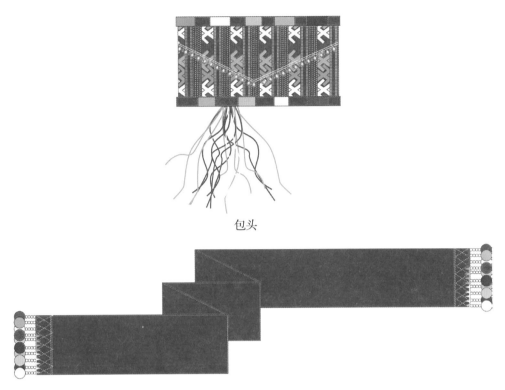

包头

围腰

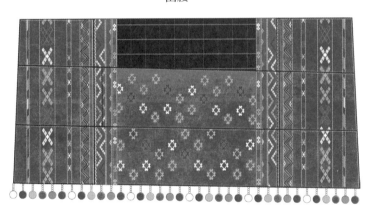

筒裙

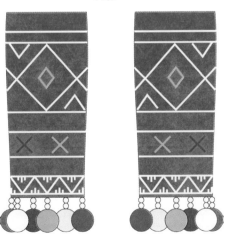

绑腿

# 七、景颇族服饰结构图考——女子配饰结构复原

　　景颇族女裙裁片呈不规则四边形，由多片不同纹样的织布拼接而成。为什么会采用如此奇怪的形状还是个谜。推测根据西南少数民族服饰结构形制的这种普遍性与资源贫瘠和布料难得有关，对布料的节俭和物尽其用成为他们的潜意识，服饰的结构形态以节省布料为诉求，这是它们的共同特点。或许如同汉族传统的百家衣，是由零碎的织布余料拼接而成。

　　景颇族女子筒裙的裙长与周边其他少数民族筒裙相比较短，两边长短不一，经缠裹倒也十分随性，腰围和摆围分别为 150 厘米、155 厘米左右，相差不大，缠裹时腰部余量重叠成褶。

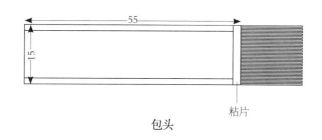

包头

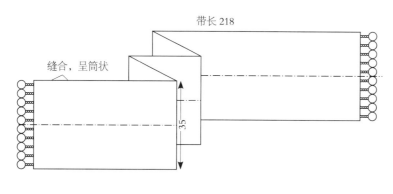

围腰

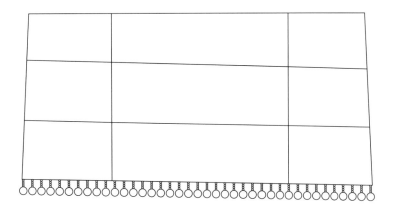

筒裙

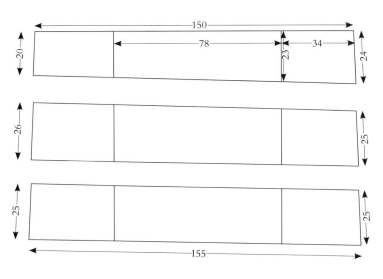

筒裙结构分解图

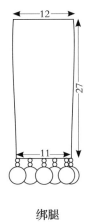

绑腿

# 第七节　傈僳族

傈僳族最早生活在四川、云南交界的金沙江流域，后逐步迁到滇西怒江地区定居下来。傈僳族是云南特有民族，主要聚居在云南省怒江傈僳族自治州和维西傈僳族自治县，其余散居在云南丽江、保山、迪庆、德宏、大理、楚雄等州、县和四川的西昌、盐源、木里、德昌等县。

傈僳族服饰的最大特点就是浑然天成，妇女穿绣花上衣、麻布裙，喜欢戴红白料珠、珊瑚、贝壳等饰物；男子穿短衣，外着麻布大褂，腰左侧佩刀，腰右侧挂箭包。

过去因所穿麻布服装的颜色不同，分为白傈僳、黑傈僳和花傈僳。我们走访的云南北部黎明乡，就居住着花傈僳。他们居住在金沙江两岸的河谷山坡地带。

花傈僳妇女把自然的美丽穿在身上，她们上身穿斜襟红地宽饰边的上衣，胸襟、领口、袖口用红、黄、蓝三种彩线镶成多道花纹图案。下身穿白色土织麻布拼成的波褶裙，裙长至脚踝，裙下摆绣花纹图案。她们头戴人字交叉盘的五棱形花布或黑布包套，套沿缀满白玉亮珠和彩须，沿肩装饰边挂满坠饰。腰系羊毛黑色腰带，中间绣有标志性的火纹图案，下边挂满珠子。她们手戴玉镯、银镯或铜镯，耳缀银耳环，脚穿青布鞋。

傈僳族男子喜穿麻布长衫或短衫，裤长及脚踝。有的以青布包头，有的喜蓄发辫于脑后。在部落中享有荣誉和尊严的人，则在左耳上挂一串大红珊瑚。所有成年男子都喜欢腰左侧佩砍刀，腰右侧挂箭包，弩弓是他们的贴身之宝，这是靠家族口传心授世代相传的。

# 一、汉化严重的傈僳族服饰

　　景颇族服饰源于古氐羌而终于汉化，我们见到的傈僳族相比之下有过之而无不及。属汉藏语系藏缅语族彝语支，古氐羌族后裔，如今又都被汉族所同化，服装结构发生了质变。这既与少数民族地区的现代化转型，社会环境转变，生产、生活方式等外部因素的改变有关，也与少数民族地区"穷则思变"的主观意识密切相关。现代工业化成衣相比于传统手工制衣，无疑具有其便捷、价廉、耐穿等优势。在这些地区，日常穿着与汉族无异，外观样式传统的装束也掩盖不了服装裁剪的立体结构（上衣出现肩线、省线、装袖结构，裙子成为现代结构的多片裙，男裤为西裤），成衣化、戏装化的大趋势，傈僳族服饰的文化特质也许仅限于节日场合，如著名的"刀杆节"。

　　过去傈僳族装饰多用的珊瑚、贝壳、珠料、银等，如今也被塑料工业制品、仿金属片所取代，服装所承载的宗族情感、原始信仰、历史内涵等逐渐被淡化。现在的傈僳族服饰可以说是形式大于内容，表征重于习俗。我们能做的大概只有减缓她的消亡。

1、2 傈僳族男子服装

3 女子挎包

4 男子皮毛坎肩

5、6 傈僳族女子服饰

# 二、傈僳族服饰结构图考——男装外观效果

　　采集的傈僳族青年男子服饰属花傈僳。圆盘毡帽，右侧垂红布。上身着立领右衽蓝白色细条纹短衫，袖口贴黑色饰布，其上绣有火纹。外穿纯色坎肩，对襟无扣，下摆装饰红、黄、蓝三色细带两组；下身着黑色阔腿长裤，裤脚有四道饰边。但这些本族装饰基本上是在"西裤"的"坯子"上完成的。

　　男子还保持着传统服饰的形制只有这些饰物了，平时的标准着装会佩戴箭筒、弩、刀具；高山地区有绑腿习惯。服饰上很明显的一个特征是前胸、袖口处饰有代表族徽的火纹，因花傈僳是一个善火、刀、箭的民族。

　　搜集到一件传统毛皮衣，明线缝制粗犷，袖窿和下摆有长长的皮毛显露出来，透露出傈僳族固有的韵致而弥足珍贵。

1 傈僳族男子服装正面
2 傈僳族男子服装侧面
3 傈僳族男子服装背面

图片来源：何鑫　摄

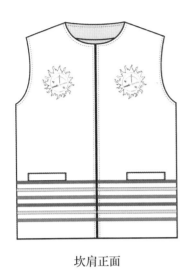

坎肩正面

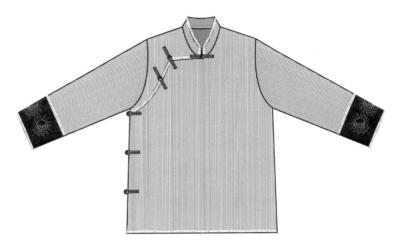

男子上衣

坎肩背面

男裤

# 三、傈僳族服饰结构图考——男装结构复原

通过结构图的考证可以看出傈僳族男装汉化程度颇深，装袖立领，有落肩和后领窝。里襟形状很特别，似用余料裁剪，其实也是从传统汉服借鉴而来。裤子的结构完全采用了现代西装裤的裁剪，前有四道裤褶、绱腰、采用前门襟形式等，这些结构对于挖掘傈僳族服饰文化而言丧失了很多有价值的信息。

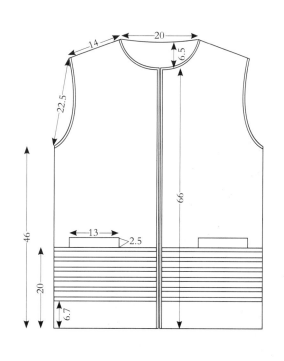

男子坎肩正面

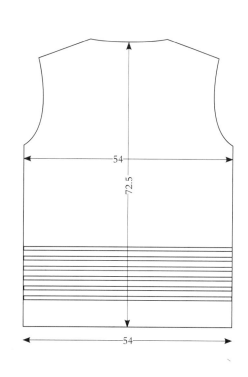

男子坎肩背面

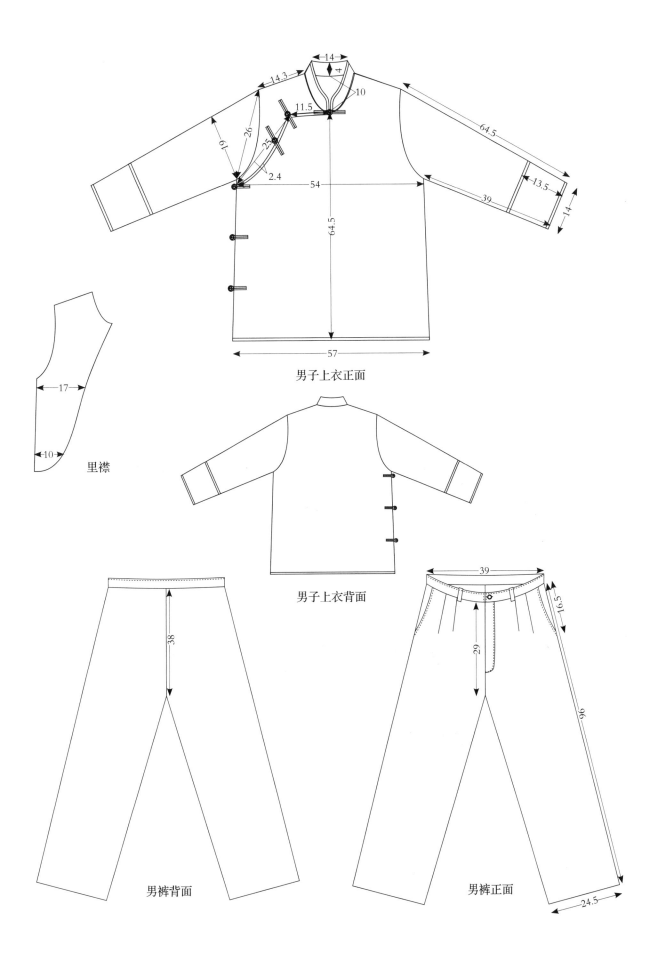

男子上衣正面

里襟

男子上衣背面

男裤背面

男裤正面

# 四、傈僳族服饰结构图考——女装外观效果

　　采集的花傈僳青年女子上衣为立领、右衽、长袖，袖口和领襟都有两条花纹贴边，中间夹着刺绣火纹。头饰呈圆环状，较厚实，其上装饰银泡，垂珠如帘幕绕头。腰间系绣花围腰，垂珠饰。下穿素色长裙，裙摆也有两道贴边中间夹有火纹的纹样。

　　刺绣均采用机绣，料珠、花边、亮片都是工业制品；帽子、衣襟、袖口、腰带、裙摆都间饰有火纹，可见傈僳族对于火的崇拜无所不在。

1 女子服装正面
2 女子服装背面

图片来源：何鑫　摄

女子上衣

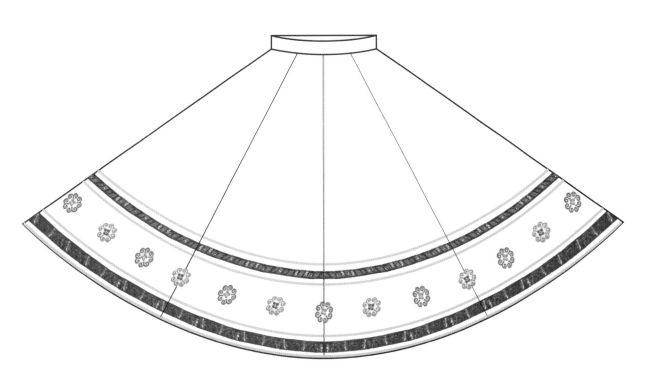

女裙

# 五、傈僳族服饰结构图考——女装结构复原

　　傈僳族女子传统服饰形制已发生改变，装袖，上衣后中有破缝，前后均有腰省，衣身呈明显的收腰造型，落肩明显，相对于传统服装造型更加贴合人体。

　　裙子由八块机织面料拼接而成，裙侧装有拉链，传统的百褶裙已不见踪迹。

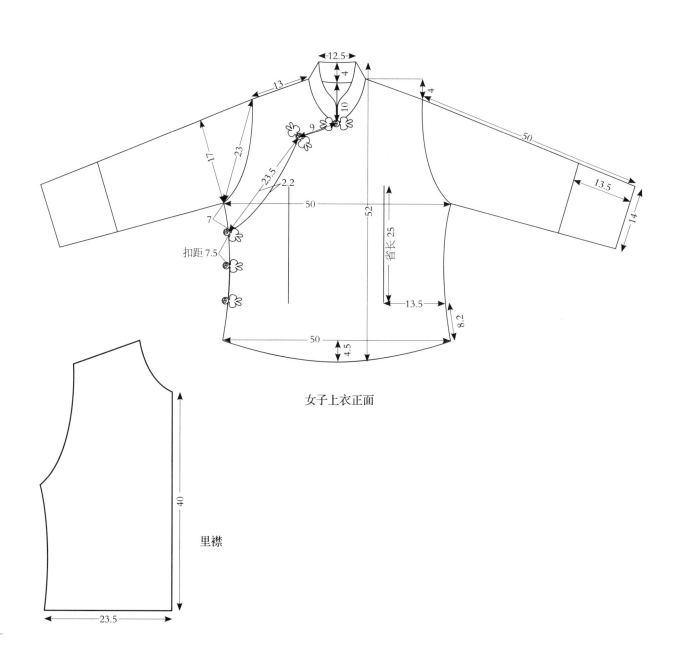

女子上衣正面

里襟

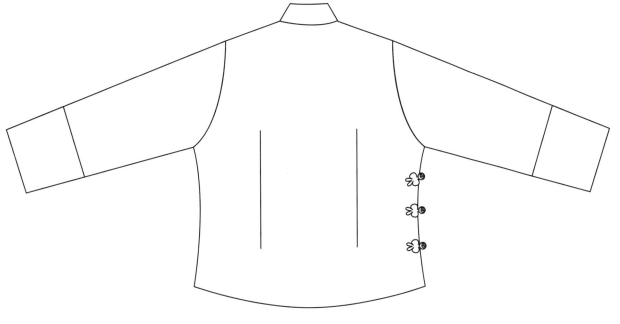

女子上衣背面

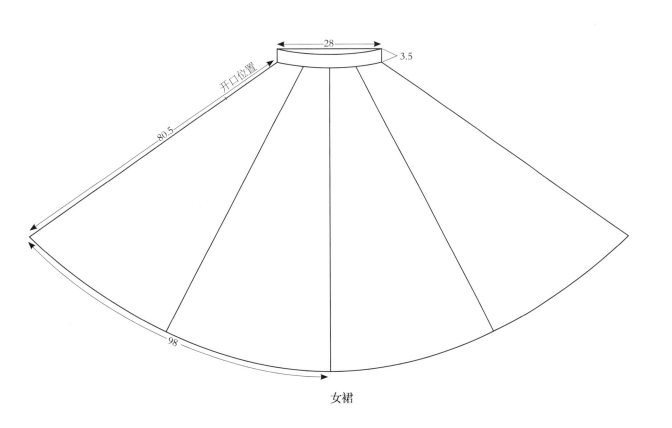

女裙

# 第八节 纳西族

纳西族分布在滇、藏、川三省交界地区，在云南省境内主要居住在丽江地区和迪庆藏族自治州。纳西语属于汉藏语系藏缅语族彝语支，分为东部方言和西部方言两大类。纳西族有祭祀东巴用来书写经书的两种文字即东巴文和哥巴文，是西南少数民族中罕见拥有本族文字的民族。东巴文是流传于纳西族社会中的一种古老的象形图画文字，绝大多数的东巴经都用这种文字写成。由于这种文字主要由纳西族社会中的东巴祭司掌握使用，所以一般称之为"东巴文"。东巴文形态原始，而且至今仍被纳西人使用，是现存世界上唯一完整保留的活着的象形文字。

纳西族宗教信仰多样，以本土的东巴教为主，同时还信仰佛教、道教，各种宗教各行其道，和谐相处。

纳西族妇女勤劳能干，贤德善良，其服饰风格古雅淳朴，蕴含了丰富的氏族文化内涵，是少数民族服饰文化中的一朵奇葩。

泸沽湖地区的摩梭人多被归为纳西族的支系之一，在这里仍保留着一些古老的母系社会形制，母系血缘维系着家庭关系，男女不娶不嫁，终生生活在各自母系家庭，实行走婚，孩子只知其母不知其父，舅舅履行类似父亲的职责。

# 一、"披星戴月"的纳西族

纳西族的服饰具有浓郁的民族特色，尤其是女子服饰中的羊皮背饰是纳西族所特有的。羊皮背饰既有披整块羊皮，又有披被称为"披星戴月"或"七星羊披"的独特服饰。"披星戴月"由绵羊皮制作而成。首先硝皮，用土法使其柔软色白后，裁剪成蛙身形状并与人背大小相当，"蛙头"朝下，在其正上方缝一块长1米、宽30厘米左右的黑丝绒，在背饰下接背带处，排列着七个五彩丝线绣成的直径约3厘米的圆形图案，称为"七星"，七星中心钉有两条细带。然后再用一对绣有蝴蝶纹饰的长17厘米、宽5厘米左右的白布做背带，就成为独具特色的羊皮背饰。

羊皮背饰的形成，有着不同的传说。一种认为：缀饰在羊皮上面的大圆图案，左圈代表太阳，右圈代表月亮，七个小圆则代表七颗星星，因而被称为"披星戴月"，寓意纳西族妇女的辛勤。另一种认为：纳西族东巴经及民间口头都有纳西人在古时候崇拜青蛙的传说，将其视为本民族的图腾，把羊皮剪成蛙体形状，表现的是纳西族对图腾的信仰崇拜，同时，蛙具有较强的生育能力，反映在服饰上是强调妇女的生育观。

深幽唯美的山谷江川间，纳西姑娘们留下的一个个秀丽背影中总少不了这古朴神秘承载着纳西文化的"披星戴月"，它的独特性，与其说是遮风避雨的服装，不如说是氏族的文化符号。

1 ～ 4 纳西女装穿着过程

5 纳西族的"披星戴月"

6 "披星戴月"七星的细节

7 披斗笠的纳西老人

8 纳西族东巴文

9 纳西族女子新旧套装
   （左旧右新）

10 纳西族女子服装背面
   的细节

图片来源：何鑫 摄

# 二、纳西族服饰结构图考——旧式女子主服外观效果

    纳西族女子服饰分旧式和新式，它们在结构上基本相同，只是在配色上根据婚姻状况有所区别。采集的纳西族旧式女子主服通身湖蓝色，里子藏蓝色，偏襟右衽长袍，襟上有扣襻，袖短且肥大，圆形领口包黑边，袖口接黑色袖边，前为直摆且短，后为圆摆而长，这种前短后长、两侧开衩均有黑色宽边的形制是纳西族服装的独特之处，也是西南少数民族地域性的典型特征。

    女子主服的样式似乎更像是北方传统的汉人袍服，而不像是南方少数民族的女装。它们是否有传承性值得考证。

    整件女袍简单利落，用色质朴而纯净，充分体现着纳西族的古老和静谧。

1 旧式女子服装正面
2 旧式女子服装侧面
3 旧式女子服装背面

**图片来源**：何鑫　摄

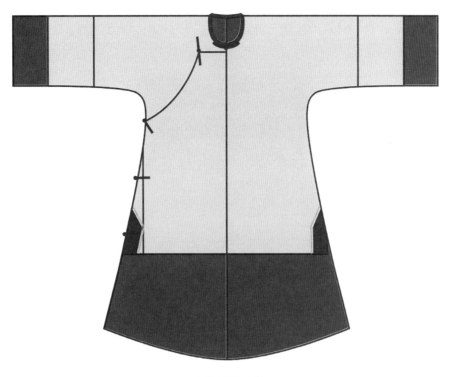

女子长衫正面

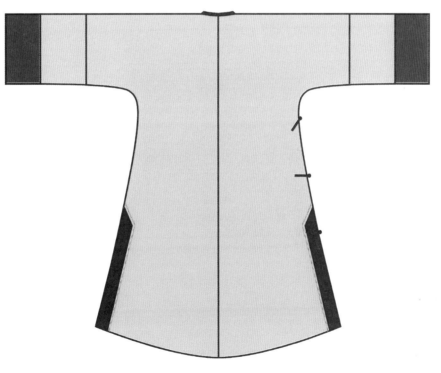

女子长衫背面

# 三、纳西族服饰结构图考——旧式女子主服结构复原

此件旧式纳西族女装的结构很有特点。

首先是其宽衣大袖的形制与南方典型的窄衣窄袖样式相悖，更接近于北方的传统袍服，很有些清末民初旗人袍服（无领袍服）的风范。纳西族居住环境相对原始而闭塞，过去与外界交流并不频繁，很可能是由于其源于北方或是从北方引入的该形制后加以本土化形成的。

长袍的前摆短于后摆，推测是由于围裙完全遮住正面，减少前摆长度既节省布料，又不至于在正面堆积得过于臃肿。当下田劳作时摘掉围裙，前短后长会更加方便。

偏襟在右侧，拼接一小块三角形布，而左衣身上并未出现，后衣身开衩处也不存在这种现象，显然不是受布幅所限，或许是用余料裁剪的偏襟导致此结构，这与清末汉族女袍"补角摆"现象有异曲同工之妙（参阅《中华民族服饰结构图考　汉族编》）。

整件服装呈现出明显的传统平面结构。袖上有两处接袖，推测多用剩余布料，织布幅宽约 45 厘米。

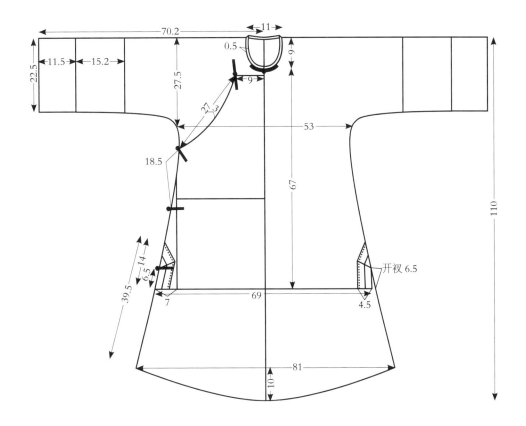

女子旧式套装长衫正面

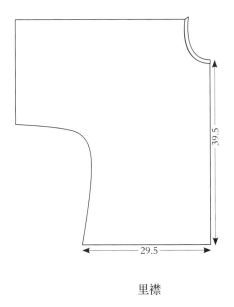

里襟

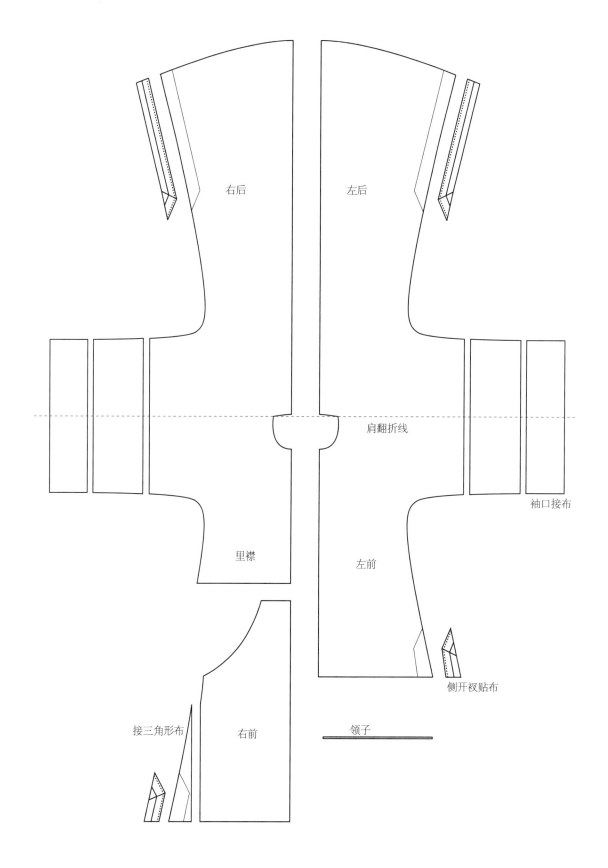

右后

左后

肩翻折线

袖口接布

里襟

左前

侧开衩贴布

接三角形布

右前

领子

女子旧式套装长衫结构分解图

# 四、纳西族服饰结构图考——旧式女子配饰外观效果

纳西族旧式女子套装坎肩分内穿和外穿两件，内穿藏蓝色坎肩，外穿红褐色坎肩，都有黑色襟边，且下摆均为前直后弧，这种直摆和圆摆的组合是否有其特殊的象征意义还是传承其实用价值尚待考证。

腰间系百褶围裙，主体黑色，淡蓝色下襕，腰头亦为淡蓝色布条。

"披星戴月"为黑羊毛皮配以手工织造的黑色粗布，绣饰"七星"色彩鲜艳，星上纹样为呈放射状的环形。系带为白色粗布，带端绣黑色几何纹样和花草纹，在三角形带末端还绣有似乎是图腾的纹样。

1 "披星戴月"的七
　星局部
2 "披星戴月"系带
　的刺绣
3 "披星戴月"系带
　末端图腾纹样的刺
　绣

图片来源：何鑫　摄

内穿坎肩

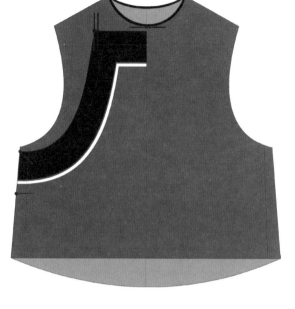

外穿坎肩

百褶围裙

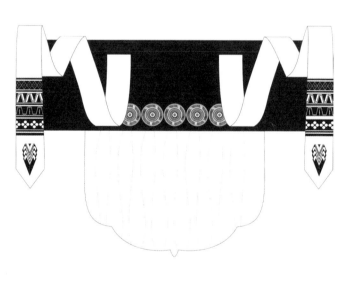

披星戴月

# 五、纳西族服饰结构图考——旧式女子配饰结构复原

旧式女装的内外穿坎肩都出现了汉化的情况，落肩较为明显。

旧式的百褶围裙腰围55厘米，不像百褶裙那样绕腰一圈仍有余量，此围腰只为遮住正面，不足以包裹整个下身，裙下摆围150厘米，和腰围的差量制成细密褶裥。

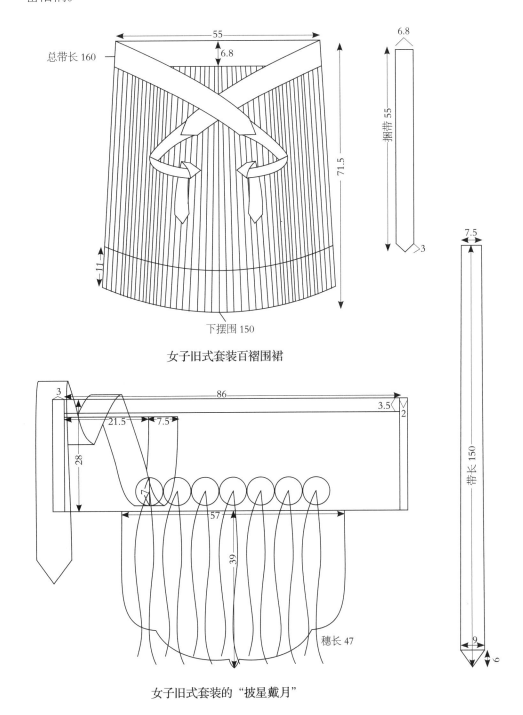

女子旧式套装百褶围裙

女子旧式套装的"披星戴月"

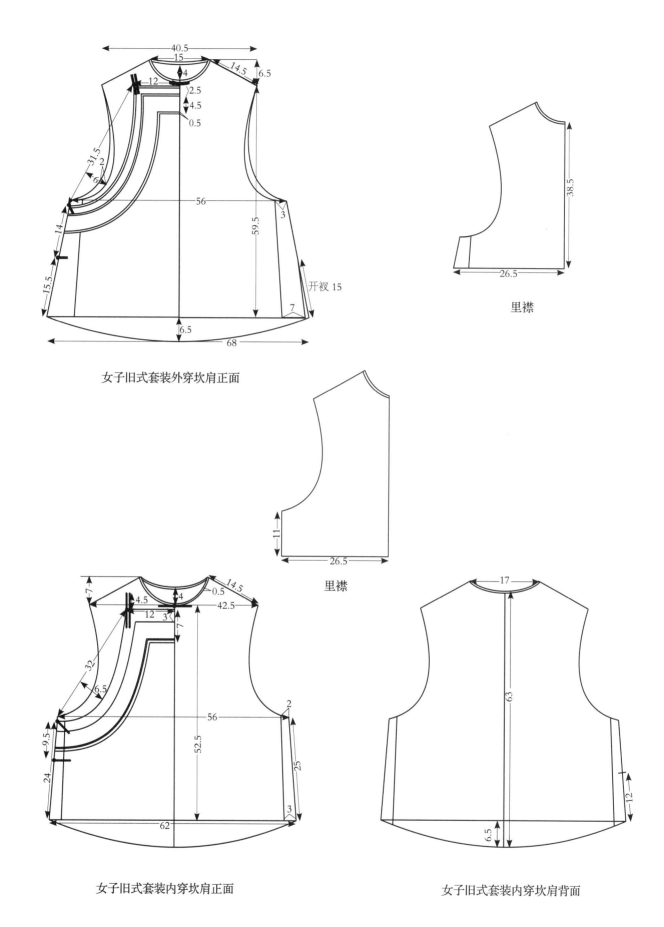

女子旧式套装外穿坎肩正面

里襟

里襟

女子旧式套装内穿坎肩正面

女子旧式套装内穿坎肩背面

# 六、纳西族服饰结构图考——新式女子套装外观效果

　　新式套装明显在外观上更加合体，不像旧式那样宽松。服装用色较明快，舍弃了过多大面积的藏蓝色，特别是围裙的明黄色十分醒目，腰头也变得色彩斑斓。

　　坎肩采用了蓝底白花绣布，襟上装有盘扣，增加了百褶长裙，裙上有红色不规则线迹装饰，"披星戴月"用白羊毛皮。坎肩里面的长衫袖子变长变窄，似乎在向合体的方向发展。

　　面料从原来的粗麻布改为了现代的工业面料，似乎新旧两套唯一相同材料的就是"披星戴月"的羊皮了。

1 女子新式套装正面
2 女子新式套装侧面
3 女子新式套装背面

图片来源：何鑫　摄

女子新式套装外穿坎肩正面　　　　　女子新式套装外穿坎肩背面

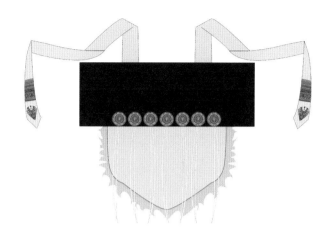

女子新式套装的"披星戴月"

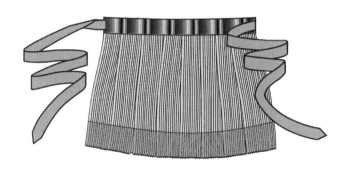

女子新式套装短款百褶围裙

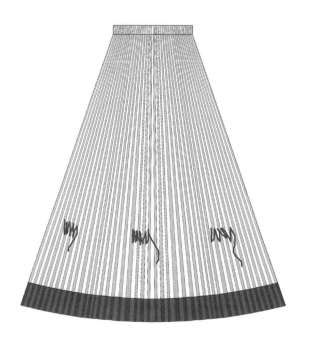

女子新式套装长款百褶裙

# 七、纳西族服饰结构图考——新式女子套装结构复原

　　新旧套装结构上最大的变化可以从坎肩上看出。旧式套装的长袍还保持着平面结构，但坎肩出现了落肩，而新式套装的坎肩上出现了腰省。从这一点，即可判断出纳西族女装汉化的步伐在加快，逐渐由平面结构变为立体造型，由手工织布变为工业成品，由宽松变为合体。

　　超长的百褶裙和百褶围裙组合穿着，如果使用从前的手工粗布，必然会堆积得相当厚重，也只有现代工业面料才能使百褶裙更加轻薄方便，这或许是它走向衰落的原因。

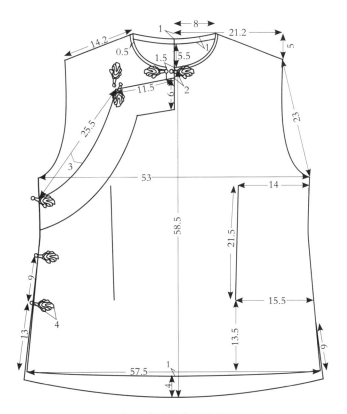

女子新式套装外穿有省坎肩正面

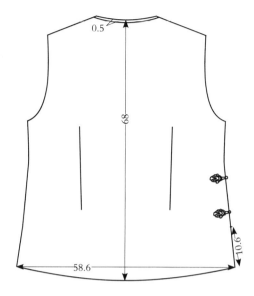

女子新式套装外穿有省坎肩背面

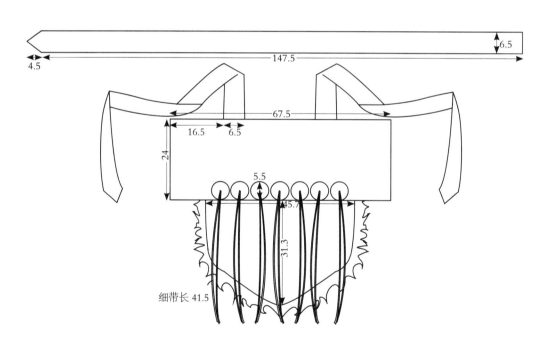

细带长 41.5

女子新式套装的"披星戴月"

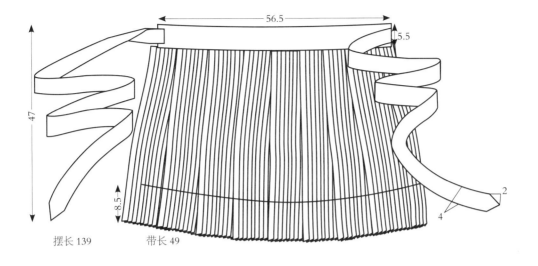

女子新式套装短款百褶围裙

女子新式套装长款百褶裙

# 第九节 佤族

佤族源于我国古代西南地区的"百濮"。佤族原分布在滇西南广大地区,其在临沧居住的历史已有3000多年,是临沧最古老的民族之一。佤族有自己的语言,过去无文字,直至1957年,由于传入基督教,基督教会与佤族人民一同创制了以拉丁字母为表现形式的文字。

基督教在普洱市上允镇这一带非常盛行。据当地佤族牧师称,佤文的学习只有在教会中才有,学校是不教授佤文的,可以说基督教会在此对于保护佤族文化发挥了重要作用。佤族服饰西方化也是很自然的,特别是在结构上,基本是在汉服的基础上进行立体化改良,如前后身分片、装袖、施省等。上允镇淘金河村的佤族年轻女子上着长至腰间的对襟窄袖圆领或套头方领、V形领紧身短衫,下着紧身筒裙。裙子的款式已没有"幅布为裙"(即用自己织的织锦围于腰间,右端覆盖在左端上,裙长为一个布幅)的遗风,而是把裙布的两端缝合在一起,变为"筒裙"。与普洱市上允镇相比,临沧市双江县的佤族妇女服饰,尤其是中老年服饰,仍然保留着一些佤族服饰固有的重要细节:老年妇女下身着长裤,长裤外再着"幅布裙",这是佤族服饰与其他民族服饰的最大区别之一,但这种典型的服饰特点在年轻人身上已经不复存在。

佤族男子服饰应该普遍为头缠黑布包头,上穿无领大襟或对襟衣,下穿宽大的裤子,身背挎包和长刀。但在此我们并未发现比较地道的佤族男子服装。

佤族服饰上最典型的符号就是十字纹和菱形纹。此外,源于对牛的崇拜,牛头纹、牛角也是佤族人珍爱的饰纹与配饰。

佤族自古以来就尚黑,认为黑色是力量的象征。头发厚密而黑亮的男女,在佤族社会中会备受人们青睐。除了尚黑,佤族还是一个非常崇尚红色的民族,他们认为红色是血与火的表象,是威武、权贵和显赫的象征。因红色尊贵,除用作装饰色彩外,在过去,只有头人和英雄人物才有资格戴红色的包头。

# 一、佤族"幅布为裙"的原始形制

　　贯头衣、幅布为裙是远古人类上衣下裳形制中最为原始和普遍的形态，佤族的女裙就残留着这种幅布为裙的遗风。将整幅织布按需截断，无须其他裁剪，直接围于腰间成为筒裙样式。这种不经裁剪将整幅布缠裹在身上的穿衣方式在古代希腊、埃及、西亚都曾出现过，是非常古老的服饰形制，佤族原始文明的这种遗留，为我们传递着远古的信息。

　　在新中国成立前，由于生产力落后，佤族人自织布往往供不应求，导致衣裙都较短，甚至赤裸上身，幅布为裙。而现在的佤族经济发展很快，传统手工服装逐渐被工业化产品取代，幅布裙也难觅其踪。

1 双江县佤族男子服装

2 佤族腰织机

3 双江县佤族妇女服装

4 佤族绣花鞋

5 佤族腰饰

6 菱纹刺绣

7 上允镇佤族女子服装

8 服装下摆细节

**图片来源：**何鑫 摄

# 二、佤族服饰结构图考——男装外观效果

　　这是在双江县东等村搜集到的一套佤族男子服饰，很接近传统汉族服装。小立领，对襟盘扣。粉色衣身，有细条纹和菱形纹装饰，右侧有贴袋。裤腿很肥，似裙裤。裤子与上衣同料。

　　据记载，佤族男子过去穿着应为上着无领短衣，裤子短而肥，甚至仅穿条兜裆布，保留着古老山地民族的特色。服饰主要以佤族人所崇尚的红色为主、黑色为饰的民族习惯为特色。

　　而此套男装从外观上看，应该是佤族从周边其他民族以及受汉族影响而形成的已经变异的佤族服饰。

1 佤族男子服装正面
2 佤族男子服装侧面
3 佤族男子服装背面

图片来源：何鑫　摄

男子上衣正面

男子上衣背面

男裤

# 三、佤族服饰结构图考——男装结构复原

从结构上看佤族男子服装汉化明显。有落肩，装袖，衣身两侧开衩。

显然这种男装样式并不是佤族固有，而是引入汉族服饰的款式。

裤子极为肥阔，裤脚宽度达到 36.5 厘米，裤腰用松紧带，其结构上与现代的运动裤没有区别。

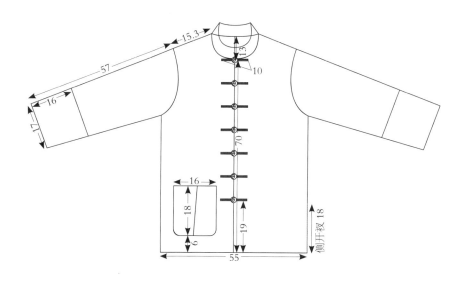

男子上衣正面

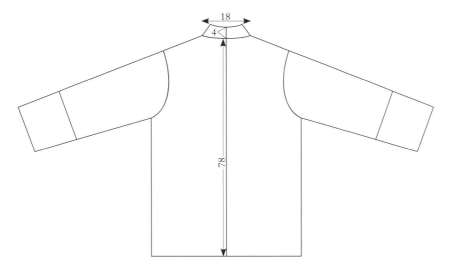

男子上衣背面

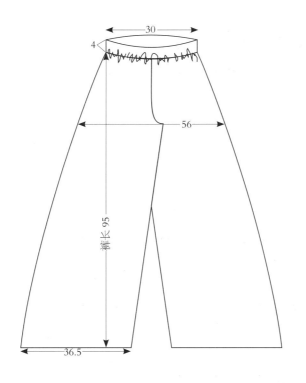

男裤

# 四、佤族服饰结构图考——女子主服外观效果

　　佤族女装上衣为鸡心领、七分袖，收腰，领口有一圈银泡装饰。下摆处的深色与裙子的条状色彩相呼应。裙子基本色与上衣相同，拼深色条，后开衩，修长合体。

　　色彩的搭配，条纹的粗细，以及领口的银饰，都显示出佤族人的审美情趣，衣身勾勒出佤族少女妙曼苗条的婀娜身姿，荡漾在青山碧野烟雨中。

中华民族服饰结构图考　少数民族编

1 女子服装正面
2 女子服装背面

图片来源：何鑫　摄

女子上衣正面

女子上衣背面

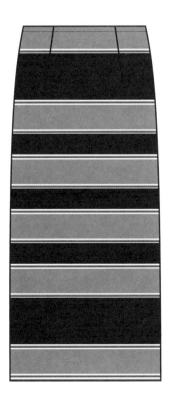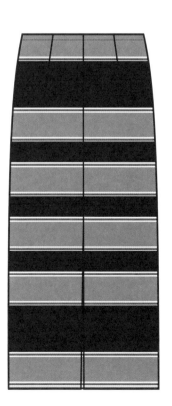

长筒裙正面　　　　　　　　长筒裙背面

# 五、佤族服饰结构图考——女子主服结构复原

佤族女装结构西化程度颇深，上衣、下裙都有腰省，且收腰量较大。

上衣在右侧装有拉链。

下裙非常现代化，造型十分贴身，紧紧包裹人体，后中装拉链。裙身分为上下两段，在膝盖处拼接，应该说刚好运用了两个布幅。如果说在结构上还保留着传统佤族服装信息的话，就只有筒裙上的这条接缝了。

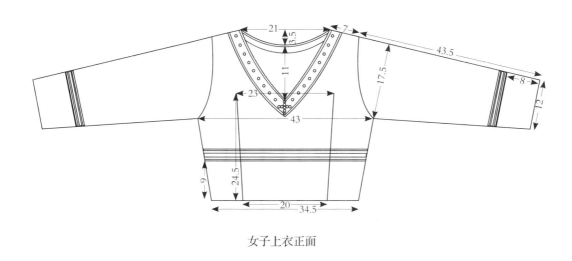

女子上衣正面

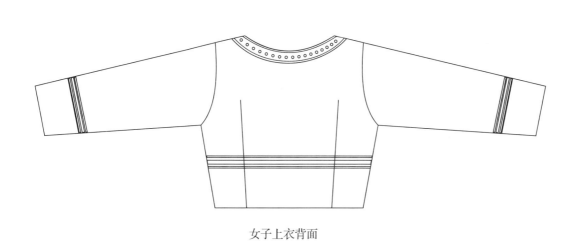

女子上衣背面

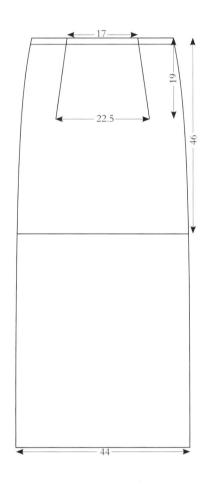

长筒裙正面

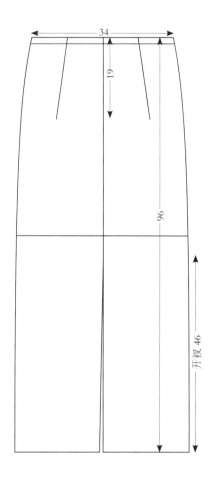

长筒裙背面

# 六、佤族服饰结构图考——女子短裙背心外观效果

短裙、背心可以说是佤族妇女的便服。上衣领边、袖口、下摆都装饰有银泡，特别是短上衣下摆处银泡组成的三角形装饰和勐朗的拉祜族装饰颇有几分相似。

这里的女装前领口都有一个银泡组成的十字架造型，是否有基督教文化的渗透值得研究。

1 女子服装正面
2 女子服装侧面
3 女子服装背面

女子上衣正面　　　　女子上衣背面　　　　短筒裙正面　　　　短筒裙背面

# 七、佤族服饰结构图考——女子短裙背心结构复原

　　这套女装短裙背心似乎只是将长款上衣的袖子去掉，将长款裙子的接布舍去而已。同样西化的收腰省，裙后中下摆处有一小开衩，与现代职业装有些相似。

　　佤族女装结构趋于立体、适合人体的西洋化趋势十分明显，佤族固有的元素越来越少，或许只有通过历史资料里的描述和老照片来描摹出大致风貌，但已经无法通过实物获取更加真实有价值的信息了。

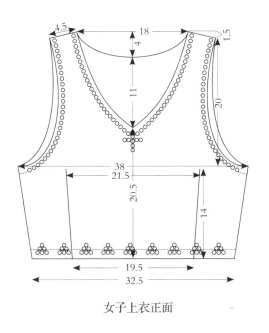

女子上衣正面

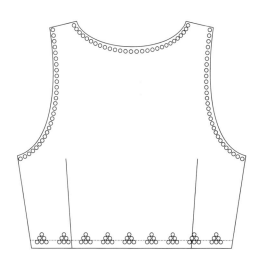

女子上衣背面

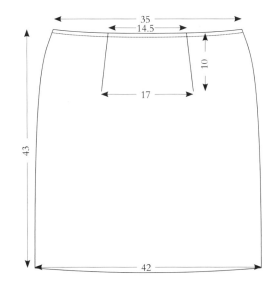

短筒裙正面

短筒裙背面

# 第十节　阿昌族

　　阿昌族是云南境内最早的原住民族之一，主要聚居在滇西陇川县户撒乡和梁河县。阿昌族有语言无文字。由于特殊的杂居环境，大多数阿昌族男子会讲汉语和傣语，有的还会讲缅语和景颇语。

　　阿昌族男子有两种原始的装扮：一为对襟短衫，多为蓝、黑、白三色，长裤，斜挎"筒帕"；二为右衽及踝长袍。未婚男子缠白包头，已婚男子缠藏青色包头，青壮年在脑后留有30厘米左右的包头布。腿部系黑色绑腿。阿昌族的小伙子刀不离身，所佩戴的"户撒刀"历史悠久，享有"柔可绕指，剁铁如泥"的美誉。

　　户撒乡姑娘爱身穿蓝色、黑色对襟上衣和长裤，头上打黑或蓝色包头。包头有的像高耸的塔形，高达30~60厘米，有的则用约6.5厘米（2寸）多宽的蓝布一圈圈地缠起来，包头后面还有流苏，长可达肩；前面用鲜花、璎珞点缀；有的在左鬓角戴一银饰，上镶玉石、玛瑙、珊瑚之类；以银元、银链为胸饰，颈上戴数个银项圈。已婚妇女多穿窄袖对襟黑色上衣，下着筒裙。裙与裤成了区分婚否的标志。

# 一、保持云南原住民密符的阿昌族服饰

阿昌族在云南的原住民中属资历最老的民族之一，普遍认为他们是古代"寻传蛮"（古氐羌）的后裔，早在公元 2 世纪就居住在怒江流域。阿昌族多与汉族、傣族毗邻而居或是杂居，受汉、傣文化影响较大。例如，房屋多为一户一院，三房一照壁居多，一些地区的服饰同傣族大致相同，信仰佛教，佛事和节日与傣族相同。

在我们走访的德宏州关璋村，看到仍有阿昌族老人在用腰织机织花布时，不禁惊叹这里传统服饰文化竟保存得如此完好。老人日常仍穿着本族传统服装。年轻人也有传统节日的礼服，像这样历史上即与外族交往频繁的民族，缘何能至今仍保持有完好的服饰文化？他（她）们从织布到制衣原生态的继承，无疑对传统文化遗产的抢救具有重要的意义。在阿昌族的传统服饰中，我们看到了许多典型的云南原住民族服饰特点，各民族多有互通之处，这些少数民族在服装上通过独特的结构形制和服饰特征流露出其悠远的历史和古老的文化。简单的服饰上亦承载着厚重的信息，隐藏在一个绣片、一块银牌、一朵绒花这些细微之处，以神秘符号的形式传递至今。

1 阿昌族老年服装

2 阿昌族女子服装

3～5 阿昌族老人常服

6、7 传统腰织机

8 阿昌族女子服饰

9 阿昌族老人保持着传
　统的生活方式

**图片来源：**何鑫　摄

## 二、阿昌族服饰结构图考——男装外观效果

　　采集的阿昌族男装样本为藏蓝色偏襟长衫，立领，大襟上有盘扣，袖子由袖根向袖口渐窄，袖长稍短，不及手腕，侧开衩。

　　阿昌族男装款式很像清末民初汉族传统的男式长衫。大部分资料都记录阿昌族男装的传统样式是对襟短上衣，样本偏襟估计是从汉族袍服借鉴而来。

　　阿昌族男子围包头，上有假花、绒球等装饰。包头颜色有白色和藏青色两种，未婚男子围白色，已婚男子围藏青色。

1 阿昌族男子服装正面
2 阿昌族男子服装背面

**图片来源：**何鑫　摄

男子长袍正面

男子长袍背面

# 三、阿昌族服饰结构图考——男装结构复原

　　阿昌族男装为传统的平面结构，前后中均断缝，袖中有接缝，衣身较宽大，结构上几乎与北方的男式袍、衫相同，只是袖口较窄，袖根和袖口宽度相差较大，袖长稍短。北方传统长袍多为宽袍大袖，下摆宽大。

　　领子为高 4.5 厘米的贴布条，与衣身领口缝合。

　　里襟长至前襟底边，并未减短止于开衩处，不像许多民族将里襟裁短以节省布料，其原因还需要考证。衣侧从最靠下的盘扣处开衩。

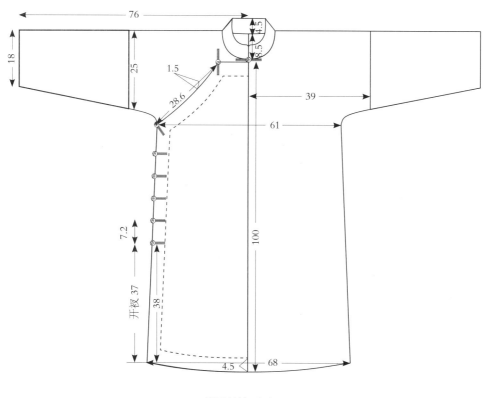

男子长袍正面

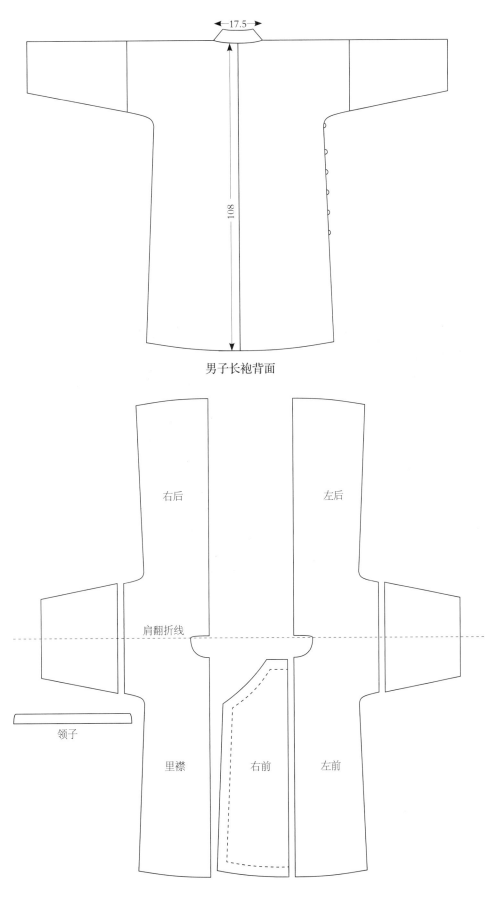

17.5

108

男子长袍背面

右后

左后

肩翻折线

领子

里襟

右前

左前

男子长袍结构分解图

# 四、阿昌族服饰结构图考——女子主服外观效果

阿昌族女子上衣的衣领和袖皆采用纯棉布,衣身采用质地较硬的纱,以亮片和丝带装饰,还有各色绣花,前扣为金属太阳花纹样。衣身较短,圆摆,衣袖较窄。形制与清末汉族的短袄相似。

据当地阿婆讲,此衣并无衬里,直接穿着。

阿昌族女子的包头多为黑色,缠裹很高,装饰着各色假花、绒球等,如同盆景顶在头上一般。

1 阿昌族女子服装正面
2 阿昌族女子服装侧面
3 阿昌族女子服装背面

图片来源:何鑫 摄

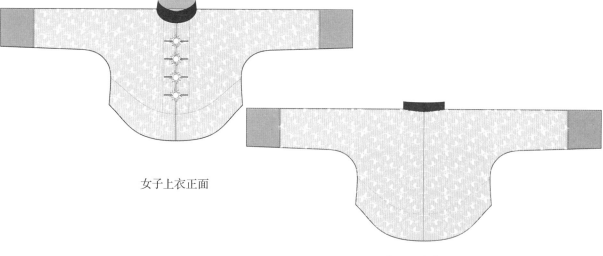

女子上衣正面

女子上衣背面

# 五、阿昌族服饰结构图考——女子主服结构复原

　　阿昌族女子上衣基本维系着传统平面结构，前后中断缝。领子是简单的长方形布条。袖上有接缝，大抵是因为所用面料是现代工业生产的硬纱，幅宽有所增加，袖口接布变得很小。衣长较短，下摆沿弧线造型有 10.5 厘米宽的贴饰，与面料同料，由于衣身并没有里子，下摆完全不必有如此宽的底摆贴边。这种形制出于何种考虑，或许与襕衫的襕作用相似，以示上衣下裳的制式。

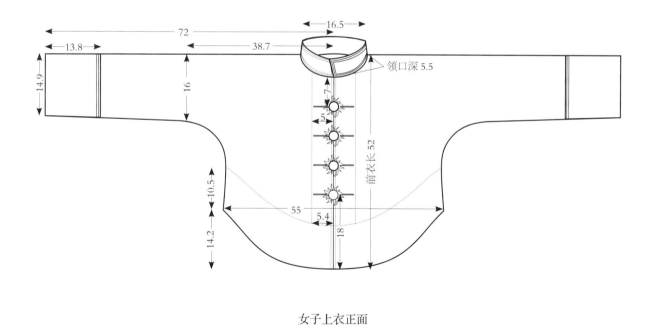

女子上衣正面

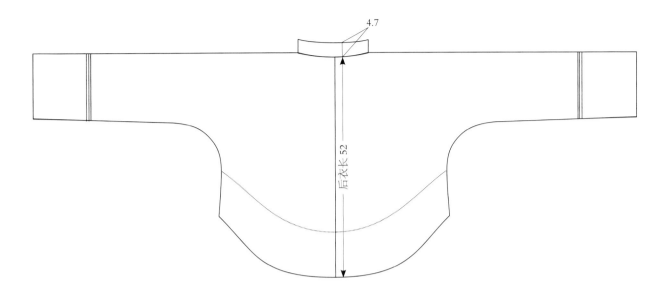

4.7

后衣长 52

女子上衣背面

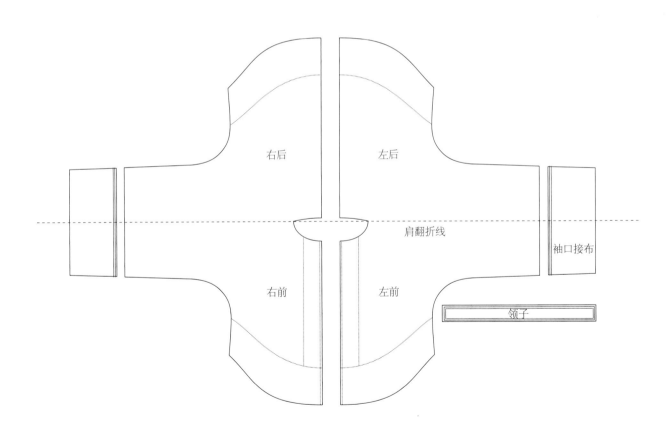

右后 左后

肩翻折线

袖口接布

右前 左前

领子

女子上衣结构分解图

中华民族服饰结构图考 少数民族编

# 六、阿昌族服饰结构图考——女子配饰外观效果

　　阿昌族女子的剪花衣领内衬皆采用纯棉布，大身为丝绒面料，领、肩处均有银泡装饰，或银泡下坠饰流苏；前扣别具特色，两银片上敲花，相互咬合成扣；底边坠饰彩色绒球；前后片两侧下角以绒球穿珠拉线固定。

　　裙子由腰织机手工织布，黑色经线，彩色纬线，织出各色几何纹样，细密排列。阿昌族未婚妇女穿长裤，只有已婚妇女才可以穿如此绚丽的彩裙，这似乎不符合"轻花老素"的常理，使阿昌族服饰更加神秘。

　　在阿昌族女装上，我们可以看到南方许多少数民族的影子，例如哈尼族、景颇族肩上的银泡装饰，德昂族胸口的银牌扣以及酷爱的绒球等。可以看出西南少数民族在漫长的历史中也是在不断交融影响的。

1 长裙
2 围腰开衩
3 银牌扣

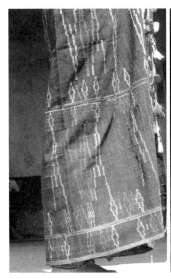

图片来源：何鑫　摄

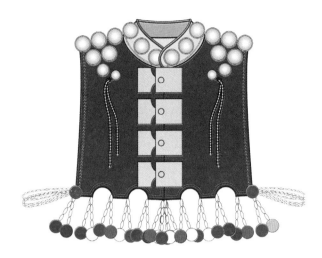
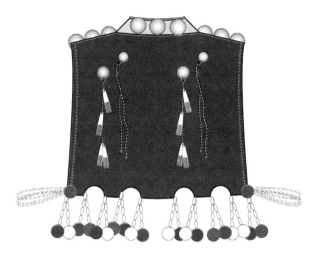

剪花衣正面　　　　　　　　　　　　　剪花衣背面

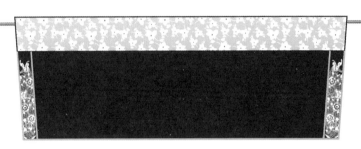

围腰

筒裙

# 七、阿昌族服饰结构图考——女子配饰结构复原

　　阿昌族女子筒裙一般由三块布组成，此款分别由宽为 46.4 厘米、42.9 厘米、18.6 厘米的三块布组成。拼缝后接 10 厘米宽的腰头，缠裹在腰上呈筒状。

　　女子坎肩有落肩，平面展开后前襟呈对接状，应为汉化的结构，并用银牌扣扣合，独具特色。

　　围腰是上宽下窄的梯形，围度较大，绕腰近两圈。

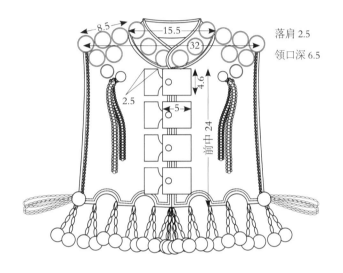

女子坎肩正面

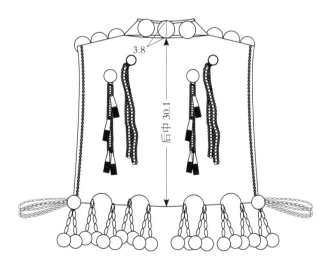

女子坎肩背面

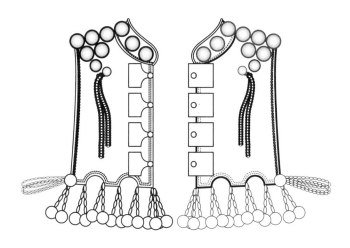

女子坎肩结构分解图

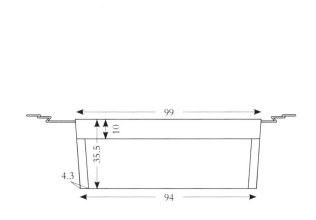

围腰

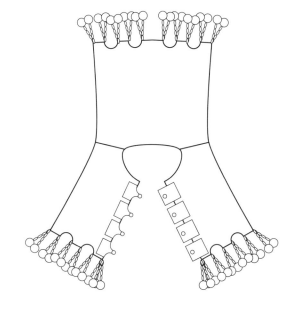

女子坎肩结构示意图

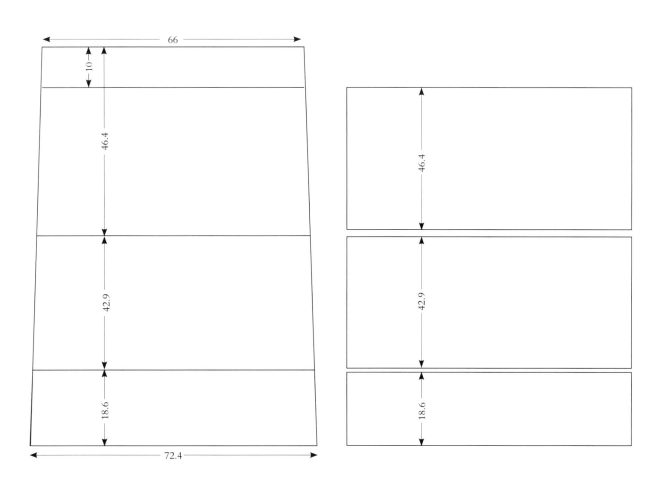

筒裙                                筒裙结构分解图

# 第十一节　布朗族

布朗族是中国古老的少数民族之一。主要聚居在云南省西部的西双版纳傣族自治州勐海景洪县和临沧地区的双江、永德、云县、耿马以及思茅地区的澜沧、墨江等县。

布朗族有自己的语言，没有文字，语言分布朗、乌两种方言，属南亚语系孟—高棉语族佤德昂语支。部分人通汉语、傣语和佤语。布朗族的文学限于口头传说，主要形式有神话、故事、诗歌、谚语、谜语等。大部分信仰小乘佛教。布朗族人主要从事农业，以种植旱稻为主，善种茶，布朗族山区是驰名中外的普洱茶的重要产区。

布朗族人穿着简朴，服饰各地大同小异。男子穿对襟无领短上衣和黑色宽大长裤，用黑布或白布包头。妇女的服饰与傣族相似，上着紧身无领短上衣，下穿红、绿纹或黑色筒裙，头挽发髻并缠大包头。过去布朗族男子有文身的习俗，四肢、胸部、腹部皆刺染各种花纹。妇女喜欢戴大耳环、银手镯等饰品。姑娘爱戴野花或自编的彩花，将双颊染红。无论男女都喜欢饮酒、染齿、吸烟。

女子绾发髻于头顶，或将头发梳成长辫再绾于头顶，她们喜欢在发髻上插饰银簪、银链、多角形银牌和银铃等饰物，未婚少女还喜欢在头上插各种鲜花，花香袭人。外出时，布朗女子都要在头上缠大包头，老年妇女缠黑、蓝色大包头，中年妇女缠白色大包头，年轻女子多用彩色提花大毛巾缠包头。青年男子用白布帕包头，老年男子还保留了蓄发盘于头顶的习惯，缠黑布包头。

# 一、朴素而遗风犹存的布朗族服饰

布朗族服饰素雅质朴，男女均喜欢穿着青色、黑色服装，单纯且素净，装饰较少，近年来，年轻人的服装才开始花哨起来。传统的女装通身素色，恬静而深邃，似乎布朗族人并未在服装上花费太多心思，颇为内敛。

但是布朗族仍保持着许多传统，古老的服饰生态仍有存留。自古以来的种茶制茶工艺如今已成为重要的经济收入，西双版纳地区的布朗族至今仍留有母系氏族社会的遗迹，实行母系联名，母亲全名的第二个字加在孩子名字后面。

这个古朴、宁静的民族通过服饰充分体现出以静制动的民族艺术境界。

1～3 布朗族女子服装
　　和头巾

4、5 布朗族儿童服饰

6、7 布朗族青年（左）
　　和老年（右）女子
　　服装

8 布朗族青年女子头饰

9 布朗族男子服装

**图片来源：**何鑫　摄

# 二、布朗族服饰结构图考——男装外观效果

布朗族青年男子服饰：缠包头，上着立领对襟上衣，下着黑色长裤。上衣落肩较大，对襟，后身无破缝，前身两侧贴口袋。头巾、门襟、口袋、底边的花边大致相同，均为几何纹和水纹。

装袖的处理工艺：服装上的装饰花边以及"公鸡""鼓"之类的装饰图案均可看出现代服饰对其产生的影响。

款式相似的汉化男装在许多地区的不同民族中均有所见，大体上只是改动了饰边纹样、色彩，在胸部和背部饰有本族图腾的图案。

宽大的黑色长裤腰头采用松紧带，不再保留传统的服饰形制。

1 布朗族男子服装正面
2 布朗族男子服装侧面
3 布朗族男子服装背面

图片来源：何鑫 摄

青年男子上衣正面

青年男子上衣背面

长裤

# 三、布朗族服饰结构图考——男装结构复原

　　采集的布朗族男装样本结构非常现代，装袖、对襟、立领、盘扣，更像是具有少数民族风格的工业制品，类似演出服，这说明当地的汉化程度严重，特别体现在男装上。在南方少数民族地区，男装的汉化进程往往比女装更为迅速，民族服装也只用于节日当作礼服穿着，穿着的常服同汉族无大差异，服装结构从平面结构变为立体结构，窄衣窄袖变得更合乎人体结构，便于生产和生活。传统形制已成为一种被淡忘的符号，基本丧失了族群的礼俗意义。

　　男裤结构同样近似于现代西装裤，明显成衣化。

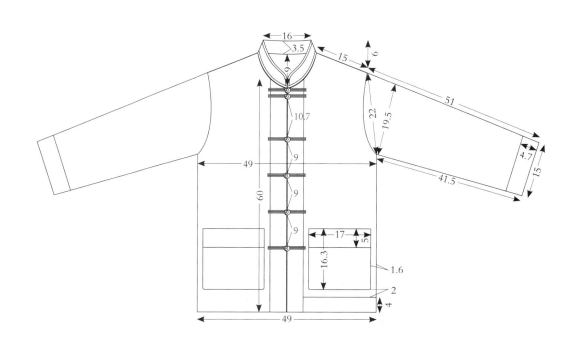

青年男子上衣正面

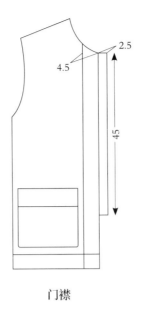

门襟

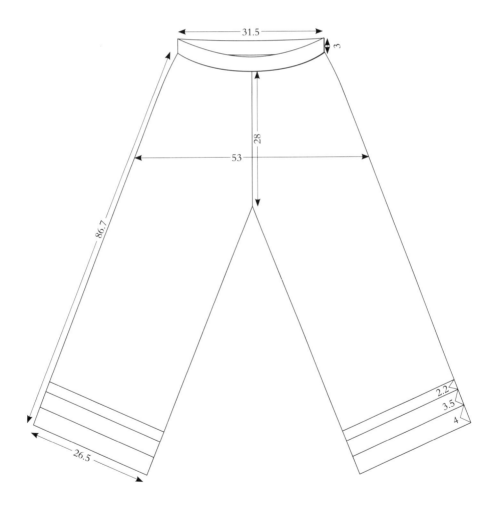

长裤正面

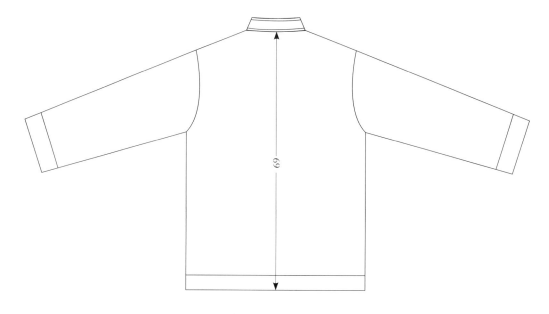

青年男子上衣背面

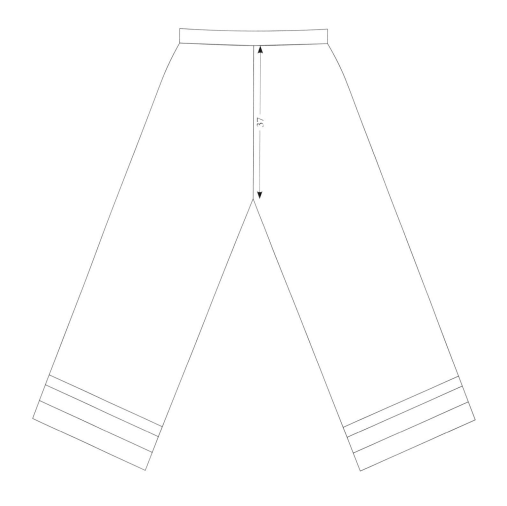

长裤背面

# 四、布朗族服饰结构图考——女装外观效果

　　布朗族年轻女子服饰为立领长袖翘摆短上衣，偏襟，有粉红等色条纹装饰，下摆有水纹花边。筒裙和上衣配色装饰相似，属同一套服装。黑色绑腿有花边装饰。均为机织面料。

　　包头巾宽大厚重，上有大量亮片排列成线装饰，额前以银色假花固定头巾，左侧饰有两色花朵，两端垂黄色流苏，缠裹在头上，形成较夸张的造型。

　　服装的花边、料珠配饰等都是布朗族人直接从市场上购买的现代饰品进行装饰。

1 布朗族女子服装正侧面
2 布朗族女子服装侧面
3 布朗族女子服装背面

图片来源：何鑫 摄

青年女子上衣正面

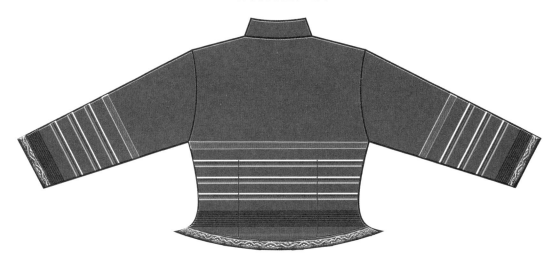

青年女子上衣背面

布朗族女子筒裙实物

筒裙

绑腿

# 五、布朗族服饰结构图考——女装结构复原

　　上衣为装袖，前后衣片有腰省，这是汉化的结果，只有下摆呈尖角起翘状，这是布朗族年轻女子服装形制最具本色的地方，还在传承着。总之，年轻女子的服饰已然同传统女装大相径庭，渐行渐远。

　　筒裙的结构较特殊，展开时即穿着前的状态，一侧有开衩，当裙子贴合人体穿上后，开衩一侧多余的部分折叠围裹至腰后，这种穿与围裹相结合的方式可以灵活地调控腰围的大小。这也可视为现代服装被民族化或本土化的一个实例。

青年女子上衣正面

青年女子上衣背面

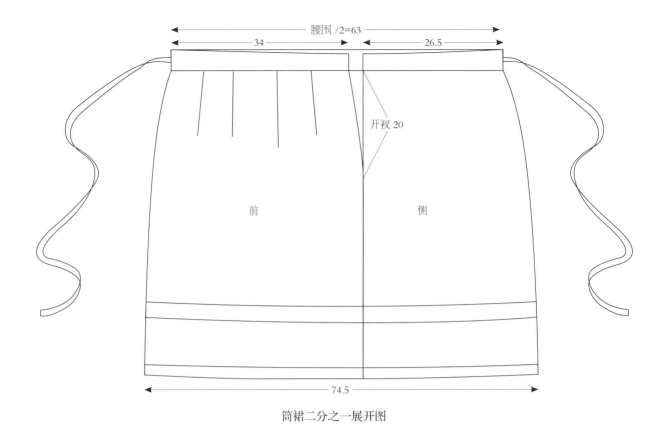

筒裙二分之一展开图

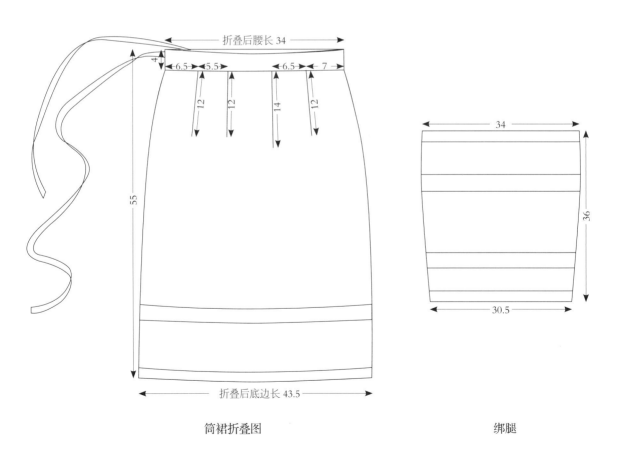

筒裙折叠图

绑腿

中华民族服饰结构图考 少数民族编

# 六、布朗族服饰结构图考——老年女装外观效果

布朗族老年妇女服饰更能体现其本色，很有研究价值。

缠黑色包头巾，包头巾长且宽大。上衣圆领右衽大襟，窄衣窄袖，藏蓝色无装饰。下着筒裙，面料较厚，类似于粗布，系有腰带，将腰部多余的量堆积至前腰，前腰裙褶左右均衡分布自然下垂，形成自然的装饰风格。

和青年女子套装相比，老年妇女服装更深沉稳重，样式也遗留着布朗族的传统风貌，更具历史的沧桑感和常服的质朴，能真实反映出其文化信息。

1 布朗族老年妇女服
　装正面
2 布朗族老年妇女服
　装侧面
3 布朗族老年妇女服
　装背面

图片来源：何鑫　摄

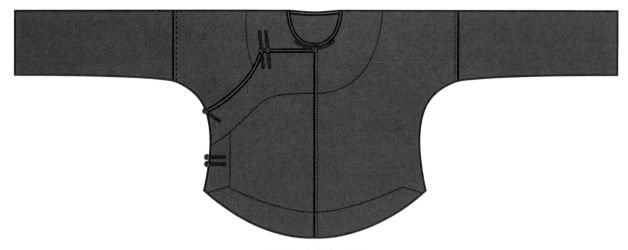

老年妇女上衣正面

老年妇女上衣背面

老年妇女筒裙

# 七、布朗族服饰结构图考——老年女装结构复原

布朗族老年妇女上衣表达出真实而典型的十字型平面结构，里襟止于开衩处，袖中断缝。袖子平直，袖肥较窄。领口、底边、襟边贴布都缉有明线，起加固耐磨损的作用。衣身短小，圆摆，两侧均有短小的开衩。

裙子结构更加原始而可靠，两幅布接缝呈筒状，围度极大，在腰部系腰带，将很多余量堆成自然褶皱。

老年女装无论从外观还是结构，都较青年女装更多地保存了传统的服饰形制，更少地受汉化影响，传递了布朗族更有价值的历史文化信息。

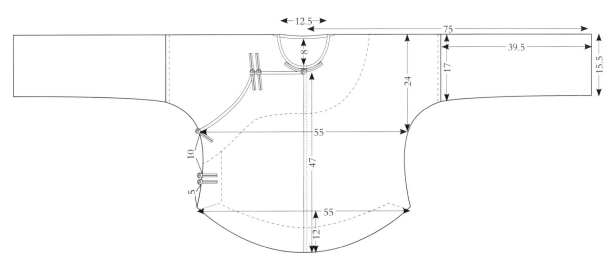

老年妇女上衣正面

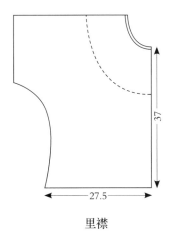

里襟

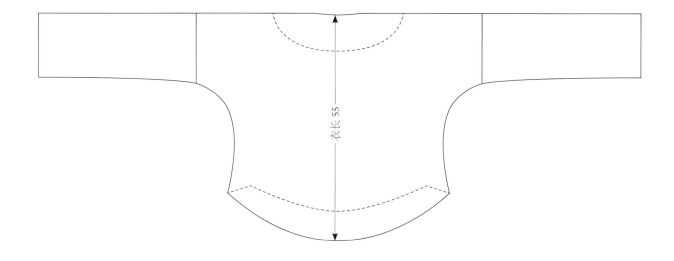

老年妇女上衣背面

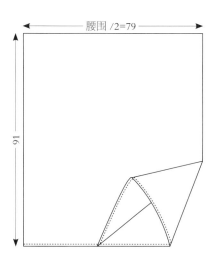

老年妇女筒裙

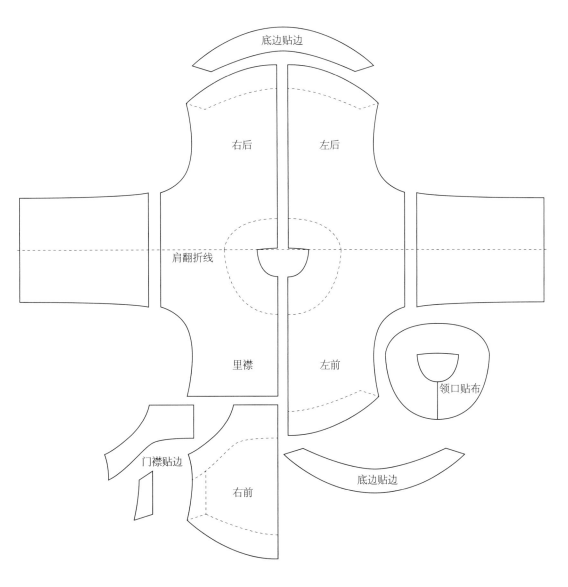

底边贴边

右后　　　左后

肩翻折线

里襟　　　左前

领口贴布

门襟贴边

右前

底边贴边

**老年妇女上衣结构分解图**

# 第十二节　白族

白族主要聚居在云南省大理白族自治州，其余分布于云南各地和贵州省毕节地区及四川凉山州。深居于苍山下、洱海之滨的白族人民，在生活习俗和服饰等方面，一直保持着本民族鲜明的传统特点。

凡客人光临，无论来自何方，都以"三道茶"热情接待。三道茶是白族最讲究的茶礼，即斟茶三道：第一道为纯烤茶，第二道加入核桃片、乳扇和红糖，第三道加入蜂蜜和几粒花椒。因而具有一苦二甜三回味的特点，象征着人的一生经历，别致又独具味道。

白族男女普遍崇尚白色。大理地区的白族男子喜缠白色或蓝色包头，多穿白色对襟上衣，外套坎肩，下身穿宽筒裤，系拖须裤带，有时还喜欢搭配绣有美丽图案的挂包。

青年女性的服饰主要由头帕、上衣、领褂、围腰、长裤几个部分组成。上衣多为白色、嫩黄色、湖蓝色或浅绿色，外套为黑色或红色坎肩，右衽结纽处挂"三须""五须"银饰，腰系绣花或深色短围腰，下着蓝色或白色长裤。或上下一体，色调一致；或衣、褂、裤、围腰各为一色，于多色块对比中求和谐。

白族妇女的头饰比较华丽，不同地区的白族妇女所戴头饰有不同特点。大理的妇女皆戴头帕，未婚者编独辫盘于头顶，辫上多缠红白绒线，左侧垂有红白绒线流苏；已婚者多挽发髻。而鹤庆一带的白族妇女所戴帽子形似大圆盘，别致夺目，给人留下深刻的印象。

图片来源：何鑫 摄

# 一、崇尚洁净的白族服饰

　　白族，如此冰清玉洁的名字，恐怕是我国 56 个民族中唯一以颜色来命名的少数民族，不难看出其对白色的钟爱。白族男女崇尚白色，以白色为尊贵。剑川县的白族姑娘嫁妆里一定有张雪白的羊皮，没有丝毫的杂毛，尾、四肢都保留完整。白色对于白族而言还有一种深刻的象征，就是白族的服装大多色彩明净，搭配淡雅，使白族姑娘似小家碧玉，少了几分滇西南少数民族的繁重劳苦，多了几分洁净雅致的秀气。

　　白族历史悠久，历史上同中原的汉族有着密切的经济文化联系，受汉族影响较大，但固有的文化、艺术保留完整而纯粹，也更加注重除生产劳作外的精神生活，这或许也同白族喜好白色崇尚洁净的文化特质有关。

1、2 白族少女服饰

3、4 白族女子服饰

5 白族女子服饰袖口细节

6 白族女子绣花鞋

7 白族各式男女服装

8 白族男子服饰

图片来源：何鑫 摄

## 二、白族服饰结构图考——男装外观效果

采集的白族男子服装为白色直身长袍，由多片粗布拼缝而成。半袖肥阔，右
衽偏襟较窄呈阶梯状，衣身较紧。领子样式为小交领，黄底细条纹，领边装饰银
色小珠，结构很像未翻折的现代衬衫领，两个领尖前伸交叉。

白族男子绑蓝色围腰数圈，在后腰系结，围腰两端有流苏自然垂落。

整套男装集中表达了白族尚白的风格，干净利落，简洁明快。

1 白族男子服装正面
2 白族男子服装背面

图片来源：何鑫 摄

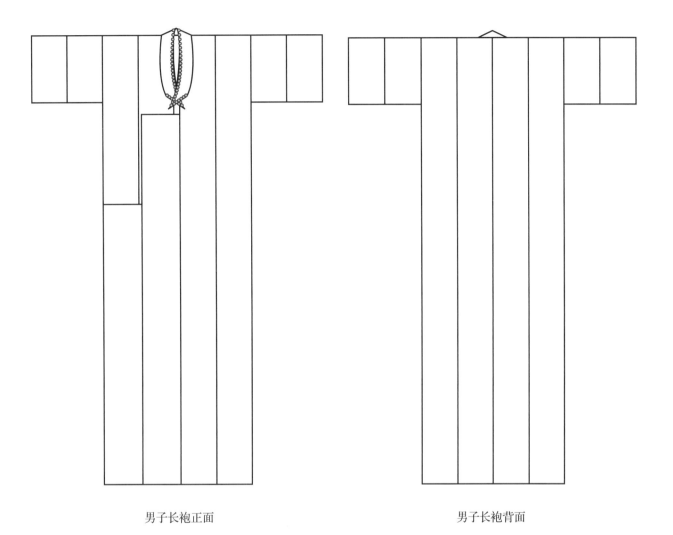

男子长袍正面　　　　　　　　　　　　　　　男子长袍背面

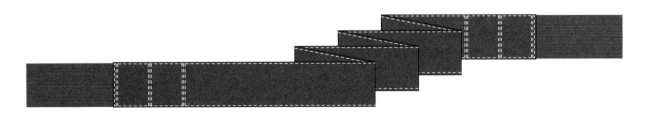

腰带

# 三、白族服饰结构图考——男装结构复原

　　白族长袍由幅宽约13厘米的土布拼接缝制而成，手工制作痕迹明显，土布质地松紧不一，布边不齐，做缝量不定，因此采集到的实际宽度（不含缝份）不等，有较大差异，偏襟呈阶梯状并里外襟用腰带缠系；领口未开，直接绱领；肩线平直，前后身连裁，前后衣长最长布条296厘米（不含缝份），袖口布条长44厘米（不含缝份）。这样竖向拼接的衣服结构无论在南方还是北方都十分罕见，拼缝的动机究竟是什么，要看是普遍现象还是个案，但有一点是可以肯定的，西南少数民族服装的结构为了最大限度地运用材料，普遍采用整齐划一的矩形，尽量不破坏原布状态或以少裁剪为原则。白族长袍可谓是这一原则的集中表现。

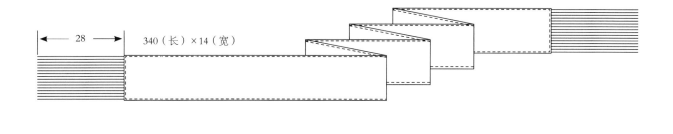

28　　340（长）×14（宽）

**腰带**

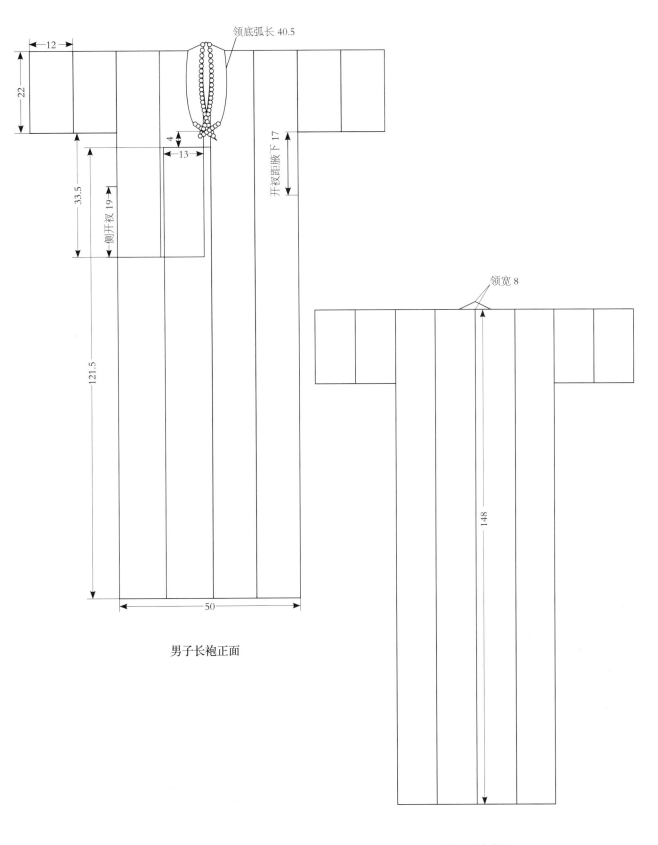

领底弧长 40.5

12

22

4

13

33.5

侧开衩 19

开衩距腋下 17

121.5

50

男子长袍正面

领宽 8

148

男子长袍背面

# 四、白族服饰结构图考——女子主服外观效果

白族女子上衣与男子长袍不同，对襟圆领，宽衣大袖，具有清末的满汉女袍的风格，特别是袖口，数层刺绣布边，以及袖中套袖的形制，都让人不禁想起清末满汉风行的镶绲。

通身桃红色，有暗花，下摆前直后圆、前短后长，不知是否来源于我国传统的天圆地方观念。其实更重要的动机是跟她们长期的田间劳作有关，这也成为西南少数民族服装标志性的结构特征。

1 白族女子服装正面
2 白族女子服装侧面
3 白族女子服装背面

图片来源：何鑫　摄

女子上衣正面

女子上衣背面

# 五、白族服饰结构图考——女子主服结构复原

　　白族女子上衣结构保持了传统十字型平面形制。领子、门襟、接袖这些细节结构所传承的纯粹性也很出色。同时也可看出汉族和白族交往的痕迹。如采用衣身较为宽大的十字型平面结构，在袖中外套着缝了一块有装饰图案的方形布，它与清末旗人的"马蹄袖"有异曲同工之妙，可能是为了增加肘部的耐磨度。前摆短及腰，后摆长过臀，两侧有短小开衩。这种前短后长的形制，汉人是通过束起前摆在腰带上来减少障碍；欧洲人燕尾服的前短后长和西装的圆摆斜向设计都是出自同一个动机。如果探究谁影响谁是幼稚的，这更是人类在同一个历史时期通过社会实践的智慧反映，就像象形文字在东西方文明的萌动时代同时出现，不能判定一定是谁影响谁一样。

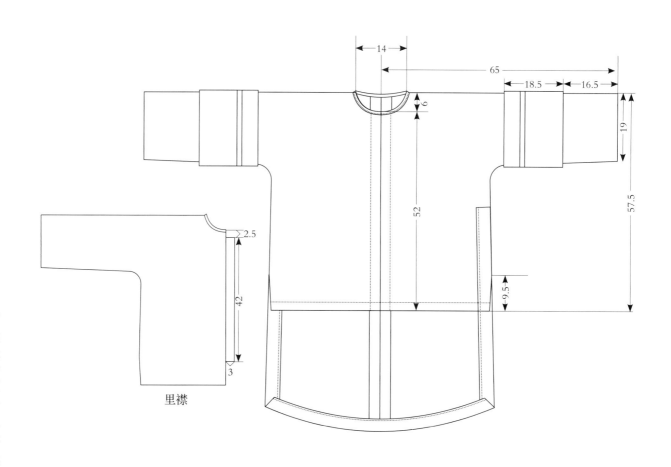

**女子上衣正面**

里襟

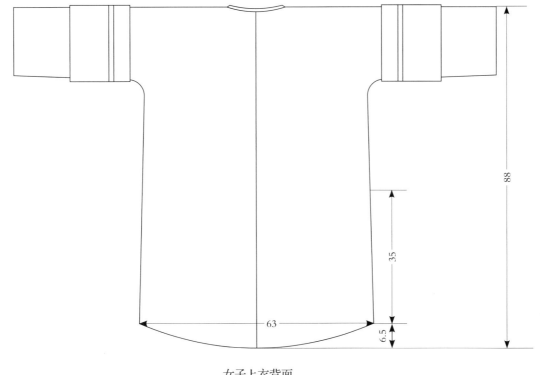

女子上衣背面

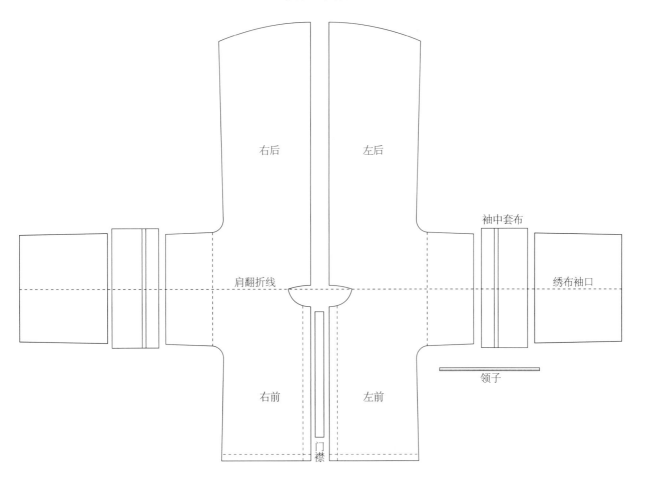

女子上衣结构分解图

# 六、白族服饰结构图考——女子配饰外观效果

女袍外穿黑色偏襟坎肩是白族女子普遍的装束，也是西南少数民族典型的装备。

腰间系坎肩同料暗花围腰，粉带绿边。围腰大都是各民族装饰的重点，上有大量装饰，而白族的围腰却显素净，仅为简单的色块和低调的暗花，品位十足。

下着黑色合体长裤，系黑色绑腿。

整套女装用料现在多是工业制品，黑色为主调，辅以大面积的粉、绿，色彩纯度、明度都较高，但在不同色块之间的调和下，显得素雅而秀丽。

1 整体配饰效果

2 围腰

3 女裤

图片来源：何鑫 摄

女子坎肩正面

女子坎肩背面

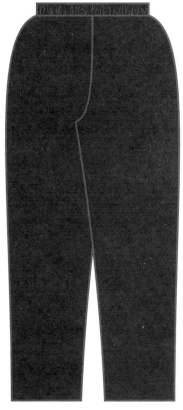

女裤正面 　　　　　　　　　　　　女裤背面

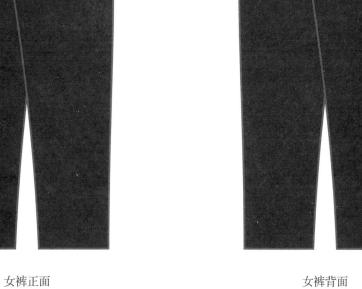

围腰

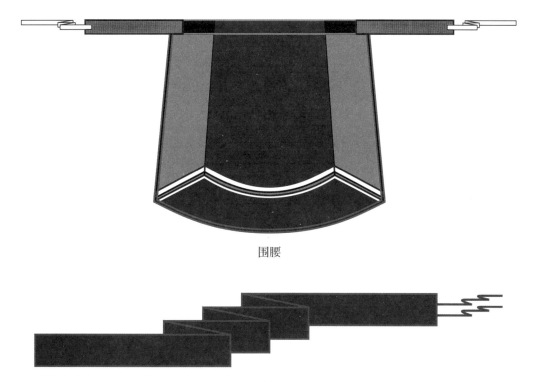

绑腿

# 七、白族服饰结构图考——女子配饰结构复原

　　同套女装中的坎肩、长裤不像长袍结构那样传统，更多地受到了汉化的影响。

　　坎肩较为合体，落肩较大，系盘扣，立领，右衽偏襟与侧缝交于袖窿底下 3.5 厘米处。里襟底边止于开衩处。

　　裤子腰头装有松紧带，基本上运用了现代运动裤的处理手法。

　　围腰较为宽大。绑腿带长达 2 米有余。

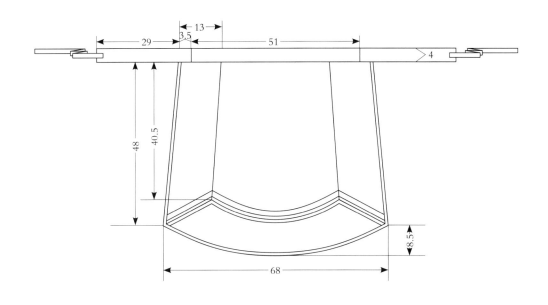

围腰

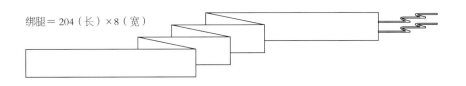

绑腿

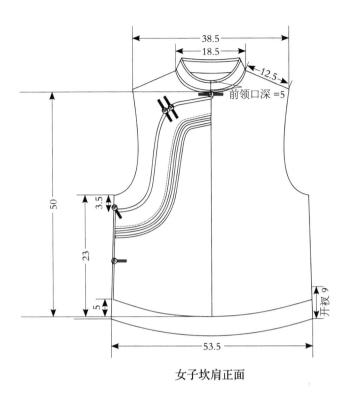

前领口深 =5

开衩 9

女子坎肩正面

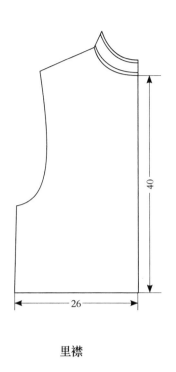

里襟

女子坎肩背面

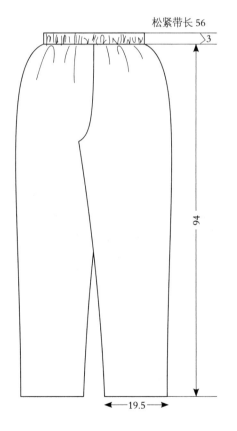

松紧带长 56

女裤

# 八、白族服饰结构图考——女子长袍外观效果

　　女装长袍造型与男装很相似，采用了比男装更低的阶梯式偏襟。拼布分割方式比男装灵活且奇特。深蓝、浅蓝两色裁片重叠缝制，前身分左右两片。左前片长，翻折固定露出里片深蓝色；右前片短。肩线平直，前后连裁，领口未开，直接绡领。袖根处有两道黑色布拼接。

　　虽为对襟形制，但穿着时将左襟撇向前中，用橙红色长腰带固定。

　　包头为一块黑色长方形带花边织布，在脑后缠裹成燕尾形状，故也被称为"燕子式包头"。

　　这种独具特色的白族长袍形制（男子和女子）成为研究古老白族服饰文化的活化石。

1 白族女子服装正面
2 白族女子服装侧面
3 白族女子服装背面

**图片来源：**何鑫　摄

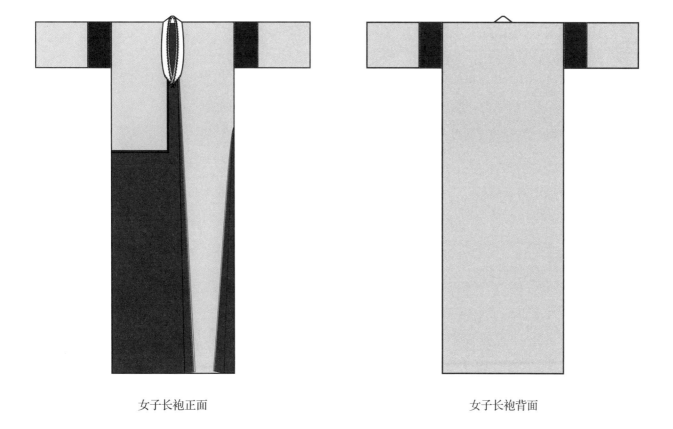

女子长袍正面　　　　　　　　　　　　　　　　女子长袍背面

白族女子包头实物

包头

**图片来源:** 何鑫　摄

# 九、白族服饰结构图考——女子长袍结构复原

　　白族女装长袍结构简洁明快，虽采用同属中华传统服装的十字型平面结构，但它独一无二的拼接和重叠裁剪的工艺独树一帜。衣身较长，袖子窄而短，从肩断开后与左右两块黑色布拼接。两片袖子则是裁剪右襟时的余料。这种衣身结构和云南一些彝族的服装很相似，但在彝族只是作为女装，而白族男女装都有类似结构。在白族的文献和访问中也都没有得到可信的证据，从而成为白族长袍结构之谜。

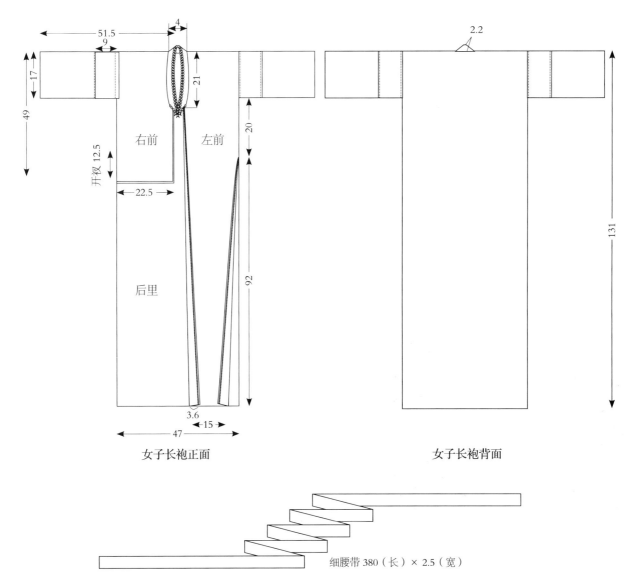

女子长袍正面　　　　　　　　　　　女子长袍背面

细腰带 380（长）× 2.5（宽）

硬腰带和细腰带组合使用，硬腰带系好后，在上面缠绕细腰带，缠好后系在腰部

细腰带

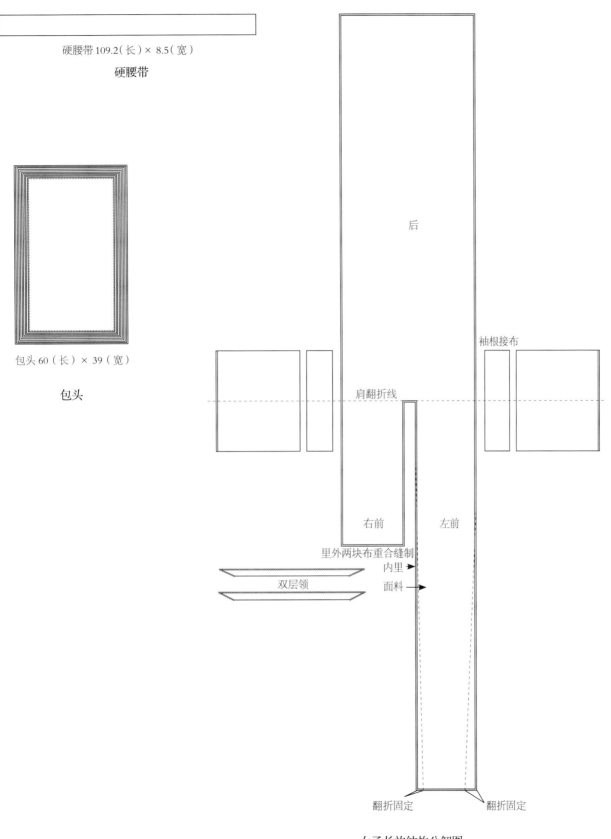

硬腰带 109.2（长）× 8.5（宽）

**硬腰带**

包头 60（长）× 39（宽）

**包头**

后

袖根接布

肩翻折线

右前 左前

里外两块布重合缝制

内里

双层领 面料

翻折固定 翻折固定

**女子长袍结构分解图**

# 第十三节　傣族

　　傣族先民是古代百越的一支，历史悠久、文化丰富，有自己的历法（傣历）和语言文字（古傣文），著名的《贝叶经》即傣族千年历史的老傣文文献。傣族人大都信仰佛教，古朴别致的佛塔遍及各地。在西双版纳地区，傣族男子都要出家为僧一段时间才算是有教化，三五年后再还俗。

　　傣族人过去多居住竹楼，是一种干栏式建筑。竹楼近似方形，以数十根大竹子支撑，悬空铺楼板，房顶用茅草覆盖，竹墙缝隙很大，既通风又透光，楼顶两面的坡度很大，呈 A 字形。竹楼分两层，楼上住人，楼下饲养牲畜，堆放杂物，也是春米、织布的地方。

　　西双版纳州素有"孔雀之乡"的美称，傣族人喜爱孔雀，认为孔雀是幸福、美丽、吉祥的象征。在许多古老的缅寺的壁画、雕刻中，就有不少生动的人面鸟身孔雀形象。以模仿孔雀动作闻名的"孔雀舞"即源于傣族，传统表演者多为男性，因为只有雄性孔雀才有漂亮的翎羽。这种人文和自然的交融生态也造就了傣族古老而绚烂的服饰文化。

# 一、傣族三个支系的服饰

云南的傣族分为汉傣（亦称旱傣）、水傣和花腰傣。

汉傣是由于生活习惯与汉族相似才被这样称呼的，汉傣多与汉族杂居，偶尔也与汉族结婚。汉傣仍然保留文身的习俗，所文图案多为傣族文字与一些抽象图形。老人装束比较朴素。男子一般都穿无领对襟或大襟小袖衫，下穿长裤，用白布、青布或绯布包头，潇洒大方。汉傣妇女崇尚黑色，服装多以黑色作底，上着半袖右衽小褂，领口与前襟装饰有花边及小银泡，领口的扣子造型夸张、样式丰富，富有强烈的装饰性。袖口、衣襟侧面、底摆处皆有花边和刺绣装饰。妇女佩戴的耳饰小巧精致，头戴圆形小帽。下穿黑色长裙，小腿捆裹彩色几何纹样的十字绣绑腿，赤足。整体着装风格灵秀、端庄。

水傣自称"鲁傣鲁南"，意为"水的儿子"，故人称"水傣"，亦称"白傣"。妇女喜着蓝色或白色窄袖紧身衣和彩色花筒裙。

花腰傣是人们对居住在红河中上游新平、元江两县的傣族（傣雅、傣洒、傣卡、傣仲）的一种称谓。因其服饰古朴典雅、雍容华贵，特别是服饰的腰部彩带层层束腰，挑绣绚丽斑斓的精美图案，坠满艳丽闪亮的樱穗、银泡、银铃，因而称之为"花腰傣"。

汉傣

1 汉傣老年人服装
2、3 汉傣妇女服装
4 汉傣妇女和孩子服装
5 汉傣女装开衩腰饰
6 ~ 8 汉傣各式襟饰
9 汉傣各色女子服饰
10 汉傣女装侧面
11 汉傣女子文身

花腰傣

1 花腰傣女子服饰
2 花腰傣女装腰饰
3 花腰傣女子斗笠
4 花腰傣女子头饰

水傣

1、2 水傣女子服饰

**图片来源:** 何鑫 摄

## 二、最具原始形态和贵族血统的花腰傣服饰

　　花腰傣由傣雅、傣洒、傣卡、傣仲四个支系组成。花腰傣不仅在服饰文化上与滇南、滇西的傣族显著不同，而且不信佛教，没有文字，不过泼水节，保留着中国傣族在未接受印度佛教文化影响之前原有的文化状况，如信仰万物有灵的原始宗教，其中又以原始农耕民族祭龙和封建领主制时代的春耕礼最为典型。他们自称古代傣族南迁的落伍者、滇王室的后裔。

　　花腰傣妇女的服饰华美艳丽，文身染齿等习俗与古滇国贵族一脉相承，至今仍遗风不改。盛装用料考究，特别是傣洒、傣雅，多用绸缎，且刺绣精美、银饰琳琅满目，光彩夺目，彩带束于腰间，绚丽多姿；一双手戴几对银镯，十个指头都戴满戒指，风姿绰约。整套服装穿戴起来几乎无法劳动，只能参加礼仪性活动，是富贵身份的象征；另外，元江河谷气候炎热，穿带那么多服饰是不适合劳动生产的。这些都从侧面证实了花腰傣是古滇国贵族后裔。

1 花腰傣女装正面

2 花腰傣女装侧面

3 花腰傣头饰

4 花腰傣女装背面

5 花腰傣女子独特的斗笠

6 花腰傣腰饰

7 花腰傣戴斗笠的女子

8 花腰傣胸饰

**图片来源:** 何鑫 摄

# 三、花腰傣服饰结构图考——女子主服外观效果

花腰傣女子上衣对襟直领，黑色，袖阔而长，衣身短小，下摆在胸围处呈围带式花样贴饰，是一种特有的多色条纹织带。穿着时露出蛮腰。领条上缀满了小银泡，其上还规则排列亮片小花。下摆上密集地坠有冰柱状小挂饰。袖口有红色贴布和两道绣条。

整套花腰傣的女装装饰繁复，各种色条绣带细密排列，内外层次丰富，长短错落搭配，极具贵族气质。筒裙造型修长，绚丽而高贵，装饰富于节奏感，见隐见实，渐行渐远，风姿绰绰。

1 花腰傣女子服装正面
2 花腰傣女子服装侧面
3 花腰傣女子服装背面

图片来源：何鑫 摄

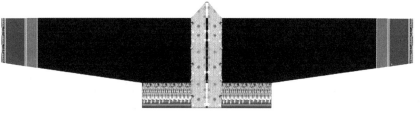

女子上衣正面

女子上衣背面

# 四、花腰傣服饰结构图考——女子主服结构复原

花腰傣女子上衣很有特点，类似于现代晚礼服的小外套，但保持着良好的传统十字型平面结构，左右规则对称。

带式领型与瑶族相似，充当了领子和门襟的双重作用。袖阔且长，袖根宽与衣身长尺寸相同，由袖窿向袖口渐收，袖中有断缝，以此推测幅宽在35厘米左右。最为显著的特点是衣身很短，仅33厘米，即在袖窿处停止，下接宽8厘米左右的绣花围布。

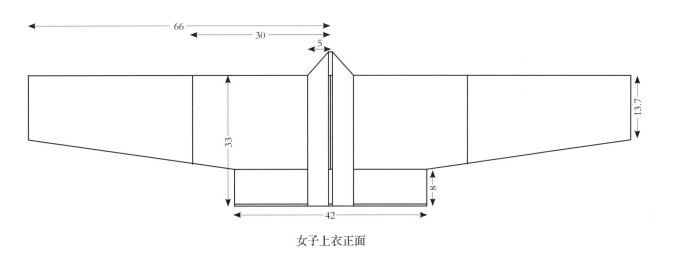

女子上衣正面

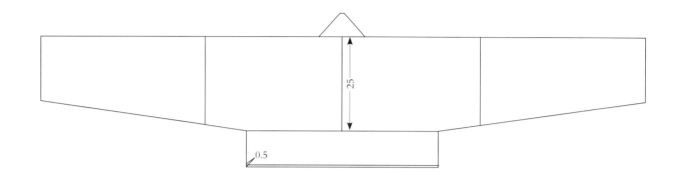

女子上衣背面

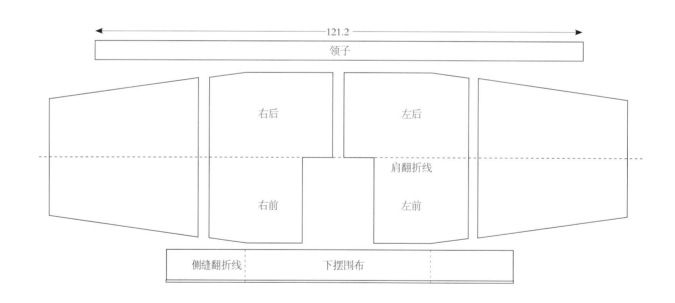

女子上衣结构分解图

# 五、花腰傣服饰结构图考——女子配饰外观效果

花腰傣女子内衣稍长于外衣,但衣长仍不及腰,形状如同"凸"字,偏襟,黑色,下摆有绣带装饰,镶大量小银泡,组成一个个菱形、三角形。领围至门襟上也有银泡拼成的三角形。门襟上还垂着一排小铃铛,走起路来叮当作响,未见其人先闻铃声。

筒裙为黑色,下摆红绿色带和各式绣条色条粗细不一,依次排列。裙后的腰饰很夸张,如孔雀尾羽,装饰银泡、假花、流苏、坠饰,各种装饰元素不一而足,繁花似锦。

1 女子内衣正面细节
2 女子内衣侧面细节
3 女子筒裙
4 筒裙刺绣细节

女子内衣正面                                    女子内衣背面

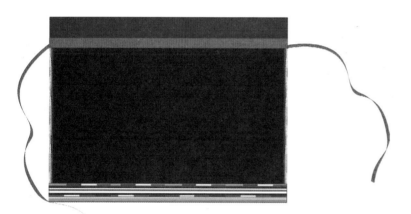

系腰方巾

筒裙

腰饰（系裙后）

# 六、花腰傣服饰结构图考——女子配饰结构复原

花腰傣女子内衣和外衣结构都是上下分割的样式，在基诺族服饰中我们也见到过相似的胸线断开的结构。领子样式别致，领条从里襟始，沿里襟襟边、领窝顺势转向水平的前襟襟边接缝。因上下断缝在胸线处，袖窿呈一线形，和大多数民族无袖坎肩样式差异较大。其实这种形制才是其本色之样（坎肩圆袖窿是受汉族服饰的影响）。

筒裙为一块黑色布和数块窄条饰布拼接而成，围度达到了145厘米，围腰后还将布角提起别在腰间。

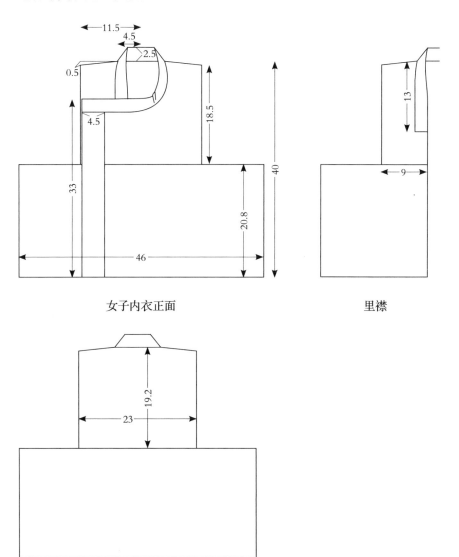

女子内衣正面　　　　　　　　　　　　　里襟

女子内衣背面

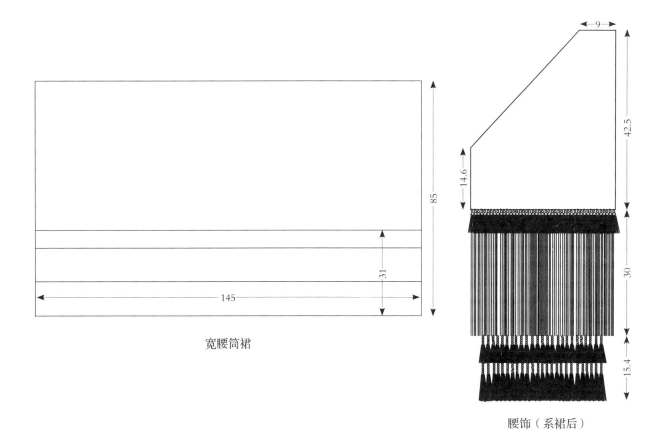

宽腰筒裙

腰饰（系裙后）

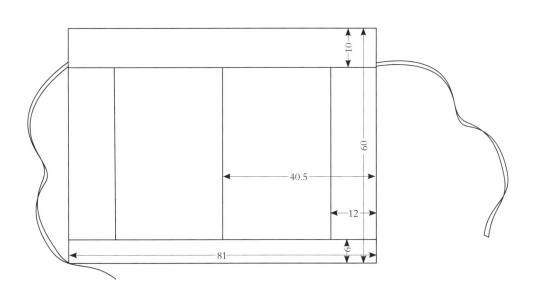

系腰方巾

# 七、汉傣服饰结构图考——女子主服外观效果

　　这两件汉傣女子上衣的样式有明显的清末满汉的服饰风格，短袖宽袖口，多绲边。

　　一套为偏襟圆领，装饰有大量刺绣贴边，形态各异，色彩斑斓，特别是偏襟和袖子，大面积的各式传统纹样装饰层次分明，相得益彰，还有小银泡堆积而成宛如蕾丝的镂空图案，以及银币做成的搭扣，都在不经意间显露出汉傣人的心灵碰撞和对美、对自然的眷恋。

　　另一套领口较大，偏襟较窄，不及衣侧，更像是对襟的搭门。下摆多层刺绣和贴布，红、黄、绿的间色包边很像加勒比地区牙买加的传统装饰风格。下摆内收，是否有特别的考虑不得而知。

1 汉傣女子服装正面
2 汉傣女子服装侧面
3 汉傣女子服装背面

图片来源：何鑫 摄

女子斜襟上衣正面

女子斜襟上衣背面

女子对襟上衣正面

女子对襟上衣背面

# 八、汉傣服饰结构图考——女子主服结构复原

　　汉傣服装结构正在迅速汉化，第一套现代化程度相对较轻，保持了传统宽衣大袖，圆领，肩线平直，下摆宽大于胸宽，呈上敛下丰的传统服装的典型造型；第二套则现代化程度较重，出现了落肩，小立领，袖子较窄，收腰明显，有胸省，上宽下窄，表现出强烈的贴合人体的趋势。两套的前襟形制差别也较大，第一套斜襟样式，风格古朴；第二套的偏襟窄小，更像是搭门。

　　这里所说的"汉化"和本节开始所说的汉傣历史上与汉族接触较频繁，受汉族影响明显不同。历史上受汉族影响是在中华传统十字型平面结构的统一形制下的"汉化"，是融合中华民族传统思想的"汉化"；而现在所谓的"汉化"是在汉族服装结构西化后的"汉化"，是由传统十字型平面结构变为立体结构的异化形态。

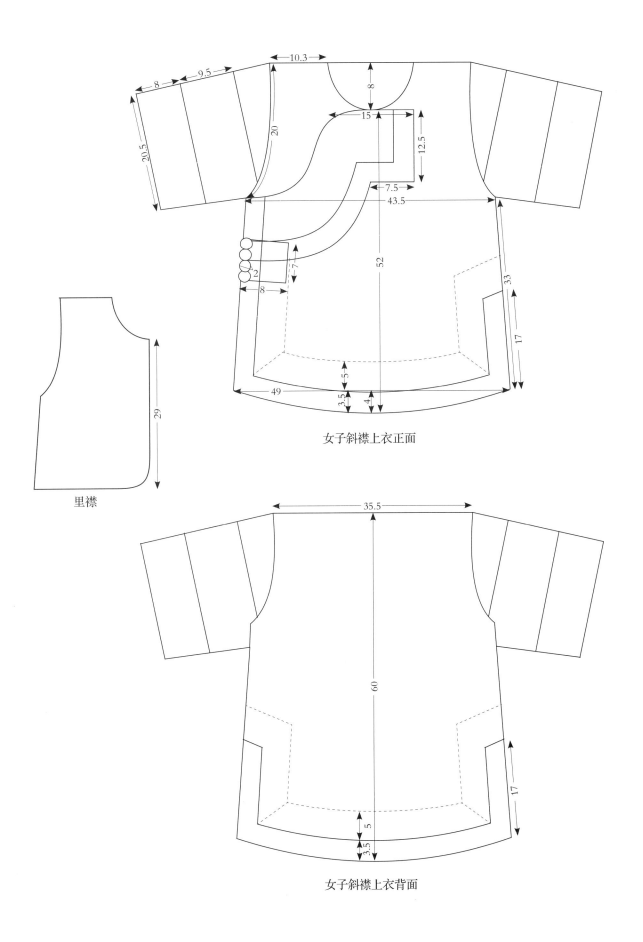

里襟

女子斜襟上衣正面

女子斜襟上衣背面

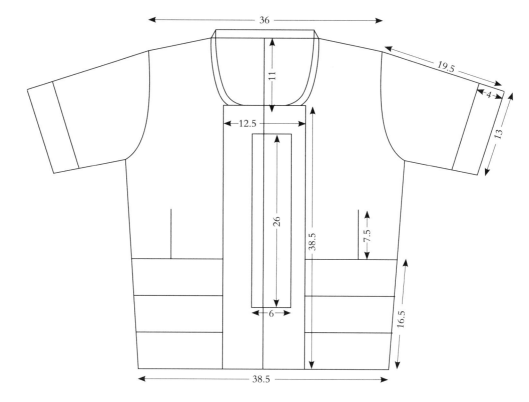

女子对襟上衣正面

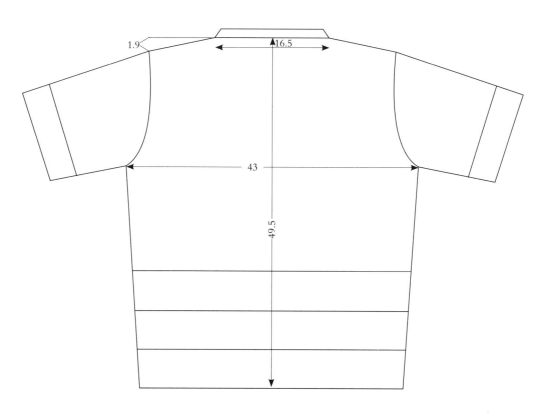

女子对襟上衣背面

# 九、汉傣服饰结构图考——女子配饰外观效果

汉傣女帽非常华贵夸张，顶上全是银泡，且镶有多色宝石，组成太阳花状。脑后有银链垂帘，额上有一块方形刺绣图案布，还有一个三角形顶尖。

绑腿是一块分格绣多种中心对称纹样的黑色长方形布，在腿上围裹后再用细线绑紧。

筒裙相对装饰较少，底边有贴边和银泡，穿时将多余量在前中重叠。

1 汉傣女帽正面
2 汉傣女帽背面
3 绑腿

图片来源：何鑫 摄

绑腿

筒裙正面

筒裙背面

# 十、汉傣服饰结构图考——女子配饰结构复原

帽子是由三片主要部分构成：额上的三角尖、装饰银泡的帽顶、环绕帽侧的绣布。绣布长达近 5 米，缠裹多圈扎紧。

筒裙上有腰头、腰省，在正面一侧有近 17 厘米的翻折量，形成双层，且在另一侧上部有 23 厘米的开衩，可视为汉傣服饰与时俱进的产物。

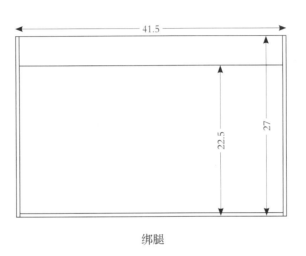

绑腿

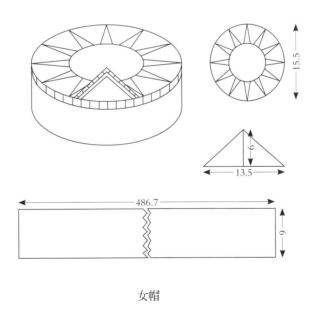

女帽

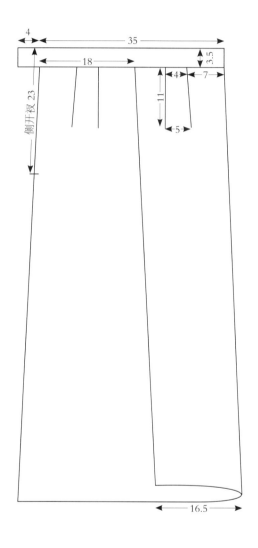

筒裙正面

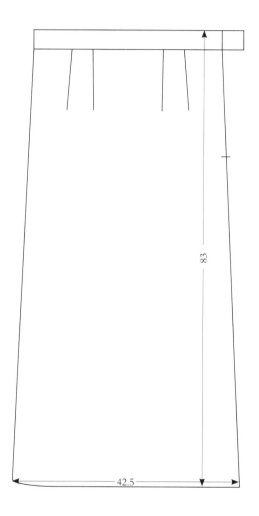

筒裙背面

# 十一、汉傣服饰结构图考——汉化女装外观效果

    这套汉傣女装面料为纱，较轻薄，半透明，红色，金线绣花，对襟立领，前襟金线花扣，富态华丽，汉化程度明显。

    筒裙分为三段：上为黑色布；中接绣花布，且纵向按图案分为数条，似马面裙、凤尾裙；下围贴四道棕色暗花似缎织布。裙腰系黄色带，裙腰围两侧余量捏褶向前中对折，形成一个自然的开衩。可见筒裙比上衣更具傣族的本色。

1 汉傣女子服装正面
2 汉傣女子服装侧面
3 汉傣女子服装背面
4 女裙细节
5 汉傣女裙

图片来源：何鑫 摄

第二章 云南少数民族服饰

女子对襟上衣正面

女子对襟上衣背面

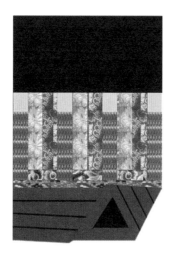

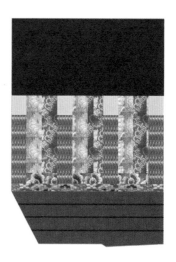

汉傣裙正面

汉傣裙背面

# 十二、汉傣服饰结构图考——汉化女装结构复原

　　上衣结构明显汉化，装袖，有落肩、收腰，前后中断缝。下摆弧度较大，圆摆高 8.5 厘米，两侧缝处各有 13 厘米开衩。衣身、衣袖都较合体。

　　裙子是较普遍的围裹式筒裙，裙子较长，围度也较大。这种筒裙结构虽简朴，但很真实，且有价值。

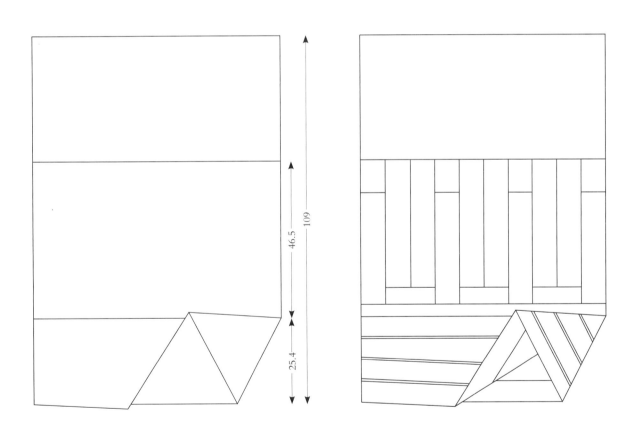

汉傣裙正面　　　　　　　　　　　　　　　　汉傣裙背面

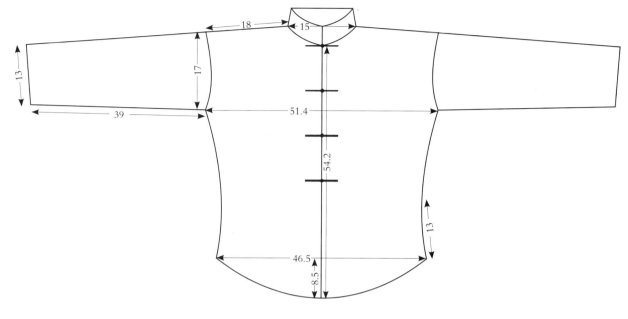

女子对襟上衣正面

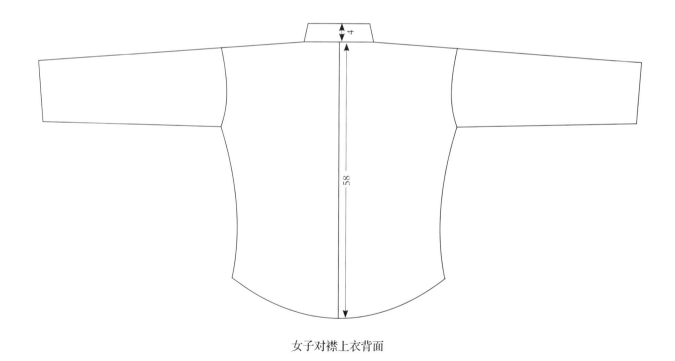

女子对襟上衣背面

# 十三、水傣服饰结构图考——女装外观效果

　　水傣女装是傣族服饰汉化最明显的，基本类似于 20 世纪 20 年代初的改良旗袍样貌。窄衣窄袖，无领，通身粉色，领围和襟边有绣花。这套衣服是我们在傣族村寨唯一见到的一套左衽服装。历史上南方服装多为左衽，现在则多为右衽，这是汉傣文化长期交融的结果，唯独这套汉化明显的水傣女装保留了本族左衽的样式，具体原因尚不清楚。

　　但有一个历史事实值得思考，在汉族的服饰传统中始终是以右衽传承着，而少数民族则以左衽为主，后发展成左、右衽并存，最后定型为以右衽为主。无疑这个事实有助于我们理解水傣服饰的汉化是大趋势，而左衽为我们暗示着一个民族顽强的个性基因。

1 水傣女子服装正面
2 水傣女子服装侧面
3 水傣女子服装背面

**图片来源：** 何鑫 摄

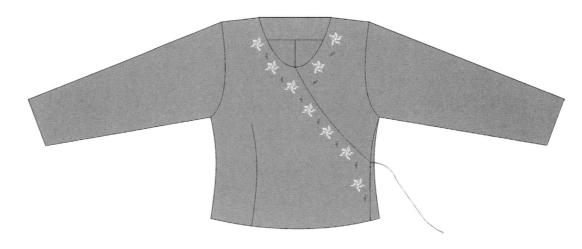

女子上衣正面

女子上衣背面

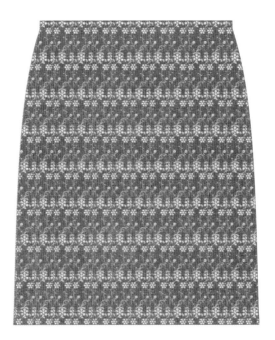

水傣裙

# 十四、水傣服饰结构图考——女装结构复原

　　上衣袖窿较大，袖口较窄，有落肩，腰部有收省，收腰量很大，但斜襟部分无省，也表现出对省的功用理解存在差异。两侧开衩13厘米，后中断缝，圆摆。材料和工艺很像是工业成衣。

　　裙子收腰，有腰省，裙子底边围度与腰围差量较大，近似于A型裙，基本已经脱离了傣族通常的筒裙结构。但从腰围和臀围的尺寸看，在前身有大约40厘米的重叠量，这一穿着方式还保留着水傣筒裙的习俗。

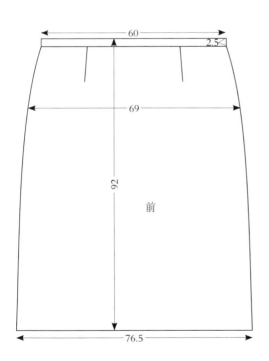

水傣裙正面

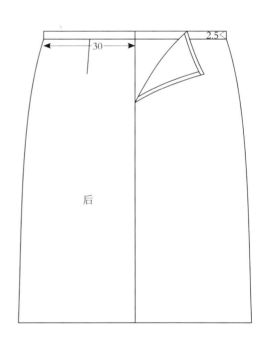

水傣裙背面

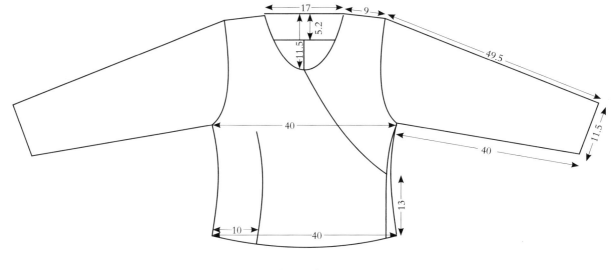

女子上衣正面

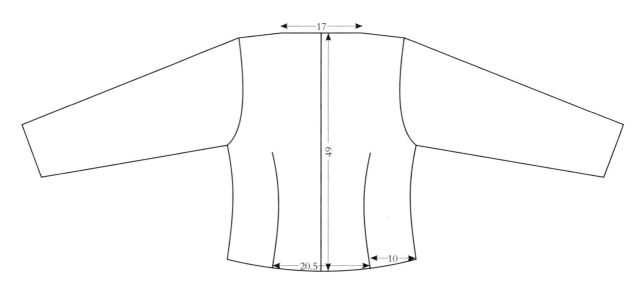

女子上衣背面

中华民族服饰结构图考 少数民族编

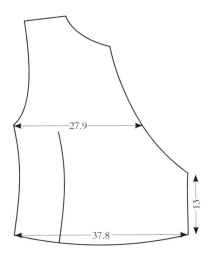

前襟

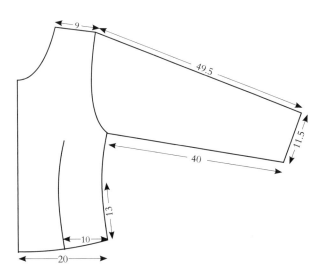

左襟

# 第十四节　发现已经消逝的古典华服结构的古老基因最值得保护

云南是我国少数民族最多的省份，自古就有"羌、濮、越"三大族群，后经不断地迁徙演变，至明清趋于稳定。这些原住少数民族的传统服饰绚丽缤纷，其结构与中华传统的十字型平面结构形制一脉相承，极具研究价值的是它们还保留着在汉族服饰中已消逝的古典华服结构的古老基因。

根据对考察的云南 13 个原住民族服装结构的分析可以看到：

汉化情况较为明显，傈僳、景颇、纳西、克木、水傣、佤、布朗、汉傣、勐朗拉祜都出现了装袖结构，明显受近现代汉族女装影响，而这些服装中除了勐朗拉祜，都出现了省道结构。

纳西、拉祜老缅支系、德昂、哈尼、哈尼僾尼、基诺、阿昌、布朗、白、汉傣有传统平面十字型结构服装保留，这些是云南原住少数民族传统服装的原本状态，保存着基本结构的样本。

在基诺族和花腰傣服饰上出现了一种独特的结构样式——上衣横断，在胸围线附近上衣横向有断缝。中华传统的服饰结构断缝方向多为纵向，在云南的少数民族中出现的横向断缝颇似汉族传统的襦衣以示上衣下裳的制式，但衣身都较短，不知两者是否有渊源。而且这种上衣横断下半部分多是纬纱向，又似是源于围腰带，后与上衣缝合一体。

对襟与偏襟出现次数相当，但无论主服门襟何种样式，外穿坎肩均为偏襟。而偏襟中只有水傣为左衽，其余均为右衽。历史上汉族传统为右衽而少数民族多为左衽，"微管仲，吾其披发左衽"，但在云南基本上原住少数民族都采用了右衽，可见自古以来民族间的交流影响真切地反映在了服饰形制上。佤族和克木人还出现了两套无襟套头衣，但不同于传统的贯首衣，汉化情况明显。

各族基本上均为窄衣窄袖，除汉傣的宽衣大袖，这充分反映了历史上受中原地区的影响明显，还有克木人的短袖以及佤族无袖。长袖结构断袖位置在袖中的有花腰傣、布朗、德昂、纳西，在肩上接袖的有哈尼、哈尼僾尼、基诺，多片拼接的有白、拉祜老缅支系，不断袖的是阿昌族（但依据其男装断袖情况，我们推测是因工业面料幅宽较宽而取消了断袖结构，传统应在袖中有接缝，是因为布幅所限）。可见在云南较普遍的断袖形制有两种，与传统汉族服装结构相同的袖中断袖以及具有南方少数民族自身特点的肩部断袖。

在云南，少数民族短衣居多，在我们考察的民族中共 13 个支系，而长衣共 4 个支系，而这 4 个支系除拉祜族外均为前短后长的样式，这是中原汉族中少见的，显然与地貌、气候等自然环境有关。

地域特征、族系特征较明显，相邻地域间民族相互影响同样反映在服饰上，如孟—高棉语族的佤、德昂的服装出现了明显不同于其他民族的特征（佤族的无襟套头衣、德昂族的大翻领）。白族因地域服装结构近似于彝族、回族。

云南女下装较为普遍的是筒裙，最具代表的是佤族传统的"幅布为裙"，但现如今多数筒裙已经出现了以省收腰贴合人体的现代造型，而傈僳、水傣、哈尼僾尼的裙子更是与现代女裙无异。

男装汉化情况更为明显，具有传统服饰外观效果的男装作为节日礼服使用。只有哈尼僾尼、克木留有传统缅裆男裤。

云南原住少数民族服饰正在经历着从传统向现代、从平面向立体的汉化过程，而且越来越明显和迅速，特别是在结构上发生质变，传统服饰文化岌岌可危，亟待研究与保护。从传统结构上体现出的少数民族和汉族的差异与求同以及流变，反映的不仅仅局限于服饰文化，更可窥见中华传统文化在不断修正和改良中始终保持着核心思想的延续和传承，而不像西方那样出现大的变革。在各民族的相互交融影响下，始终秉承着一种天人合一的思想和沿袭前人的宗族观念，这对我们探究中华现今的发展与民族文化保护具有积极的意义，并提供了可靠的研究途径。

图片来源：何灵一拔

# 第三章

# 云南支系众多的彝族服饰

　　彝族是我国具有悠久历史和古老文化的民族之一，有诺苏、纳苏、罗武、米撒泼、撒尼、阿细等不同支系。主要分布在云南、四川、贵州三省和广西壮族自治区的西北部。彝族历史悠久，文化丰富多彩，古时候就对历法和宗教信仰有着深刻的研究。

　　彝族服饰，各地不尽相同。凉山、黔西一带，男子通常穿黑色窄袖右衽斜襟上衣和多褶宽裤脚长裤，有的地区穿小裤口长裤。妇女较多地保留民族特点，通常头上缠包头，腰部有围腰和腰带；一些地方的妇女有穿长裙的习惯。男女外出时身披擦尔瓦。首饰有耳坠、手镯、戒指、领排花等，多用金银及玉石做成。本章主要从结构方面探讨考察诺苏、花腰、俚、撒尼、阿细五个彝族支系的服饰。

# 第一节　彝族诺苏支系

　　我们所考察的香格里拉洛吉乡九龙村的凉山彝族诺苏支系的妇女服饰随着年龄的变化有很大差异，年轻人、中年人、老年人的服饰款式虽相似，颜色和装饰却有很大的不同。年轻人的服装装饰繁多，有蕨芨纹、火镰纹、羊角纹；年长者服饰的装饰相对较少。且随着年龄的增长，服装的颜色由鲜艳转而素雅。

　　此村寨的彝族服饰基本上已经汉化，男子肩披的擦尔瓦是由针织面料制作而成，且大部分男子早已着汉服。妇女着传统服饰，老年妇女还着传统手工缝制的服饰；而年轻妇女服饰的面料、花边、配饰等装饰物都已经渗入了现代材料与工艺。

图片来源：何鑫 摄

# 一、诺苏彝族服饰结构汉化明显

诺苏彝族妇女日常穿着与本族传统服饰女装形似而神离。色彩更加艳丽丰富，装饰更加繁复，虽然形制上大抵保留了过去的样貌，但结构上发生了根本性变化，手工制衣被工业化成衣取代，维系传承数千年历史的平面结构也渗透了20世纪30年代改良旗袍的立体结构特征。如果说还能真实反映诺苏彝族服饰固有面貌的话，就是它的纹饰系统。

1、2 诺苏彝族男子披肩
　　——擦尔瓦
3、4 诺苏彝族青年女装
5 诺苏彝族中老年男女
　　服饰
6 诺苏彝族女子耳饰

图片来源：何鑫 摄

# 二、诺苏彝族服饰结构图考——大襟女装外观效果

　　诺苏彝族女子服饰基本形制为圆盘头饰、方巾头帕、立领右衽大襟长袖短上衣、坎肩、褶裙。

　　凉山彝族诺苏支系的年轻女子着装，整体而言，颜色艳丽，尚黑、红，辅以黄、绿、白等色。区分年轻女子婚否的主要标志在于帽子和裙子，婚前头饰中央有太阳花，婚后则无；未婚女子的裙子由三节构成，婚后多至四五节，裙子第一或第二节以下才是百褶形制。

　　服饰面料、辅料普遍采用工业制品，其相对于传统手工制衣更为便利，但致使精美程度和蕴含其中的民族文化、传承精神日渐消逝。

　　辫筒多见于藏族已婚妇女装束，在彝族未婚女装中出现，是否有其民族交融的渊源，值得进一步探究。

**辫筒**：流行于青海省大通、湟中县等藏区，藏族农业区妇女佩戴，是已婚妇女的标志，但在彝族中用在未婚女子服饰中。一般将两条辫子装入辫筒佩戴在身后，既是护发套，又是精美的装饰品。

1 未婚女子服饰正面
2 未婚女子服饰侧面
3 未婚女子服饰背面

**图片来源：** 何鑫 摄

方巾头帕（中央太阳花图案）

圆盘头饰（中央太阳花图案）

女子上衣正面

褶裙实物

褶裙

�筒

# 三、诺苏彝族服饰结构图考——大襟女装结构复原

诺苏彝族现存女装结构上明显是受民国时期汉服的影响，汉化明显，装袖，有落肩，袖外侧 53.5 厘米远长于内侧 45 厘米，这说明出现立体结构，与 20 世纪 20 年代女装袖弯结构趋势相同。

衣身为合体的大襟右衽，两侧明显内弧，类似于收腰样式，下摆两侧有开衩。

裙子上俭下丰，有 4 厘米宽的腰头，在裙身上有类似于育克的分割线，线上平整，线下均匀叠褶。这样的结构在臀部贴合人体，分割线下密集的叠褶提供了良好的腿部活动量，可以说是一种朴素的人体工学，表明现代化趋势不可避免。

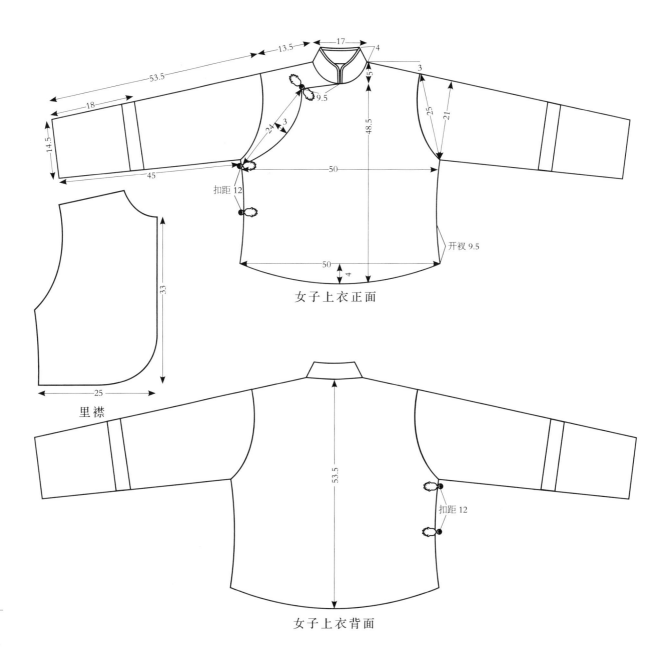

女子上衣正面

里襟

女子上衣背面

中华民族服饰结构图考　少数民族编

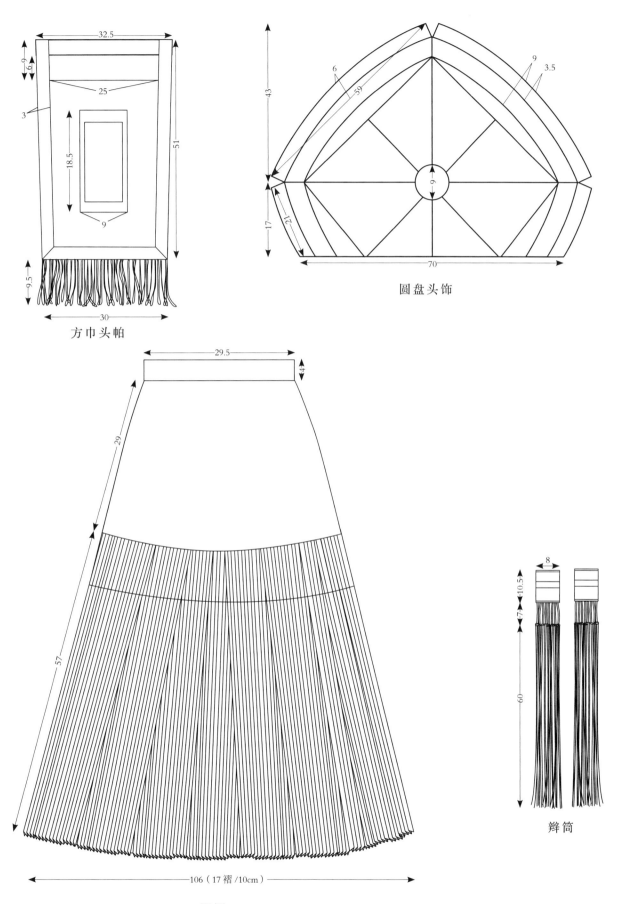

方巾头帕

圆盘头饰

褶裙

106（17褶/10cm）

辫筒

# 四、诺苏彝族服饰结构图考——无领对襟女装外观效果

　　青年女子套装由无领对襟上衣、坎肩、褶裙组成。

　　上衣对襟、无领、长袖，袖子和衣身材质、色彩反差很大，看上去像是绿衫外套着红色马甲。纹饰较粗犷，大块的涡纹、水纹在衣身上缠绕。

　　坎肩同上文中除去衣袖和立领的未婚女装上衣，其他无差别，红、绿、黄三色线盘缀在领口和襟缘。

　　褶裙上下分三段，上两段较贴身，下一段多褶。

1 诺苏彝族青年女子服装正面

2 诺苏彝族青年女子服装侧面

3 诺苏彝族青年女子服装背面

**图片来源：**何鑫　摄

女子上衣

坎肩

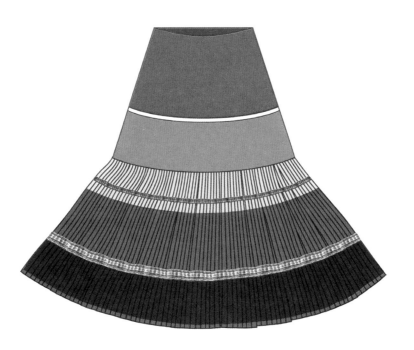

褶裙

# 五、诺苏彝族服饰结构图考——无领对襟女装结构复原

在青年女装上也体现了同样的汉化情况。挖有领窝，有落肩，装袖。

褶裙依颜色分为多段，但从结构上看，仍为两部分，即无褶合体的上部和宽松多褶的下部。

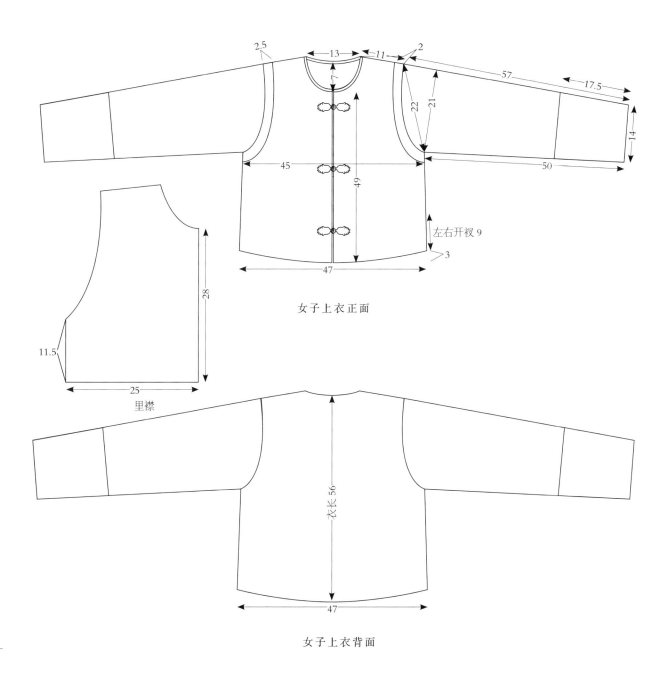

女子上衣正面

里襟

女子上衣背面

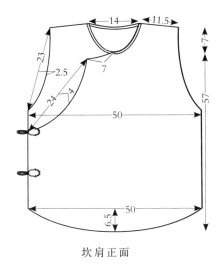

坎肩正面

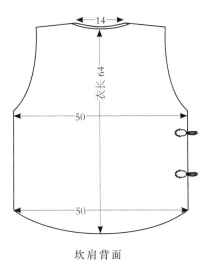

坎肩背面

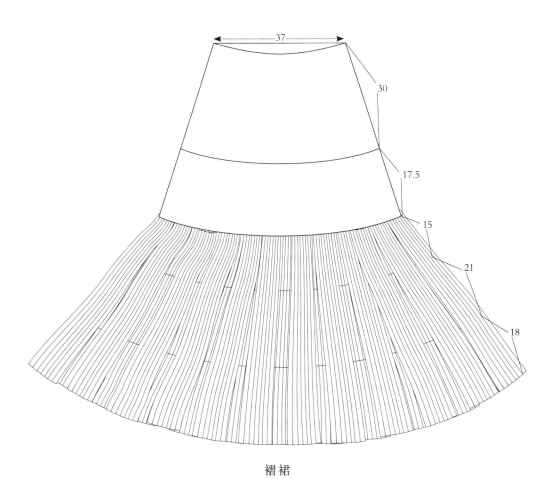

褶裙

# 六、诺苏彝族服饰结构图考——传统褶裙外观效果

　　搜集到的这两款褶裙是考察的整个村寨中唯一两件还保留着传统工艺的褶裙。上图的褶裙是用羊毛擀制成的面料制作而成，下摆围长达 10.6 米，手工制作，厚重保暖。下图的传统褶裙虽是机织面料，但手工缝制且保留着传统的工艺，配色相对于上图的褶裙更加鲜亮、明快。诺苏彝族独特的褶裙工艺随着时间的流逝，已面临着消亡的境地。

羊毛擀制的褶裙实物

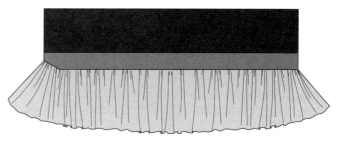

传统褶裙

机织面料的褶裙实物

传统褶裙

# 七、诺苏彝族服饰结构图考——传统褶裙结构复原

    传统褶裙一般围度极大，类似百褶裙，但不同的是分为上下两部分。上部贴合臀部，较为紧身；下部和百褶裙相同，依褶量形成十分宽大的裙摆。

    与现代诺苏彝族的褶裙相比，传统褶裙上部亦十分宽大，缠裹数层后形成合体的样貌，侧边不缝合，而现代的褶裙上、下两部分接缝，再缝合侧缝，使其呈锥形，方便穿着，更加合身且轻便，但淹没了族裙的文化信息。

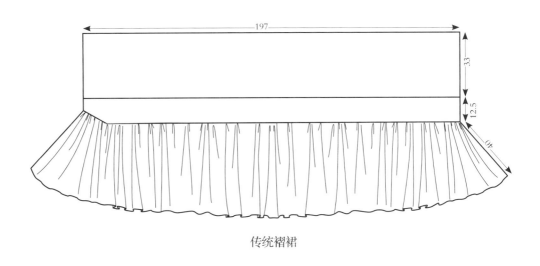

传统褶裙

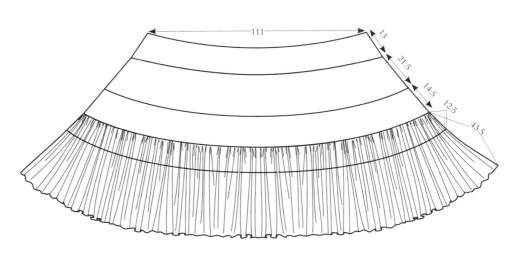

现代褶裙

# 第二节 花腰彝族

花腰彝族是生活在我国云南省红河州石屏县北部高寒山区的龙武、哨冲镇一带的彝族尼苏支系的一部分，现有 3 万多人。

花腰彝族的称谓与他们所穿的服饰鲜艳夺目、腰系绣花腰带的着装打扮有关。全身上下整套衣裤都绣有各式花纹图案，突出"花"的特点，艳丽非凡。

花腰彝族的妇女服饰中以头饰与腰饰最为丰富。头部多以巾、帽、大股彩色的绒线或银泡为装饰，以马缨花为主图，四周绣有花边。头巾、衣袖、坎肩、背部和裤脚等显眼部分都绣有马缨花、杜鹃花、山茶花等变形图案，在帽檐和肩峰处，还扎有银、铜、钢丝为柄的花缨，走起路来左右晃动，如彩蝶飞舞。

五彩缤纷、满身皆饰图案的花腰彝族服饰，从审美心理和文化生态上探其缘由，我们会发现，花腰彝族世居青山绿水、四季如春的环境中，艳丽的山花时刻感染着爱美的女性。久而久之，受之启发，选用最艳丽的色彩把最漂亮的花朵绣在服装上，让自己一年四季生活在鲜花丛中，但崇尚龙图腾又表现出对彝、汉同宗的人文追求。

# 一、崇尚龙图腾的民族

　　花腰彝族崇拜龙，其神秘而别具特色的祭龙、舞龙更加丰富了中华龙文化。这里的龙有雌雄之分，表现出龙文化的世俗化和生育观。女子舞青龙（即雌龙），男子舞黄龙（即雄龙），双龙共舞，雌雄相戏凤先飞。彝族每年都要举行祭龙仪式，逢十二年一轮的马年、马月、马日，则要祭大龙，彝语叫"德培好"节。每个寨子都在附近的山坡上选有一棵龙树。祭龙前，先推选一位德高望重的老人为"龙王"，由"龙王"带领大家拜龙树、祭龙神。

　　花腰彝族对龙图腾的崇拜还反映在日常生活中，如月琴雕琢精致生动的龙头，又如女装身后的下摆和垂缨，即是先民遗留下的异化的龙尾饰。

1 花腰彝族女装正面

2 花腰彝族女装背面

3 花腰彝族男子最喜爱的
  乐器——月琴

4 花腰彝族男子演奏月琴

5 月琴上的精美雕刻

6、7 花腰彝族男子绣花鞋

8、9 花腰彝族孩童服饰

图片来源: 何鑫 摄

## 二、花腰彝族服饰结构图考——男装外观效果

　　花腰彝族男装内为白色立领对襟衫，外套黑色立领开襟坎肩。内衫系红色饰银币和垂缨的腰带。坎肩上有三个贴袋，分别在前衣身的左胸和腰部，口袋上有赤色火炎纹，与彝族对火龙的崇拜有关。左右襟各有紧密排列的银币襻扣，闪闪发光。下着长裤，裤脚有三圈纹饰，上下为几何纹，中为彝族服饰上最为普遍吉祥的花神——马缨花图案。男子亦穿绣花鞋，绿底上同样布满了红色马缨花图案。

1 男子对襟上衣
2 花腰彝族男子服饰
3 腰饰

**图片来源：** 何鑫 摄

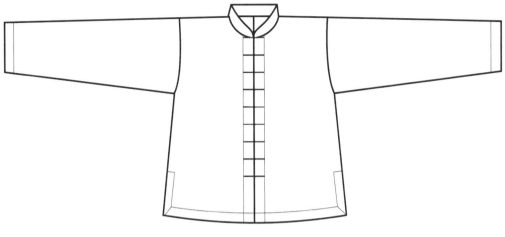

男子对襟上衣正面

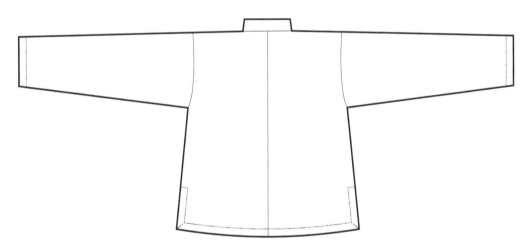

男子对襟上衣背面

男子坎肩正面

男子坎肩背面

# 三、花腰彝族服饰结构图考——男装结构复原

花腰彝族男装汉化较为明显，上衣结构同现代衬衫相仿，装袖、立领、盘扣都是借鉴于汉族，裤子虽装饰彝族标志性的纹样，但结构同西装裤无异。上衣合体，裤子略宽松，衣长适中，坎肩和上衣都采用对襟和开衩，坎肩的门襟装饰繁复的银币扣，但穿着时不系合。

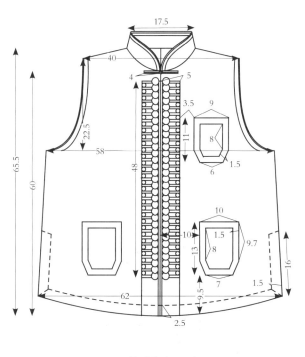

男子坎肩正面

男子坎肩背面

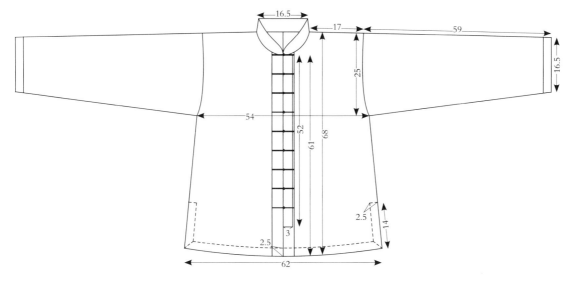

男子对襟上衣正面

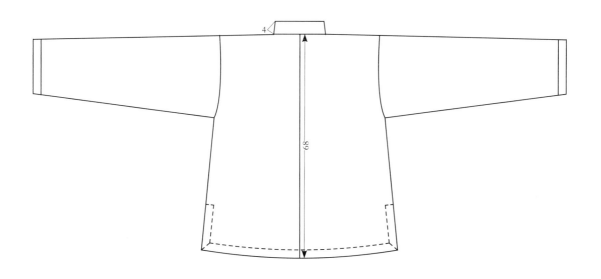

男子对襟上衣背面

# 四、花腰彝族服饰结构图考——女子坎肩外观效果

　　女子坎肩为蓝色，立领、偏襟、收腰，领襟处为盘扣，缘饰花边，样式有清末马甲的遗风。

　　兜肚最为醒目的是胸前大片的马缨花纹样刺绣。许多关于彝族的史料都记载有彝族祖先用马缨花树做成独木舟躲避上古的一次巨洪，使彝族人得以生存，能够繁衍生息。马缨花也因此成为彝族人崇拜的花神。这种先人受神明指引躲避洪水使种族延续的故事流传于南方诸多少数民族中，似乎和《圣经》记载的诺亚方舟不谋而合。而大禹治水的故事早已耳熟能详，或许人类真的经历过一次惊世的洪灾。

1 女子服装正面
2 女子服装背面
3 兜肚正面

图片来源：何鑫 摄

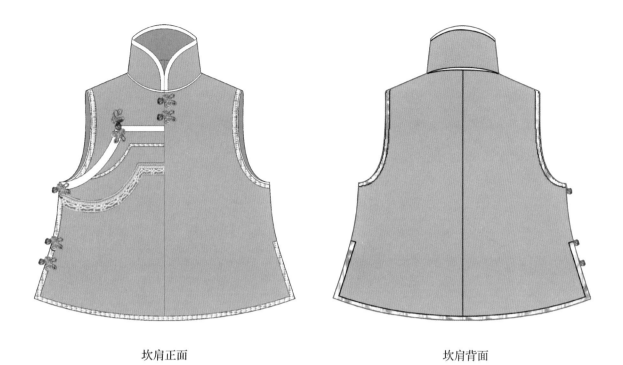

坎肩正面　　　　　　　　　　　　坎肩背面

兜肚

# 五、花腰彝族服饰结构图考——女子坎肩结构复原

坎肩结构简单，有落肩，略收腰，较为合体，圆摆，两侧开衩。

兜肚不像常见的样式两侧有绳在后背系结，而是在一侧有宽6厘米的几何纹绣带，绕背后在另一侧连接。在衣背上形成了精美的装饰条。

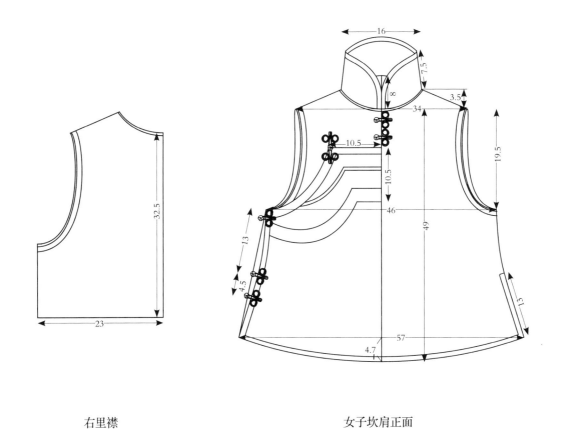

右里襟　　　　　　　　　　　女子坎肩正面

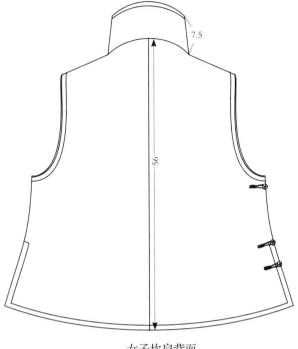

女子坎肩背面

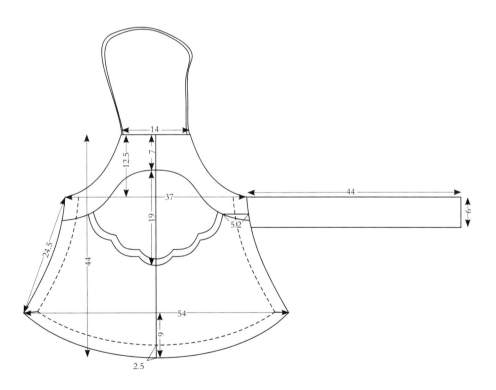

女子兜肚正面

# 六、花腰彝族服饰结构图考——女子主服外观效果

　　花腰彝族女子的整套服饰非常繁复，上衣主服不仅有独特的台阶型偏襟，在腰部系上兜肚，在最外层套上褡裢式马甲，最后还要在腰部扎上绣布和垂缨。

　　花腰彝族妇女的主服是大襟衣裳，为斜襟右衽，窄衣窄袖。后身长至腿部，前身是短至腰部的台阶型偏襟，这在少数民族服饰结构中独一无二。袖口部位绣有花纹、火纹，多以红、黑两色为主，另夹有绿、蓝、白、紫、黄等颜色。肩上左右各有一块浅色补丁样的贴布，在肩线位置绣有火纹，肩袖连接处缝缀有马缨花纹绣条。后下摆和开衩处有布边装饰。

1 女子服装正面
2 女子服装侧面
3 女子服装背面

图片来源：何鑫　摄

大襟衣裳正面

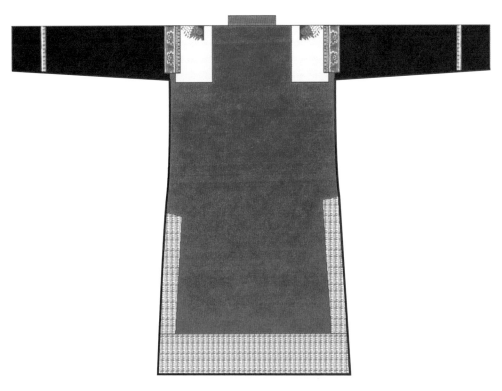

大襟衣裳背面

# 七、花腰彝族服饰结构图考——女子主服结构复原

　　大襟衣裳是许多彝族支系常见而固有的女装样式。彝族大襟衣裳的突出特点是前襟的里襟长于门襟。这件右衽的偏襟长及腰而里襟长至脚踝衣裳的形制，据考证，穿时将右边里襟翻起别在腰间，所以里襟制作时面料正面朝内，翻起时正面便朝向外，这是基于劳作还是礼俗已经无据可考，其实最可靠的解释就是自然的"特异性选择"造就了这种特异的形态，其他的表象也是如此。在肩和袖身连接的部位贴有两块方形布，布上有绣花，推测可能是为了加固经常劳作摩擦的部位以增强耐用性，其实它更像这个民族特有的文化语言。

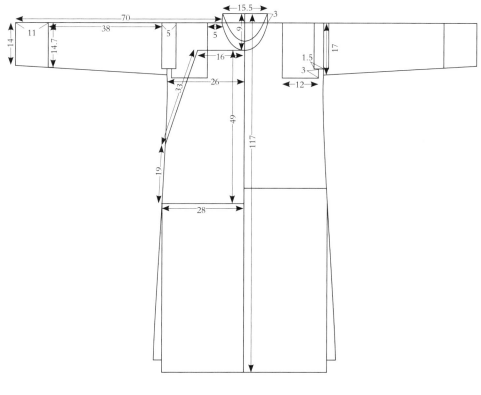

女子大襟衣裳正面

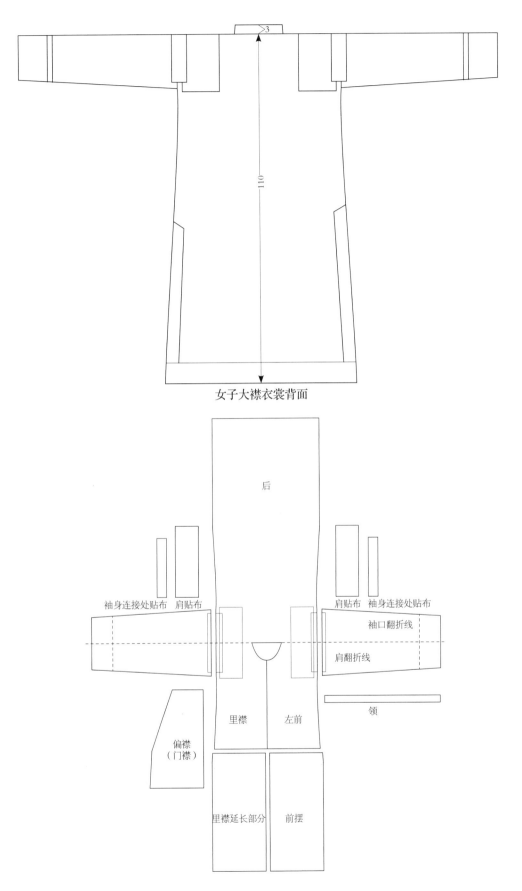

女子大襟衣裳背面

女子大襟衣裳结构分解图

后

袖身连接处贴布　肩贴布　　　　　　肩贴布　袖身连接处贴布

袖口翻折线

肩翻折线

里襟　　左前　　　　　　领

偏襟
（门襟）

里襟延长部分　前摆

# 八、花腰彝族服饰结构图考——女子配饰外观效果

兜肚穿着时，先挂于腹部，穿上外衣后，将前部折叠起来以腰带束紧，后部任其下垂，然后罩上短褂。

坎肩罩在外边，前后皆绣有垂直方向的花卉二方连续图案。

花腰彝族妇女的裤子为宽腰扭裆裤。布料多用黑色或藏青色的较厚重面料，裤长至小腿部位，裤脚常用浅蓝色、红色或绿色面料镶成一道道宽边。

头帕展开呈长方形，是由三块布料拼接而成。用红、蓝、绿颜色的布料做底，然后在其上用各种颜色的丝线绣上精美绝伦的花纹。帽巾两侧有两条约6厘米宽的长头带，头带上也绣有很多精美的图案花饰，头带底端用丝绒银泡结成一种流苏状的缨花。戴头帕时，将这整块长方形的布料折叠成帽状，绣满花纹的悬垂部分折在头帕前方的正中间，然后用两条头带进行束扎固定，头带底端的缨花分别垂于耳旁。

1 女子服装背面
2 绣布和垂缨

图片来源：何鑫 摄

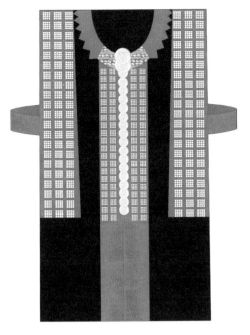

坎肩正面

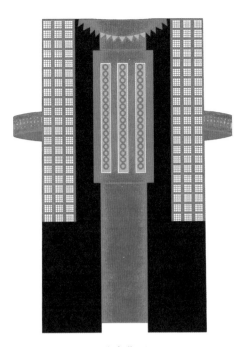

坎肩背面

头带

头帕

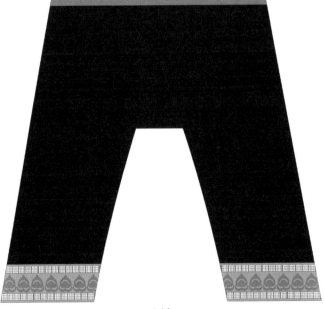

女裤

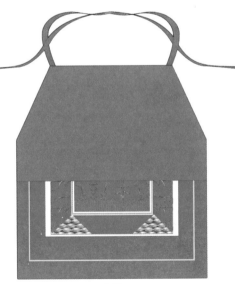

兜肚

# 九、花腰彝族服饰结构图考——女子配饰结构复原

花腰彝族最为出名的就是服饰的繁复，配件种类极其丰盈。

坎肩的结构颇有海南贯首衣的遗风，对襟，前后身两侧不缝合，分别用宽带连接前后身。前后片都不是整幅布，而是用红黑条拼接而成。

女裤较肥大，在裤裆处有块由菱形布对折形成的前后两个三角形，以增大裆量、臀围松量，便于活动，这种结构在传统的缅裆裤中也是很独特的。

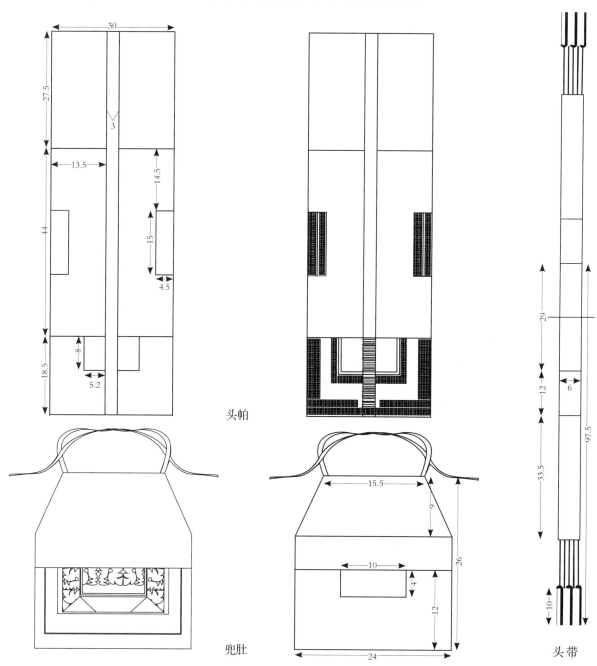

头帕

兜肚

头带

中华民族服饰结构图考　少数民族编

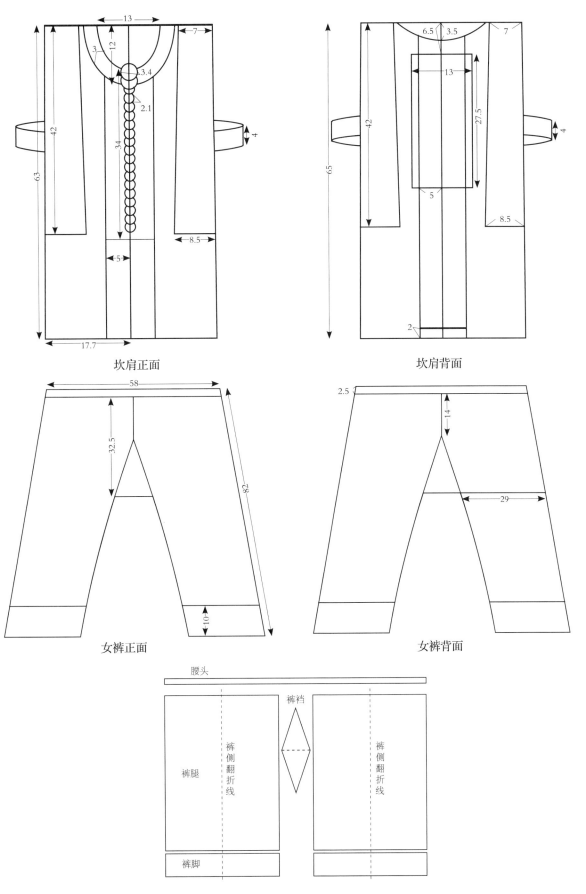

坎肩正面

坎肩背面

女裤正面

女裤背面

腰头

裤裆

裤腿

裤侧翻折线

裤侧翻折线

裤脚

女裤结构分解图

# 第三节　彝族倮支系

　　朴拉支系是彝族的一个支系，和维拉支系同属于彝族中的倮支系，大多居住在深山里。正由于特殊的文化和地理条件，使得他们保存着较为古老的彝族原生态文化，历史悠久，文化积淀深厚。他们有各种祭祀活动，源于原始信仰，与神话、传统民俗以及节日习俗紧密相连。

　　朴拉支系服饰形制相对简洁，女装分为上衣、兜肚、腰带及头饰几个部分。服装的颜色以蓝色为主，衣襟、领口、袖子的接缝以及袖口等处镶有条状的花边。兜肚通常以精美的银链挂于脖子上，上面大多有花朵图案的刺绣，体现出他们对大自然的崇拜。头巾上点缀有五彩线扎成的小穗，也同样象征着花朵的娇艳和美丽。另外，朴拉支系的姑娘们通常将黑色的毛线多根一股编成长长的辫子缠于头顶。

　　考察所到的马关辣子寨朴拉彝族，男装已经被完全汉化，只剩下女装还继续承载着它们独特的本民族服饰文化，但穿着者以老人居多，年轻女子均着汉族的服装。仅兜肚及腰饰上的图案还保留着原始手工刺绣，服装面料、装饰花边、头箍珠串都烙有现代的印记。大麻花瓣包头巾是朴拉女人的特有装饰，遗憾的是，仅剩一些老人知道如何编制和缠绕，辣子寨的朴拉服饰文化正在一步步走向消亡。

图片来源：何鑫 摄

# 一、崇拜自然的彝族俚支系

彝族俚支系生活环境偏僻、闭塞，宛如隔世，山岭连绵起伏，草木郁郁葱葱，风景秀美。彝族俚支系人在长期生产力较为低下。靠天吃饭的生活中保留着原始的自然崇拜，依赖自然，敬畏自然，与自然和谐共处，山林哺育着彝人世代繁衍生息。在这里我们透过彝族俚支系看到了中国传统"天人合一"思想支配下深居世外桃源的生动图景。

这里民风淳朴，人们热情，笑容中流露着乐观、开朗的性格，自然、洁净的服饰上绣着似锦繁花，特别是头饰上缤纷多彩、花团锦簇，映衬着彝家女子绽放的笑脸，装点着辽阔天空下广袤的彝族山林。

1 彝族朴拉支系妇女和儿童

2 山岭连绵的盘山路

3 彝族朴拉支系女子装扮

4 彝族俫支系女子服饰

5 彝族朴拉支系老人服饰

6 彝族宅门辟邪

**图片来源:** 何鑫 摄

## 二、彝族俫支系服饰结构图考——女子主服外观效果

　　上衣右衽偏襟立领，湖蓝色，彝族尚黑，而彝语中，青、蓝、绿等色也被认为是黑色，还包括土地、山林、河川，在彝族看来，黑色是可以诠释万物的代名词。彝族俫支系的女子上衣也可以看作是对黑色、对自然的一种敬仰。袖中、袖口和后侧开衩多用加入黑色的宽窄不一的各色布条装饰，领、襟也包有绣花布边，绣有彝族人最爱的马缨花纹。衣扣很有特点，与衣同色的蓝绳盘成花状，其上再缠黄线，中心有圆片为花蕊，层次丰富、栩栩如生。

1 女子服装正面
2 女子服装侧面
3 女子服装背面

图片来源：何鑫　摄

女子上衣正面

女子上衣背面

# 三、彝族傈支系服饰结构图考——女子主服结构复原

上衣保持了传统的十字型平面结构，表现了地道的古典华服结构的韵致。接袖，前后中断缝，底边为弧形，宽度很大，可推测彝族傈支系手工织布幅宽为 35 厘米左右。右里襟极短，在斜襟恰能遮挡住的衣侧处横断，据此可看出，在当地较为艰苦、物资匮乏的深山环境中，彝族傈支系人是极尽可能力图节俭。左侧开衩较高，达 21 厘米，衣袖从接缝至袖口渐窄。整个衣身介于大部分南方少数民族的窄衣窄袖和北方的宽袍大袖的中间状态，可能与山区湿热的自然环境有关，既要求便于劳作，又要求通风散热。

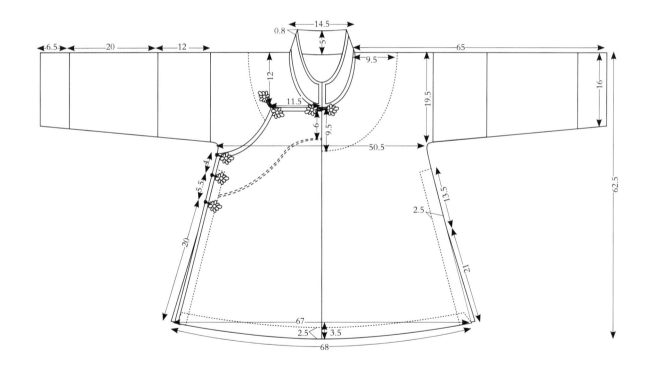

**女子上衣正面**

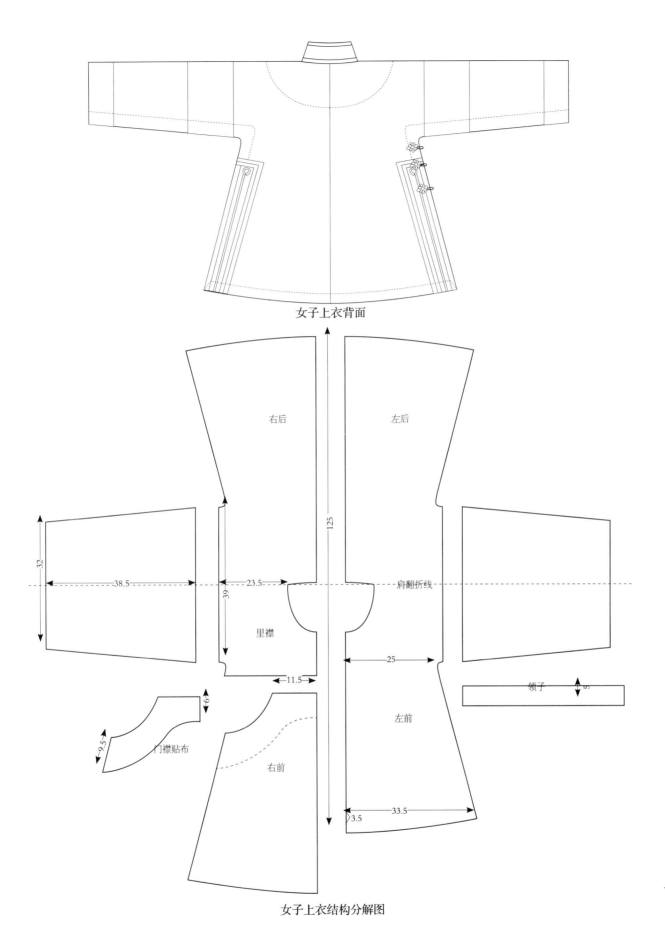

女子上衣背面

女子上衣结构分解图

# 四、彝族俫支系服饰结构图考——女子配饰外观效果

　　彝族俫支系服装配饰较少，沿袭了彝族传统形制。兜肚挂于衣外，胸口处有一片刺绣山花纹样的菱形布，底色多为红色。后围腰展开呈 T 字形，上有分段的十字绣马缨花纹装饰布，末端垂有绒线穗。后围腰更像是尾饰，是彝族先民模仿动物以求狩猎时不被发现而假装成同类的样貌，后异化为腰后的垂饰。

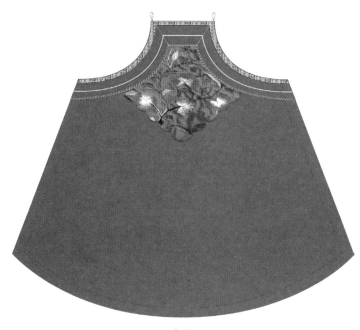

兜肚

后围腰实物                    后围腰

包头巾

# 五、彝族倮支系服饰结构图考——女子配饰结构复原

　　兜肚呈凸字形，下摆为弧形，下摆的宽度和高度都较大，穿着时甚至完全遮盖住了衣身。

　　后围腰由多片布拼接成 T 字形，垂直部分为两条布接缝在一起，不同于苗族的后围腰是由整片绣布做成。

　　包头巾展开为长 106 厘米、宽 33.5 厘米的长方形布，两端短边上留有流苏装饰。

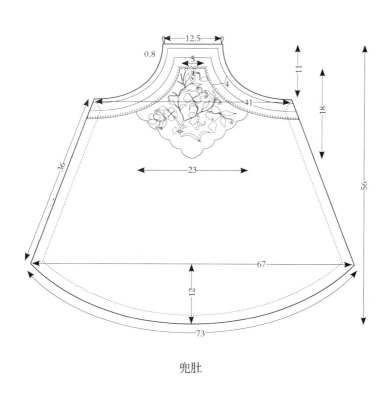

兜肚

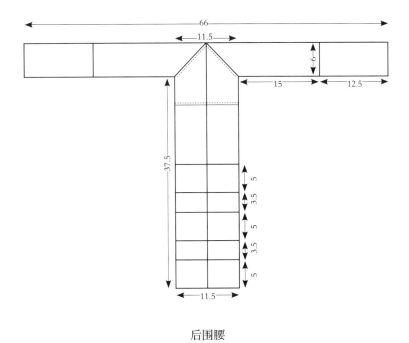

后围腰

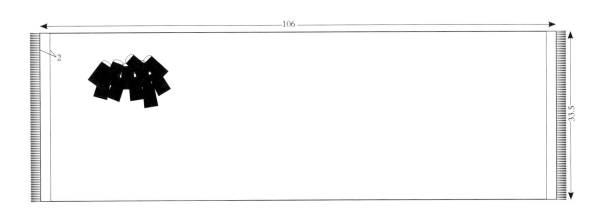

包头巾

# 第四节　彝族撒尼支系

　　撒尼是彝族的一个重要支系，聚居在云南石林、丘北一带。撒尼人崇拜老虎，自称"罗倮"，意思是像龙和虎一样勇猛而不可战胜的民族。耳熟能详的古老"阿诗玛"传说即源自撒尼支系。

　　撒尼女子上衣右衽斜襟略长过膝，多数是蓝白色，袖子、领口和边角绣有五彩缤纷的花饰。背面斜挎一块黑布底的雪白细毛绵羊皮布带，布带经胸前又直贴衣襟上，腰间系一块黑底布绣着五光十色纹饰的围腰，下穿蓝色长裤，脚穿绣花布鞋，腰间配花包。

　　撒尼人最具特色的就是花包头，随着年龄的不同而有差异。老年人多用红黑两色，而年轻姑娘的包头则是她们用五彩丝线一针一针地精心绣出来的，再用红、黄、蓝等颜色的布条缝成彩虹图案，两耳上部缀上一对彩蝴蝶，右侧坠饰一束串珠，下垂至前胸，光彩夺目，走动时发出清脆悦耳的声音。

　　男子上衣以宽松为佳，浅色上衣漂亮醒目，深色裤子稳健庄重，外套一件用麻布缝制的对襟无袖短褂，白色的麻布短褂镶上蓝布边，绣上图案花纹，穿着在身，显得朴素、精干。这些如此精湛的手艺与其说是装饰，不如说是择偶的资本。

　　路南县彝族撒尼支系传统服饰留存较多，仍沿袭着手工织绣，衣长及膝，传统结构保存较完整；而普者黑地区已完全开发为旅游度假村，手工传统服装极为稀少，大部分是为表演所用汉化痕迹明显的彝族服饰，出现大量现代机织面料和彩珠亮片，服装结构也趋近汉族。原生态的彝族撒尼服饰似乎离我们越来越远。

# 一、从撒尼支系走出的阿诗玛

著名的叙事长诗《阿诗玛》即源自彝族撒尼支系，勤劳善良、能歌善舞、不畏强权的阿诗玛的形象成了撒尼人的象征，阿诗玛也成为彝族女子的文化符号。阿黑哥和阿诗玛充满浪漫色彩、曲折动人的爱情故事表现了彝族人民追求幸福生活的坚强意志，在撒尼人民心中世代相传。

在歌舞剧、电影中，阿诗玛的着装是典型的撒尼人装束，在撒尼人的歌中，"绣花包头头上戴，美丽的姑娘惹人爱，绣花围腰亮闪闪，小伙子看她看花了眼"，撒尼人乐观积极、向往美好生活的性格不仅体现在阿诗玛身上，还体现在撒尼人的传统服装上。

1～3 撒尼彝女子装扮

4 撒尼彝女装斜襟贴饰

5 撒尼彝女子花包

6 撒尼彝舞蹈

7 撒尼彝背婴带

8 撒尼彝女子服饰

9 撒尼彝男子服饰

图片来源：何鑫 摄

## 二、彝族撒尼支系（丘北）服饰结构图考——女子主服外观效果

云南省丘北县彝族撒尼支系女装以蓝、黑为主色，沉稳、静谧。衣身以简洁的湖蓝色和黑色块分割，与五彩斑斓的配饰形成鲜明对比。偏门襟较窄，只有里襟的一半左右。这种半偏襟长衫的样式在彝族中很普遍。上衣后片长于前片，上下基本等宽，有格纹布里子。

1 女子服装正面
2 女子服装侧面
3 女子服装背面

图片来源：何鑫　摄

女子上衣正面

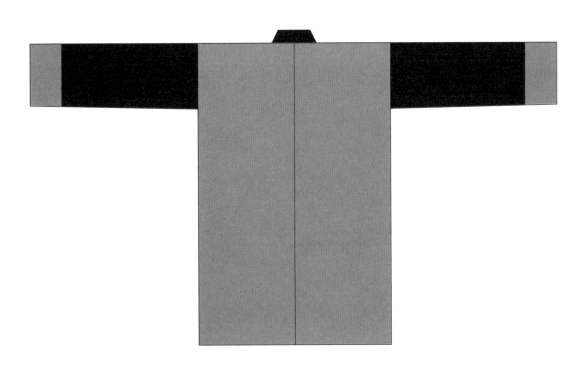

女子上衣背面

# 三、彝族撒尼支系（丘北）服饰结构图考——女子主服结构复原

上衣虽为右衽偏襟结构，但细节上与通常多见的偏襟多有出入。后衣身长82.5厘米，远大于前衣身长57.5厘米，前身像是短袄，后身像是长袍。而且整个衣身展开后布幅裁片几乎均为直线，横平竖直，变化较小，十分规整。衣身前后中均断缝，每片通长140厘米、宽26厘米，沿肩翻折线剪出领口。偏门襟宽为13厘米。

总体上仍为南方少数民族传统的窄衣窄袖平面结构，这种右衽小襟和前短后长的形制表现出大中华明显的地域服饰形态。但领子形状明显与衣身不成系统，结构为现代衬衫领。

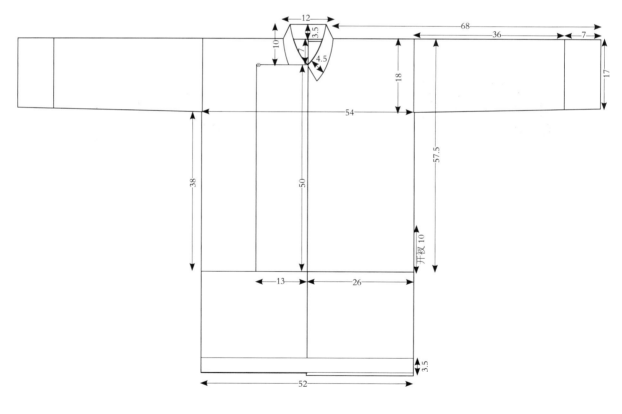

女子上衣正面

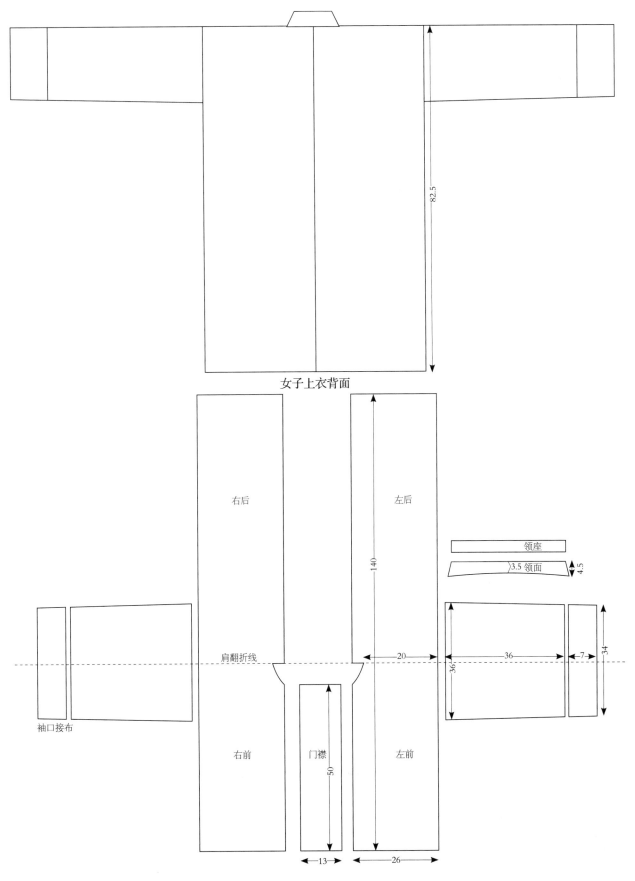

女子上衣背面

女子上衣结构分解图

右后

左后

领座

3.5 领面

4.5

右前

门襟

左前

肩翻折线

袖口接布

82.5

140

20

36

36

7

34

50

13

26

# 四、彝族撒尼支系（丘北）服饰结构图考——女子配饰外观效果

彝族撒尼支系配饰极富特色，包头上绣满繁花绿叶，还饰有各色花边。两个三角形"彩蝶"系在额前。

围裙用料颇似"水田衣""百家衣"，由各种花色、纹样的布片拼接而成，搭配得繁而不乱，错落有致，间隔或以黑色调和。裙身又似"马面裙""百鸟衣"，由一片片布条纵向拼接，而这些布条亦多为两样色布接缝，可见撒尼彝女子拼布技艺之精湛，在生活中力求节俭的情况下表现出对美的独特品位和追求。

腰带和围裙明显成套，用料、色彩搭配都趋于相同，在腰后悬垂的坠饰异常华美，腰带两端重叠在一起，红底、绿底饰碎花布带各一，末端都各有一小块三角形布，样子如同女子头上的彩蝶，红绿布带间还饰有红色流苏。行走间宛如凤尾，在身后摇曳，由此可见彝族先人对自然间飞鸟的模仿与崇拜。

1 女子头饰
2 女子腰饰

图片来源：何鑫 摄

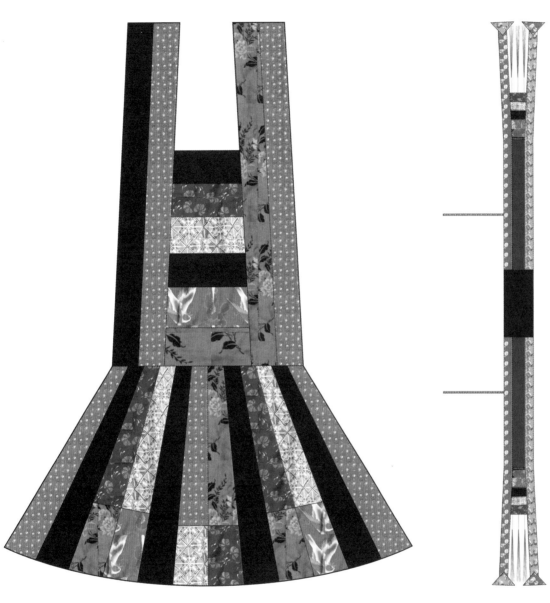

围裙

腰带

# 五、彝族撒尼支系（丘北）服饰结构图考——女子配

## 饰结构复原

围裙为拼布结构，可视为上、下两部分。上半部分类似于现代女子吊带背心，两侧由两条宽布条并列成肩带直至腰间，胸前平行排列六片梯形布，上窄下宽。下半部分为裙，纵向布条拼接，正中和左前、右前各有相邻两片横断缝，这可谓是拼出的艺术。

腰带正中为长方形，两边各接三条拼布，左右两条较长，末端接三角形布片，中间末端拼布后有流苏装饰，这可谓是拼出的雕塑。

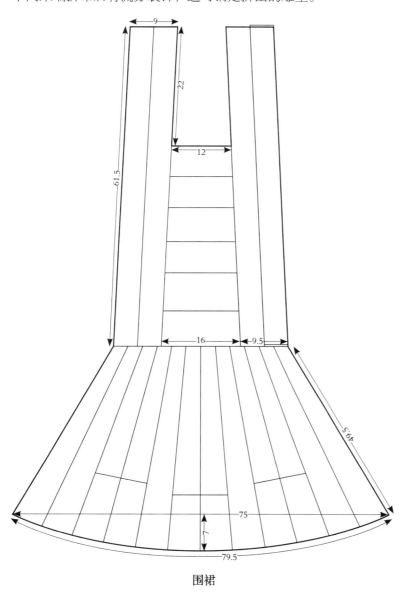

围裙

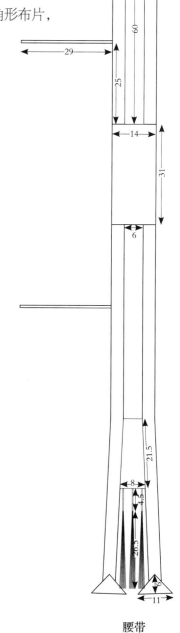

腰带

# 六、彝族撒尼支系（路南）服饰结构图考——女子主服外观效果

　　云南省路南县彝族撒尼支系女子上衣和丘北有明显差别。样式接近于汉族传统的右衽偏襟长衫。袖子较短，分段为绛紫色和黑色两部分，袖口和拼接处均有绣花布条装饰。偏襟上装饰有大面积黑底花边绣布。核心图案疑似抽象化的图腾或是原始图形文字。长衫通身蓝色。彝族女子的装饰集中在头以及服装的腰、襟、袖处，在丘北、路南也是如此。

1 女子服装正面
2 女子服装侧面
3 女子服装背面

图片来源：何鑫　摄

女子上衣正面

女子上衣背面

中华民族服饰结构图考　少数民族编

# 七、彝族撒尼支系（路南）服饰结构图考——女子主
## 服结构复原

　　主服仍保持着华服经典的十字型，为平面结构，是典型的右衽偏襟长衫，但面料采用的是现代工业制品。由于布幅较宽，前后中无断缝，袖子保留了传统的接袖结构。里襟短小，恰被斜襟绣布遮盖，节约意识可见一斑。衣侧开衩较高，达50厘米，至腰间。下摆为弧形，领为直条，基本保持着清末民初汉服结构的形制。

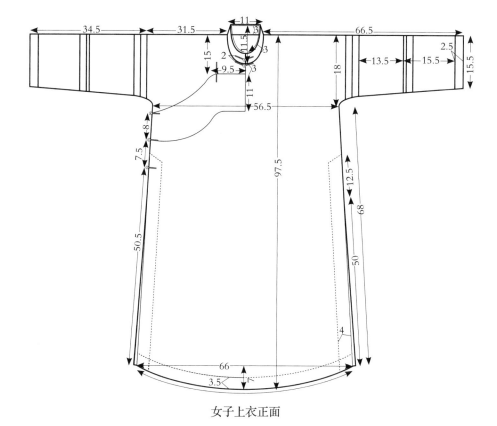

女子上衣正面

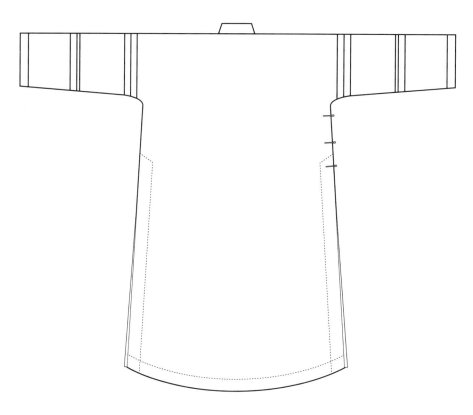

女子上衣背面

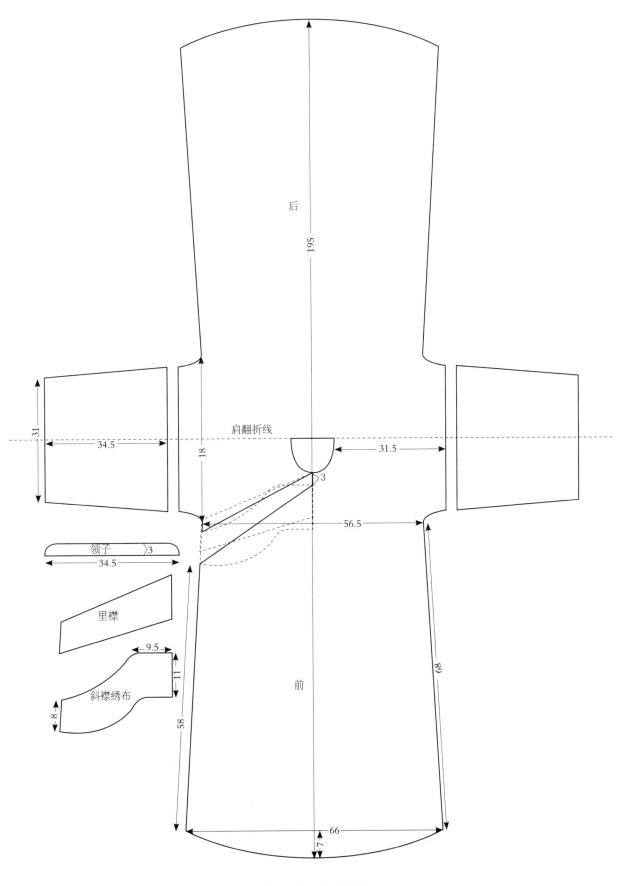

后

195

肩翻折线

31

34.5

18

31.5

3

领子 ⟩3

34.5

56.5

里襟

9.5

11

斜襟绣布

8

58

前

68

66

7

女子上衣分解结构图

# 八、彝族撒尼支系（路南）服饰结构图考——女子配饰外观效果

撒尼女子的花包头，至今仍是她们服饰的重要组成部分。花包头多为心灵手巧的姑娘亲手制成，花色纹样的优劣，标志着姑娘的智慧和才能，也是青年择偶的一个重要标准。

撒尼姑娘头饰上的那对"彩蝶"很有讲究。在彝族火把节那天，姑娘小伙们相约以对歌的形式互诉衷情，若哪个姑娘看上了哪个小伙子，就将头上的"彩蝶"取下一只送给他，当作是两人的定情信物，所以，头上只有一只"彩蝶"的撒尼姑娘，就表示她已"名花有主"了。而结婚生子以后的撒尼妇女则将"彩蝶"放平置于头顶，装饰也大为简化，无银泡和串珠。

披肩和围腰的垂带上都装饰有绣布，火纹、马缨花纹、几何纹是垂带上的主要纹饰。

1 女子包头

2 未婚女子头饰

3 已婚女子头饰

图片来源：何鑫　摄

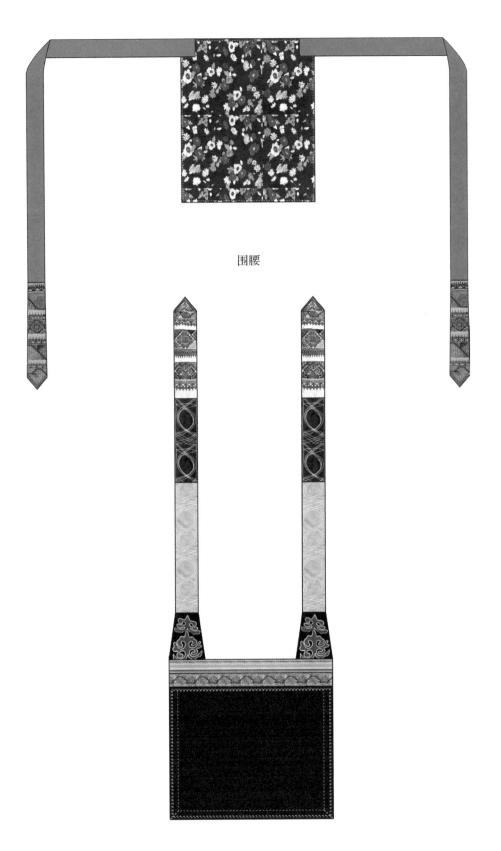

围腰

披肩

# 九、彝族撒尼支系（路南）服饰结构图考——女子配
## 饰结构复原

　　披肩的两条肩带均为拼接而成，与长方形披背相连的先是上窄下宽的梯形布，然后依次接长为 33.5 厘米、21.5 厘米、22.5 厘米的三段布带，末端为小三角形。

　　路南县的围腰和丘北县类似尾饰的围腰不同，垂在腰后的是块长方形花布。带子两末端亦接带状绣布和小三角形布块。

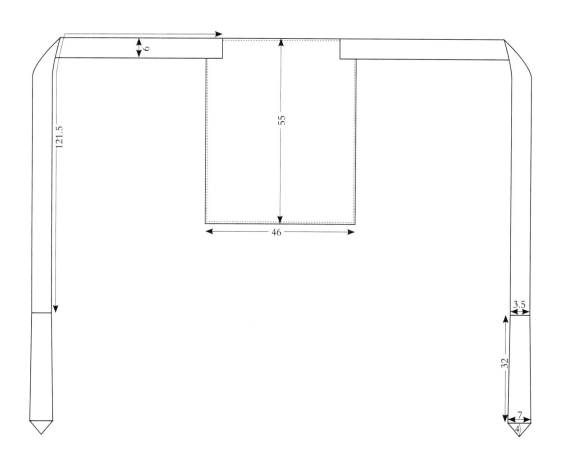

围腰

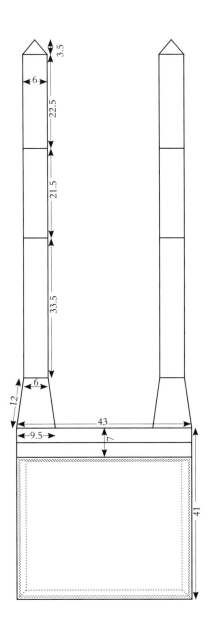

披肩

# 第五节　彝族阿细支系

自称"阿细"的彝族支系，聚居于云南省路南、弥勒、丘北等县，他们有自己的传统语言和服饰。阿细人以他们的传统舞蹈"阿细跳月"而闻名，即相聚于月下舞蹈。阿细人崇尚火，视火为万物之灵，每年都会定期举行祭火仪式。

阿细女子服饰色彩艳丽，搭配协调，上衣为白色，右衽斜襟，前短后长，胸襟、领口和袖边均刺绣各种花鸟图案，双袖配黑色或蓝色布。裤子多为黑色，紧身，长至膝下，裤脚边绣有花边。腰系丈(3.3米)余长红色和绿色布合缝的腰带，腰前系一条黑色围腰。已婚妇女披羊毛毡或垫背羊皮。包头用黑布，两端绣花，习惯留一束黛发垂于包头后，包头布正面与发际之间插饰各种鲜艳的流苏或花朵。一般肩挎自己绣制的小挂包，既可装饰，又可装针线等女人之物。

阿细男子身穿浅色的麻布对襟短褂，镶蓝色边，大而密排的纽扣，蓝裤子，服饰形制较之于女子更为简单、朴素。

考察时所见阿细女子服装后摆类似燕尾，向下渐窄，穿着时别在腰间，造型独特。胸前斜襟也较为特别，不及衣侧，布幅较窄。虽保存有传统服装手工艺，但大体上仅限于年长者穿着。

# 一、"阿细跳月"——云南氏族的活化石

"阿细跳月"是红河州彝族阿细支系的民间传统舞蹈，男子舞者弹大三弦或吹笛子，女子合着节拍与男子对舞。"阿细跳月"节奏明快，舞姿粗犷奔放。"跳月"来历传说颇多，但都与火相关：一说源于劳动，在古代刀耕火种时，烧过的灌木桩容易刺伤脚掌，撬窝播种时常跳起跳落，演化而成舞蹈；另一说阿细山寨因"天火"成灾，阿细儿女阿者与阿娥率民众奋勇扑火，因大地被烧烫，便双脚轮换弹跳，而形成今天"跳月"的基本动作。阿细人崇尚火，尊火为神，每年农历二月初三，都要举行隆重的祭火仪式，赤身裸体披上树皮树叶围住下身，用代表五色土的颜色文身文面，绘上与火有关的奇异图案，表达对火神的虔诚，最末还要弹响三弦共舞"阿细跳月"。

这些阿细人古老神秘世代流传的传统习俗，活灵活现地记录了彝族阿细支系先民久远的历史和生活，犹如云南少数民族氏族社会的活化石，为我们了解少数民族传统文化提供了宝贵的资源。虽然现在阿细人的服饰面临着伴随社会转型过程中不可避免的现代化改变，但其中蕴含的原始信息就像"阿细跳月"一样精彩而悠远。

1、2 彝族阿细支系
　　女子两种典型头饰

3、7 彝族阿细支系
　　老人头饰

4、5 彝族阿细支系
　　女子装扮

6、8 形形色色的彝
　　族阿细支系女子
　　头饰

图片来源：何鑫 摄

# 二、彝族阿细支系服饰结构图考——女子主服外观效果

彝族阿细支系女上衣样式酷似丘北撒尼支系，以蓝、黑为主色，偏斜襟，较窄，襟和袖都有绣饰，纹饰以赤色为主，与彝族阿细支系对火的崇敬有关。前短后长，后身形似燕尾上丰下窄，有侧开衩，且沿侧开衩和底边饰黑边。

面料和辅料普遍采用工业制品，手工技艺也几近消失。

1 女子服装正面
2 女子服装侧面
3 女子服装背面

图片来源：何鑫 摄

女子上衣正面

女子上衣背面

# 三、彝族阿细支系服饰结构图考——女子主服结构复原

　　彝族阿细支系女装结构近似于丘北撒尼支系。平面展开后偏门襟窄小，后身从开衩处渐窄，前后中均断缝。偏门襟与左身相连的接缝并不在前中，前身幅宽小于后身，中间左右片不接缝，门襟宽为 15 厘米左右，形成中置偏襟搭门这种独特的结构。这一点与见过的南方少数民族偏襟上衣均不相同。衣身破中缝，为何前身要左右各裁去 5 厘米左右，使得前后不等宽，尚无可靠结论。衣袖短且窄，由袖根至袖口渐窄，且差量明显，袖长过肘但不及腕。

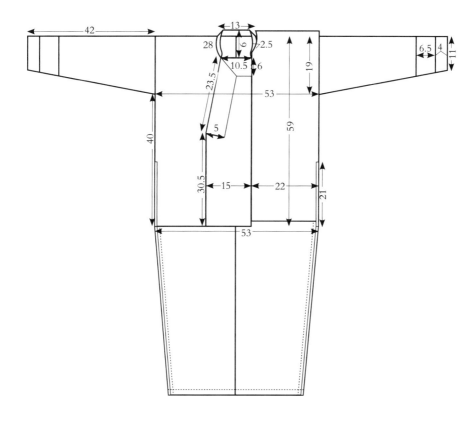

女子上衣正面

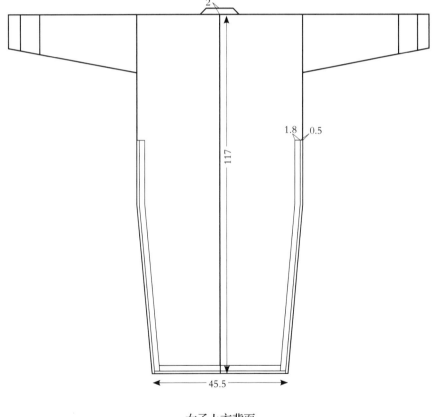

女子上衣背面

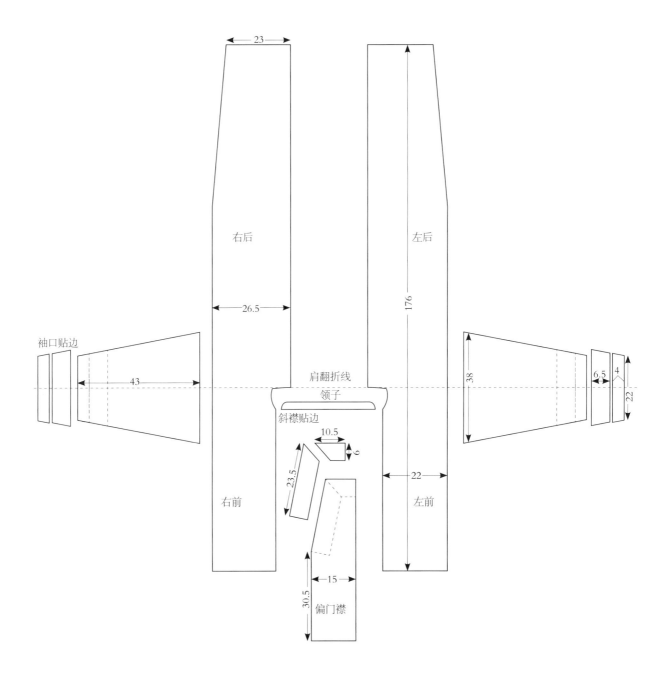

右后

左后

袖口贴边

肩翻折线

领子

斜襟贴边

右前

左前

右前

偏门襟

23

26.5

176

43

38

6.5

4

22

10.5

6

23.5

22

30.5

15

女子上衣结构分解图

中华民族服饰结构图考　少数民族编

# 四、彝族阿细支系服饰结构图考——女子配饰外观效果

　　腰部配饰分为前围腰、后围腰和腰带三部分，各式绣片集中在腰部展示。前围腰以条纹和花纹为主，后围腰多有绣条和银泡装饰，虽不像花腰彝那样绚烂，但有足够多的数量，通过面积、色彩、纹样的对比，在腰间形成丰富的装饰效果，同时束紧腰肢，格外引人注目。

1 前围腰配饰

2 后围腰配饰

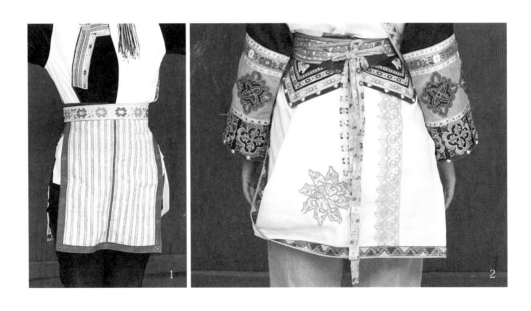

图片来源：何鑫 摄

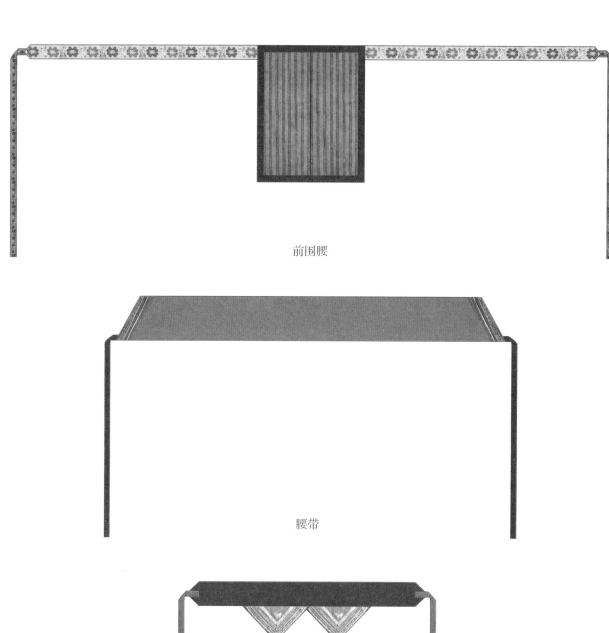

前围腰

腰带

后围腰

# 五、彝族阿细支系服饰结构图考——女子配饰结构复原

　　彝族阿细支系的前围腰为一块长方形布，上角接宽布带，布带两端连有系带；腰带则是梯形宽布条，两端缝有细带；后围腰样式独特，在宽布带下垂有两个三角形垫布。

　　彝族阿细支系的腰饰数量较多，并无太多夸张之处，通常它们组合使用，形成独特的腰饰文化。

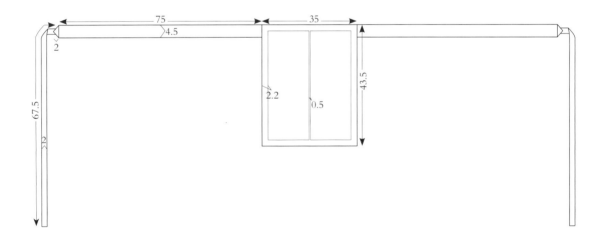

前围腰

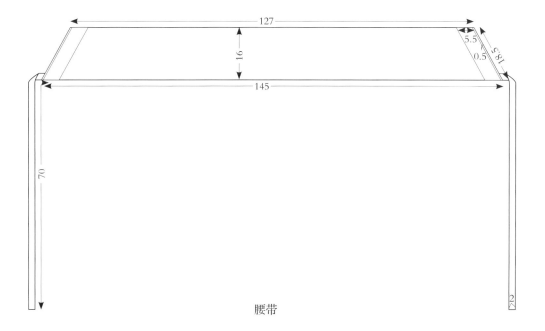

腰带

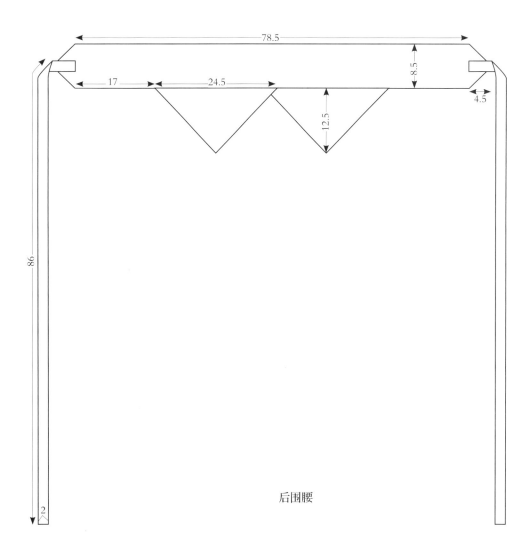

后围腰

中华民族服饰结构图考　少数民族编

# 第六节　从彝族服饰结构看大中华服饰文化的
## 传承性、地域性和系统性

彝族历史悠久、文化古老，服饰颜色尚黑，且充满了对自然原始崇拜的印记。

考察所见的彝族各支系女装中，诺苏彝汉化程度明显，结构从平面变成了立体，出现了现代的装袖和落肩。仍保持着传统平面结构的是花腰彝、俚彝、撒尼彝和阿细彝。

上衣有长短两种，其中花腰彝、撒尼彝、阿细彝为长衫，诺苏彝和俚彝为短衫，衣长及腰。彝族的长衫很有特点，花腰彝、丘北撒尼彝和阿细彝均为后衣长大于前衣长，前衣长与短衫相当恰及腰，而后衣长甚至及踝，只有花腰彝形成台阶状斜襟。还有一大特点是考察的彝族女装的右衽偏襟中有种非常独特的偏襟样式出现在前短后长的长衫上，即丘北撒尼彝和阿细彝均为半偏襟，偏襟幅宽不及衣侧，仅为断中缝后前衣片幅宽的一半左右，其渊源值得进一步探究。

除丘北撒尼彝女装领子为现代衬衫领外，其他彝族支系均为小立领，可见彝族女装领型结构仍保持着直布条缝于领口的传统立领。

彝族袖子都较窄，除诺苏彝汉化明显为装袖外，其他支系均为平面结构的接袖。但接袖的断缝位置不尽相同，丘北撒尼彝、阿细彝、花腰彝在袖根处断缝，路南撒尼彝、俚彝在袖中处断缝，在袖根处断缝虽然仍在沿袭传统服装结构的十字型平面特点，但还是因为使用了现代工业制品面料摆脱布幅限制后断缝，由袖中移至袖根尚不能定论。

彝族的围腰很普遍，俚彝、丘北撒尼彝、路南撒尼彝、阿细彝都有穿着，围腰形制多种多样，数量不一，重装饰，往往传达着丰富的民族、历史、原始信仰等信息，如对火的崇拜、对马缨花的崇拜。尾饰也是围腰中的一种，在腰后垂绣布、流苏等模仿动物尾巴样式，既有朴素的仿生学思想（隐蔽伪装自己避免在捕猎时被猎物发现），也有对飞鸟野兽的原始崇拜思想，而随着历史发展逐渐演变异化为一种装饰世代流传下来。

彝族的传统服饰上记录着这个古老民族最生动、最形象的原始信息，装饰精美，种类繁多，色彩纷呈，体现着彝族的传统文化和独特的审美意识，服装长期以来一直继承着中华民族大一统的传统十字型平面结构，并因地制宜的演变出不同地域、不同支系各自独到的服饰结构形态，如此瑰丽的文化遗产，值得我们继续研究并发扬光大。

# 第四章

# 云南融入少数民族服饰

在云南的蒙古族和藏族，由于种种原因，迁徙至此并定居繁衍，形成了独具特色的云南输入少数民族。在云南的蒙古族和藏族，其服饰既明显不同于云南原住少数民族，亦与典型的蒙古族、藏族传统民族服饰有所差别。一方面由于所处地理环境的改变，要求服饰在功能上要随之变化；另一方面也受到当地原住民族服饰文化的影响，入乡随俗。

# 第一节　融入云南原住民族文化的蒙古族服饰

在云南省的通海县有一个蒙古族的聚集地——兴蒙蒙古族自治乡，这也是云南省唯一的一支蒙古支系。他们是公元 1253 年元始祖忽必烈为最终统一华夏，率十万大军征战而进入云南，后落籍云南的元军蒙古族后裔。村寨的房屋建筑颇有古风遗韵，静谧而祥和。其语言由古老的蒙语同彝族、哈尼族等多种语言混合组成，有语言，无文字。

村中妇女依旧穿着旧式的民族服装。服装的袖子由里至外依次变短，袖口边缘皆有饰边装饰，外罩的马甲前胸左侧有 30 余个一字型盘扣紧密排列，扣子仅扣最顶端的那一粒，其余散开不扣。穿偏襟样式的服装时会在胸前佩戴长串银饰作为装饰。下着缅裆裤，不过结构基本已经现代化了。妇女包头造型因年龄不同、婚育状况有所区别。

如今随着生产力水平的提高及生活水平的改善，通海县蒙古族的服饰形式虽保存较为完整，但是衣料及装饰已不是手纺粗布和手绣的传统工艺了。

图片来源：何鑫 摄

# 一、身居异地特色鲜明

云南兴蒙的蒙古族，其先祖自元朝征战至此并不是长居一地，他们身体里流动着游牧民族的血脉，存留着旌旗战鼓、驰骋沙场的蒙古族四海为家的基因，虽历经七百多年身居异地，但穿着上仍是典型的北方蒙古服饰遗风，游牧民族之风韵犹存，在西南少数民族众多的滇山脚下，独具特色，纵使与故土相隔千里，没有辽阔的草原，却也传承着在与南方少数民族交流融合中历久弥新的蒙古族文化习俗。在云南兴蒙，蒙古族人们恰似"梦里不知身是客"，"且认他乡作故乡"的亲和羌族。

1 女子偏襟上衣及挂饰
2 女子头饰
3 绣花鞋
4 女子穿衣过程
5 女子领饰
6、8 云南蒙古族女子
服饰
7 云南蒙古族老人服饰

图片来源：何鑫 摄

# 二、云南蒙古族服饰结构图考——内层主服外观效果

云南兴蒙蒙古族女装制式和内蒙古鄂尔多斯蒙古族女装颇为相似，上装由三件组成。这从服饰上也印证了历史上关于兴蒙蒙古族是由北方迁徙至此的民族信息。

第一件为贴身内衣，这里称为内层主服，通常用白色或浅色或红色为主的薄料做成，高领，袖长至手腕，衣长及臀，衣领和肘关节以下的袖边均镶绣着精美的各色花边。

蒙古族典型女装为长袍样式，而在兴蒙多为短上衣，下穿长裤，这与南方少数民族习惯相仿。一方面是各民族间相互交流融合的结果，另一方面是由于生活环境、生活方式的改变，服饰形制随之改变。比如是为了适应湿热的气候，按照达尔文的进化论观点，叫"特异性选择"。

1 女子内外三层装束正面
2 女子内外三层装束侧面
3 女子内外三层装束背面

图片来源：何鑫　摄

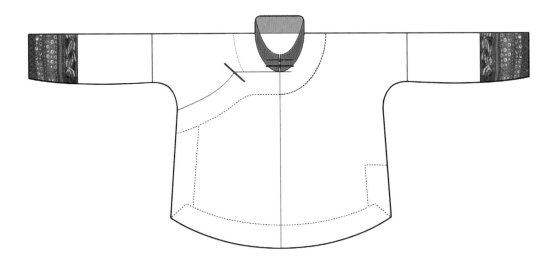

内层主服正面

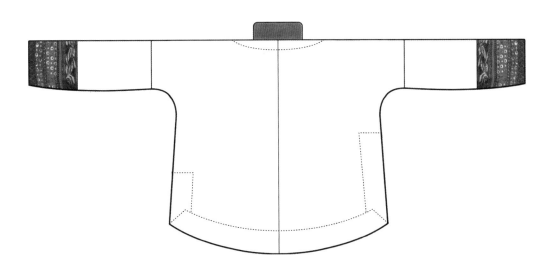

内层主服背面

# 三、云南蒙古族服饰结构图考——内层主服结构复原

　　蒙古族服装整体结构很好地保留着中华传统的十字型平面结构，可见在我国漫长的服饰文化的发展历史中，十字型平面结构一脉相承，即使纵贯南北，服装的基本结构并无根本差异。这种像汉字一样一路走来，从无隔断的民族基因，即使是不断迁徙的蒙古族，也始终坚守着。

　　内层主服较为贴身，立领较高，和南方少数民族服装明显不同的是袖子，袖下弧线明显，颇有宋代"袖胡"的遗风，是典型的北方袍服袖的样式。

　　在相同的本质下演绎出不同的细节，表现出南北方服饰结构的大同和存异，也生动地演绎出了中国传统"和而不同"的思想。

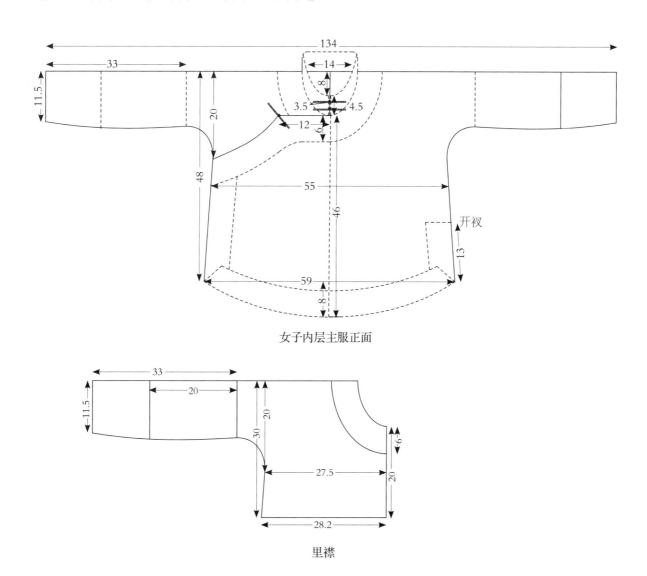

女子内层主服正面

里襟

中华民族服饰结构图考　少数民族编

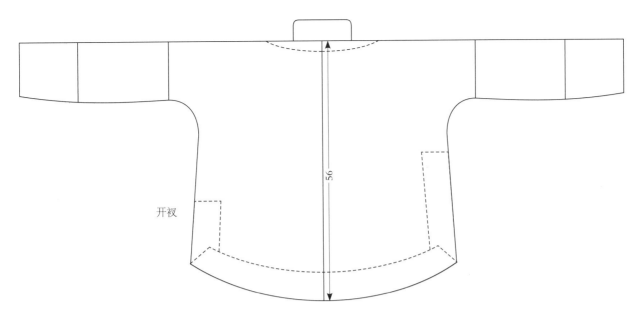

开衩

56

女子内层主服背面

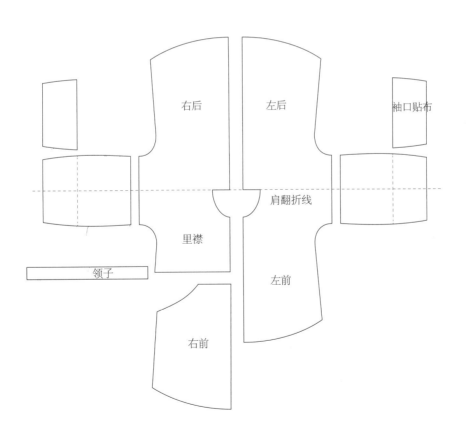

右后

左后

袖口贴布

里襟

肩翻折线

领子

左前

右前

女子内层主服结构分解图

# 四、云南蒙古族服饰结构图考——外层主服外观效果

　　第二件为外层主服，俗称夹衣，通常用色泽鲜艳、质地较厚的各色衣料做成，右衽大襟，无领，袖长比内衣短，肘关节以下的袖口内侧镶有各色花边，穿时袖口反卷至肘部，花边自然外露，与第一件袖口花边相映成趣，衣长稍短于内层主服。

　　女子夹衣刺绣精美、花样繁多，以团花、盘枝为主，极具北方的纹样特色，与南方原住少数民族服饰刺绣的精练抽象相比，更加写实且粗放。

1 女子夹衣正面

2 女子夹衣侧面

**图片来源：** 何鑫　摄

女子夹衣正面

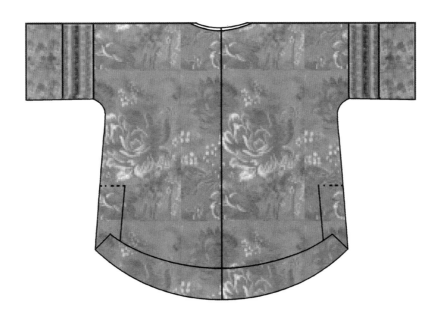

女子夹衣背面

# 五、云南蒙古族服饰结构图考——外层主服结构复原

平面展开呈典型的中华传统十字型平面结构，且北方服装特征明显，宽衣大袖，和周边南方原住少数民族的窄衣窄袖对比鲜明。袖口和衣身都较为宽大，下摆为圆摆，较宽，翻折的袖口饰以绣布，和清朝的镶绲工艺较为相仿。里襟短、门襟长，两侧开衩工艺的形制延续着北方汉族服装结构的传统；无领，在领口包有布条是旗人袍服的形制。

这件夹衣无论从外观还是结构上都保留着浓重的北方服饰味道，在云南丰富多彩的民族服饰中显得格外与众不同。

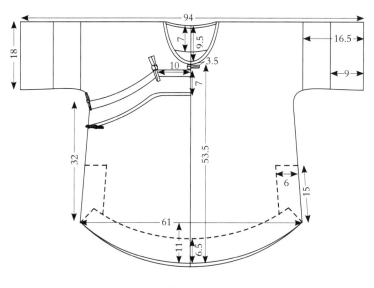

女子夹衣正面

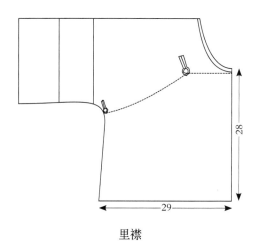

里襟

中华民族服饰结构图考　少数民族编

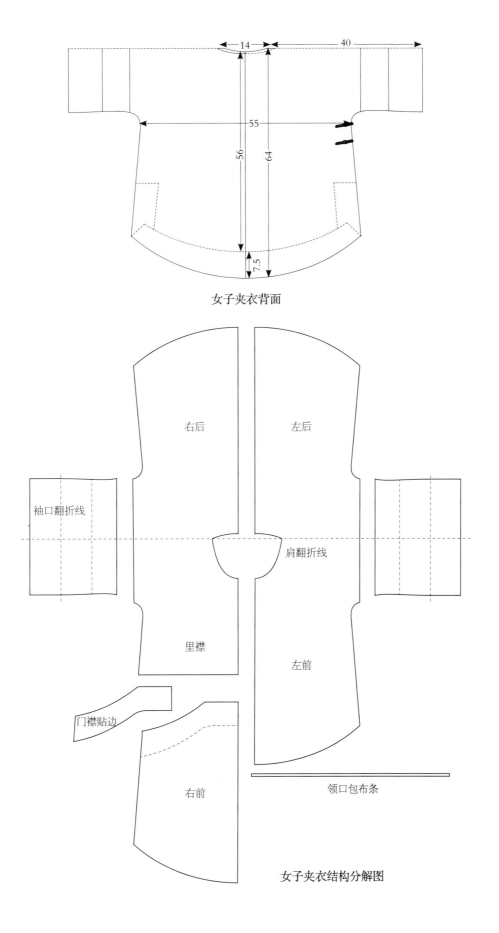

女子夹衣背面

女子夹衣结构分解图

# 六、云南蒙古族服饰结构图考——女子配饰外观效果

    第三件可视为最外层的配饰服，即无领无袖的对襟小褂，纯色，无花纹，两侧开衩，白色布里。左襟装饰有约30粒银制圆形镂花小纽扣，仅扣领口处第一粒，其他均为装饰。这种银扣装饰是典型的鄂尔多斯蒙古族服饰特征。可见云南兴蒙蒙古族和内蒙古地区的原住蒙古族有着密切的历史渊源。

    围腰腰带两端绣有彩色图案，并留有五色丝线线穗，从身后系结，垂于臀部，这通常是云南原住民族的风俗，只是蒙古族围腰则更加朴素。

1 女子对襟小褂正面
2 女子对襟小褂侧面
3 女子对襟小褂背面

**图片来源：**何鑫　摄

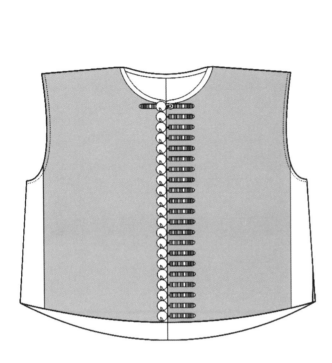

女子对襟小褂正面

女子对襟小褂背面

围腰

# 七、云南蒙古族服饰结构图考——女子配饰结构复原

　　对襟小褂衣短却肥大，下摆后长前短，肩宽，穿着时如同飞檐，两侧有小开衩。

　　围腰和南方原住少数民族的多数围腰形状相差较大，为左右对称的五边形，也较为宽大，这样的围腰在内蒙古地区并不多见，资料上对于蒙古族腰饰的记载多为元朝流行的"辫线袄"，极有可能是从南方原住少数民族中引进。由此可见，类似坎肩的小褂和围腰，都是蒙古族在与云南各民族融合过程中为我所用的产物。

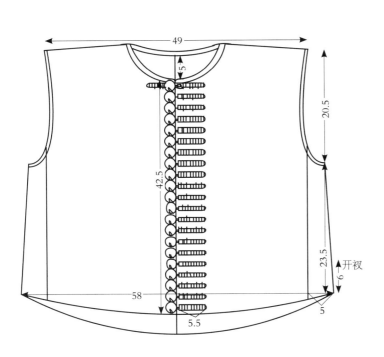

女子外层对襟小褂正面

女子外层对襟小褂背面

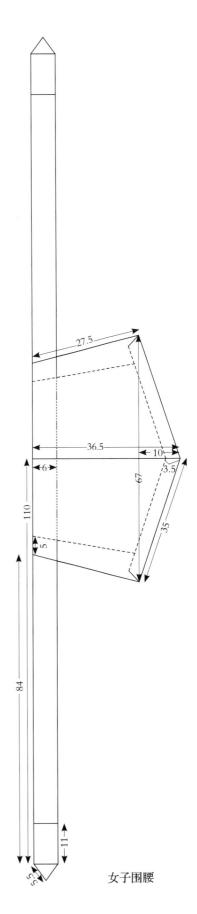

女子围腰

# 第二节　在云南的藏族服饰

藏族主要分布在西藏自治区以及青海、甘肃、四川、云南等邻近省。藏族有自己的语言和文字。藏族人民热情开朗、豪爽奔放。他们一般以歌舞为伴，舞姿优美，节奏明快。其中，踢踏舞、锅庄舞、弦子舞流传最为广泛。

藏服主要特点是右衽大襟、长袖、宽腰、长裙、长靴、编发、金银珠宝饰品等。妇女冬穿长袖长袍，夏着无袖长袍，内穿各种颜色与花纹的衬衣，腰前系一块由三块布拼接的彩虹花纹的围裙。

藏族服饰的形制与质地的粗犷感取决于藏族人民所处高原生态环境和在此基础上形成的生产、生活方式。以牧业、农业为主，这就决定了藏族先民们服装的基本特征是厚重保温，如宽大暖和的宽腰、长袖、长裙。为了适应逐水草而居的牧业生产的流动性，逐渐形成了大襟、束腰，在胸前留一个突出的空隙（酷似袋子），这样外出时可存放酥油、糌粑、茶叶、餐具等小物品。天热或劳作时，根据需要可袒露右臂或双臂，将袖系于腰间，调节体温，需要时再穿上，不必全部脱穿，十分便利。即使部分藏族人定居云南，这种独特的藏族服饰穿着方式也没有发生根本改变。

图片来源：何鋒 摄

# 一、融入云南多民族文化却遗风犹存

　　藏族主要居住在青藏高原，但在云南迪庆藏族自治州也聚居着大量藏族同胞。云南的藏族主要是外来吐蕃人以及当地人与吐蕃融合而成，这种民族融合有很长的历史。1951 年西藏和平解放，而在一年前云南迪庆即已和平解放并建立了香格里拉人民政府，1952 年建立了德钦藏族自治区，1957 年成立迪庆藏族自治州。虽不是云南的原住民，但长期居住于此，早已融入当地多民族文化。在迪庆，千人以上民族就有 9 个，历史悠久，且形成多民族融合的文化积淀，发掘多处旧石器时代遗址。证明历史上，迪庆亦是藏族和其他民族南北交往、东西发展的走廊和通道。在民族间的交往和相互影响下，云南迪庆藏族自治州的藏民服饰在保留传统藏族风韵的基础上又有民族融合的痕迹。迪庆地处青藏高原东南缘，横断山腹地，云贵高原向青藏高原的过渡带，地貌独特，是著名的三江并流的腹心地带，海拔跨度大，不仅有青藏高原雪山峡谷的风貌和藏族风情，还有大草原"风吹草低见牛羊"的壮丽景色。在美丽神秘的香格里拉，耸立着以梅里雪山为首的雪山群，雪山环绕之间，分布有许多大大小小的草甸和坝子，是迪庆各族人民生息繁衍的地方，土地肥沃，牛马成群。"香格里拉"一词是迪庆中甸的藏语，为"心中的日月"之意，它是藏民心目中的理想生活环境和至高至上的境界。藏族民歌唱道："太阳最早照耀的地方，是东方的结塘，人间最殊胜的净土是奶子河畔的香格里拉。"

1 云南藏族老人服饰

2 云南藏族女子头饰

3 云南藏族女袍

4 藏族老人服装

5 云南藏族男子服饰

6 云藏融合的藏族服饰

7 云南藏族佛塔

**图片来源：**何鑫　摄

# 二、云南藏族服饰结构图考——男子主服外观效果

藏族男子服饰为暖帽、立领右衽短上衣和皮毛长袍。内着金黄色立领右衽上衣，有花草纹样；外着平袖宽大长袍，无扣，系有腰带。长袍在肩、襟、袖口、下摆都缝缀有毛皮，既有装饰作用，又能起保暖效果。在前身下摆处的毛皮呈阶梯状，绣边也随毛皮边缘转折，推测应是受毛皮形状的不确定性及其较贵重原因，在与衣身布料拼接时形成不规则形状。

1 男子服装正面
2 男子服装侧面
3 男子服装背面

图片来源：何鑫 摄

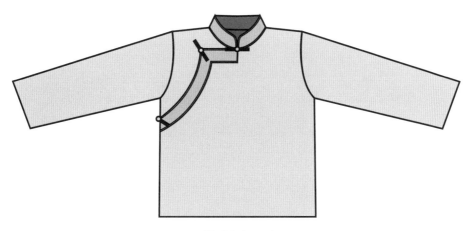

男子内衣正面

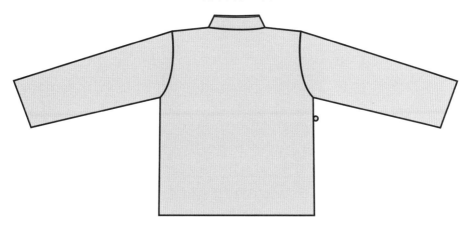

男子内衣背面

男子长袍正面

# 三、云南藏族服饰结构图考——男子主服结构复原

内衣结构基本已脱离了传统平面结构，类似于 20 世纪 30 年代汉族的改良长袍，特别是采用装袖。内衣较为贴身，袖口偏窄，衣长较短。

长袍藏族风格明显，上俭下丰，下摆宽达 85 厘米，衣袖平直，虽在肩缝处接袖，但与内衣的装袖结构不同，仍保持了平面结构，袖口宽博。最为独特的是领襟结构，颇有汉代深衣遗风，宽袍大袖，交领右衽，显然相对于南方各原住少数民族的立领、无领、对襟、偏襟结构有其独到之处，结构形制更加古老。沿领襟围镶有约 23 厘米宽的毛皮。衣身前后均无断缝，大抵是因服装面料的现代化所致。

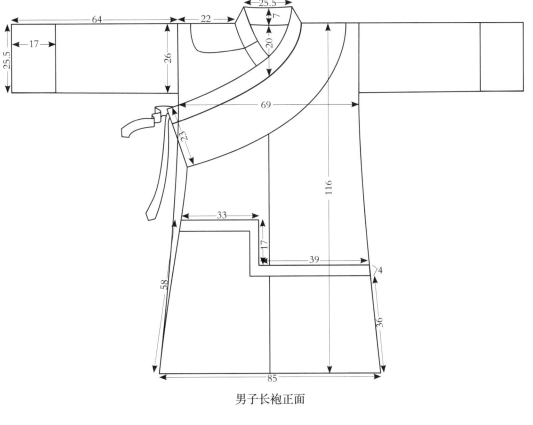

男子长袍正面

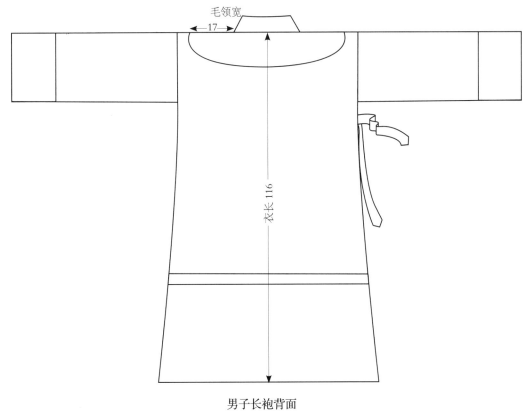

男子长袍背面

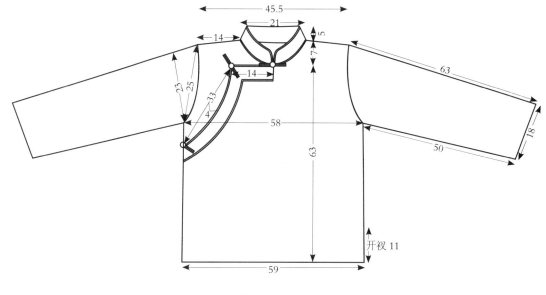

男子内衣正面

男子内衣背面

中华民族服饰结构图考 少数民族编

# 四、云南藏族服饰结构图考——男子服饰外观效果

    藏族男子服饰为绣花羊皮帽、立领右衽短上衣、坎肩、交领长袍。内着深红立领右衽上衣，外套高领大红坎肩。黑色长袍前后未破缝，因布幅不够，前片右衽有拼接；长袍穿着时并不直接套于坎肩之上，而是围裹于腰间，把袖子当成腰带系扎于前腰。

1 男子服装正面
2 男子服装侧面
3 男子服装背面

图片来源：何鑫 摄

男子偏襟上衣正面

男子偏襟上衣背面

男子坎肩正面　　　　　　　　　　　男子坎肩背面

男子斜襟长袍外套正面

# 五、云南藏族服饰结构图考——男子服饰结构复原

男子偏襟右衽上衣呈半汉化的样式,出现了落肩,装袖,但衣袖接缝线呈直线,说明仍是平面结构。袖根肥大,袖口窄小。

长袍为交领右衽,衣襟顺领条而下,斜至衣侧。前中虽无断缝,但右侧襟处有拼接,下摆宽达 96 厘米,显然拼接是因布幅不足,可见美观仍需妥协于材料的利用率。也显示了当地人极尽节俭的态度。这也让我们在崇尚低碳的今天重新审视"美的标准"。

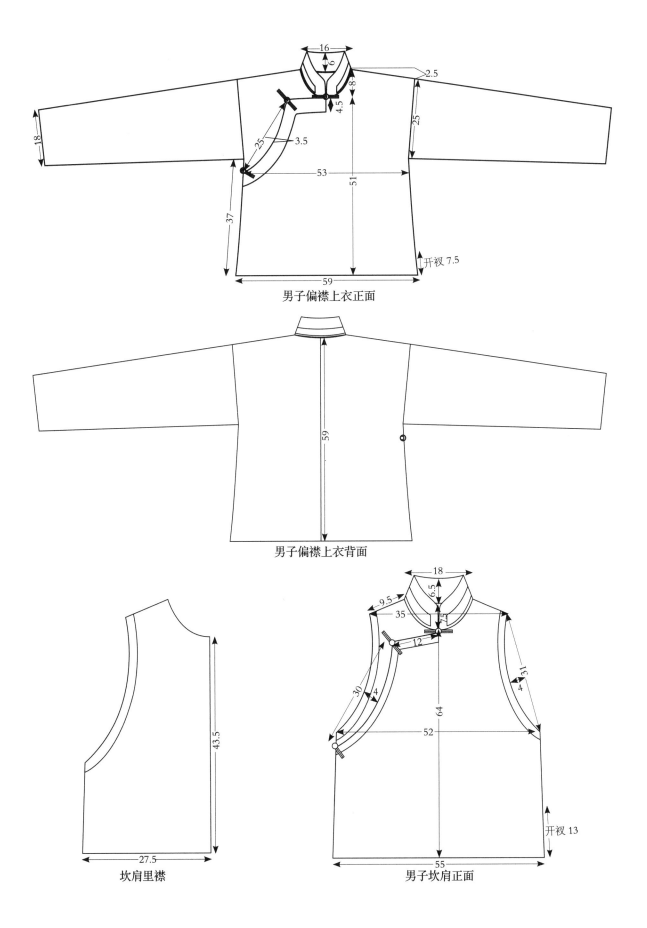

男子偏襟上衣正面

男子偏襟上衣背面

坎肩里襟

男子坎肩正面

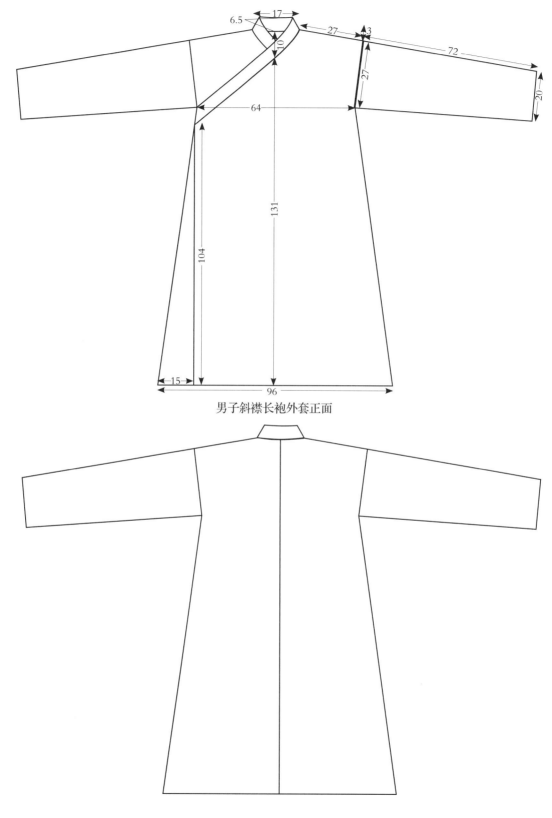

男子斜襟长袍外套正面

男子斜襟长袍外套背面

# 六、云南藏族服饰结构图考——女子服饰外观效果

　　藏族女子服饰包括头饰、立领右衽长袍、坎肩。藏族服饰与自然环境息息相关，他们居住的环境地广人稀，服饰上正折射出蓝天白云的大自然色彩，采用蓝色和白色为主体色，在门襟、袖口和底边处间以七彩色进行装饰，色彩鲜艳明朗；宽大的长袍便于保暖御寒。围裙的布料氆氇是藏族手工生产的羊毛呢，重复排列的彩条颜色鲜亮，这个围裙藏族称作"邦垫"。

　　中年妇女的着装款式则相对单一，内着翻领衬衣，外套紫色坎肩，下着"彩虹"围裙。

1 女子服饰正面
2 女子服饰侧面
3 女子服饰背面

图片来源：何鑫　摄

女子坎肩正面

女子坎肩背面

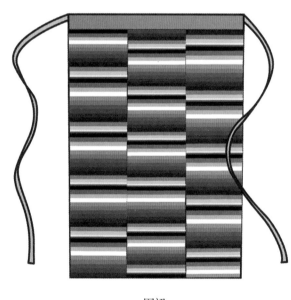

围裙

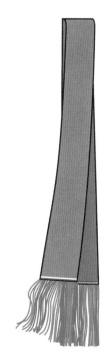

腰带

女子长袍正面

# 七、云南藏族服饰结构图考——女子服饰结构复原

　　藏族女装从结构上看更像是一种汉化后的改良款。外观上看同传统藏服无异，实际上内衣和外袍缝缀为一体，可能是出于节省布料以及为了适应当地并无青藏高原般高海拔寒冷的环境。装袖，有落肩，腰部出现了腰省以收腰。里襟长至底边，从这套女装看已经脱离了传统藏族服装的结构，如同戏服，重外观效果，轻实用价值，已经缺少了很多承载的民族历史文化信息。

　　坎肩的样式酷似一些彝族的半偏襟，其生动地演绎着藏、汉、彝多民族文化融合的历史信息。

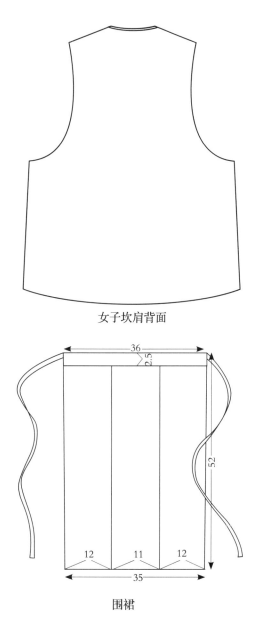

女子坎肩背面

围裙

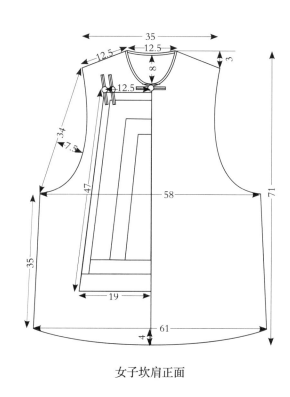

女子坎肩正面

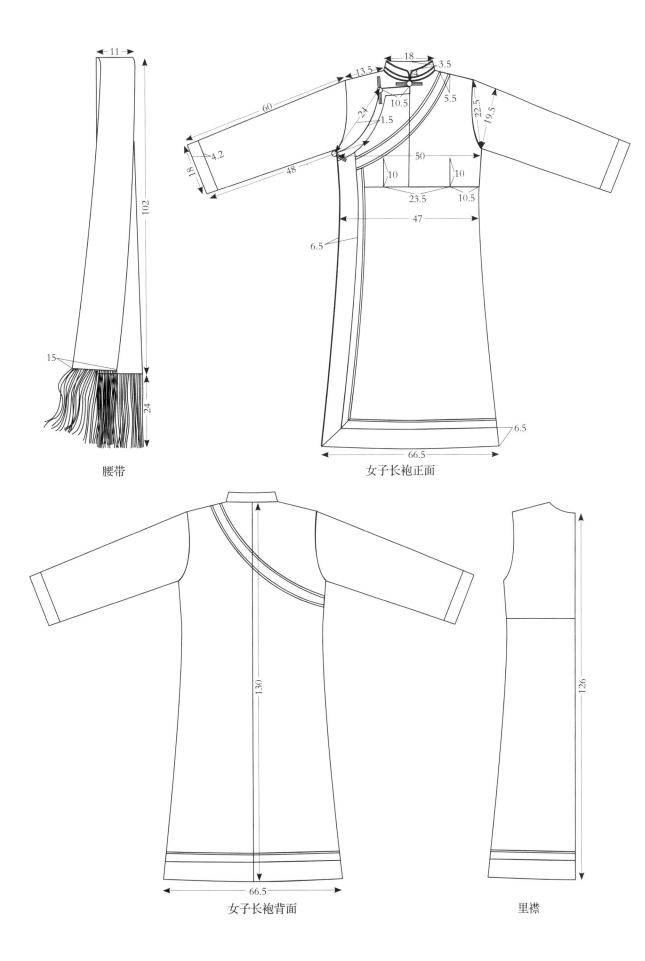

腰带

女子长袍正面

女子长袍背面

里襟

# 第三节　原汁原味的保留和"现代文明"的博弈是个值得思考的课题

　　藏族和蒙古族作为云南输入的少数民族，和原住少数民族相比，其服饰有着明显的差别和外域特征。而这两个民族中，虽都保存着各自典型的民族服饰外貌特征，但从结构上看并没有本质的区别。蒙古族对于传统结构传承较完整，仍保持着十字型平面形制；而藏族却汉化相对明显，结构上出现了现代立体造型，这也许与香格里拉旅游业的开发有关，在迅速同大量外来文化接触过程中，无论是生产生活方式，还是衣着服饰形态，都在急速地朝着现代化转变。

　　蒙古族服饰北方特征明显，宽衣大袖，平面十字型结构，前后中断缝，袖中断缝，其至仍保持着典型的蒙古族女上装三件套样式。同时我们也可以看到，在我国漫长的服饰文化发展历史中，当地蒙古族服饰与内蒙古地区也有所差别，比如衣身缩短，下着南方少数民族样式的缅裆裤，这既是与当地少数民族相互交融的结果，也是服饰功用性对不同环境的适应。

　　藏族服饰普遍出现落肩、装袖，其至女子内外衣合二为一，重外形而轻内涵，这在许多旅游地区的少数民族服饰中都有所体现，传统服饰不再作为民族传承的文化，而是吸引游客的表演服。传统的平面结构朝着立体发展，曾经便于农耕、放牧，穿脱方便、御寒保暖、实用性极强的藏服在当地正朝着轻便化、礼服化方向发展。藏族服饰仍以长袍为主，皮草运用广泛，衣身也较宽大，多层套穿，这与南方原住民族的单衣为主、窄衣窄袖有明显不同，居住的高海拔环境决定了服饰的功用性，造成这种服饰结构差异。

　　这两个特殊的输入民族久居云南以来，在漫长的历史岁月中服饰上既有保留又有改变，形成了独特的服装样式，在云南五彩缤纷的民族服饰中别具一格。这确实让我们思考一个问题，传统文化原汁原味的保留与"现代文明"是可以相互促进，不是不可调和。

图片来源：何鑫 摄

# 第五章

# 广西壮族自治区少数民族服饰

广西壮族自治区是以壮族为主、多民族聚居的自治区，广西原住民主要包括彝族、壮族、侗族和毛南族，由于彝族支系较多，另辟一章。其中壮族又包括了两个支系，分别为黑衣壮和侬壮。而黑衣壮又包括两个不同地区的分支——黑巾黑衣壮和飘巾黑衣壮。服饰的差异特点主要在于其民族性和地域性，特别是在所考察的三个村寨都有形制极具南方特色的缅裆裤，可谓古老华服缅裆裤结构的活化石。

# 第一节　壮族

　　广西壮族自治区共有壮族 1300 多万人，其中分布在中越边境或离边境不远的那坡、靖西、大新、龙州、宁明、崇左、天等、凭祥、隆安、扶绥、上思等县市。壮族是一个具有悠久历史和灿烂文化的民族。现代民族学、历史界一般公认壮族是由古代岭南越人中的一支发展而来。壮族先民创造出了人类最早的手工纺织品、第一个人工栽培的农作物品种、第一座"高台式土木建筑"。壮族服饰是少数民族中少见的"寡饰尚布"充满理智的风格，色彩单纯，主要有蓝、黑、棕三种颜色，妇女习惯植棉纺纱。纺纱、织布、染布是一项家庭手工业，用自种自纺的棉纱织出来的布称为"家机"，坯布精厚，质实，耐磨，然后染成蓝、黑或棕色。用大青（一种草本植物），可将"家机"染成蓝色或青色布；用"鱼塘深"可染成黑色布；用薯莨可染成棕色布。壮族服饰各有不同，不仅不同支系不尽相同，同族系的男女、妇女的婚姻状况，在服饰中都有所反映，但有一点他们都是一致的，就是崇尚黑色。

# 一、崇尚黑色的黑衣壮

黑衣壮族，名副其实，是因为他们普遍使用黑色布料而得名。以大新县三联村为代表的飘巾黑衣壮，其主要分布于大新县中东部、崇左县北部、隆安县西南部等地，以大新县龙门乡三联村最具典型。自古以来，居住在这里的壮族妇女们自种、自织、自制，以"僮装"得其称谓，因尚黑也称为"黑加路"，因其出自于唐代，又称之为"黑唐装"。女子上身穿着立领右衽斜襟长衫；下身穿着黑色长裤，一般长至脚跟，裤腰头、裤脚较宽松；腰系彩头壮锦长款围腰，长度比裤长稍短；妇女头部内扎壮锦、外配两端下垂可飘动的黑或白头巾；肩披黑色或蓝色绣有花边的披布；腿缠三角黑绑布。

该地区现已被开发为民族风情村，甚至量衣拍照均需付费，传统样式的服装大多为表演用，人们普遍穿着传统服装，但多为批量生产少有自制，庆幸的是传统的十字型平面结构尚未改变。

广西壮族自治区那坡黑巾黑衣壮是一个自称为"敏"的壮族族群，是壮族的一个支系，主要聚居在那坡县境内，共有9975户人家，5万多人，占那坡县壮族人口的32％。由于历史上战争和民族迁徙等原因，许多人躲入深山老林，过着几乎与世隔绝的生活，从而保留了古老的文化。至今仍沿袭着壮族原汁原味的习俗，因而被称为壮族"活化石"。

那坡黑巾黑衣壮人人都穿着自种、自纺、用野生蓝靛染成的黑色土棉粗布服装。其衣裤套裙样式别具一格，为广西其他壮族地区所少见。女子上身穿对襟葫芦状矮脚圆领的紧身短上衣，下身着宽裤脚、大裤头的裤子，腰系黑布大围裙。赶集或走访亲友时，将围裙向上翻卷可作口袋使用，劳动时又可装少量的菜豆和零星杂粮。头戴黑布大头帕，折成三角头饰。其衣服底边、衣角、袖口、裙边皆镶以红布或黄布条，头帕的四角皆用绿丝线绣上三角形纹饰。颈项上戴银链、银项圈，手戴银手镯，耳戴银耳环。斜挎绣花小包。男子上身穿黑色对襟上衣，下身着宽裤脚、大裤头的裤子，头上缠一条黑布头帕。

考察地传统服饰文化保存完整，许多村民穿着本族土布服装，传统织机仍在使用，女装斜襟，男装对襟，保持着原生态的衣身结构。这也许是我们真正寻觅到民族服饰真谛的一次经历，我们不希望这是最后一次，但这几乎是奢望。

1 黑巾黑衣壮男子包头

2 侬壮妇女服饰

3 飘巾黑衣壮女子包头
   背面

4 飘巾黑衣壮妇女服饰

5 黑巾黑衣壮绣包

6 黑巾黑衣壮男子服饰

7 黑巾黑衣壮青年男女
   服饰

图片来源：何鑫 摄

第五章 广西壮族自治区少数民族服饰

# 二、飘巾黑衣壮服饰结构图考——女子主服外观效果

　　飘巾黑衣壮女子上衣偏襟、立领，通身黑色，下摆两侧开衩，衣身无装饰。衣襟、开衩、袖口、接缝处都缉有明线，是典型的壮族服装，沉静朴素，面料现今多使用机织化纤布，村寨服装几无传统手工织布制品，日常穿着传统服装的也只剩下些老年妇女。服装结构的原始性保存得相对完整和真实。

1 飘巾黑衣壮女子服装正面

2 飘巾黑衣壮女子服装侧面

3 飘巾黑衣壮女子服装背面

图片来源：何鑫　摄

女子上衣正面

女子上衣背面

# 三、飘巾黑衣壮服饰结构图考——女子主服结构复原

　　女子上衣的平面结构基本上沿袭着清末民初的形制。窄衣窄袖，偏襟款式线并不像大多数南方少数民族（汉族亦如此）那样有折角，而是很漂亮的弧线。接袖位置由布幅而定，里襟长至侧开衩处。下圆摆较高。在衣身里面沿领口有一圈贴布，是为了增加肩部的耐用性。衣身上多处缉有明线，线迹很清楚地表明了衣身分片结构。领高仅 2.5 厘米，后领口线和立领均为直线结构，在前身沿领口环绕一周。这也是清末古典华服的基本特征。

　　整件上衣传统形制保存完好，是典型的华服十字型平面结构。

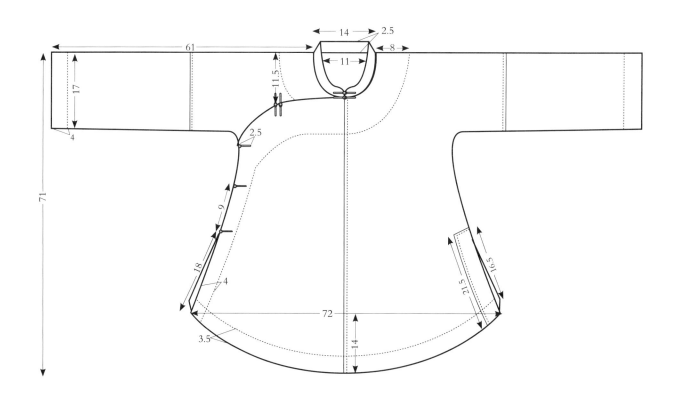

女子上衣正面

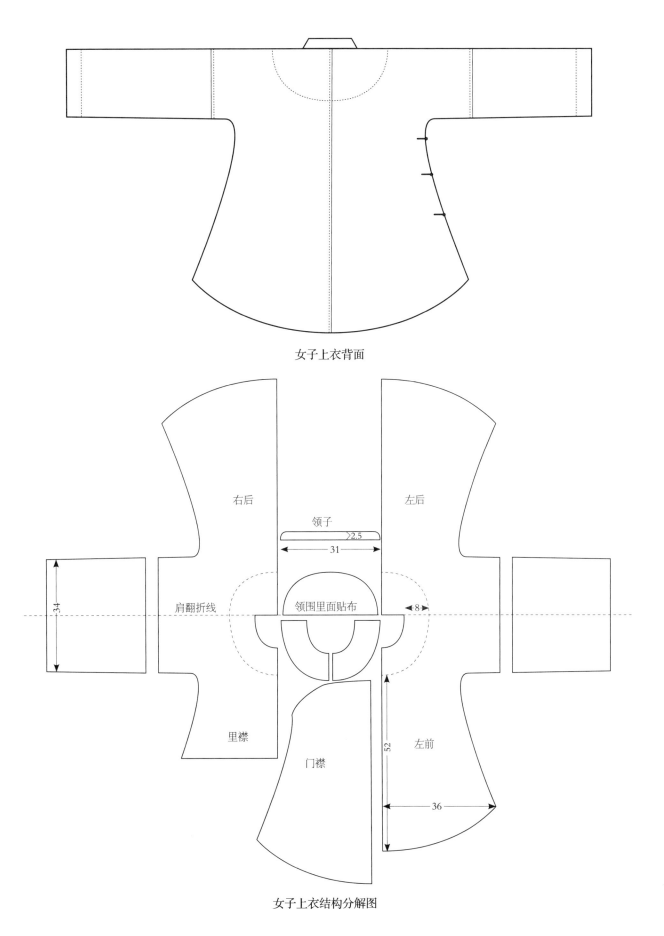

女子上衣背面

女子上衣结构分解图

右后

左后

领子

>2.5

31

肩翻折线

领围里面贴布

34

8

里襟

门襟

52

左前

36

# 四、飘巾黑衣壮服饰结构图考——女裤外观效果

　　飘巾黑衣壮女裤为蓝色腰头、黑色裤腿，使用手工织染粗布制作。裤腿宽阔，裤裆肥大，裤长至脚踝，与上衣的窄衣窄袖恰相反。这样的形制便于日常劳动，在当地湿热的环境下也较利于通风散热。近年流行的哈伦裤外观样式颇似南方少数民族缅裆裤，裤裆都有很大余量，但结构上始终保持着平面的思维定式。

1 腰头

2 女裤穿着效果背面

图片来源：何鑫　摄

女裤

晾晒的女裤

# 五、飘巾黑衣壮服饰结构图考——女裤结构复原

黑衣壮缅裆女裤结构用现代结构原理是无法解读的，它没有侧缝，而是在裤腿的前后中线上断缝，在两侧翻折。裤腿内侧的翻折结构，保证了裤腿大部分纱向都和裤筒方向相同，提高了面料的利用率。裆部不像现代女西裤那样合体，余量保证了日常劳作时足够的活动量，但褶皱不能避免，这刚好是现代哈伦裤所追求的。可见这是一个充满悖论的时代……

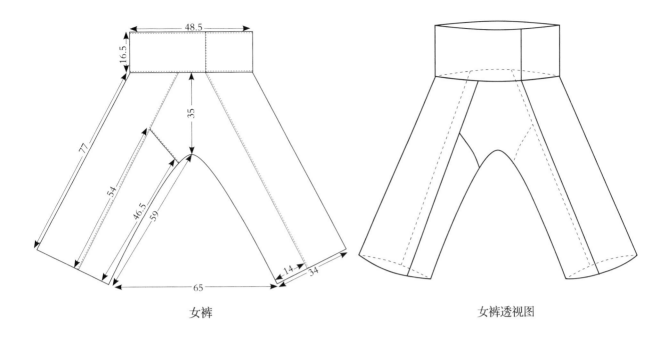

女裤 女裤透视图

腰头

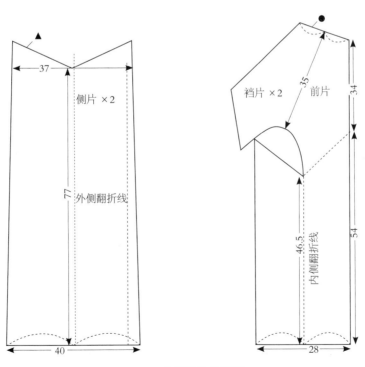

女裤结构分解图

# 六、飘巾黑衣壮服饰结构图考——女子配饰外观效果

　　飘巾黑衣壮女子头饰为发带或包头，黑色发带上有刺绣装饰，白色包头的两端饰有流苏。黑衣壮妇女在佩戴包头时，灵巧地将包头在头上折叠成小山状，流苏自然地悬垂于头部两侧，极具特色。披肩为伞形，蓝色布边缘缉白色明线，形成规则花纹。

　　围裙又宽又长，裙底边垂到小腿下部，具有一裙三用的特点：一是作为装饰用，将围裙戴上后，经过善折巧扮，即将围裙一角往上折，折成三角形系于裙头(前身)，使妇女更潇洒美丽；二是赶圩或走亲友、回娘家的时候，可将围裙底边翻卷上来做成小包袱，用以包装衣物、针线和日用杂货等；三是在劳动的时候，可把围裙卷上来作斗形的袋子，以便容纳在劳动中捡来的少量菜豆类和零星的杂粮。

1 发带
2 包头
3 披肩
4 围腰

图片来源：何鑫　摄

中华民族服饰结构图考　少数民族编

发带

包头巾

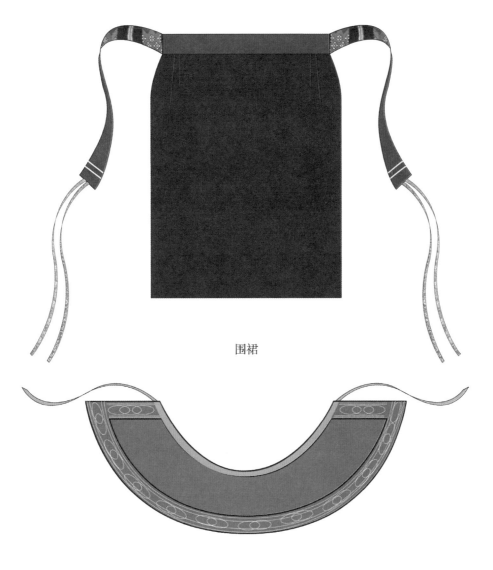

围裙

披肩

# 七、飘巾黑衣壮服饰结构图考——女子配饰结构复原

　　飘巾黑衣壮的配饰普遍尺寸较大。披肩外弧长 84 厘米，内弧长 46 厘米，宽 13 厘米，佩戴时基本罩住了整个肩部。包头主体是一整块长 114 厘米、宽 32.5 厘米的手工织布，需折叠数层才能围在头上。围裙的腰围／2 为 56 厘米，下摆围／2 为 71 厘米，裙长 80 厘米，可以将下半身正面几乎全部罩住，只露出双脚，在腰线两侧各有两道褶裥收腰，以适合腰部宽度，腰头两边接有很长的飘带，绕腰一周在身前系结，细飘带上装饰刺绣，在身前自然悬垂。

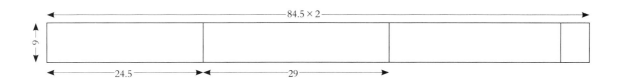

发 带

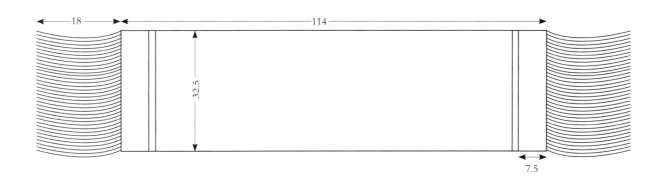

包 头

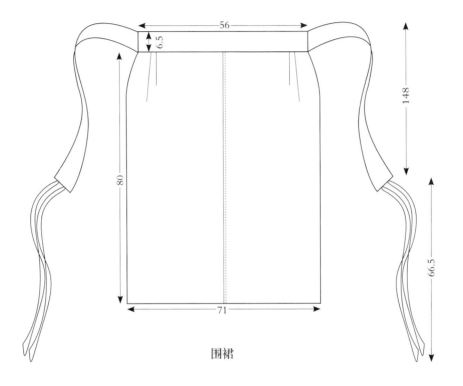

围裙

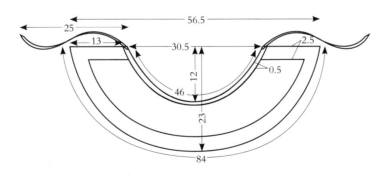

披肩

# 八、黑巾黑衣壮服饰结构图考——女子主服外观效果

　　黑巾黑衣壮的女子上衣通身黑色，在袖口、领口、襟边、开衩、底边均有较窄的装饰布条。偏襟立领，衣袖较窄，接袖。在衣身右侧有两粒盘扣系结，一粒在偏襟和衣侧的交接处，另一粒在衣侧的开衩处。在主服外边套一件相同颜色的立领对襟坎肩。

1 女子主服和坎肩套
　装正面
2 女子主服和坎肩套
　装侧面
3 女子主服和坎肩套
　装背面

**图片来源**：何鑫　摄

女子主服正面

女子主服背面

# 九、黑巾黑衣壮服饰结构图考——女子主服结构复原

　　黑巾黑衣壮女子上衣结构与飘巾黑衣壮颇为相似，也是典型的十字型平面结构。前后中断缝，从领口斜襟直线至腋下。里襟长至侧开衩。领口围相比飘巾黑衣壮较小，而立领较高。下摆宽和胸宽的差量较大，形成胸围较贴身越往下越宽松的造型。根据衣片宽度推测布幅在 50 厘米左右。

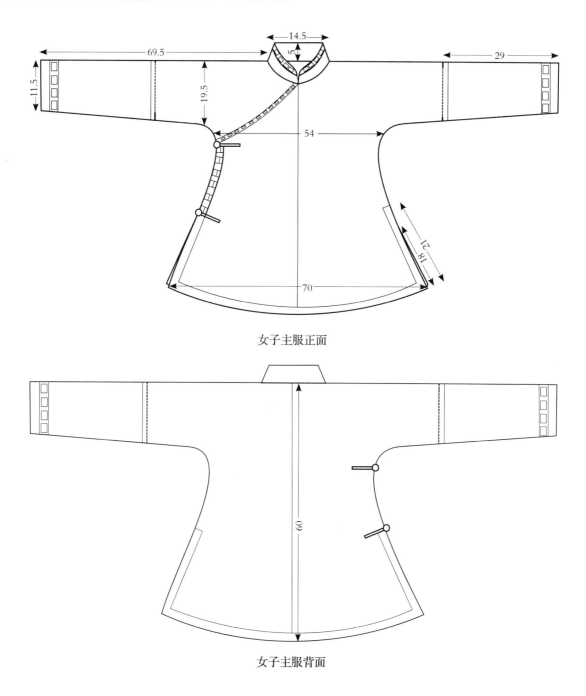

女子主服正面

女子主服背面

中华民族服饰结构图考　少数民族编

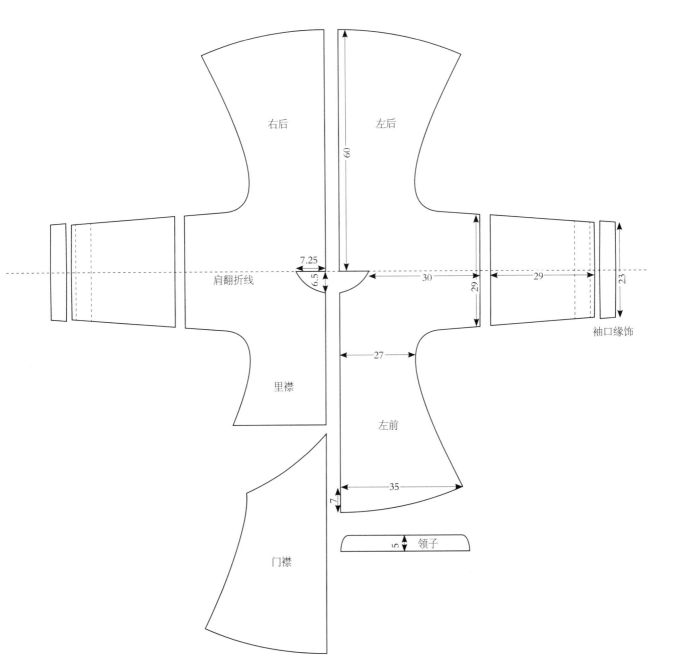

右后

左后

60

7.25

6.5

肩翻折线

30

29

29

23

袖口缘饰

里襟

27

左前

35

7

门襟

5 领子

女子主服结构分解图

# 十、黑巾黑衣壮服饰结构图考——女裤外观效果

　　黑巾黑衣壮女裤与飘巾黑衣壮缅裆裤属同一类型，区别只在细节上，即腰头蓝色，并在其上穿松紧带。裤腿宽阔，裤裆肥大，裤长类似于九分裤，穿着时裤子基本和身体不接触，有很大的空间，利于通风散热。而且宽腿的裤子也与日常劳作方式相适应。

1 女裤侧面
2 女裤穿着效果

1　　2

图片来源：何鑫　摄

女裤

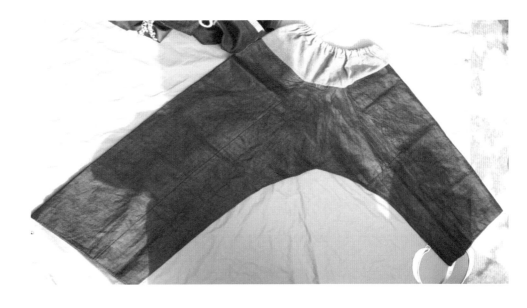

女裤平铺效果

# 十一、黑巾黑衣壮服饰结构图考——女裤结构复原

　　这条女裤结构是标准的南方缅裆裤。腰头为长方形布，抽带调节松紧。裤腿分为四片，每两片形状相同，外侧两片沿侧缝线翻折，内侧两片下部沿内侧缝线翻折。虽为平面结构，但通过翻折拼接，如同折纸一样，形成了不同立面、不同维度的立体构成，成为现代哈伦裤的灵感之源。

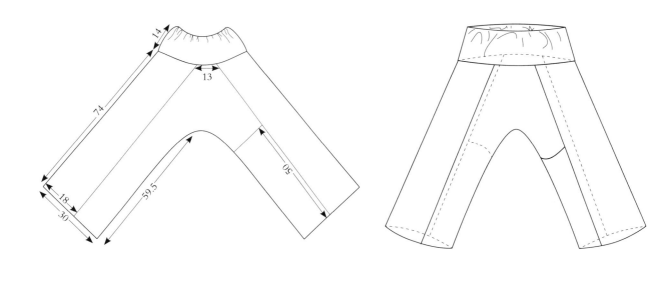

女裤　　　　　　　　　　　　　　　　透视图

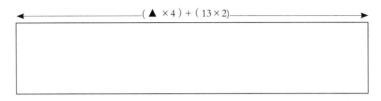

腰头

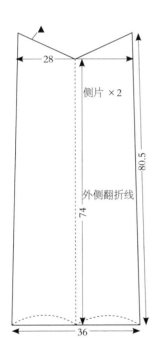
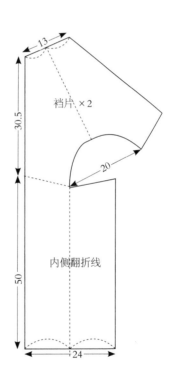

**女裤结构分解图**

# 十二、黑巾黑衣壮服饰结构图考——女子配饰外观效果

　　女子配饰主要有包头、坎肩和褶裙，主体都为黑色。坎肩色彩稍鲜亮，在领、侧缝、底边处都装饰有彩色布条，对襟上的玫瑰红色盘扣格外显眼。妇女包头巾是一块自己纺织、染色的长条黑布，长方形黑色布四角有斜纹装饰。穿戴时先围绕在头上，然后翻折成类似棱镜片形状，罩在整个头上，再把头巾的两端分别垂到双肩上，看上去朴素自然。同时还可以当作帽子遮阳用。女子褶裙腰头为白色粗布，两端有系带，裙身均匀布满细密褶裥，面料较厚重、挺括。

1 女子包头正面
2 女子包头背面

图片来源：何鑫　摄

包头巾

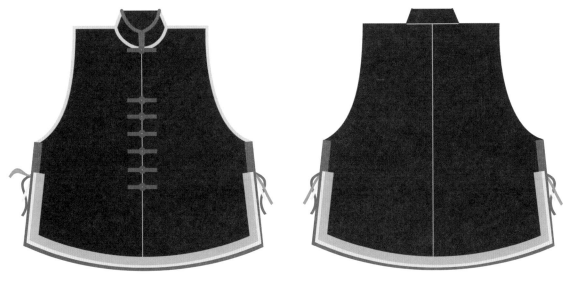

坎肩正面                    坎肩背面

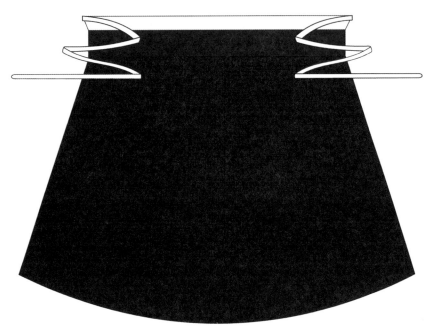

褶裙

# 十三、黑巾黑衣壮服饰结构图考——女子配饰结构复原

坎肩形制为对襟立领，穿着时罩在上衣外边。

包头较大，长164厘米，宽37.5厘米。

褶裙腰围为87厘米，底边围214厘米，裙子展开后为扇形，褶裥部分是多幅布拼接成的长方形，底边围和腰围的差量都收在了密布的细褶里。腰头分为两段，上半部分为白色粗布，宽3.5厘米；下半部分为黑色粗布，宽8.5厘米，这样的分片是否有其实用价值或是承载着某种文化信息，仍待探究。

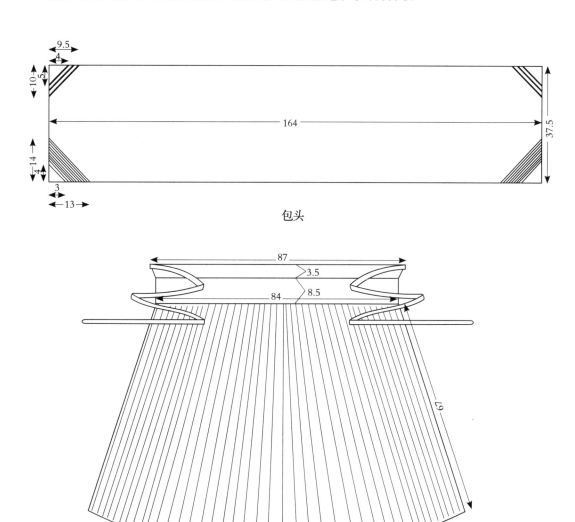

包头

褶裙

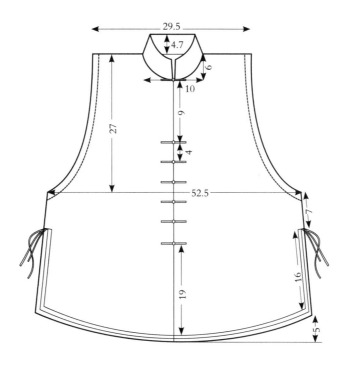

坎肩正面

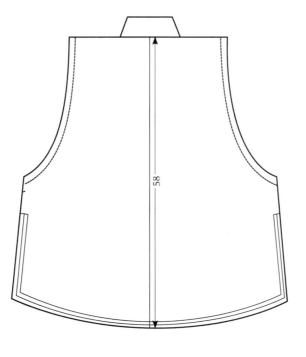

坎肩背面

# 十四、山林丛莽中的壮族侬支系

　　侬是壮族的一个支系，指居住在广西和云南交界地区的壮族人。"侬"在壮语中是山林或丛莽的意思，"侬人"即生活在山林、丛莽中的人。广西到处是崇山峻岭，这些地区古时候草木非常丰茂，壮族人民长期在其间劳动和生活，因此自称"侬人"或"布侬"。侬人有自己的语言，侬语属壮侗语族壮傣语支中的壮语南部方言。侬人历史悠久，文化底蕴丰厚。勤劳的侬人世代从事农业生产，自己种植棉花，纺线织布做成衣服。妇女擅长挑花刺绣，因此，"花"是他们服装的主要装饰和点缀。侬壮服饰别具一格，颜色以蓝、黑为主。女装的主要特色是上衣特别短小，对襟、衣领及袖口处有条状的装饰，下摆呈半圆形，金属扣；下穿细褶黑筒裙，裙内着裤；脚穿尖顶尖口绣花履；挽发于顶，小方块巾花纹精致。男子多着自织的青布对襟上衣；下着阔边大裤；以青蓝帕缠头。

　　考察的麻栗坡侬壮族地处偏远山区，原生态的服饰文化保留较为完整。侬壮妇女身穿标志性的上衣，弧度很大的下摆在穿着时呈现衣角上翘至腰线，视觉上有明显的收腰感，原始的十字型平面结构却表现出现代建筑感的立体造型。整套服装看上去淡雅静谧，同云雾缭绕的山林默契地形成一种超然脱俗的气韵。

1 侬壮女子包头
2 侬壮女子背婴带背面
3 侬壮女子背婴带正面
4 侬壮女子装扮

图片来源：何鑫 摄

# 十五、侬壮服饰结构图考——女子主服外观效果

　　侬壮女装造型独特而优美，窄衣窄袖，袖口有蓝色布装饰；立领，领型呈小V字形；对襟，门襟上整齐地排布着多粒金属搭扣；衣身较短，通身黑色，下摆呈半圆形，两角上翘，并用绣条加固且装饰，穿着时有明显的收腰态势，下摆呈放射状展开，宛如一朵绽放的牵牛花，侬壮服饰这种独特的形制出自何种动机很值得考证。

1 女子服装正面
2 女子服装侧面
3 女子服装背面

图片来源：何鑫　摄

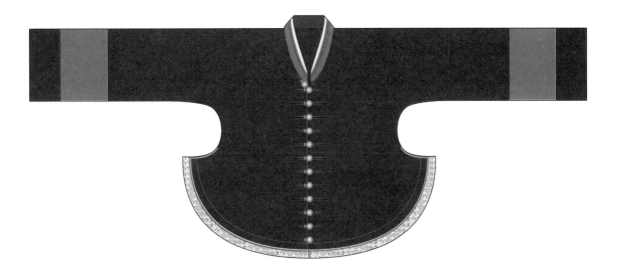

女子上衣正面

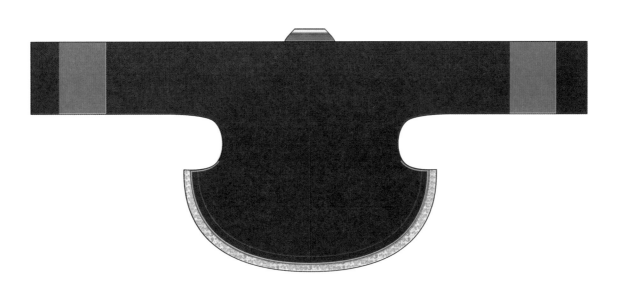

女子上衣背面

# 十六、侬壮服饰结构图考——女子主服结构复原

　　女子上衣展开结构如同斧子形状，下摆上翘后的弧长达到 91 厘米。衣袖较窄，袖根围仅为 37 厘米，袖上从接袖处至袖口由三片贴布全部盖上，这与耐磨、更换袖片、物尽其用有关。衣身长仅 54 厘米，从腋下到底摆有很大的弧度。虽为传统的平面结构，但底摆上翘的处理使得人在穿着时形成了宛若飞檐的造型，与壮族的建筑风格不谋而合。

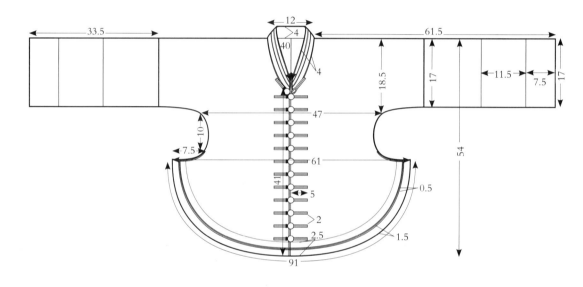

女子上衣正面

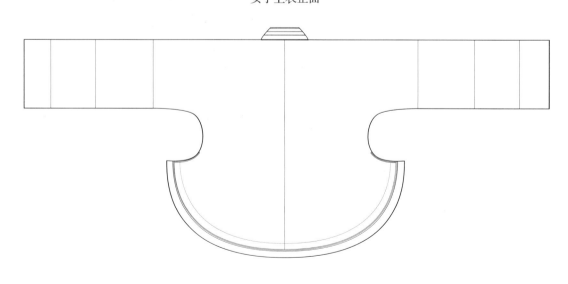

女子上衣背面

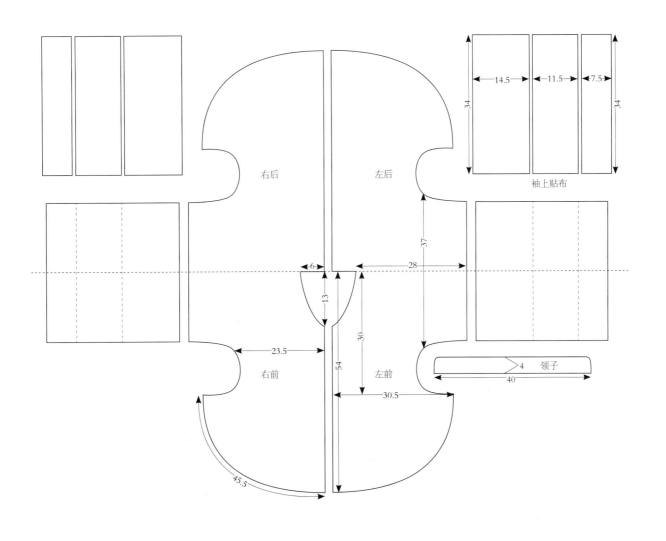

右后

左后

袖上贴布

14.5 11.5 7.5

34 34

右前

左前

领子

4

40

6

13

28

37

30

54

23.5

30.5

45.5

女子上衣结构分解图

# 十七、侬壮服饰结构图考——女子配饰外观效果

　　包头是简单的长方形黑布，通过折叠缠裹形成山丘状造型。包头带在佩戴时起固定装饰头发的作用，精美刺绣花纹有身份识别功能。

　　褶裙分为三段，最上部是靛蓝色粗布腰头，两端有系带，中间部分抽细密褶裥，下部分自然散开，上下疏密有致。

1 包头
2 褶裙

图片来源：何鑫　摄

包头

包头带

刺绣纹实物

褶裙

# 十八、侬壮服饰结构图考——女子配饰结构复原

　　包头长 177 厘米，宽 36.5 厘米，尺寸较大，与包头带组合使用。包头带又窄又宽，中间接有两条饰珠短带，两端有系带。褶裙腰头长 99 厘米，穿着时绕腰两周，底摆边长 427 厘米，腰头拼接处长 89 厘米，两者的差量收在腰部褶裥中。

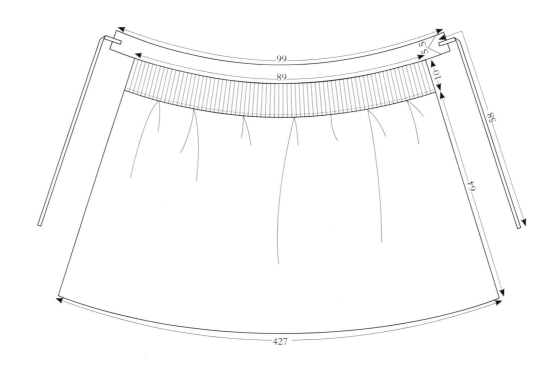

**褶裙**

包头

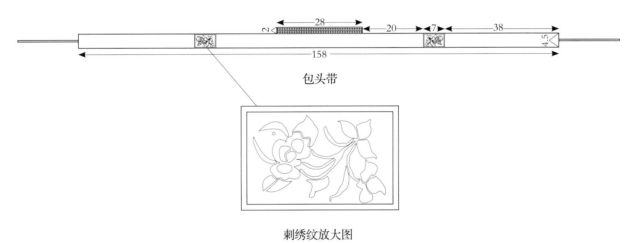

包头带

刺绣纹放大图

# 第二节　侗族

侗族，主要居住在贵州、湖南和广西的交界处，湖北恩施也有分布，人口总数为 296 万人（2000 年第 5 次人口普查）。侗族擅长建筑，结构精巧、形式多样的侗寨鼓楼、风雨桥等建筑艺术具有代表性。三江侗族自治县位于广西壮族自治区北部，侗族人口占全县人口的 55.9%。

该地区侗族女子上穿长衫短裙及左衽无领长衫。穿着时不系扣，以带系扎，内着亮布绣花围兜；下着青布百褶裙和亮布绣花绑腿、花鞋；头上挽大髻，插饰鲜花、木梳、银钗等；佩挂多层银项圈和耳坠、手镯、腰坠等银饰。男子装束基本与汉族无异，节日时上穿亮布对襟短衣，下着管裤，头部围大头帕。

考察的侗族服装仍保持着传统结构形制，生活状态、民居建筑也基本保留了本族原生态。衣身受亮布布幅影响，前后中均有破缝，衣袖宽大，袖口上翻。

图片来源：何鑫 摄

# 一、三江侗族好亮布

　　自纺、自织、自染的"侗布"，又称亮布，用织布机手工织成。先用靛蓝（采用自种的靛蓝草叶加石灰泡制而成的染料）浸染三四次，每次染后清洗晒干，布才变成深蓝色，然后再将布用柿子皮、猴粟皮、朱砂根块等捣烂挤汁染成青色后，又用靛蓝继续加染多次，使布透青而带红的颜色，将布晾干后叠在一起，涂抹蛋清并用木槌反复捶打，直至侗布被捶打得闪闪发亮，最后用牛皮熬胶浆染一遍，使布质硬挺、不褪色。根据手艺和捶打时间的不同，侗布的亮度也不同，表面越亮的侗布越珍贵。

　　广西的融水苗族和三江侗族地理位置毗邻，且都喜好亮布。三江侗族的亮布相对于融水苗族色泽更为柔美，在服饰上使用极为广泛。其实，这是主流文化最容易被忽视，往往也是最具有价值的文化遗产。

1 染布后的手
2 制作亮布
3 侗族男子服装
4 侗族风雨楼
5 晾晒亮布
6 典型侗族女子装束
7 侗族鼓楼

图片来源：何鑫 摄

# 二、三江侗族服饰结构图考——女子主服外观效果

　　女子上衣较为肥大，无领、偏襟左衽形制。由亮布制作，在光线下有金属光泽。袖子在袖肘处上翻，形成类似七分袖的样式。两襟内侧和侧开衩处都有系带系结衣身，无扣。这些说明三江侗族服饰保留着本色的原始形态，在南方少数民族服饰中是少见的。

1 女子服装正面
2 女子服装侧面

图片来源：何鑫　摄

女子上衣正面

女子上衣背面

# 三、三江侗族服饰结构图考——女子主服结构复原

  三江侗族女子上衣展开后规整而对称。前后中均断缝，在前中的两个斜襟也是在中线位置断开再拼接三角形布。这是由于亮布是手工制作、布幅仅25厘米左右所致。袖根和袖口几乎等宽，穿着时袖子在肘部翻折。下摆宽度略大于胸宽，衣服几乎呈筒状；衣侧缝偏斜度很小；两侧开衩较高，达22.5厘米。

  三江侗族的女子上衣所保持的典型十字型平面结构，无论从面料、工艺还是构造学上，都承载着很有价值的民族历史和文化信息。

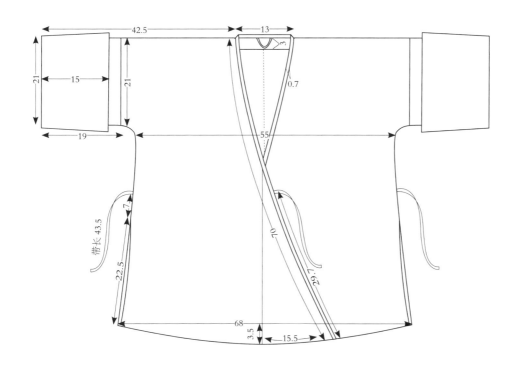

女子上衣正面

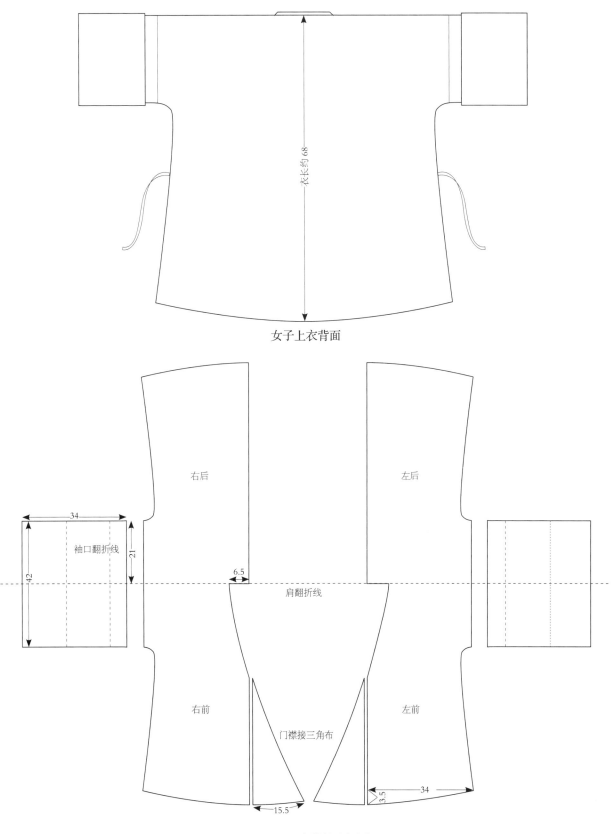

女子上衣背面

女子上衣结构分解图

# 四、三江侗族服饰结构图考——女子配饰外观效果

　　三江侗族女子的配饰主要有包头、兜肚、百褶裙和绑腿。绑腿和兜肚使用亮布制作，包头和百褶裙则是用由天然染料染色的棉布制作，亮布即是在此基础上继续加工制成。

　　兜肚为缺角菱形，上端有金属链绕颈后固定。两侧的系带在后背系结。

　　绑腿主体为直角梯形，上有绣布装饰，绣有多色几何纹样。一底边两端各接有一条细带，另一底边一端连着绣带，绣带的一端还有线穗，穿着时该绣带在腿上缠绕固定。

　　百褶裙形制是西南少数民族通用的样式，分为腰头和裙身两部分。裙身上的褶裥极其细密，面料较厚硬，褶裥形状很容易固定。

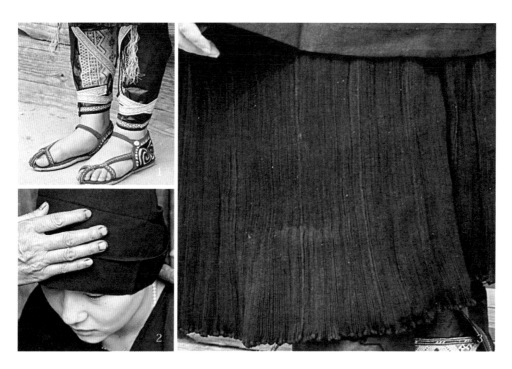

1 绑腿
2 包头
3 百褶裙

包头

兜肚

绑腿

百褶裙

# 五、三江侗族服饰结构图考——女子配饰结构复原

    配饰的结构都较为简单，但很特别。包头尺寸较小，长 80.5 厘米，宽 23 厘米。兜肚长 47 厘米，穿着在上衣内，仅露出上端一小部分。绑腿尺寸也较小，高 27 厘米，宽 36.5 厘米。这些配饰尺寸相对于其他南方少数民族偏小，推测其原因是手工织染的面料较为稀缺的缘故。百褶裙的腰围达 111 厘米，下摆长 242 厘米，展开后极其宽大，可绕腰两周有余，裙长较短，为 47.2 厘米，恰过膝。

包头巾

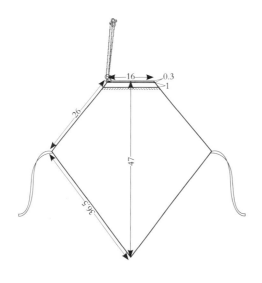

兜肚

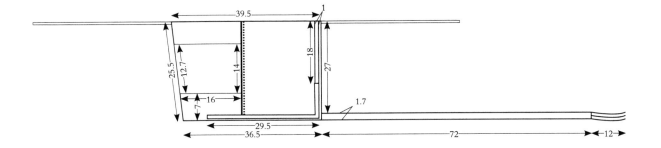

绑腿

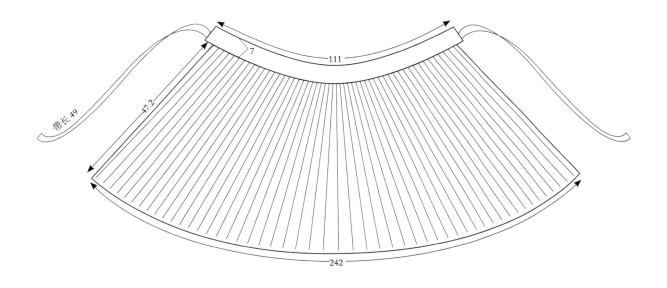

百褶裙

# 第三节　毛南族

　　毛南族是我国人口较少的山地民族之一，只有 7.73 万人。大部分居住在以茅难山为中心的环江县上南、中南、下南一带，另有少部分人分散居住在南丹、都安等县。毛南族自称"阿难"，意思是"这个地方的人"，称谓表明他们是岭西的原住民族。毛南族人民以同姓同族聚居，村落依山而建，多为 10 多户人家的小村庄，最大的也不超过百户。

　　该地区服饰汉化程度明显，日常已无人穿着民族服装，多着汉族服饰，仅留有一些表演性服饰。从当地了解到，过去几乎家家都有木纱车和织布机，并自种蓝靛草，自纺、自织、自染土布，以制作各种服饰。

　　从一套留存的 20 世纪 60 年代的服饰看出，女子上穿蓝色立领右衽大襟上衣；下着宽腿裤，腰头较宽，以布带系扎；黑色头帕从左至右有规律地缠在头上，露出头顶。上衣较西南地区其他少数民族服饰有明显收腰，颇像民国时期女学生装，或受汉族服装影响。裤子结构仍为缅裆裤形制。

# 一、朴素的"这个地方的人"

毛南族自称"阿难"，意思是"这个地方的人"。毛南族传统女装如同他们的名字般极为简单质朴，通身素色，无装饰，面料也是很简单的粗布，和周围的青山绿水交相呼应浑然一体，表现出与西南少数民族服饰普遍张扬完全相反的内敛风格，这是很值得研究的文化现象。

1 毛南族祠堂
2 毛南族神像
3 毛南族宅门辟邪
4 毛南族儿童服装

图片来源：何鑫 摄

# 二、毛南族服饰结构图考——女子主服外观效果

　　这是我们在当地寻见的唯一的毛南族女上衣，通身靛蓝，窄衣窄袖，立领，偏襟右衽。上衣和壮族服装较为类似，缉明线，无装饰，留存着非常原始的状态。后衣身的明线非常独特，从袖口沿袖底缝、侧缝到下摆有一道很长的弧线贴边，这是清末汉服的典型的工艺特点。

1 女子服装正面
2 女子服装侧面
3 女子服装背面

**图片来源：** 何鑫　摄

女子上衣正面

女子上衣背面

# 三、毛南族服饰结构图考——女子主服结构复原

    上衣结构展开后是很典型的十字型平面结构。肘位接袖，胸宽48厘米左右，下摆宽58厘米左右，衣身偏窄，衣袖也不肥阔，袖根围38厘米左右。里襟长至侧缝第一粒扣位，上有长方形贴口袋。从后身观察，从袖口沿袖底缝、侧缝到下摆有一条贯通的明线，表明衣内的贴边范围。这也说明毛南族服装外表朴素，而内在工艺十分精致，有古典汉服遗风。

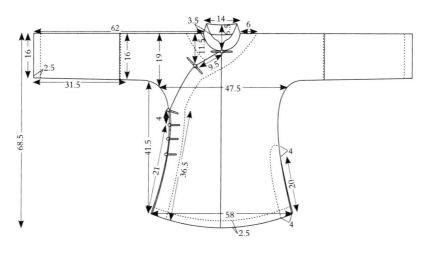

女子上衣正面

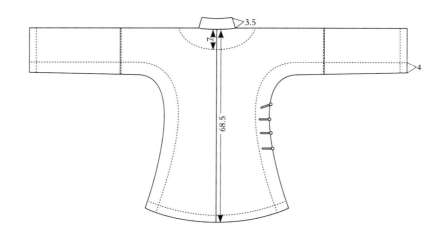

女子上衣背面

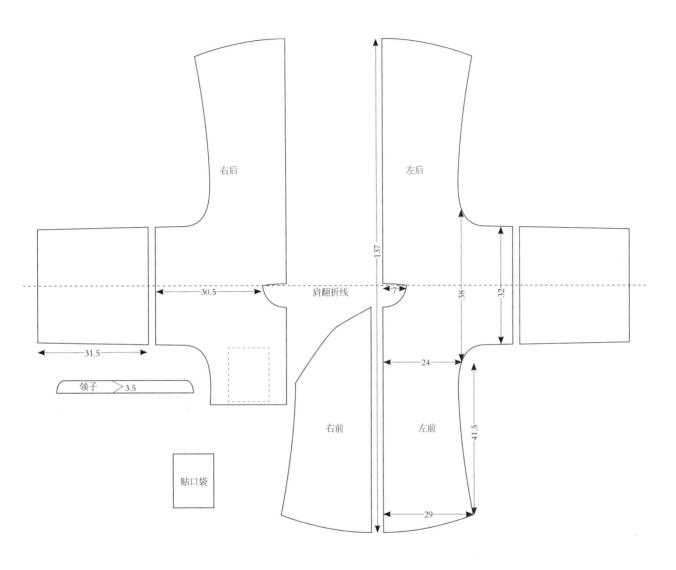

右后

左后

137

38

32

肩翻折线

30.5

7

31.5

领子 3.5

24

右前

左前

41.5

贴口袋

29

**女子上衣结构分解图**

# 四、毛南族服饰结构图考——女子配饰外观效果

　　毛南族女子的配饰仅有包头和女裤，说明毛南族女子保持着朴素的生活方式。

　　包头为黑色无任何装饰的长方形粗布。女裤腰头较宽，与上衣同色且有黑色条纹。裤子较肥大，拼接缝都和上衣一样缉明线，结构保持传统的缅裆裤形制。

缅裆裤腰头

图片来源：何鑫　摄

包头

缅裆裤

# 五、毛南族服饰结构图考——女子配饰结构复原

　　毛南族女子包头又窄又长，宽19厘米，长126厘米。裤子是典型的南方缅裆裤，裤腿并不像现代常见的裤子那样在裤腿内侧和外侧接缝，而是在每个裤腿的前中和后中拼接，在内外侧缝翻折。裤腿内侧的翻折很有特色，使每条裤腿内侧下部分纱向和裤腿外侧方向相同，使前后裆部位呈斜纱向，便于双腿的运动。从结构分解图中还可以看出插角结构最大限度地利用了面料，减少浪费。比较特殊的是，在前后腰部各有一小片三角形补布，这似乎并不是必需，究竟有什么目的从概率上看有其偶然性。

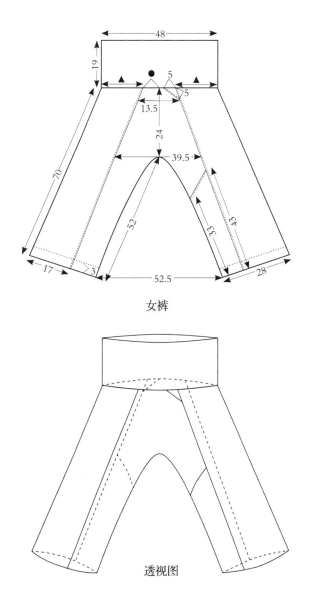

女裤

透视图

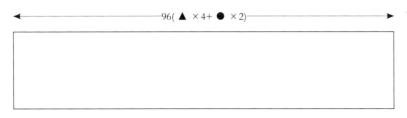

腰头

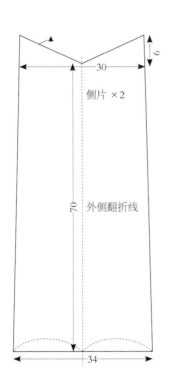

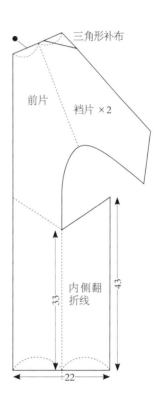

女裤结构分解图

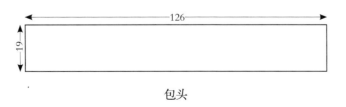

包头

# 第四节　广西壮族自治区原住少数民族服饰结构更具原始性的文化价值需要用结构图谱形式记录下来

在考察的广西壮族自治区三个原住民族五个支系的女子上衣均为传统的平面十字型结构，但具体细节有所不同，充分体现了中国多民族间既统一又有差别的多元文化特征。

飘巾黑衣壮、黑巾黑衣壮、毛南族为偏襟右衽，依壮为对襟，三江侗族为斜襟左衽。领型除三江侗族无领外均为立领。五个支系均为窄衣窄袖，袖中接袖，三江侗族袖肘处翻折。下摆均为圆摆，摆高各不相同，三江侗族下摆弧度很小，依壮下摆几乎是半圆形状。三江侗族使用亮布制作，布幅较窄，在25厘米左右，前中斜襟有拼接，除此以外，其他民族支系布幅都在35~45厘米之间。在广西原住少数民族间，窄衣窄袖、立领、偏襟右衽、圆摆是较为常见的形制。一般都是较为规整的平面结构。

女子下装出现了两种样式：褶裙和缅裆裤。依壮和三江侗族都穿着褶裙，特别是三江侗族的百褶裙围度很大。飘巾黑衣壮、黑巾黑衣壮、毛南族都穿着缅裆裤，结构体系统一而古老，由长方形腰头和两组形状相同的布片组成。不同于现代裤型在侧缝断开的常规结构，缅裆裤的断缝都在裤腿中线附近。在裤腿内侧和外侧均翻折连接前后片。这是第一次对缅裆裤结构作系统的整理，很有开创性。

广西壮族自治区原住少数民族传统服饰文化保存较为完整，服装结构仍沿袭了中华传统结构制式，只是这样的传统服饰已经逐渐被弃之，人们大多穿着的还是更为便利、实用的现代工业制品。可以断言，如果没有更好的抢救性保护措施和科学的研究报告与文献以"结构图谱"形式记录下来，这种古老的传统服饰将会成为历史和博物馆中的文物。

图片来源：何鑫 摄

# 第六章

# 广西壮族自治区支系众多的瑶族服饰

瑶族是我国支系众多的少数民族之一，居住地区多为亚热带，海拔一般在 1000~2000 米之间，村寨的周围竹木叠翠，风景秀丽。因其生产方式、居住环境、经济方式、服饰特点、风俗习惯等方面的差异，又有盘瑶、山子瑶、顶板瑶、花篮瑶、过山瑶、白裤瑶、红瑶、蓝靛瑶、八排瑶、平地瑶、坳瑶等。主要分布在广西壮族自治区和湖南、云南、广东、贵州、江西等省。瑶族分布的特点是大分散、小聚居，主要居住在山区。瑶族有自己的语言，但支系比较复杂，各地差别很大，甚至有较大的语言差异。关于瑶族的来源，说法不一，或认为源于"山越"，或认为源于"五溪蛮"，或认为瑶族来源是多元的。但主流的观点认为瑶族与古代的"荆蛮""长沙武陵蛮"等在族源上有渊源关系。

瑶族传统服饰文化源远流长、丰富多彩，不同支系又有各自独有的特征，形成了整体而又多元化的民族服饰表征。结构的差异是区分不同支系服装的重要因素，且带着某种历史信息和文化密码，因此探究瑶族各支系服装的结构特点以及如何从结构的角度区分瑶族各支系，值得深入研究。

瑶族支系主要按语言和地域划分，表现在服饰上有红头盘瑶、尖头盘瑶、山子瑶、茶山瑶、红瑶、白裤瑶。通过现场考察，红头盘瑶、尖头盘瑶、山子瑶、茶山瑶都分布在广西壮族自治区金秀县大瑶山区，他们同属于盘瑶分支；红瑶位于广西壮族自治区桂林市龙胜县；白裤瑶分布在广西壮族自治区河池市南丹县。瑶族大都生活在生存条件较为艰苦的山区，有"南岭无山不有瑶"的说法，这在很大程度上影响了瑶族的服装结构形制。不同支系间服饰差异明显，极具族群特色和支系认同感，承载着瑶族漫长的民族历史、文化以及原始信仰和宗族情感。

# 第一节　盘瑶

瑶族认为他们先于统治者居住和开拓岭南，故有"先有瑶，后有朝"之说。盘瑶是瑶族中一支古老的族群，历史上曾有三次较大范围的迁移：第一次在南北朝对峙时，盘瑶在洞庭湖畔被驱赶至湖南西部；第二次在宋代，盘瑶迁至湖广交界及广西北部一带；第三次是在明朝初期和中期，盘瑶进入广西中部，部分流入越南、泰国、老挝等东南亚国家。

盘瑶，因信奉盘王而得名。又因从前盘瑶妇女所戴帽冠用木板做成，故又被称为板瑶。盘瑶妇女的头部装饰有三种，即尖头、平头、红头。盘瑶自称"棉"或"勉"，即是人的意思。

盘瑶男子原也留长发，结髻于脑顶，用绣花黑色长头巾绕髻缠扎，似"人"字形或平头形，常年不除。近百年来，盘瑶男子不再蓄发，仅缠头巾。妇女不留长发，喜用白色纱条缠头，配上花带和串珠，喜戴耳环，身着无领开胸衣，边缘和衣袖绣有各种几何图案花纹，用各种丝线织成的遮胸带挂于胸前，以数枚银扣固定衣襟，肩披一条宽至背中部的背裙，背裙绣有各种花纹；腰间缠绣花腰带，围上绣花围裙；裤脚绣有复杂的几何图案花饰含有识别密码。

在对金秀县盘瑶的考察中我们发现，保存至今的传统服饰基本完整保持固有的十字型平面结构，改变的大都是面料和饰物材质，现代工业生产的化纤面料被广泛使用，一些手工刺绣装饰改由机绣花边代替。日常普遍穿着工业化成衣，本族传统服饰只见于家中年事较高的长者。其中，红头盘瑶上衣领部的平面三角结构在穿着中呈现出独特的立体造型，再次印证了十字型平面华服的精妙设计同样可体现立体造型，但其下装除裤脚的装饰几近西装化外，出现了明显的省、腰头、斜插口袋。尖头盘瑶上装前开襟，后中破缝，前下摆向上折叠固定，使得前摆高于后摆的造型极具特点，左右门襟贴补的装饰绣布长短不一、不合常理，究竟是因材料限制还是其他特殊含义，值得进一步考证。

# 一、充满想象力的盘瑶服饰

走进村寨，立刻被盘瑶服饰强烈的视觉冲击力所吸引。充满想象力的造型夸张而富于戏剧感，原始色彩浓厚，特别是女子的头饰。红头盘瑶头饰方顶硕大，垂流苏；尖头盘瑶如同塔尖高耸，彩色珠串绣片缠裹；婚服头饰最为精美庞大，宛若华盖。在大瑶山中，红黑配色的盘瑶服饰凝聚着瑶族人源远流长的光荣而璀璨的历史。

1 尖头盘瑶师公法器
2 背孩子的盘瑶族妇女
3 尖头盘瑶女子婚嫁头饰
4 女装胸前银饰
5 尖头盘瑶高耸的头饰

图片来源：何鑫 摄

## 二、红头盘瑶服饰结构图考——女子主服外观效果

　　红头盘瑶女子上衣对襟，窄衣窄袖，衣身为黑色。领缘、前襟、袖口、底边都有贴饰，其中袖口和底边贴花布，领口则是拼接绣布。绣布面积很大，红色为主调，兼有绿、黄等色，绣法主要为十字绣，以抽象的几何纹样为主，绣工精细。

1 红头盘瑶女子服装正面
2 红头盘瑶女子服装背面

**图片来源：**何鑫 摄

女子上衣正面

女子上衣背面

# 三、红头盘瑶服饰结构图考——女子主服结构复原

所采集的红头盘瑶服装标本为对襟，领口呈一字形（对襟），领子展开结构为长方形，成型后表现出独特的三角领造型，这种组合可以说是中华古老服饰结构的"活化石"。接袖，前后中均断缝，典型的十字型平面结构保持着中华传统一贯的结构形态。

领高达到了 14 厘米，与现代衣领的立体结构不同，表现出平面的规整性，非常有利于在宽阔的领缘上作繁复的刺绣，表达对生活的憧憬。这种结构成型后呈三角形和矩形组合的对襟，类似贴边的形式从领部延至胸下。它是通过领口在后领处与衣身接缝，前领至胸前贴缝在衣身上。在实际穿着时，红头盘瑶将本看上去是对襟的服装采用了类似现代双排扣的穿法，左右门襟相叠。不同的是两襟斜向上拉并束腰。由于两襟横向拉力的作用，使领口敞开，形成颈部的弧形。领子的受力点依托布的厚度和硬度也从人体的颈部转移到肩部、背部，使立领的长方形结构在领部呈现出立体造型，经过胸至腰间逐渐服帖并收紧，胸部形成了立体贴合的造型效果，客观上仍保留着唐宋服饰的风范（日本和服亦沿袭着这种结构形制）。同样的结构还见于茶山瑶。

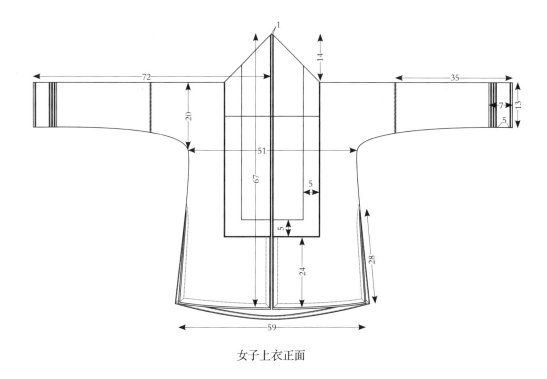

女子上衣正面

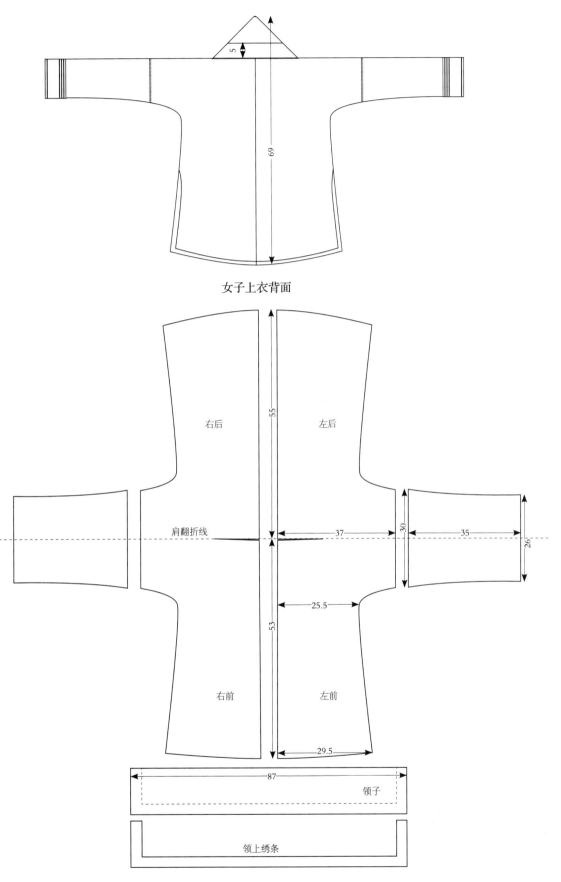

女子上衣背面

女子上衣结构分解图

# 四、红头盘瑶服饰结构图考——女子配饰外观效果

　　盘瑶配饰较多，红头盘瑶主要有头饰、胸饰、围腰、腰带、披背等。头饰为圆底方盖，四周垂坠缨穗，赤色绣带装饰。胸饰为黑色底布上缝坠三层垂珠红穗，胸饰形制带有很强的氏族特征。前围腰为方形，蓝色底布上的花纹采用十字绣工艺绣得。腰带为机织黑白格布。披背很精美，很长的红色吉祥纹样绣带，两端有流苏，在胸前系结，披背的方形布上极尽表现出盘瑶各种装饰手法，如刺绣、拼布、串珠、流苏，光彩夺目。女子下着已经现代化的裤子，用黑布制作，裤脚上有十字绣花贴布。

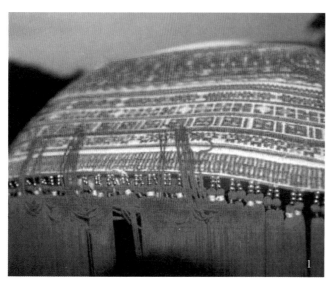

1 红头盘瑶女子帽顶
2 帽里

**图片来源：** 何鑫　摄

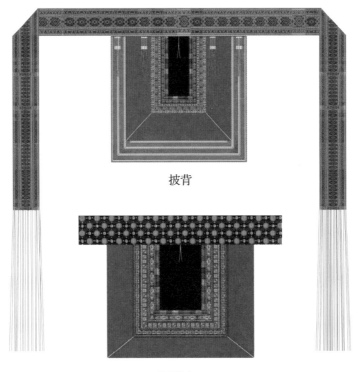

披背

胸饰

前围腰

腰带

女裤

# 五、红头盘瑶服饰结构图考——女子配饰结构复原

腰带在系扎时需折叠数层。

披背的绣带长达 220 厘米，可见红头盘瑶女子颇为喜好用绣带缠裹，同样的情形也出现在头饰上。

女裤完全被汉化，与现代女子西裤无异，腰上收褶，在腰侧开襟，腰头搭门用纽扣连接。

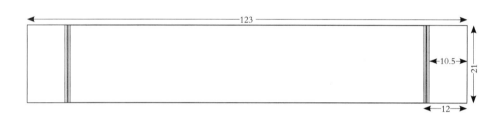

腰带

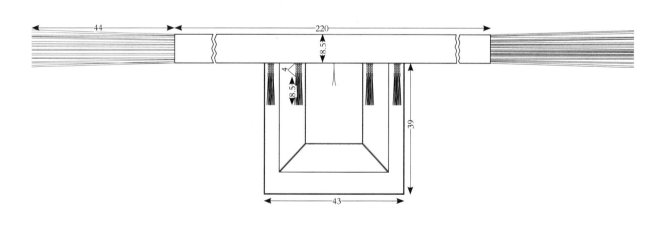

披背

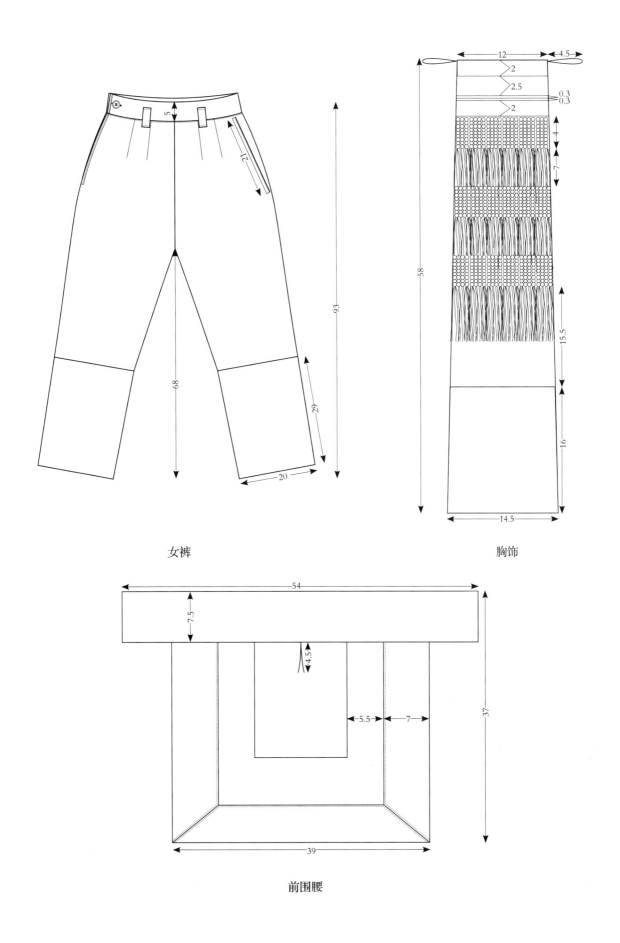

女裤

胸饰

前围腰

# 六、尖头盘瑶服饰结构图考——女子主服外观效果

　　尖头盘瑶女子上衣和红头盘瑶的上衣有些相仿，都是在黑底布上用红色系绣布装饰。绣花纹样都是重复排列的几何形图案。小立领领口用盘扣搭接，门襟上设有六粒纽扣。下摆前直后弧，前摆向上翻折两次；在盛装时前摆垂下，胸饰以下部分用围腰遮住，这恐怕就是劳作和礼仪的区别。门襟装饰绣布从领后环绕，而且左右门襟装饰绣布长短不等，这种现象虽不普遍，但很有地域性特征，因为它在中原服饰历史中难得一见。

1 女子服装正面
2 女子服装侧面
3 女子服装背面

**图片来源:** 何鑫　摄

女子上衣正面

门襟

前下摆上折两次

女子上衣背面

# 七、尖头盘瑶服饰结构图考——女子主服结构复原

尖头盘瑶上衣与红头盘瑶相比在结构上汉化明显。通过实物标本的测绘和结构图的复原可以得到初步的印证。

尖头盘瑶实物标本对襟立领，胸围 104 厘米，前下摆宽 57 厘米，且为直摆向上翻折两次，后下摆宽 66 厘米，弧高 3 厘米，前衣身长 54 厘米，后衣身长 70 厘米。这些数据说明它们未摆脱窄衣窄袖的命运，不同于汉族宽袍大袖的特点，但在功能上并未减弱，即在衣身右侧缝处有口袋设计。前下摆向上翻折两次并固定，重叠量为 12 厘米，形成明显的前短后长形态，保持着盘瑶族女子服饰的独特的功能设计。这种设计的真实用途还需要考证，但总体上应该与田间劳作有关。另外，实物门襟上的装饰绣布左右长短不对称，右襟上的绣片长于左襟，在实际穿着中，长的装饰右襟刚好搭上短的左襟，当系腰带时恰好遮挡住左边短的装饰绣布部分，这种施用精致耗时的绣工，节省一寸都是很有意义的。

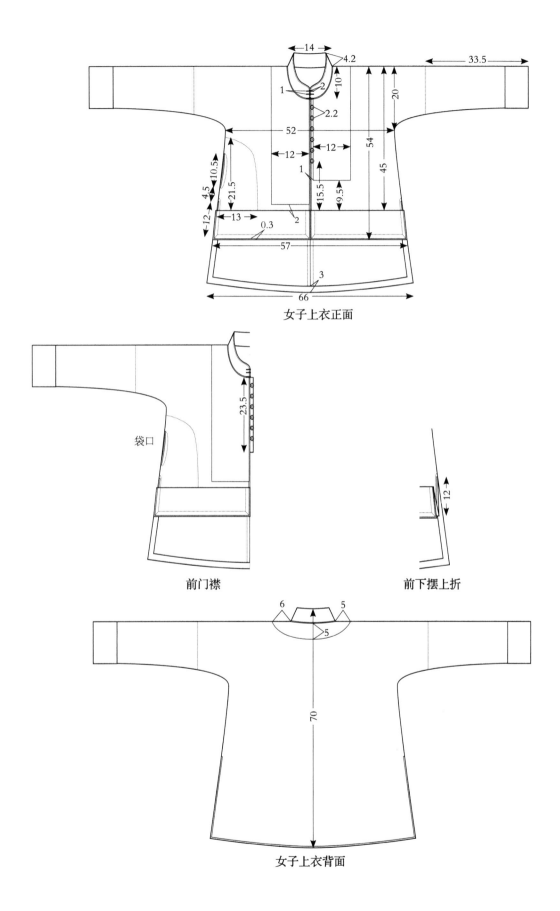

女子上衣正面

前门襟

前下摆上折

女子上衣背面

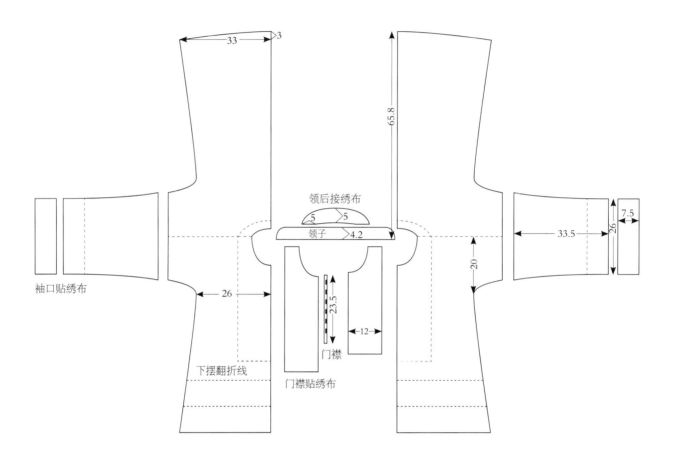

33　　▷3

65.8

领后接绣布
5　▷　5
领子　▷4.2

26　　7.5

33.5

20

26

23.5
门襟

12

袖口贴绣布

下摆翻折线

门襟贴绣布

女子上衣结构分解图

# 八、尖头盘瑶服饰结构图考——女子配饰外观效果

　　尖头盘瑶的称谓是从头饰的形态而来。头饰高耸的尖角很像欧洲哥特时期的建筑，镶嵌着亮片的绣条层层环绕。披背好似帘幕垂在身后，两排珠饰流苏自然飘荡。尖头盘瑶的胸饰和红头盘瑶胸饰十分相像，可见瑶族各支系间深厚的渊源。围腰和腰带组合使用，盘瑶多系两条腰带，一条白色有花边，折叠系在内，好似腰封；另一条装饰得十分精致，上有刺绣、流苏，系在外边。

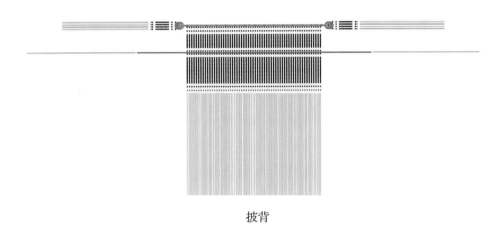

披背

前围腰

胸饰

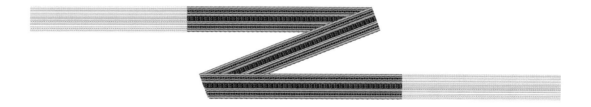

外层腰带

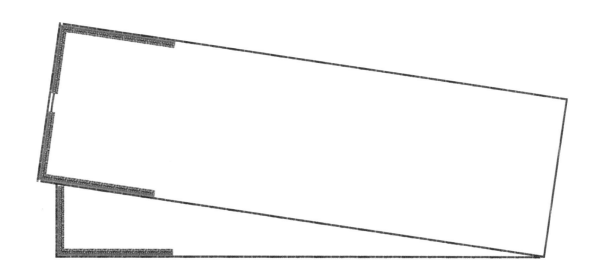

中华民族服饰结构图考　少数民族编

内层腰带

# 九、尖头盘瑶服饰结构图考——女子配饰结构复原

　　尖头盘瑶和红头盘瑶的许多配饰都颇为相似，形制、尺寸大同小异，两者最大的区别在于披背。尖头盘瑶的披背是一片宽 29.5 厘米、长 34.5 厘米的珠饰和流苏缝缀到一起，灵动飘逸。内系腰带为整幅织布，极其宽大，宽 39.5 厘米，长达 280 厘米，古往今来，大小如此夸张的腰带都属罕见。外系的腰带长 148 厘米，似乎盘瑶女子颇为喜欢在身上缠裹腰饰。它是否与唐朝袍服的缠裹形制有亲缘关系，而传到日本，由和服保留下来，这是个大胆而有逻辑的推断。

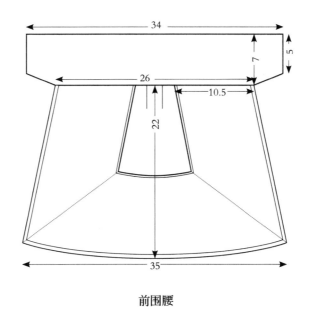

前围腰

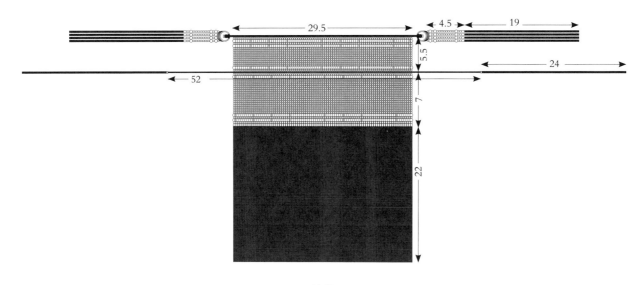

披背

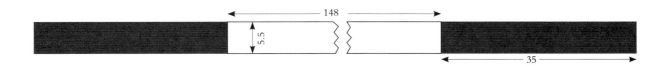

外层腰带

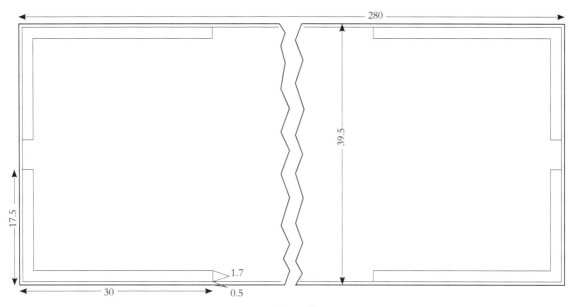

内层腰带

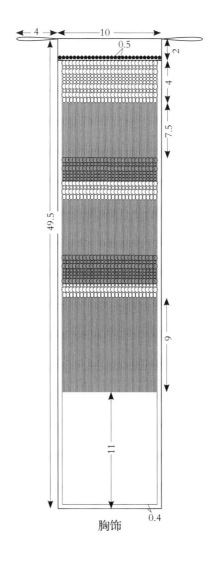

胸饰

# 第二节 茶山瑶

　　茶山瑶为大瑶山瑶族五支族系（茶山瑶、坳瑶、花蓝瑶、盘瑶、山子瑶）之一，没有文字，只有口头语言。茶山瑶的"拉咖"语，属汉藏语系壮侗语族侗水语，是瑶族三大语言之一。"茶山瑶"为汉语称谓，自称是"拉翔"，意为"住在山上的人"，学术上以"茶山瑶"称呼。茶山瑶主要分布在广西金秀瑶族自治县的中部、北部和金秀河两岸的村落。

　　茶山瑶通常上身穿短上衣，男服是对襟暗扣，女服为缠绕式缅襟，穿时以右襟压左襟，用腰带系稳，有的地区则是大衣襟形式，类似汉族姐妹装。男女下身穿着的裤子都很特别，裤腿较宽，男裤较长，女裤及膝，另有绑腿。老人都穿龙头绣花鞋。衣料多为白、蓝、黑三色。春夏多着蓝、白色上衣，秋冬则穿黑色上衣。裤子均为黑色。

　　茶山瑶服饰的主要差异在妇女头饰，因居住地域不同，大体上有四种样式：第一种银钗式，风格独特，是成年妇女的头饰，用三块长约40厘米（一尺二寸）、宽约6.67厘米（二寸）、重500~700克（一斤至一斤四两）的银板弯成弧形戴在头上。第二种是银簪式，头上梳成古代仕女似的发髻后，插上一支四齿大银簪，长方形，上有花卉图案，约重150克（三两），瑶语称"宾彩"。第三种是竹篾式，发髻上罩一个用竹篾（现代或用铁皮代竹）弯成直径为10厘米（三寸）的圆圈。第四种是絮帽式，发簪上均罩有头巾，头巾的一端接有棉纱絮絮，包头时叠成帽状。

　　此次考察的和平村中茶山瑶头饰为银钗式。上衣为传统十字型平面结构，形制近似红头盘瑶亦出现了三角形的领型和后中破缝，因布幅所限采用接袖。该村茶山瑶与红头盘瑶混居，村民普遍穿着现代化成衣，也有些模仿传统服饰的成衣，如该村小学校服，领窝还有标签，采用了传统服饰的外形轮廓和装饰纹样，结构却不同于平面结构，如肩部的破缝、装袖等，基本属于现代工业制品。

图片来源：何鎏 摄

# 一、诠释民族密符的活化石

　　走进茶山瑶的村寨，首先映入眼帘的是村口矗立的"石敢当"，以及村中林间祭神的神坛。虽然传统的石木横阔式建筑日趋被现代水泥瓦房所取代，但生活上仍留存着传统瑶族文化习俗。特别是传统服饰，彰显着茶山瑶独特的民族风格和族群特征，无论是夸张的头饰、精美的刺绣，还是一字型领口和长方形绣布贴边领都在诠释着茶山瑶丰富的历史文脉，承载着漫长岁月里族群演化，并隐含着中华民族的古老基因。

1 茶山瑶女子银钗头饰

2 茶山瑶男子服饰

3 当地小学校服

4、5 茶山瑶和红头盘
　　瑶服饰

**图片来源：** 何鑫　摄

# 二、茶山瑶服饰结构图考——女子主服外观效果

　　茶山瑶女上衣与红头盘瑶的女上衣相仿，可见瑶族各支系间同源共存，源远流长。黑色衣身配以红色绣布，绣布均有金边，是典型的瑶族配色。绣布纹样细密，排列成各色细条纹，外观对称、规整，多为直线、折角，是瑶族服装纹样的代表。

中华民族服饰结构图考　少数民族编

1 茶山瑶女子服饰正面
2 茶山瑶女子服饰侧面
3 茶山瑶女子服饰背面

图片来源：何鑫　摄

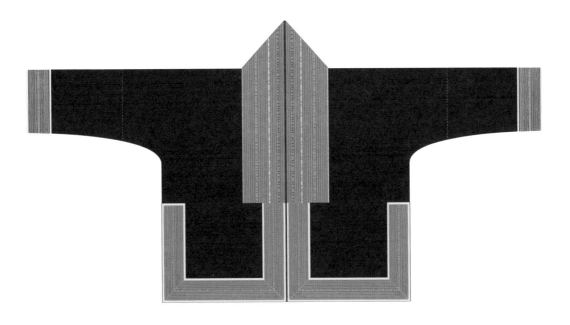

女子上衣正面

女子上衣背面

# 三、茶山瑶服饰结构图考——女子主服结构复原

　　茶山瑶服装结构更接近瑶族本色，它与红头盘瑶在结构上都表现出对襟一字型领口呈长方形衣领的标志性特征。结构十分规整，左右、前后形状完全对称，前后中均断缝，侧缝开衩 34 厘米，沿侧缝开衩、下摆及前门襟有绣布贴边。前后身衣长相同，直摆。

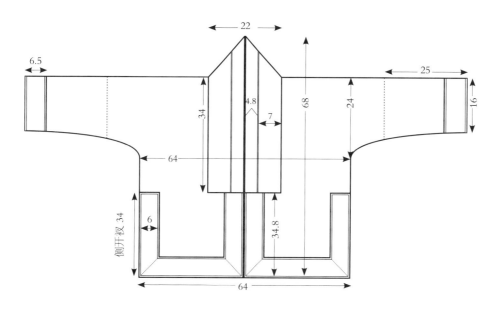

女子上衣正面

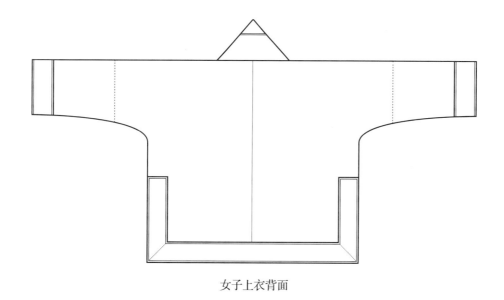

女子上衣背面

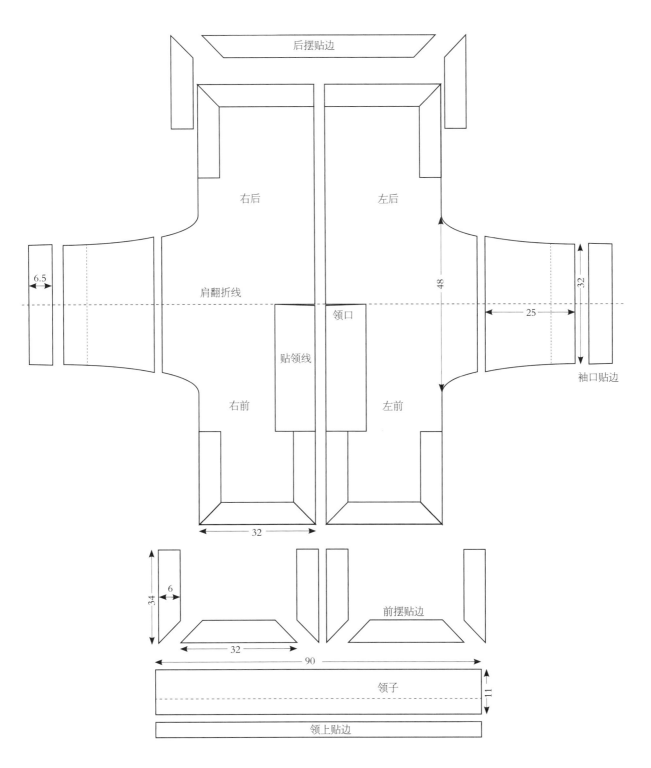

后摆贴边

右后

左后

6.5

肩翻折线

领口

48

25

32

袖口贴边

贴领线

右前

左前

32

34

6

前摆贴边

32

90

领子

11

领上贴边

女子上衣结构分解图

# 四、茶山瑶服饰结构图考——女子配饰外观效果

　　茶山瑶沿袭了瑶族多配饰的特点。头饰造型奇特，宛如糜鹿的双角。帽冠上的三组翘板为银质，现多为铝质，在阳光下熠熠生辉。背婴带是南方许多少数民族颇为常见的生活用品，样式美观，色彩鲜艳，且充满了吉祥的装饰，如垂坠的串珠、飘散的丝绦以及铜钱、铜铃。背婴带中间位置多层贴布保证了其保暖性和舒适性，后围腰与背婴带组合使用。背包、绑腿表现出瑶族传统生活的精致和对美好生活的憧憬。

1 茶山瑶银钗头饰
2 茶山瑶女子背包
3 茶山瑶女子服装背饰

**图片来源：** 何鑫 摄

后围腰

腰带

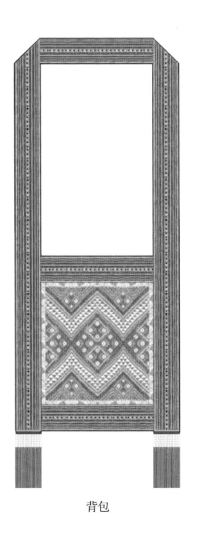

背包

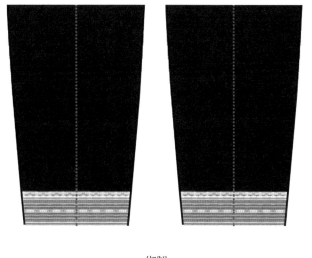

绑腿

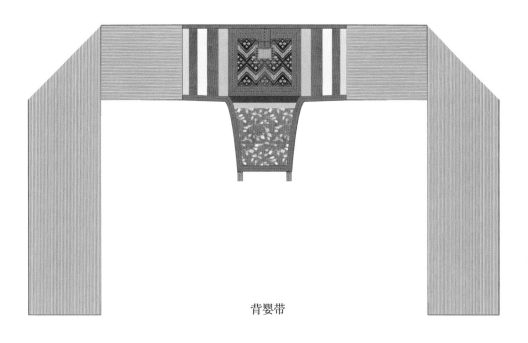

背婴带

# 五、茶山瑶服饰结构图考——女子配饰结构复原

茶山瑶女子配饰结构规整、成熟而系统。

绑腿是封闭的筒状结构，铺平为上宽 17.5 厘米、下宽 13.2 厘米、高 32 厘米的梯形。

背婴带样式独特而实用，背婴部分为 T 字形，两边接长带。T 字形布下端用另配腰带固定在后腰，两边的长带在胸前系结，孩子置于后背形成的布袋空间里，既安全舒适，又便于妇女生产劳作。

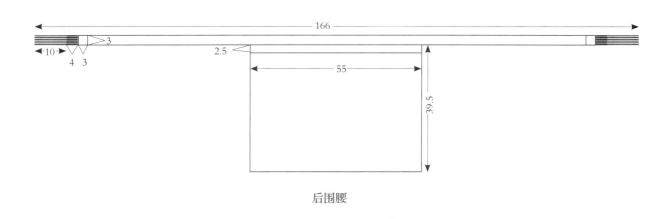

后围腰

腰带

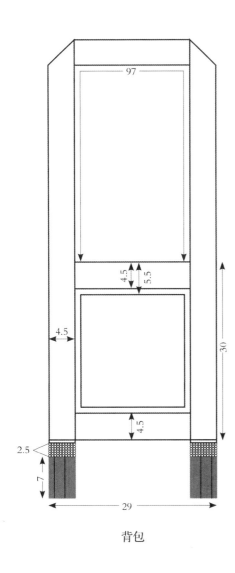

背包

绑腿

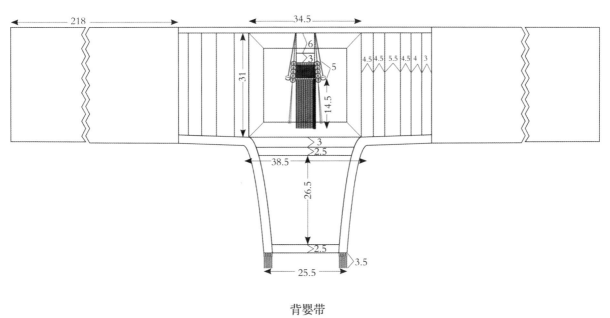

背婴带

# 第三节　山子瑶

　　山子瑶，一个能歌善舞的瑶族支系，广泛分布于广西大瑶山区、广东的连山地区等地。山子瑶，有称过山瑶的，有称蓝靛瑶的，这均与他们的生产生活方式有关，比如蓝靛瑶因其喜种蓝靛而得名。山子瑶的节日，除了过春节、端午节等外，最隆重的是盘王节。祭祀盘王一般都在每年古历十月十六日进行，祭祀盘王的仪式山子瑶称为"跳盘王"，由于没有社庙，为了方便祭祀，以石头为神的象征，供于大树之下。

　　山子瑶的服饰大体上以红色和黑色为主。头饰是十来块黑底绣布依次叠放而上，额前露出红色的绣花。圆形顶箍之下，是红毛线缠绕、背后插着带有坠链的银簪。山子瑶妇女发髻盘于头顶，盖上一个银制头冠，用红绒线缠住，再覆着一块方绣花头巾，缀以五色彩珠。山子瑶女子服装有一寸来高的绣花立领，前襟有别于瑶族其他支系服装，如同旗袍大襟的形制。最绚丽的是腰带，白色的、红色的，罗裙之上缠一条，在背后打结后参差坠下，带尾丝绦串珠留穗，走起路来飘摇摆动。

　　我们所到的金秀山子瑶平日服装与外界几乎无异，唯背婴带仍保持传统样式，但也是从集市购来的，并非自家手工缝制。家中多存有传统服装，用于婚庆、节日，亦多购于集市。结构较为特别，斜襟由领旁和衣侧的两组盘扣固定，里襟短，不及腰，并有贴兜，接袖、连身袖的形式均有出现，衣身后中破缝，基本保持固有传统平面结构，虽大致风貌尚存，却少了些手工的质朴和时间的磨蚀。山子瑶的传统服装更多是作为一种民族符号存在，孩童时代和婚前都会购置，但其手工技艺、裁剪方法已鲜有人在意。

# 一、穿着"蓝靛"衣的"过山"舞者

山子瑶，因喜种蓝靛也被称为蓝靛瑶。蓝靛是一种天然植物染料，山子瑶服饰将自织粗布用蓝靛染色成为他们标志性的文化遗产。山子瑶染布的藏蓝色，近乎于黑色，服饰大部分底布都为此色，"蓝靛"衣成为山子瑶的表征。

山子瑶现居住在广西大瑶山山区，祖辈曾生活在江浙东海，但历史上不断受自然灾害和战争的影响，辗转迁徙，过山漂泊，居无定所。山子瑶有"走过一山吃一山，吃完这山过那山"的传说，因其生产方式落后而又频繁迁徙也被称为"过山瑶"。

瑶族是一个能歌善舞的民族，逢节庆喜日无不载歌载舞。瑶家男性擅长长鼓舞，山子瑶用小长鼓。小长鼓又称花（番）鼓。小长鼓舞是瑶族流行广泛、花样最多的舞蹈形式，也称打花（番）鼓。一般在平地，两人一对，按东西南北中顺序跳；还有的高手就站在高台对打花（番）鼓。乳源山子瑶在节日或"跳王（一种宗教仪式）"时，"师爷"所表演的请神驱邪活动，也是将诗、歌、舞三者结合，时而吟诵诗文，时而轻声喃唱，又有男女相伴，手舞足蹈，齐声唱和。山子瑶在历史长河中就这样穿着蓝靛衣，舞着小长鼓，翻过一座座山川，终于定居在了大瑶山山区。然而，穿着"蓝靛"衣的过山舞者离我们越来越远，舞影也越来越模糊。

1 山子瑶女子包头背面

2 山子瑶男装腰带

3 女子包头纹样

4 山子瑶女子包头银簪

5 山子瑶民居

6 山子瑶宅门辟邪

7 山子瑶男子服装

8 山子瑶儿童服饰

图片来源：何鑫 摄

# 二、山子瑶服饰结构图考——女子主服外观效果

　　山子瑶女装以藏蓝色为底，配以红色装饰。相对于之前的盘瑶、茶山瑶，山子瑶的藏蓝色更为深重，红色更显鲜艳，色彩纯正且对比强烈。大量使用流苏，成片的鲜红色在身前垂曳，格外醒目。领、偏襟、袖口处贴绣布，图案为规则条纹和线状排列的几何图形。里襟和衣身沿偏襟位置拼接，长度至侧开衩位置。

1 山子瑶女子服装正面
2 山子瑶女子服装侧面
3 山子瑶女子服装背面

**图片来源：** 何鑫　摄

女子上衣正面

里襟

女子上衣背面

# 三、山子瑶服饰结构图考——女子主服结构复原

　　山子瑶服装实物标本基本上采用了汉化的大襟连裁的十字型结构，不同的是在领子结构上还能看出瑶族"一字领"结构痕迹。可翻折的立领结构很少见。右侧里襟贴口袋沿袭了汉服的形制。下摆前直后弧、前短后长，这些都表现出汉瑶交融的面貌。

　　前后衣身及袖上均无破缝，显然是由于现代机织面料幅宽满足了衣身和衣袖的横宽需要，同时"挖大襟"的传统裁剪工艺也被传承下来。

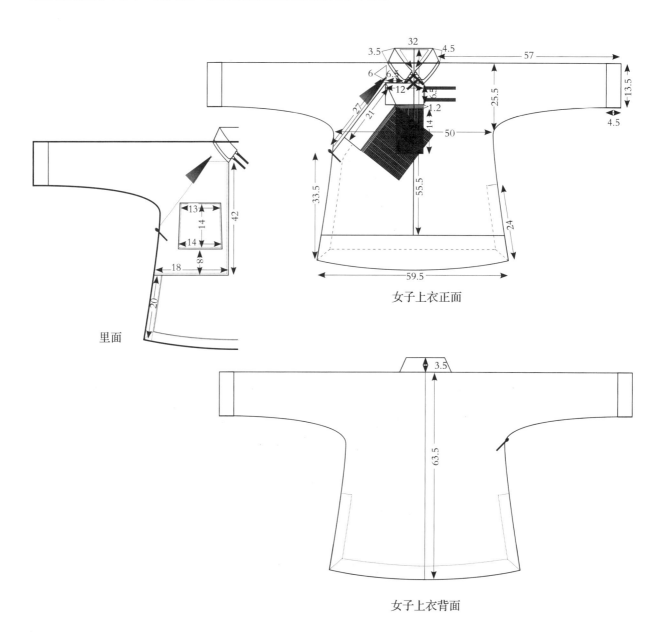

女子上衣正面

里面

女子上衣背面

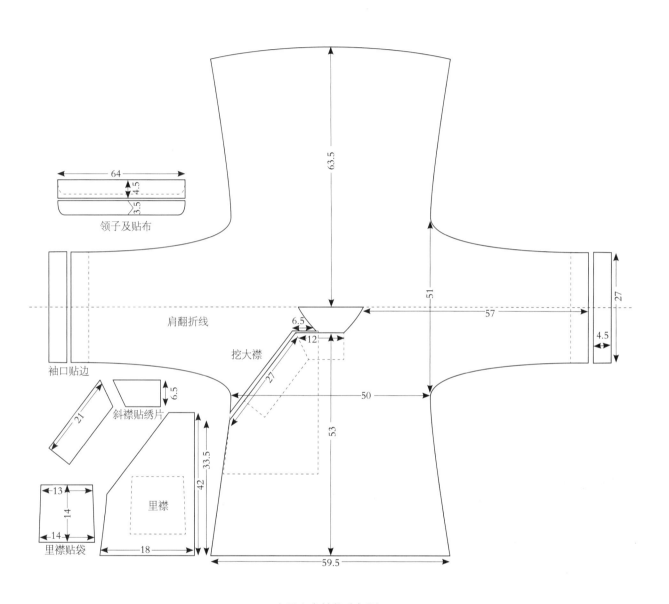

64

4.5

3.5

领子及贴布

63.5

51

57

27

4.5

肩翻折线

6.5

12

挖大襟

27

50

53

袖口贴边

21

6.5

斜襟贴绣片

33.5

42

13

14

里襟

14

里襟贴袋

18

59.5

女子上衣结构分解图

# 四、山子瑶服饰结构图考——女子配饰外观效果

　　山子瑶的配饰和主服色调相同，红黑相映，搭配流苏珠饰和水滴形银饰。前围腰黑底红边，绣带在腰间缠绕后将两端流苏垂坠于前。后围腰好似凤尾，串珠丝线层层叠叠在身后摇曳。绑腿为封闭式筒状，套进小腿后用绑腿带扎紧上端，绑腿带两端的流苏和铃铛在腿后随着步伐轻摆，煞是一幅远古的情景画面。

1 绑腿带和绑腿
2 前围腰
3 后围腰

**图片来源：** 何鑫　摄

前围腰

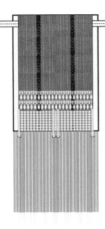

后围腰

绑腿带

绑腿

# 五、山子瑶服饰结构图考——女子配饰结构复原

　　山子瑶的配饰虽然没有盘瑶配饰那样宽大，但在整套服装中也占据着视觉上的很大比例。前围腰身前的兜布高 23 厘米，下摆长 47.5 厘米，遮盖住了较短的前直摆，看上去仿佛前后均为圆摆。后围腰尺寸较小，和前围腰配合设计，服装和围腰结合得天衣无缝。绑腿长 33.5 厘米，从膝下围至脚踝。绑腿带很长，两端缀流苏，和绑腿搭配起来很美观。

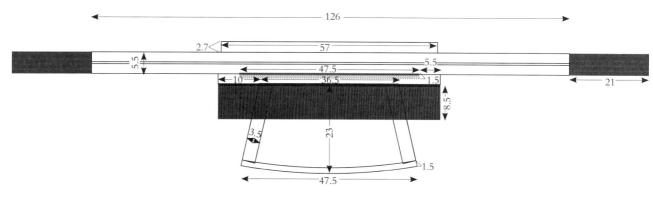

前围腰

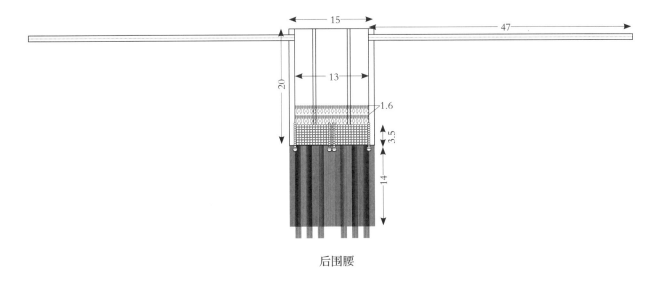

后围腰

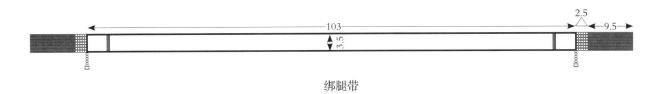

绑腿带

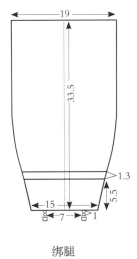

绑腿

# 第四节　红瑶

桂北地区龙胜各族自治县的红瑶，是瑶族中单纯以颜色命名的支系，因崇尚红色服装而得名，主要居住在龙胜县的泗水、和平乡一带的山区，也被誉为"桃花林中的民族"。

红瑶妇女擅长针绣和织绣。世代相传蓄发、梳妆发型的习俗和护发秘方。红瑶妇女有不剪头发的习惯，常年使用山上的特殊草药和淘米水配制的护发秘方，无论年纪多大，头上都是青丝如织，很难见到一根白发。广西龙胜各族自治县和平乡黄洛瑶寨因有 60 多名长发红瑶嫂而成为著名的长发村。瑶家女的盘发也非常有讲究，已婚已育者为乌龙蟠发型；已婚未育者为螺丝蟠发型；用黑色手织布包起长发的是尚未婚配的阿妹，她们的长发必须在进入洞房的当天，由新郎亲自打开。

龙胜红瑶的服饰有两种：一是绣衣（也称花衣）；二是（通红的）织衣。绣衣，主要以藏青色棉布为底布，用各色（主要是红色）丝线精心刺绣，所绣的图案，有寓意吉祥、幸福和如意的犬（瑶族人崇拜的图腾）、龙、狮、鹿、麒麟、凤凰图案等，还有寓意风调雨顺、五谷丰登的山川河流、花木稷蔬，其形象生动，针绣精致。织衣，主要是以白线为经、红线为纬，用古老的织机织制、缝制而成，在诸多图案中，最醒目的要算是胸前左右有两个约 7 厘米见方的图案，据说这是"瑶王印"的象征。有了它，无论走到哪里，红瑶之间都相互共认，并且亲密无间；有了它，就可得到瑶王的护佑，使族群安居乐业。

鲜艳夺目的绣（织）衣，配以红绿相间的百褶裙、极显稳重精悍的黑绑腿以及藏青色红线边的方圆头巾，具有协调、和谐、风雅、高尚的古典美，体现出一个古老民族服饰的审美情趣。

我们考察了龙胜地区红瑶，可以看出当地服装形制保存较好，延续着基本的对襟十字型平面结构，拼接的蜡染百褶裙极具视觉冲击力，传统手工艺技法仍有沿袭。但随着旅游资源的开发，红瑶的服饰文化还能延续多久？是否会像一路上看到的许多民族一样，手绣被机绣取代、手工被机械取代、土布被化纤布取代？年轻人读起本民族的传统服饰只停留在对长辈的记忆中。我们能做的只有用文献的方式，把他（她）们记录下来，给后人留下不仅仅是慢慢消失的记忆，还有可以慢慢读取的图谱密码。

图片来源：何鑫 摄

# 一、 "桃花林中" 织绣衣

在红瑶居住的地方——广西壮族自治区龙胜县，青山绿水，风景秀美，特别是这里的桃子颇负盛名，桃树成林，每年都会举办"桃花节"。红瑶的生活自然也离不开桃林，美丽的红瑶姑娘身着桃红色的织衣或绣衣，隐约在青翠的桃林间，可谓"人面桃花相映红"。

1 红瑶老人包头
2 红瑶女子绑腿
3 红瑶织机
4 红瑶女子梳发
5 红瑶女子包头
6 红瑶男子包头
7 龙脊梯田

图片来源：何鑫 摄

第六章 广西壮族自治区支系众多的瑶族服饰

# 二、红瑶绣衣结构图考——女子主服外观效果

    红瑶女子的绣衣款式为对襟无领，肩、胸、背、袖部都有形如其名的绣片。绣片图案多变，绣法精湛。在刺绣时红瑶妇女并无预先准备底稿，完全凭经验和技艺"随类附彩"如愿经营。藏蓝色的底布衬着精美的绣片，绣片上每个图案都承载着红瑶丰富而悠久的历史文化信息，表现出很强的"宗教功利"。例如，将动植物图腾抽象化几何图形绣在身上，特别是后背上的两个"盘王印"，更是瑶族人最引以为豪且具族群归属感的标志和族徽。

中华民族服饰结构图考　少数民族编

1 红瑶女子绣衣正面
2 红瑶女子绣衣侧面
3 红瑶女子绣衣背面

**图片来源：** 何鑫　摄

女子上衣正面

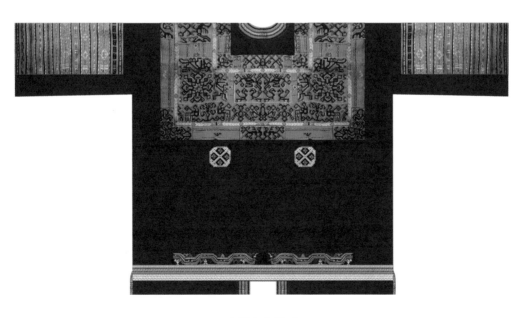

女子上衣背面

# 三、红瑶绣衣结构图考——女子主服结构复原

红瑶服装标本整体结构更具原生态瑶族服饰的本色。在结构上的最大特点就是朴素自然、整齐划一，表现出氏族社会原始服装结构形态的典型特征，即最大可能地保持衣料的原生状态，以最大限度地运用材料。虽然红瑶服装有织衣和绣衣之分，但两者在结构上没有区别，只是在织物加工和后期绣工上有区别。

红瑶绣衣、织衣均为对襟圆领，整体绣衣略大（与衣服主人身材有关）。织衣前后均为直摆；绣衣亦为前后直摆，前身略长于后身。

织衣和绣衣主要表现在纹样制造方法的不同，织衣衣身的布片在织造过程中已经织有纹样，它可直接将布片裁剪缝制；绣衣则是将深色布拼缝上绣有较小面积纹样的布片，绣衣更加精细、更具工艺性，它与织衣结构相比更加零散（织衣的图示请参见"织衣红瑶服饰结构图考"）。

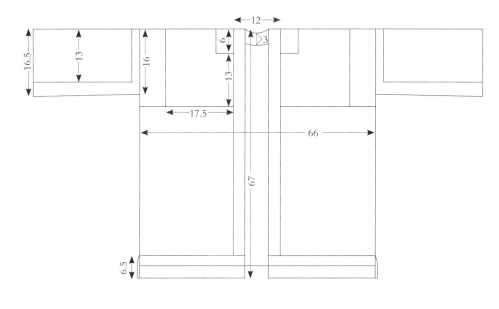

女子上衣正面

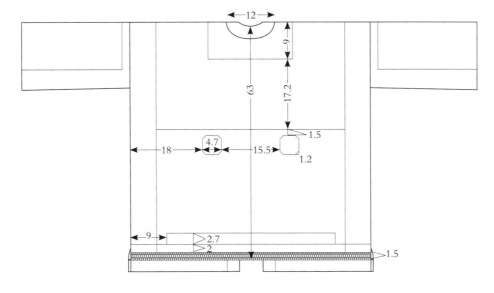

女子上衣背面

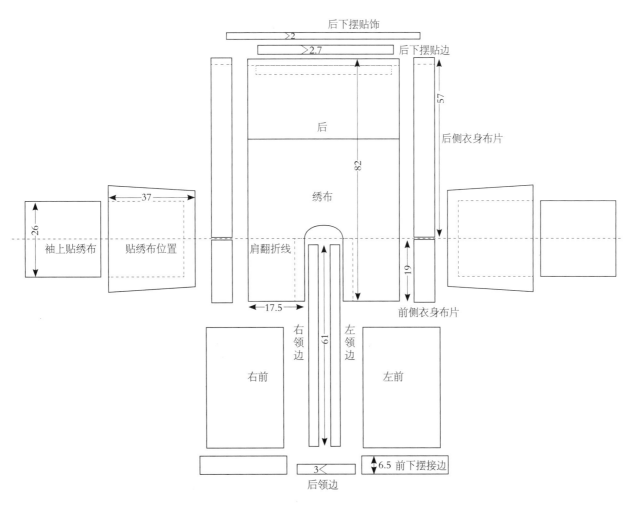

女子上衣和绣布结构分解图

# 四、红瑶绣衣结构图考——女子配饰外观效果

　　绣衣的配饰和织衣的配饰除裙子外基本相同，围裙系在裙外，下摆两角有装饰绣布。腰带由三层组成，长短、宽窄不同，白色宽腰带系内层，长绣带系中层，短绣带系外层。和绣衣搭配的百褶裙，黑色底布上有一段为传统手工蜡染工艺制成，图案简洁，带有原始宗教色彩。裙子下摆部相间排列红绿贴布，色彩鲜艳，十分醒目。绑腿展开呈三角形，与绑腿带组合使用。

1 瑶王印及三层腰带结

2 红瑶蜡染百褶裙

图片来源：何鑫　摄

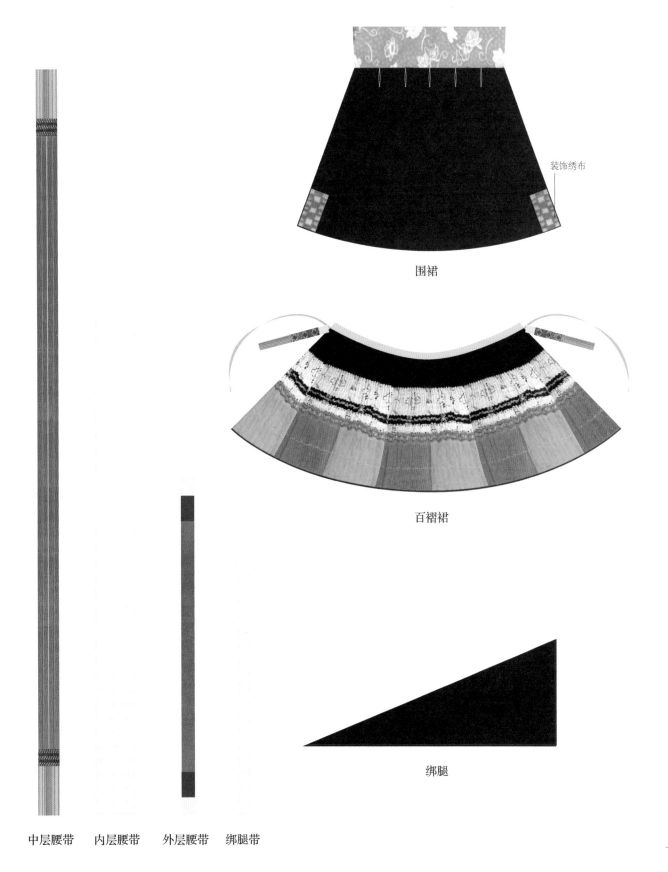

装饰绣布

围裙

百褶裙

绑腿

中层腰带　内层腰带　　外层腰带　绑腿带

# 五、红瑶绣衣结构图考——女子配饰结构复原

　　绣衣红瑶百褶裙腰围 79.5 厘米，下摆展开达 283 厘米，可见收褶量之大，褶裥之细密。最有特色的是绣衣红瑶的腰带设计，它是由内、中和外层三层组合而成，内层最宽，中层最长，外层最小，中层和外层腰带的两端均有流苏，系结时垂在后腰不同的位置，整体尺寸设计精妙合理。绑腿是一块高 38 厘米、长 93 厘米的直角三角形布，缠裹时从尖角开始层层在小腿上缠裹，再用 93 厘米长的绑腿带系紧固定。

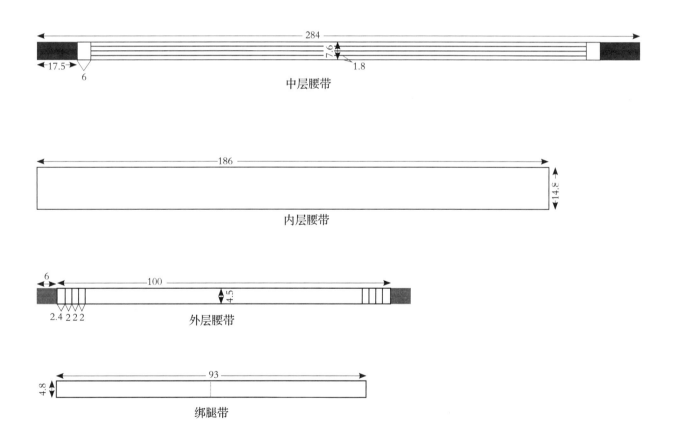

中层腰带

内层腰带

外层腰带

绑腿带

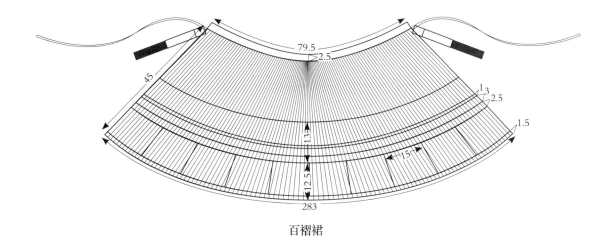

百褶裙

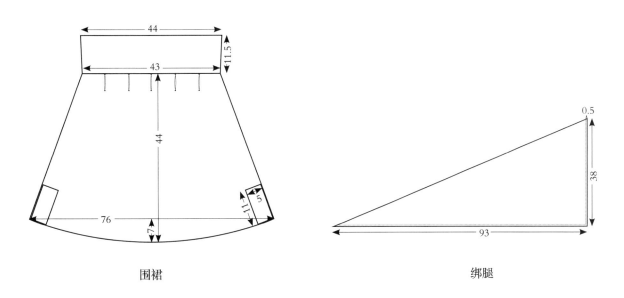

围裙

绑腿

# 六、红瑶织衣结构图考——女子主服外观效果

　　织衣红瑶是在制衣前的织布过程中已将纹样、图案织在布上，然后将有纹理的布料剪裁后做成服装。整身除袖下和前摆外均为桃红色，既有布满的暗纹，也有细小的条纹图案。后底摆上还嵌有一排锡饰，铸造小巧精美，独具特色。

1 红瑶女子织衣正面
2 红瑶女子织衣侧面
3 红瑶女子织衣背面

图片来源：何鑫　摄

女子上衣正面

女子上衣背面

# 七、红瑶织衣结构图考——女子主服结构复原

　　织衣和绣衣的数据虽然采集于同一村寨，却出现了结构上的差别，织衣后中破缝，而绣衣后身为整片布。绣衣所用的深色布均为现代工业生产的面料，工业化生产的布匹与传统手工织造的布料最大区别在于布幅，工业制品的布幅远大于手工织造，传统服饰受限于布幅必然会破中缝，否则无法达到衣身宽度要求，而工业制品的布匹则摆脱了这种限制。绣衣上的纹样是后拼缝在衣身上，面积较小，也不必破中缝。织衣衣身的纹样则是在织布过程中织造，仍为传统手工织布，布幅受限，故后衣身破中缝，可以说是朴素的敬畏自然（物质）的理念。由此也可看出汉瑶古今文化的交融情况，由于现代纺织工业制品的渗透，已经改变了传统的衣身结构，庆幸的是传统的织绣工艺仍有保留。但已经鲜有年轻人学习，更不用说献身这个事业。这样下去，极有可能在数年之后手绣被机绣取代，那一天，红瑶精美的织衣、绣衣只能见诸于博物馆或是老照片中。

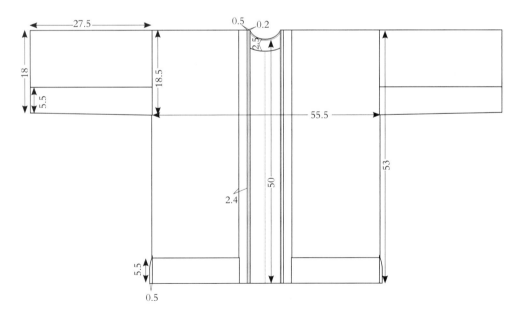

女子上衣正面

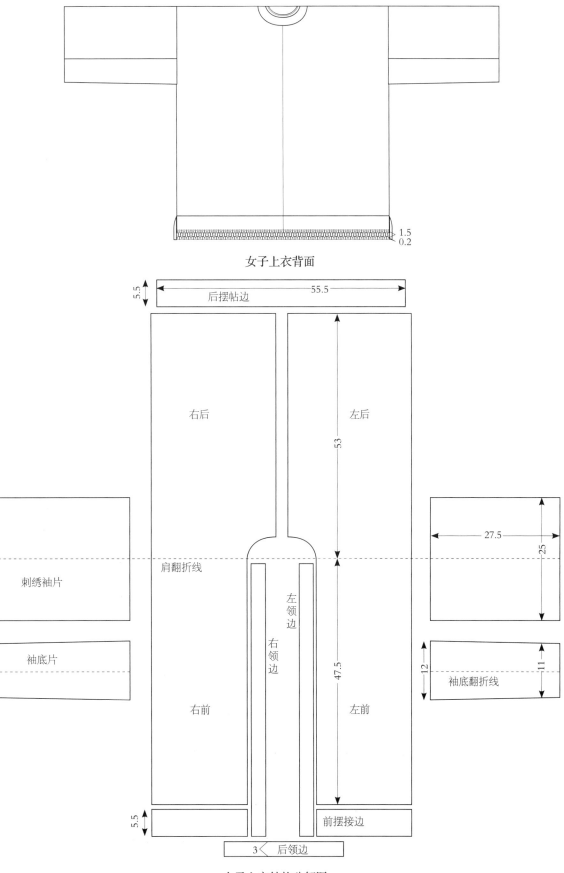

女子上衣背面

1.50
0.2

5.5 ← 55.5 →
后摆帖边

右后 左后

53

刺绣袖片 肩翻折线 27.5 25

左领边

右领边 袖底翻折线 12 11

右前 左前 47.5

5.5 前摆接边

3 ← 后领边

女子上衣结构分解图

# 八、红瑶织衣结构图考——女子配饰外观效果

　　织衣红瑶女子穿着的百褶裙较绣衣相对朴素，藏蓝色底布上没有过多装饰，只是在下摆附近有横襕。和上衣的通身桃红色相调和，整套服装也显得搭配有序。而绣衣上身和下身均为有彩色和无彩色的交错设计，也显得花裙子和绣衣相得益彰。织衣配饰则显得素雅而耐看。

红瑶织衣腰饰与围裙

**图片来源：** 何鑫　摄

外层腰带

内层腰带

围裙

百褶裙

# 九、红瑶织衣结构图考——女子配饰结构复原

　　和绣衣搭配的百褶裙已足够宽博，可和织衣搭配的百褶裙更加壮阔，这与它无太多的装饰有关。腰围82厘米，底摆展开304厘米，绕腰可围成整圆。百褶裙为传统手工织布制作，多幅拼接而成，褶裥密集而均匀，尺寸分布合理，节奏感强，不得不佩服红瑶女的设计智慧和心灵手巧。

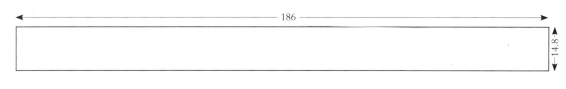

内层腰带

外层腰带

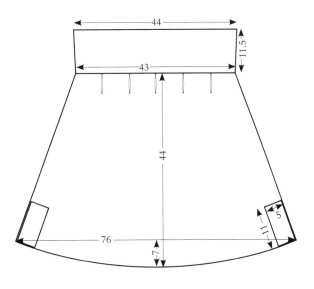

围裙

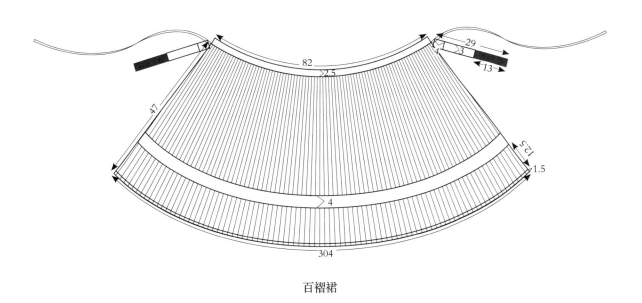

百褶裙

# 第五节　白裤瑶

白裤瑶自称"布诺"，因男子穿齐膝白裤而得名，白裤瑶主要聚居在广西西北部的南丹县八圩、里湖瑶族乡和贵州省荔波县朝阳区瑶山乡一带，总人口约3万。

白裤瑶妇女精于纺织，至今仍保留着一套完整的手工制作技术。白裤瑶的服饰制作需要一年的时间，因为它每一道工序都受季节的影响，自己织布、纺纱、刺绣、画图等要三十多道工序。白裤瑶服饰图案以鸡仔花为主要纹饰，体现出白裤瑶对鸡的崇拜。整套男装平铺后看，像雄鸡一样。白裤的膝部绣有五条红色花纹，相传这是瑶王与外族战争时留下的血手印，绣在衣服上以示纪念，也是他们氏族图腾的标志。妇女夏装很原始奇特，上衣一前一后两块布，没有衣袖，两边肩上各用10厘米宽的黑布连接，腋下没有缝合，全部敞开，不穿内衣，女性双乳若隐若现，据说这是源于对母性和生殖上至高无上的崇拜。上衣底为黑色，背面用彩色丝线绣成各种图案。大多图案都像一块方印，意即瑶王的大印永远在瑶家人民的心中。白裤瑶的男子、女子在成年后，头发便终身不再剃剪。男子用白布把拧成一股的头发旋紧从脑后盘绕至前额，妇女则把发梳成髻，用黑布巾罩套，再用黑布巾两端缝系的白布带整体扎紧。

通过考察可以看出村民传统服装和汉族服装和平共处，原生态的传统服装保持着典型的平面结构，完全出自手工，织布、缝衣、刺绣的场景在村中也有见到。但也可明显看出，随着时间的推移，汉族服装在白裤瑶年轻人中普及率在提高。

图片来源: 何鑫 摄

# 一、"人类文明的基因"

　　白裤瑶被联合国教育、科学及文化组织认定为民族文化保留最完整的单一民族，被称为"人类文明的基因"，是一个由原始社会生活形态直接跨入现代社会生活形态的民族，至今仍遗留着母系社会向父系社会过渡阶段的社会文化形态和信息。其传统服饰也较为完整、纯粹地保存了下来，形态结构极其原始，上衣是类似古代贯头衣的形制，缅裆裤结构独特而充满智慧。很多白裤瑶的历史文化信息或即隐藏在其美丽而原始的服饰之中。

1 存放百褶裙的方式
2 传统白裤瑶女装
3 白裤瑶号角礼器
4 白裤瑶男装背面
5 白裤瑶男装正面
6 瑶王血手印
7 白裤瑶男子绑腿
8 晾晒的百褶裙

图片来源：何鑫 摄

# 二、白裤瑶服饰结构图考——女子主服外观效果

　　白裤瑶女子上衣为黑色，形态宛如储物袋，套在身上，两肩翘起。后背上绣着奇特的纹样，疑似氏族图腾。色彩搭配也不同于瑶族其他支系，经常使用湖蓝色、橙红色。两侧袖缘更像是摆设，宽带围成很大的袖窿，女性身体若隐若现，遗传着母系社会对母性和生育崇拜的表象。

1 白裤瑶女子服装正面
2 白裤瑶女子服装侧面
3 白裤瑶女子服装背面

图片来源：何鑫　摄

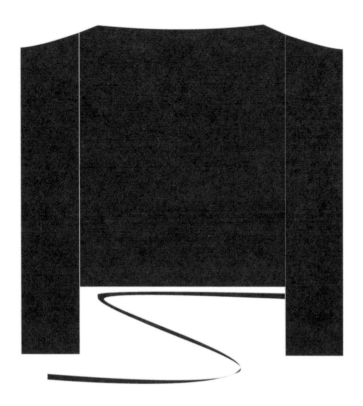

女子上衣正面

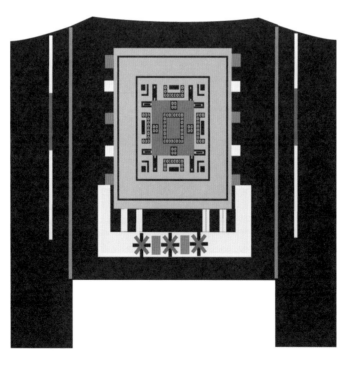

女子上衣背面

# 三、白裤瑶服饰结构图考——女子主服结构复原

白裤瑶标本结构原始而独特，该支系是直接从原始社会过渡到现代的，故服装结构仍保留着原始形态。从分解的结构图可以看出，其前后衣片为宽38厘米、长39厘米的方形布中间留出头的尺寸，两肩拼缝而成，很像古希腊爱奥尼长袍的结构，保留着原始贯头衣的遗风。两侧用宽9厘米、长106厘米的布条围成类似袖子的部分。极简单的形制实现服装遮身蔽体的实用性功能，而一切的憧憬就寄托在对氏族徽帜和图腾的那些精妙补绣上。

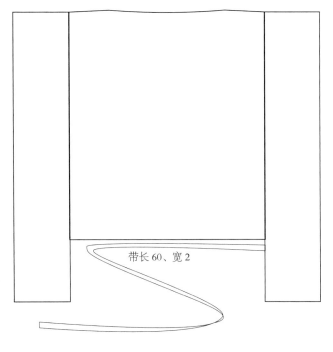

带长60、宽2

女子上衣正面

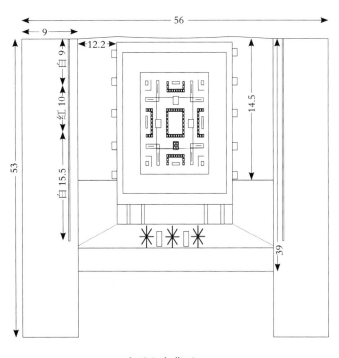

女子上衣背面

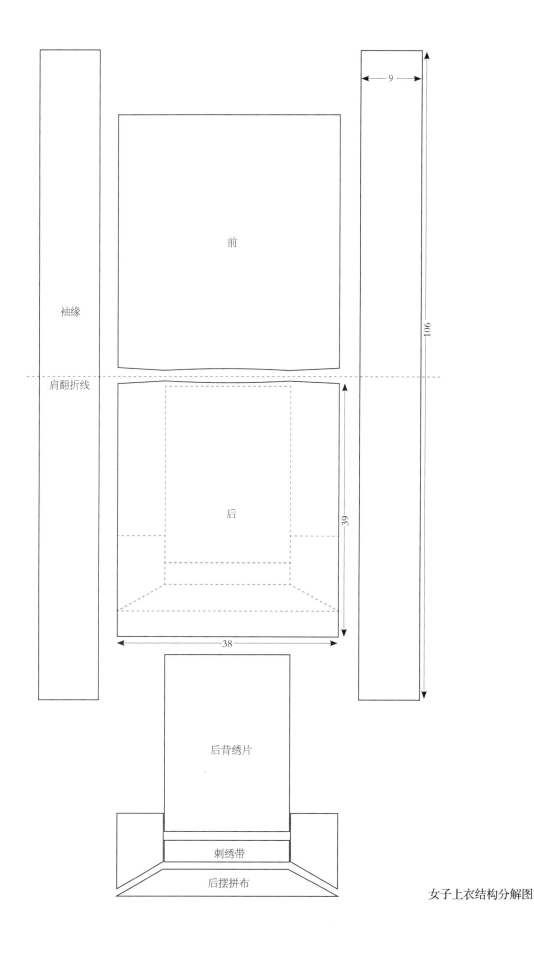

中华民族服饰结构图考 少数民族编

9

106

前

袖缘

肩翻折线

后

39

38

后背绣片

刺绣带

后摆拼布

**女子上衣结构分解图**

# 四、白裤瑶服饰结构图考——女子配饰外观效果

　　白裤瑶女子配饰和瑶族其他支系的制式相仿，但充满了神秘感。头、腰、腿均有对应的配饰，黑巾包头、白带系扎使人浮想联翩。围腰为长方形，样式简单，四周为湖蓝色，中心为黑色。百褶裙宛若天降，不知传递什么信息，像是宇宙的符号，色彩搭配协调，晕染得极其自然，特别是在竹竿上成排晾晒，犹如化蝶成裙。在平日不穿时，为保持褶裥，捆扎在竹筒上，似乎未来的憧憬都寄托在它的身上。

1 白裤瑶女子头饰
2 白裤瑶女子绑腿
3 百褶裙

图片来源：何鑫　摄

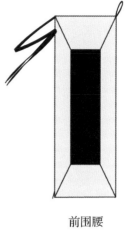

前围腰

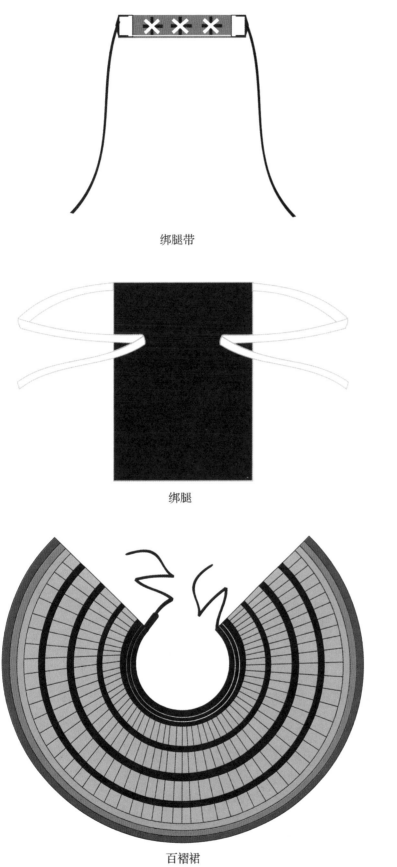

绑腿带

绑腿

包头巾

百褶裙

# 五、白裤瑶服饰结构图考——女子配饰结构复原

女子配饰结构并不复杂，但尺寸比例恰到好处。绑腿、包头巾、围腰均为长方形，包头巾较长，围腰较小。或许这才是瑶族服饰最初始的形制。百褶裙宽大，几乎能围成正圆形，由多幅布料拼接而成。

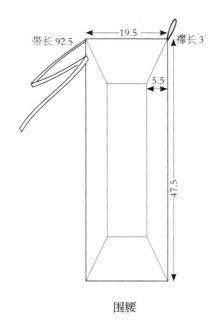

围腰

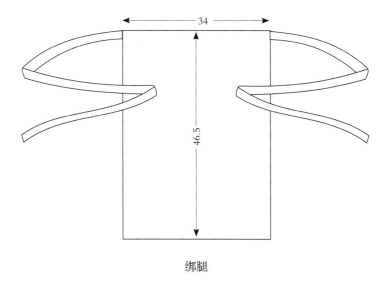

绑腿

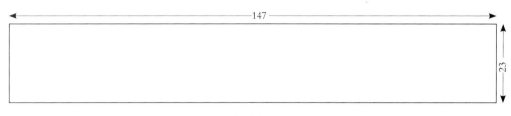

包头巾

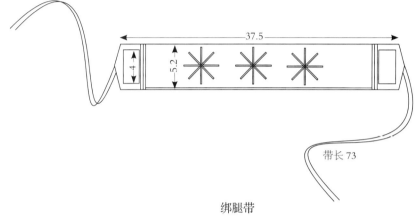

带长73

绑腿带

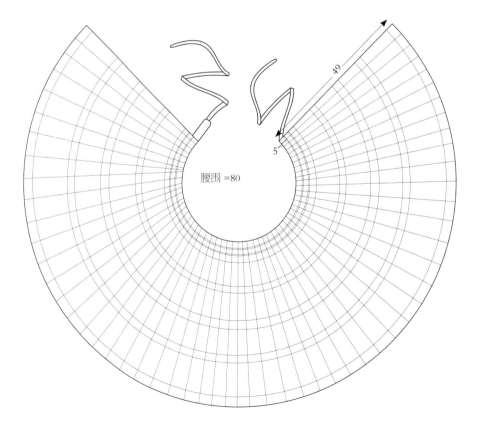

腰围=80

百褶裙

# 六、白裤瑶服饰结构图考——男裤外观效果

　　白裤瑶男裤为白色，平铺呈三角形，裆下有超大的余量，穿着时堆积在腿间，样子与近年流行的哈伦裤非常相似。裤腿两侧各绣有五道瑶王血印，裤口处有装饰布条。

1 男裤正面
2 男裤侧面
3 男裤背面
4 男裤平铺效果

图片来源：何鑫 摄

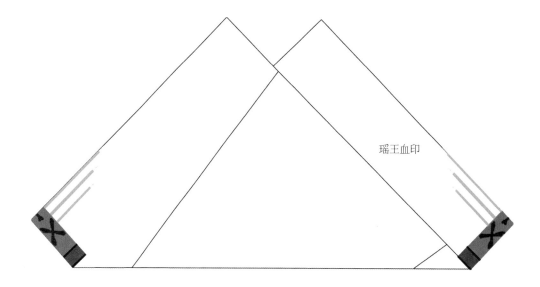

瑶王血印

白裤瑶男裤正面

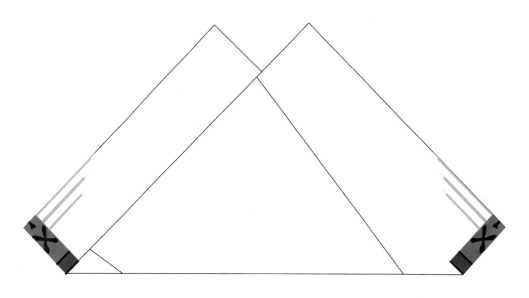

白裤瑶男裤背面

# 七、白裤瑶服饰结构图考——男裤结构复原

白裤瑶男裤由三块布通过错位折叠、相互"借让"拼接而成，形成裤腰、裤腿和裤裆，无腰头，结构规整而巧妙，宽松肥大，从功能学上分析它比现代任何一种裤子结构的运动功能都要好，因为它对两腿的任何活动都没有束缚。

这种结构形制与湖南省靖州花苗的男裤翻折原理大同小异，只是靖州花苗的结构更加规整对称，裆和裤腿不断开，严守着"幅布为裤"的"崇物"设计原则。

这两款男裤都是通过布幅平面折叠形成立体的空间造型，像幼儿折纸一样，但充满着智慧，将面料的利用率发挥到极致，不浪费一丝一毫，可见传统服饰中凝聚着人类的才智、巧思设计及物尽其用的思想，给我们今天的设计师们着实上了一课。

仍存有的疑问是白裤瑶男裤为何要错位折叠，形成一种扭转的趋势，这样无疑是增加了制作时间和工艺难度。另外，不同的民族存在相同的设计理念和技巧，给我们太多的思考和保护的冲动。华夏民族一统的个性表达，不是说说而已，他们有活生生的事实和密符需要解开。

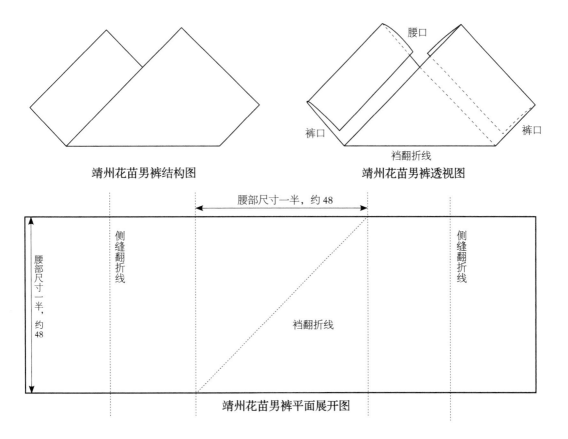

靖州花苗男裤结构图　　　　靖州花苗男裤透视图

靖州花苗男裤平面展开图

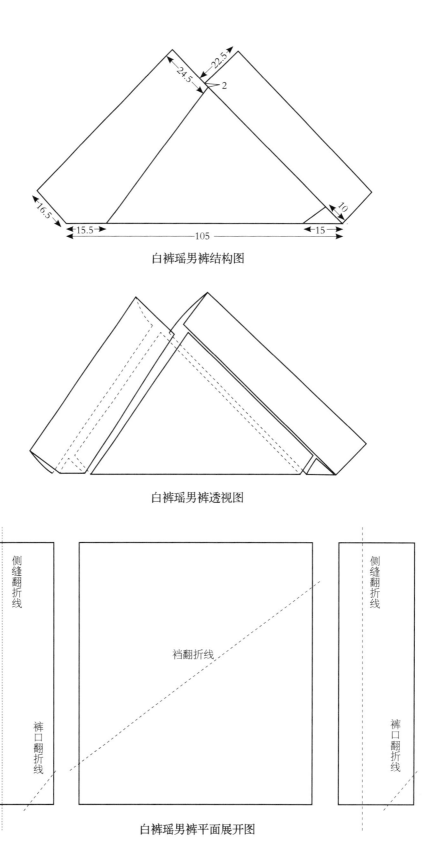

白裤瑶男裤结构图

白裤瑶男裤透视图

侧缝翻折线

侧缝翻折线

裆翻折线

裤口翻折线

裤口翻折线

白裤瑶男裤平面展开图

# 第六节　瑶族服饰是一部永恒的教科书

从瑶族各支系的典型服饰测绘和结构图复原情况，可以看到它们均呈现基本的十字型平面结构，前后中破缝是由其布幅所决定。西南地区少数民族大都流传有传统的织造技艺，受手工织机限制，布幅较窄，进而决定了窄衣窄袖、分片较多的服装结构特征。这与他们的生活条件和环境不无关系。

相对于汉族传统的宽袍大袖，这些瑶族支系的服装袖子要窄得多。瑶族大都生活在较为艰苦的山区，窄袖既节俭又便于日常劳作。瑶族服装以对襟居多，仅山子瑶为斜襟。对襟亦是节俭的表现，无重叠量的消耗。即使是山子瑶的斜襟，门襟盖住的里襟采用衬布，长度截止于侧开衩，同样体现了大瑶山里少数民族在物质较匮乏的山区尽可能在节约和美观之间获取平衡。

红瑶服装为圆领，尖头盘瑶和山子瑶服装采用立领，红头盘瑶和茶山瑶服装则采用较特殊的三角一字型领（即沿袭一字对襟领），可以窥见出大中华交领的原始形态。

瑶族服装的前摆短于后摆，前摆直后摆弧（茶山瑶、红瑶织衣前后均直摆等长，红瑶绣衣前后直摆、后摆略短）。似乎诠释着周冕板前圆后方，铜钱外圆内方，与天坛地方坛圆的道家思想不谋而合，圆摆和直摆似乎也在隐意着中国传统思想的"天人合一"。

这些瑶族支系在服装结构上的特点即：红头盘瑶为三角形领，下摆前短后长、前直后弧；茶山瑶为三角形领，但前后直摆重合；尖头盘瑶下摆向上翻折固定；山子瑶斜襟；红瑶下摆高度近似，且袖口与袖根尺寸相似，以及白裤瑶缅裆裤充满智慧与敬畏织物的独特设计。这些稳定且本质的结构特点，给了我们判断和区分瑶族支系以有力而可靠的依据。

瑶族的生存环境决定了其造物的形态，同时其衣身结构在中华传统的十字型平面结构基础上又表现出诸多独特之处，体现出大中华服装结构的相同基因，且又呈现各民族多元文化的独立性与融合性，甚至从原生态民族服饰结构研究的视角中发现了中华传统服饰在服装史的衰变中消失的基因，这倒是意外收获。这让达尔文古老而科学的"特异性选择"的人类进化理论，再一次给我们今天崇尚低碳的社会和设计观念找到了一部永恒的教科书。

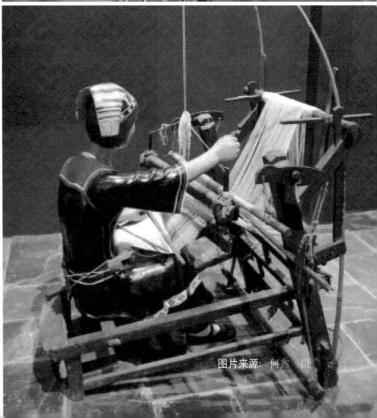

图片来源：何鑫 摄

# 第七章

# 银装素裹点"白青"　花团锦簇绣"花红"

　　苗族,是一个发源于我国的国际性民族,主要分布在贵州省、湖南省、云南省、湖北省、海南省、广西壮族自治区等地。语言属汉藏语系苗瑶语族苗语支,有文字。苗族聚居的苗岭山脉和武陵山脉气候温和,山环水绕,大小田坝点缀其间。

　　苗族男装的色彩和装饰单调,女装艳丽而丰富。女装又有便装与盛装之分。便装是平时穿着的服装,其色彩花样及装饰不及节庆日或结婚时穿的盛装。如果说银饰是苗族女性的代表性标志,那么服饰则是苗家人独特的艺术作品。《辞海》中收录"苗绣",已将代表着苗族刺绣最高水平的苗绣与湘绣、苏绣、蜀绣、粤绣一并收入。苗族刺绣、服饰正如著名艺术大师刘海粟称赞的"苗女刺绣巧夺天工,湘绣苏绣比之难以免俗"。苗族服饰以夺目的色彩、繁复的装饰和耐人寻味的文化内涵著称于世。苗族服饰图案承载了传承本民族文化历史的重任,从而具有文字的表达功能。由于历史的久远,这些图案所代表的文字功能和传达的特定含义也被赋予了神秘的色彩,无法完全解读,这也是苗族服饰图案所具有的独特魅力。苗族服饰图案是随着苗族服装服饰发展起来的装饰艺术,至今仍应用于日常的服饰和生活用品之中,且具有实用功能和审美功能相结合得天衣无缝,被赋予了继承民族传统、纪念祖先和传承祖训等丰富多彩的内涵和意义。相比之下苗族服饰的结构朴素、纯粹、原始,并坚守着华服十字型平面结构,这或许是苗族服饰抑扬默契的本真魅力。

# 第一节　融水苗族

　　融水苗族自治县位于广西北部。年轻女子上身着大领对襟衣，戴菱形胸兜。传统衣料多为经过多次染捶的咖啡色亮布；门襟边缘、袖口喜用红色、绿色等色彩鲜艳的丝织花边装饰；胸兜上端之精美花纹恰露于敞胸部位，在整个服装上起到了特殊的装饰效果。盛装时，下身着亮布百褶裙；腿套毛线织的绑腿。老年女子上身着黑色大领对襟上衣，领口、袖口装饰简单。内着黑色或蓝色等暗色菱形胸兜，上端有绣花；下身着黑色宽腿裤，裤长及膝，腿套毛线织绑腿。

　　融水苗族的百褶裙一般长 50 ~ 60 厘米，下摆周长可达 6 米之多，需用 18 幅自织窄布拼成。一条百褶裙由三名技术熟练的妇女流水作业，三天方可制成。其制法是，首先将经过浆捶的一幅亮布放在木板上，用针在布的正反面按顺序均匀地划线，然后按线条打褶，并将两端缝牢，再将其捆绑在半圆形的竹片上，最后装入粗大的竹筒内，用锅蒸一小时，取出晾干，裙褶即成型，且日久不变。

　　此次考察的村寨地处高山，交通不便，与外界接触较少，传统服饰文化得以较为完整的保存，不仅基本的十字型平面结构未变，而且传统纺织制布工艺仍在沿用。

**亮布**：手工自织土布经自制植物染料反复浸染、捶打、刷蛋清、刷品莲、蒸布、晒布等工艺处理后具金属光泽，鲜亮硬挺，极富民族特色。不同地区的制布工艺略有差别。贵州、云南、广西许多地区的苗族、侗族都喜好使用亮布。

# 一、融水处处皆盛装

融水苗族的盛装为头戴银箍，上插银凤银花，上身穿对襟亮布衣，内系绣花胸兜，下身着亮布百褶裙，有的还佩戴有造型夸张的银项圈。

融水苗族的银饰不得不提，头饰精致，银片轻薄，捶压的花鸟造型栩栩如生，特别是顶上银花用银丝拉成的弹簧与头箍相连，不住摇摆，如轻风拂过。项圈则同头饰相反，粗犷大气，手指粗细的银条绞成麻花状或银圈环环相扣形成锁链状，同头饰的婉约生动相得益彰。郁郁葱葱的竹林中处处有如花似锦的苗家姑娘盛装的身影，伴着银饰清脆的碰击声，装点着融水的青山秀水。

1~3 苗族年轻女子头饰

4 苗族织机

5 苗族民居

6 苗族男子外出劳作

7 苗族女子盛装舞蹈

**图片来源：** 何鑫 摄

第七章 银装素裹点「白青」 花团锦簇绣「花红」

621

# 二、融水苗族服饰结构图考——女子主服外观效果

融水苗族的服饰为月亮山型融水式，主要特点是对襟式上衣，围胸兜，门襟边缘、袖口织锦花带装饰，衣袖上还交错装饰各色布带，繁而不乱。面料采用自染亮布，穿着时两襟交叉，用腰带束扎。织锦图案多为几何纹样和抽象化的植物，色彩粗看犹如扎染效果。

融水苗族重点在衣袖和胸口施以大量彩色装饰，粗细不一的条状色带和大面积的织锦比例协调；精致的头饰和衣裙主体采用金属色，熠熠发亮。整套服装颇显高贵，富于视觉冲击力。

亮布极具民族特色，与融水相邻的三江地区侗族也喜好这种亮布。亮布挺括且有金属光泽，触摸手感发涩，结实耐磨。制作过程分为制染液、发酵、浸染、上浆、捶布、刷蛋浆、复染、复捶、放品莲、蒸布等十道工序，从蒸布的竹筒中取出晒干的一匹匹亮布凝聚着广大苗族人民的勤劳与智慧。

1 女子服装正面

2 女子服装侧面

3 女子服装背面

图片来源：何鑫 摄

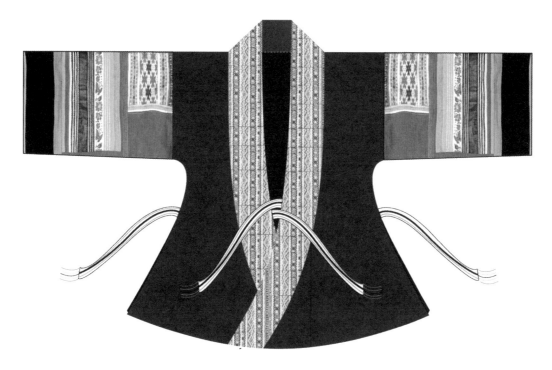

女子上衣正面

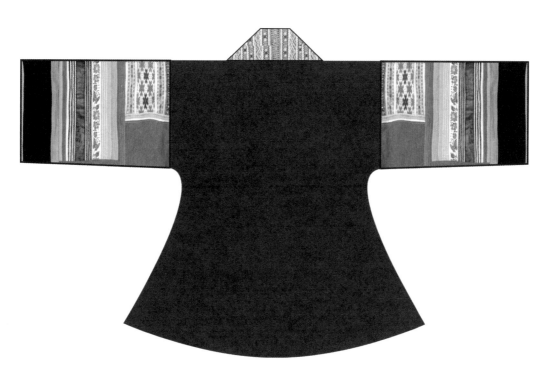

女子上衣背面

# 三、融水苗族服饰结构图考——女子主服结构复原

　　融水苗族女子上衣十字型平面结构规整对称，后中断缝，推测幅宽在 25 厘米左右。衣身对襟，穿着时类似于传统汉服的交领形制，但两襟相交位置低至腰部。衣身在苗族上衣下裙的制式中相对较长，达到了近 70 厘米，下摆弧度较大，两侧从腰部开始有明显的上翘，开衩较高，从腰部至底边为 25 厘米。开衩处和门襟里侧腰节线位置都缝有系带，但大多情况下系带自然垂落并不系起，服装由单独的腰带固定。保持了相对古老的先秦"拥掩束衣"方式。

　　绣布贯通领和门襟，后领围至颈两侧一片，左右门襟各一片，这也是少数民族服饰一字领惯常的结构形制。

　　较独特的结构特征是两门襟亮布在靠近前中处有断缝，大抵是因对襟相交的重叠量导致布幅不足所致，故在下摆处接约 11 厘米宽的近似三角形布。

　　袖口相对于苗族其他支系较宽，达到了 23 厘米。

　　总体看来，融水苗族的女子上衣可谓是苗族中另类的"宽衣大袖"，较为粗犷。毗邻的三江侗族衣身结构同融水苗族相似度极高，对襟交领，前中断襟，宽袖口，衣身腰间附系带，且都喜好亮布、百褶裙。由此可见，因地域产生的民族间服饰相互交融，明显地体现在服饰的形制和结构上。

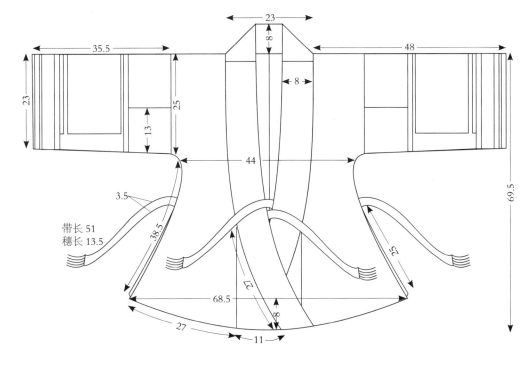

女子上衣正面

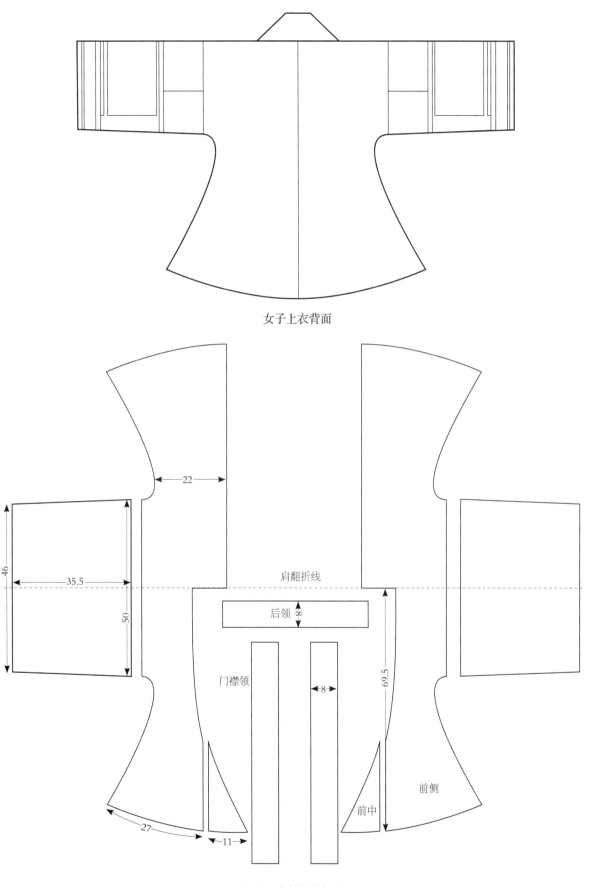

女子上衣背面

女子上衣结构分解图

图中标注：22　46　35.5　50　肩翻折线　后领　8　门襟领　8　69.5　前中　前侧　27　11

# 四、融水苗族服饰结构图考——女子配饰外观效果

　　胸兜是融水苗族服饰的典型特征之一，由银链于颈后相连，细带系于后背，胸部多装饰对称的花草纹、鸟纹的织锦。

　　百褶裙亦用亮布制成，裙长及膝，腰头系带，多用于节日盛装，平日顺褶捆扎保存。不同于苗族中较普遍的蜡染百褶裙，亮布制百褶裙较厚重硬挺，褶裥细密。

　　腿上系亮布绑腿，束湖蓝色绑腿带，带两端垂流苏，行走时流苏随着褶裙左右摇摆的节奏在膝下飘曳。

1 女装后领织锦带

2 胸兜

3 亮布上衣的侧开衩

图片来源：何鑫 摄

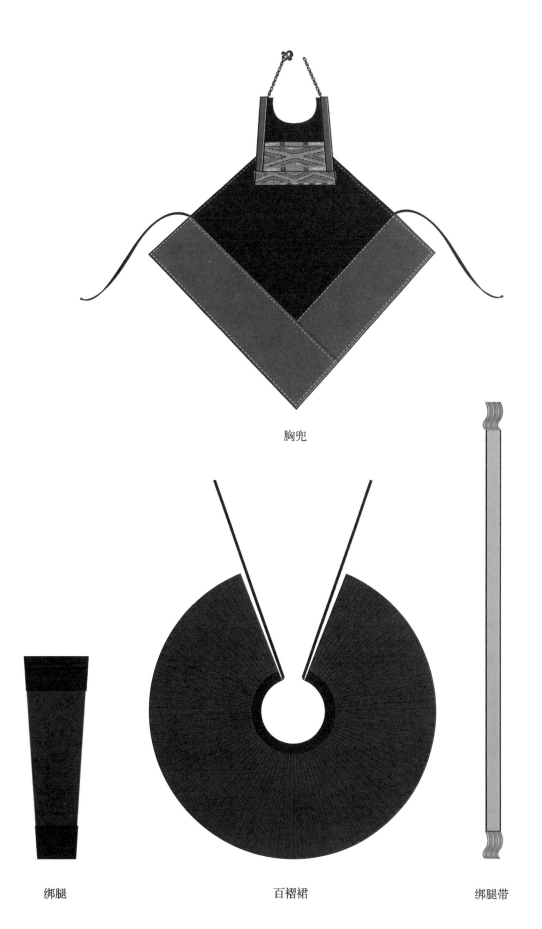

胸兜

绑腿　　　　　　　　百褶裙　　　　　　　绑腿带　　腰带

# 五、融水苗族服饰结构图考——女子配饰结构复原

胸兜是在菱形布的上角附梯形挖去前领口的织布制成。穿在对襟上衣里面，完全遮挡住了胸口，只露出脖子。菱形的两条下边还附有两块长方形布片，在菱形两角和长方形接缝处缝系带。

融水苗族的百褶裙同窄小的上衣恰恰相反，底边围372厘米，在苗族中也算较小的，裙长也仅有60厘米，不像大多苗族百褶裙长及腿肚甚至脚踝，仅恰好过膝。这极有可能是同亮布的制作过程较为复杂繁琐有关，体现着苗族人在艰苦的自然条件下尽可能节俭的朴素美德。

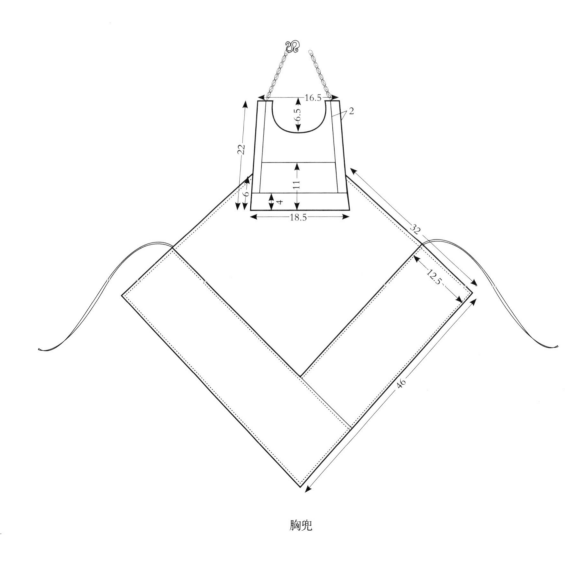

胸兜

腰带

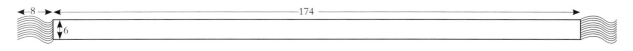

绑腿带

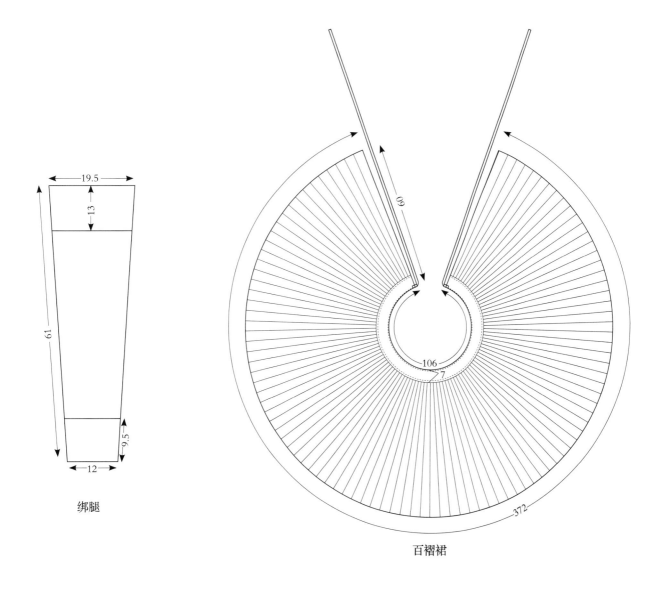

绑腿

百褶裙

# 第二节　白苗旁离支系

苗族分支庞大，一种主流的划分是按照服饰颜色分为红苗、花苗、青苗、白苗等，白苗旁离支系服饰指自称为"蒙豆"苗族穿着的服装，该支系属于白苗分支之一。

女子结婚时着白色盛装，上穿立领、右衽、斜襟短衣，下着白色褶裙，腰部系一长条状绣花围腰；头戴用布帕缠成盘状并缀有流苏的头饰；衣襟、袖口均有花边及流苏装饰；系绣花绑腿；女子平日着翻领、对襟短上衣，肩部、胸部、袖子及衣身下摆等均以红色、绿色、橘色等艳色绣花布条装饰；下着白色短褶裙；上衣与短裙均加流苏珠饰装饰；前后腰间各系绣花围腰一块；腿部系绣花绑腿；头部以方正形头帕包头。

当地小女孩平时着汉族服装，节日时着苗族盛装。服装形制与成人服装基本一样，底色多为白色，装饰颜色多为粉色、浅蓝色，头戴缀有流苏珠饰的盘状头饰。考察的村寨中仍有很多妇女着传统服饰，但汉化程度较明显，其装饰仍具本民族风格，衣身结构基本同于汉族服装。传统手工艺逐渐消失，衣料、饰品等均为购买的工业产品。

图片来源：何鑫 摄

# 一、一张白纸画最美的图画

顾名思义，白苗传统上崇尚白色，在白色底布上堆叠各种刺绣、镶花、贴花等装饰。如今虽然服装的形制、材料受现代化影响，传统手工艺逐渐消失，但风韵犹存，仍然可以看出白苗人对细密装饰的钟爱。从头至脚，各色流苏层层叠叠，彩珠、贴花秩序排列得密密麻麻，绣带也规整地附在衣袖、围腰上，繁而不乱，如花似锦，稻田中的白苗姑娘，宛如一张白纸上绘满了繁花，衬着蓝天白云、青山绿水，浑然一幅优美隽永的诗画。

1 种类多样的白苗女子服饰

2 白苗儿童服饰

3 白苗女子服饰装饰繁密

4 白苗女子盛装舞蹈

**图片来源：** 何鑫 摄

第七章 银装素裹点「白青」 花团锦簇绣「花红」

## 二、白苗旁离支系服饰结构图考——女子主服外观效果

云南文山自治州广南县的白苗女子上衣分为两种，未出嫁着斜襟，成家后穿对襟。这里是一套已婚女子上衣。主服特征近似于西林式和文山式苗族服饰。

这套女装受现代工艺的影响显而易见，大量工业产品装饰，在对襟上装有传统不曾出现的盘扣，传统的贴花、挑花也被机绣、珠片所替代。传统服装底布颜色本应为白色，现只有裙子仍在色彩上保持着传统，上衣用布五花八门，各种材质颜色的面料都有使用。保留的只是传统的大致风貌，包方形头巾，每个袖子上各有三道绣布环饰，布边缀有流苏，衣肩围圆形贴饰，周边垂璎珞，搭配围腰和绑腿。整套服装看上去更像是戏服，只能大致窥探到白苗传统服饰的残影。

但我们仍能看出白苗对于细小装饰元素的喜爱，虽然衣身乏善可陈，但通过对称的、有秩序的、层叠排列大量装饰物，将单调的衣装修饰得繁复绚烂，特别是对于流苏的运用，宛如一道道花环萦绕身边，随风摇曳，不得不说白苗是一个对装饰美有强烈追求的民族。

1 女子服装正面
2 女子服装侧面
3 女子服装背面

图片来源：何鑫 摄

女子上衣正面

女子上衣背面

# 三、白苗旁离支系服饰结构图考——女子主服结构复原

从结构分解图中可以看出这套女装汉化程度明显。领型接近现代衬衫领，传统的无扣对襟也加上了汉族的盘扣，采用工业生产化纤面料，摆脱了手工织布对幅宽的限制，后中无断缝。整体结构更像是传统汉族服装和传统白苗服装的结合体。

衣袖较窄，袖口宽度仅为12厘米，衣身从胸围线至底边变化不大，宽度为44厘米到45厘米之间，说明较为贴体，秉承着苗族窄衣窄袖传统。

较为特殊的是饰流苏的贴饰为圆形，该样式为文山式花苗的特征之一，而白苗的披领普遍为尖形。之前也提到该地区白苗的服装底布的颜色也由白色变为多色。苗族支系众多，历史上迁徙又较为频繁，在迁徙过程中民族自身不断进行着内部与外部的融合变化，如何为苗族支系分类在学术界一直存在争议。白苗这种称谓是从服饰颜色上进行区分的（相应的还有如花苗、青苗等），当地族人自称为"蒙豆"，也是"白苗"之意，当地汉人也称其为"白苗"。也有从语言学的角度对苗族进行划分，还有通过地域来划分苗族支系的。这里所列的支系名称主要是结合取样的地域给出的最普遍的习惯性称谓。但是其服饰形制却出现了本不属于白苗的特征（后文中的花苗亦是如此），甚至出现了该支系女子穿着整套其他支系的传统服装形制，究其原委，这应该是文山地区花苗、白苗、青苗相互融合的结果。三个支系（花、白、青）的苗族散落地分布在文山壮苗自治县，在一定地域只是相对集中地聚居着某个支系，但同周边其他支系间相互的文化交流交融不可避免，特别是随着社会情境的变化、现代化的转型，传统服饰所具有的身份辨识作用以及支系认同感在逐渐削弱，少数民族自身也在主观地打破固有族群意识，寻求对外的开放。于是对服饰的约束愈发淡化，各支系的服装日渐趋同，支系间的栅栏也随之消失。这种融合导致现在支系服饰的混乱，不仅仅是这里的白苗，还包括下文中的花苗。现在对于当地苗族的称谓更多意义上也只是一种惯称，实际上已经没有十分明显的区别。因此在服饰结构上也一定表现出某种混合体的特征，这其中有本族群各支系间的，也包括汉族在内的其他民族文化的影响。

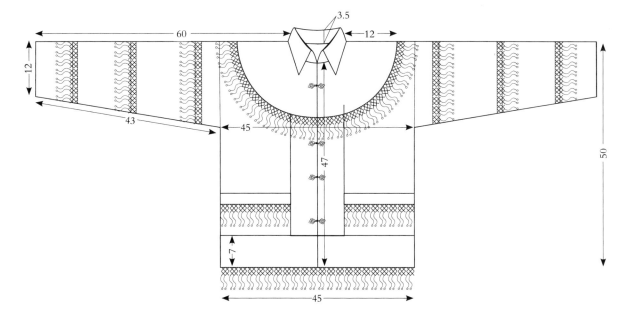

女子上衣正面

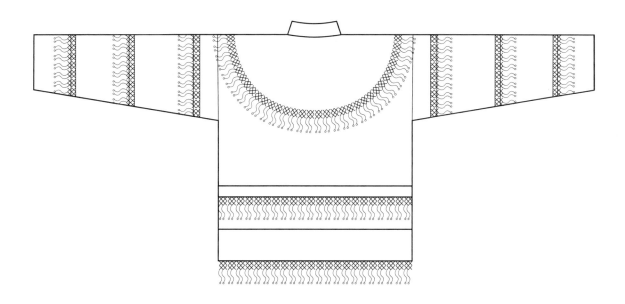

女子上衣背面

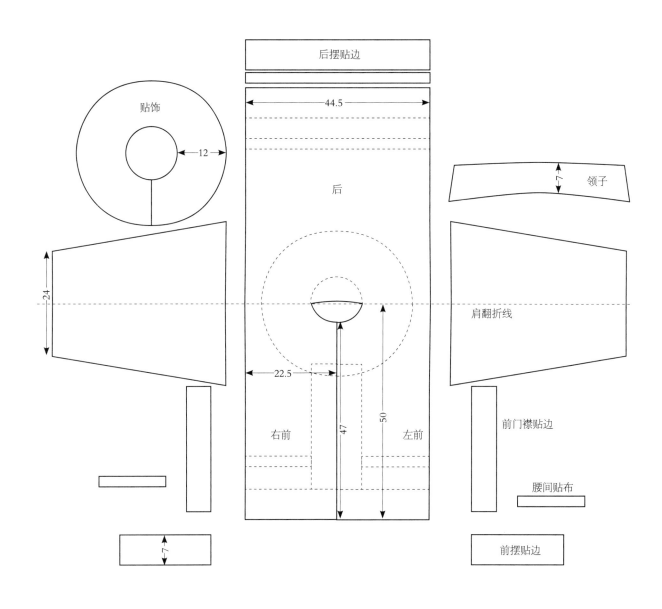

后摆贴边

贴饰

44.5

后

领子

7

肩翻折线

24

12

22.5

50

47

右前

左前

前门襟贴边

腰间贴布

7

前摆贴边

女子上衣结构分解图

# 四、白苗旁离支系服饰结构图考——女子配饰外观效果

白苗女子头饰各异，既有各色包头巾，也有头箍，均饰有流苏。

前后均有围腰，样式相同，整块布上贴满各式机绣花布片，纹样左右对称，由中间向两边排列。整片围腰较厚实，同轻飘的裙摆形成了鲜明对比。

白色多褶裙上贴有四圈鲜亮的流苏装饰，已不再使用传统白麻布，而被化纤面料所取代。

绑腿极长，在小腿上缠绕数圈，以致小腿显得颇为粗壮，底边贴有两条装饰绣布，在缠绑时只露出装饰布条而遮掩了底布的黑色，同上衣的五彩缤纷相统一，颇为绚丽。

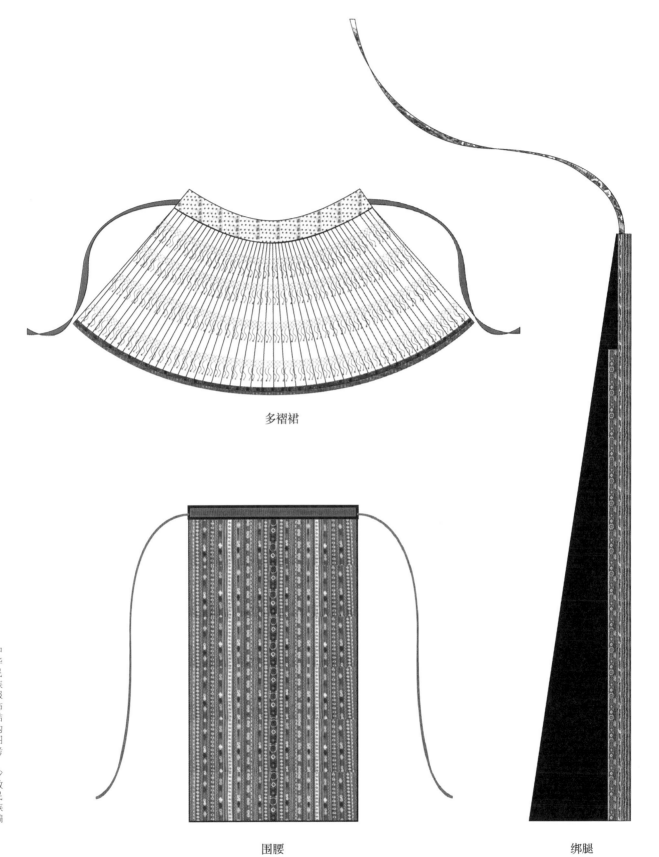

多褶裙

围腰

绑腿

# 五、白苗旁离支系服饰结构图考——女子配饰结构复原

白苗的多褶裙明显受现代工艺的影响而有所缩水，裙摆围121厘米，远小于其他苗族支系的百褶裙，类似于现代的普利特褶裙，化纤面料制作，褶裥熨烫定型。

围腰较宽，略长于裙，在裙前单独搭配一块平直的长方形，盖住双腿，颇似马面裙的"马面"。

绑腿呈直角梯形，直角长边达213.5厘米，甚至超过了裙摆围，在小腿上缠裹数圈方能系上，为女子在田野间劳作提供了良好的保护。

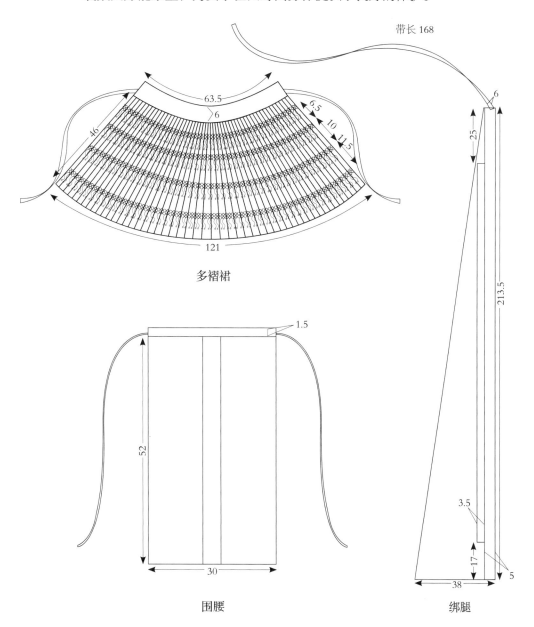

多褶裙

围腰

绑腿

# 第三节　花苗

花苗是一个独具特色的苗族支系，因妇女穿着的上衣比苗族其他支系刺绣更加繁复而著称。他们生息繁衍在桂、黔、滇交汇的大山深处。花苗人口较少，只有一千多人，但有着绚丽多彩的民族文化，传承着纺织、刺绣、挑花等古老的手工技艺和山歌传唱的风俗。

花苗的服饰分为直身形上衣、刺绣坎肩、绣花方巾、蜡染百褶裙、腰带、刺绣绑腿等，结构虽然简单，但是制作工艺精良繁琐。上衣采用连身袖，衣领为无领或小立领，因此可以将里面其他衣服的领子翻出来，别有风格。花苗姑娘最爱穿百褶裙，为了下地干活方便，百褶裙均为一片式裹裙。花苗姑娘们喜欢装饰花边和刺绣，服装上的刺绣痕迹随处可见，大多出现在肩头、裙边、领口、袖口以及披背上。

考察经过的丘北和西畴两地，花苗服装仅保留有最基本外貌形制。尤其是西畴花苗，大量采用彩珠、亮片装饰，机绣代替了手绣，各色工业织物拼搭，几乎丧失了花苗传统的精美手工技艺和独特风韵，但也不乏原汁原味地被保存下来的部分，我们就像见到久违的亲人一样赴向她们的怀抱。

# 一、在苗族服饰中原生态保存最好的一支，丘北花苗承载着更古老的信息

花苗服饰取样于西畴和丘北两地。从服饰上可以看出花苗在现代转型过程中发生的改变，主要集中在面料上，多使用工业成品，而摈弃了手工制品。不过仍有苗家保存有传统的服装。西畴花苗的三条蜡染百褶裙和花苗女子现在穿着的褶裙形成鲜明对比，曾经的蜡染、绣花被如今的印染成品面料取代，并装饰有珠片、蕾丝等。三条百褶裙中颜色较鲜艳的显然制作于某个过渡时期，虽是蜡染、绣花，成色较新，下摆也有一圈蕾丝花边，由此可见花苗服饰是随着时间及社会环境的变化而有所改变，逐渐从纯手工制作到开始由手工结合工业成品到现在完全采用现代化成品。百褶裙色泽质朴淳厚，不像现在普遍穿着的百褶裙那样鲜亮多彩，蜡染的古朴，手工刺绣的精致，无处不在展现着花苗人最原始的自然美状态，以及他们世代传承的原生态的高超手工技艺。透过丘北花苗的服装，依稀可以看到其原始的结构状态，可谓苗族服装结构的活化石。手工刺绣使用也较为普遍，头带、衣身、围腰上遍布着精致的、有立体感的挑花，好似是刚刚飘落在身上，栩栩如生，不愧是"将鲜花穿在身上"的民族。

1、2 花苗女子服饰

3 围裙装扮过程

4 花苗儿童服饰

5、7 未婚女子头饰

6、8 花苗老人服饰

图片来源: 何鑫 摄

# 二、西畴花苗服饰结构图考——女子主服外观效果

西畴花苗女装取样于云南省西畴县兴街镇，汉化痕迹明显，且融合了不同区域、支系的苗族服饰特征。

主服采用了现代的丝绒面料，小立领，领口、偏襟上共有三组盘扣。领上、偏襟、袖上均贴有机绣花布、花边，袖筒被四道环状绣布分割。装饰纹样主要为涡纹、锯齿纹、菱形纹。妇女头缠方形织纹头帕，上衣系于褶裙内，前后均有围腰，围腰飘带系于腰后，腿部系绑腿。

在此地走访了一对专门制作出售花苗服饰的夫妇，从选材到制作多无定规，只求大致外观，形制相仿无定数，甚至有美国花苗的装束。可见苗族服饰具有其他少数民族不多见的吸纳和扩张的双重性。

1 女子服装正面
2 女子服装侧面
3 女子服装背面

图片来源：何鑫 摄

女子上衣正面

女子上衣背面

# 三、西畴花苗服饰结构图考——女子主服结构复原

主服偏襟直摆，下摆宽略长于胸宽，衣身短小，衣袖细长，偏襟下遮有里襟，是典型的南方少数民族窄衣窄袖式上衣。这种偏襟在文山地区的苗族中并不多见，主要存在于花苗，它与汉民族偏襟的传承关系还值得考证。其他苗族多为对襟。

衣袖上贴的绣布较其他地区并未布满整个袖筒，而是间隔着露出底布，这也是花苗的一大特色。

里襟用料简单，但偏襟未盖住的里襟大部分都有刺绣贴边装饰。可见这种节俭和装饰的妥协美学与汉族服饰结构有异曲同工之妙。

领口处的贴边可能由于偏襟和里襟有重叠量，故在肩线处断开，而不是像许多苗族那样呈圆环状。这在结构的合理性上充满着智慧。

传统结构的后中断缝由于工业成品面料幅宽足够而消失，后领窝几乎呈直线，这与汉民族服饰的古法裁剪很接近。

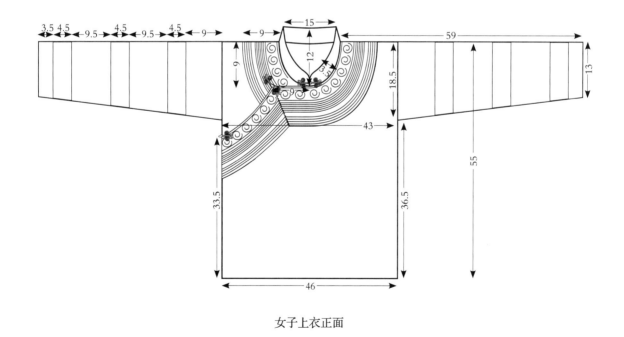

女子上衣正面

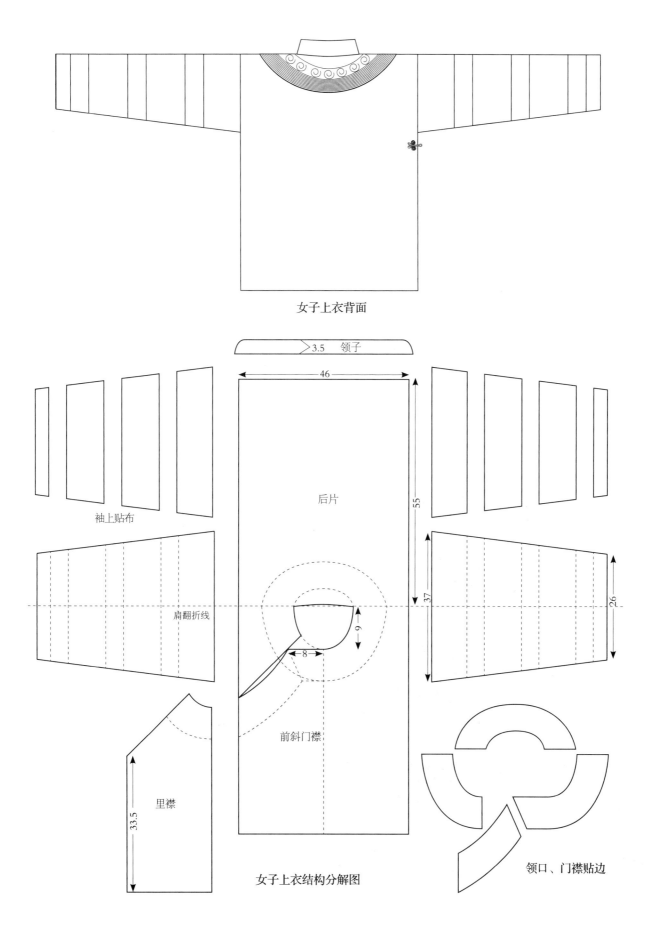

女子上衣背面

3.5　领子

46

55

37

26

后片

袖上贴布

肩翻折线

9

8

前斜门襟

里襟

33.5

女子上衣结构分解图

领口、门襟贴边

# 四、西畴花苗服饰结构图考——女子配饰外观效果

苗族妇女大多包头巾，但也有见戴盘状垂珠饰流苏的头饰。包头巾为方形机织布，多格纹，很像苏格兰格子，四边有流苏。

前围腰长接近裙摆，后围腰为大小两件式，在后围腰的上层还系有更短小的围腰，是起背垫作用的。绑腿呈三角形，黑色，上贴装饰绣布，通过缠裹，只见绣布而不露黑色，可见"物尽其用"是他们的普世价值。

花苗百褶裙根据家族身份背景分类繁多，可以说它是花苗族服饰一道亮丽的风景。最具传统的要属蜡染百褶裙，通常以靛蓝色蜡染布为基础，向上为带状的各色挑花装饰，接着是蜡染图案，最上端的腰头为本白色，均匀压褶。如今，百褶裙已被现代的机器压褶所取代。

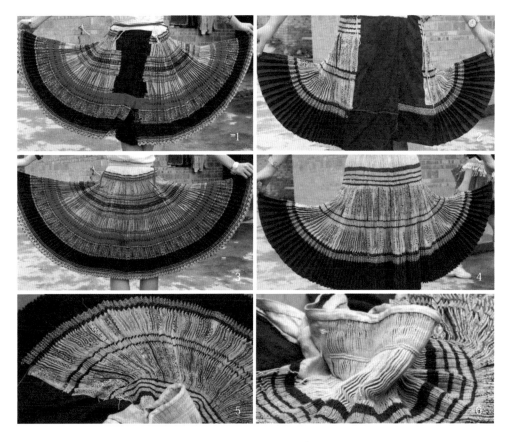

1 花苗刺绣百褶裙正面
2 花苗蜡染百褶裙正面
3 花苗刺绣百褶裙背面
4 花苗蜡染百褶裙背面
5 蜡染百褶裙压褶细节
6 蜡染百褶裙腰头也同
　时压褶

**图片来源:** 何鑫 摄

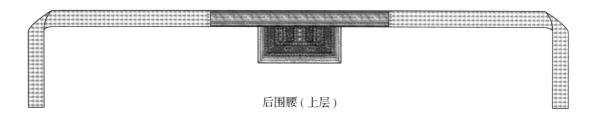

后围腰（上层）

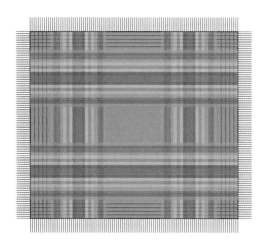

包头巾

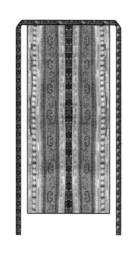

前围腰

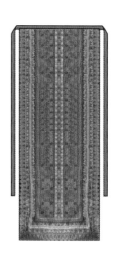

后围腰（下层）

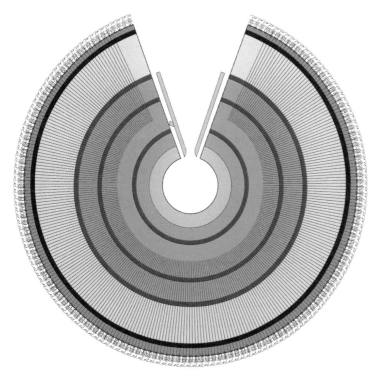

百褶裙

绑腿


p

第七章　银装素裹点「白青」 花团锦簇绣「花红」

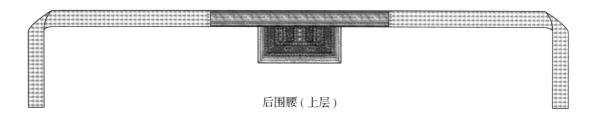

后围腰（上层）

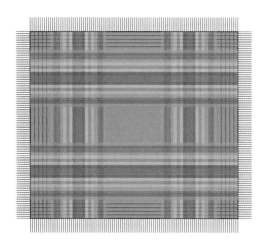

包头巾

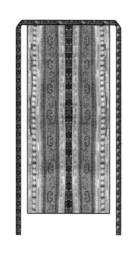

前围腰

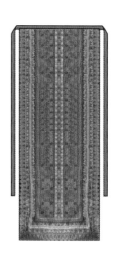

后围腰（下层）

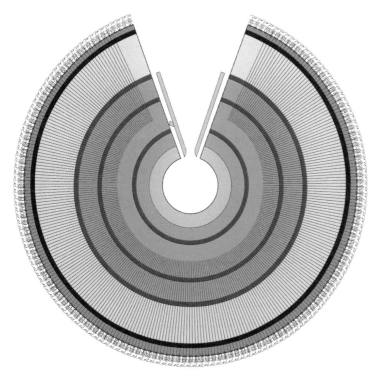

百褶裙

绑腿

# 五、西畴花苗服饰结构图考——女子配饰结构复原

　　西畴花苗的围腰较复杂，由三部分组成。前围腰长接近裙摆，后围腰上层中间接一块短且宽的垂帘，下层较窄长，两块重叠在臀部。围腰可能是原始部落性文化的残留，另一种功能是背重物时在腰臀处起衬垫作用。

　　裙子底摆围度很大，腰围也达到了 86 厘米，穿着时通过调整正面的重叠量可以适合更多的胖瘦体型不同的人群。裙褶细密，如同橡皮筋一样，褶裥的疏密变化也能满足不同的臀部运动要求。

　　绑腿与白苗细长型不同，花苗绑腿较宽大，装饰的绣条也较宽，在小腿上缠绕的圈数也随之减少。

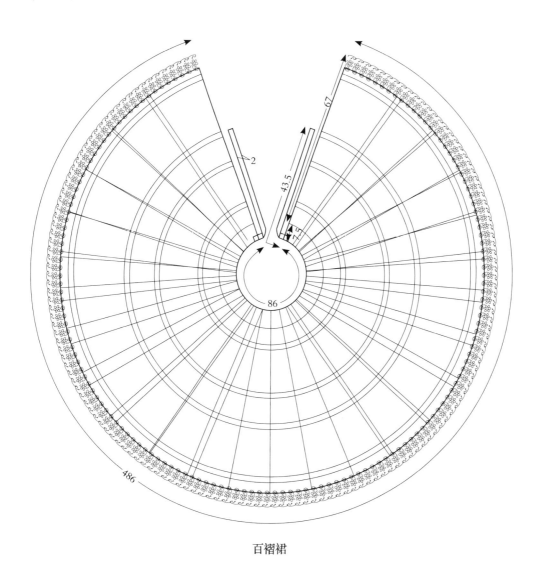

**百褶裙**

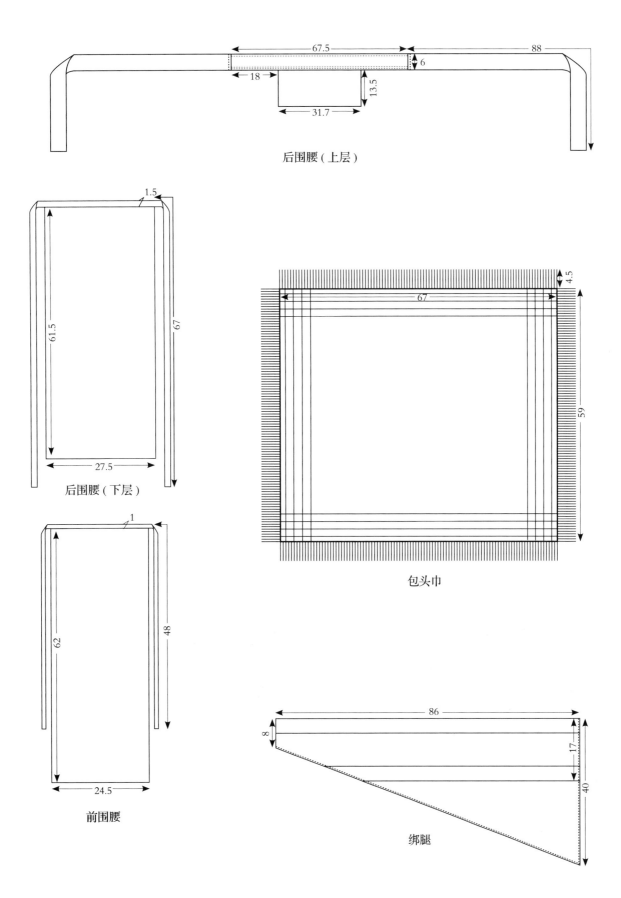

后围腰（上层）

后围腰（下层）

前围腰

包头巾

绑腿

# 六、丘北花苗服饰结构图考——女子主服外观效果

　　云南文山州丘北县八道哨地区的花苗服饰更加清晰地体现了苗族支系间融合的特征。在此地，既有图中的对襟，也有类似西畴花苗的偏襟形制，两种女装除主服样式不同外，配饰并无差异。

　　这件女子上衣采用暗红色印花丝绒面料，明显出自现代工艺，但结构保持得比较纯粹，对襟无扣，领后缀方形贴饰背牌。两襟有带状饰布。衣袖拼接有环形贴花饰布。贴饰纹样多为涡纹及花草纹、锯齿纹。前襟下摆接有多色条纹布。

1 女子服装正面
2 女子服装侧面
3 女子服装背面

图片来源：何鑫　摄

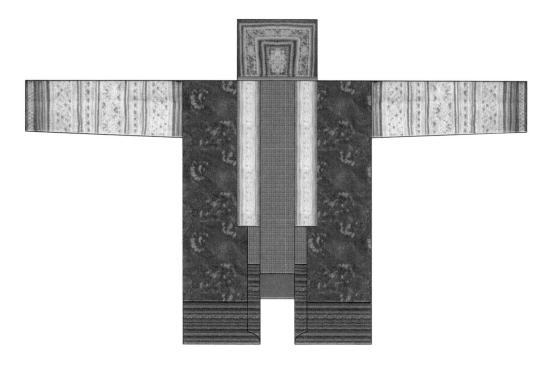

女子上衣正面

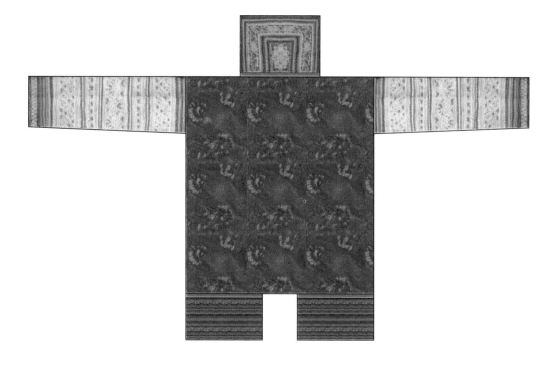

女子上衣背面

# 七、丘北花苗服饰结构图考——女子主服结构复原

丘北花苗女子主服结构为分开式对襟窄衣，袖筒细长。前后直摆均露出里料。前后片里料采用连裁形式前摆，下接与面料同宽的两块方形里料布，后片里料长于面料。对襟沿里料门襟翻折，翻折部分从肩线开始贴有两条宽 5.5 厘米、长 34.5 厘米的饰带。

后中无破缝，大量机织面料的使用可以看出该地区汉化程度在加剧。

后领肩缝夹缝长方形披领，即贴饰背牌的结构造型是苗族各族群传统上相互区分的符号之一。花苗为尖领，白苗、青苗为方领，苗族一直流传着关于披领造型由来的传说。而在此地区的花苗服饰中既出现了这种方领也有尖领存在，包括对襟和偏襟结构亦在这里共存，可见该地区支系间的融合，但因与外界交流较少而获取了更多有价值的原始信息。

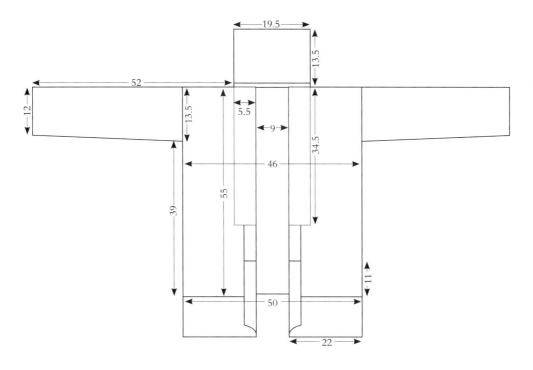

女子上衣正面

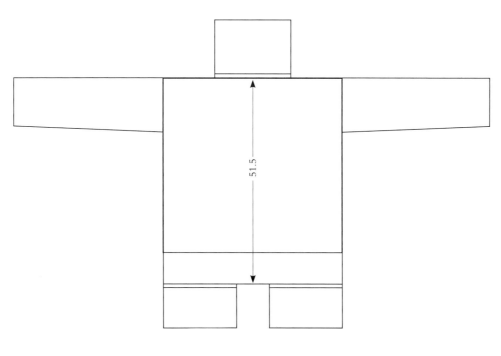

女子上衣背面

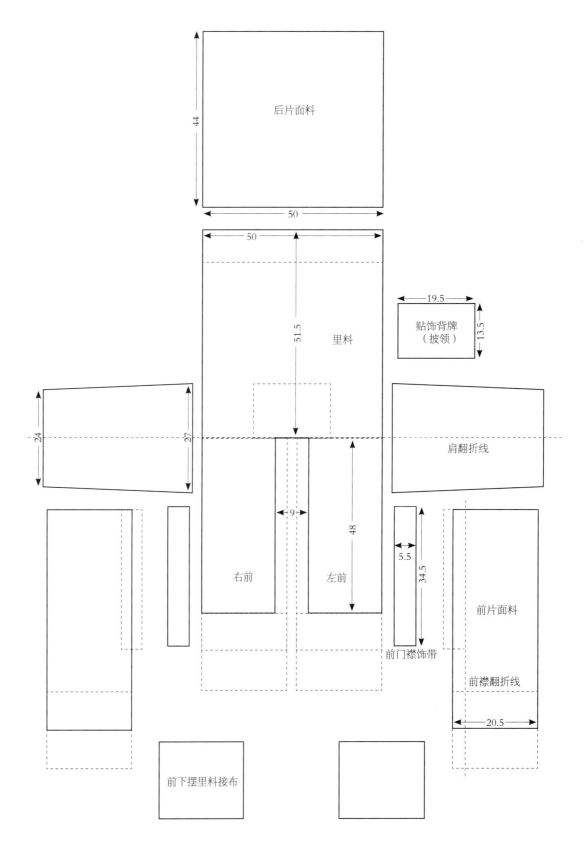

后片面料

44

50

里料

50

51.5

贴饰背牌
（披领）

19.5

13.5

肩翻折线

24

27

9

48

右前

左前

5.5

34.5

前门襟饰带

前片面料

前襟翻折线

20.5

前下摆里料接布

女子上衣结构分解图

# 八、丘北花苗服饰结构图考——女子配饰外观效果

　　丘北花苗女子普遍束发带。发带做工精美，它从前额向两侧延伸，左右各一段与挑花绣带相接，白色底布上绣有红绿白三色花草、旋涡、锯齿纹，接缝处各垂饰有彩珠及红色穗线。

　　前围腰上贴有数圈长方形环状绣布，后围腰为蓝色贴绿边绣带，两端接系带，中部接长方形绣布，绣布下坠有珠穗。

　　百褶裙为蓝色，印染本族图案，下摆接有蕾丝花边，均出自现代工艺。

1 女子发带正面
2 女子发带背面

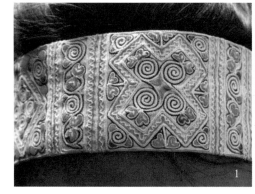 

图片来源：何鑫 摄

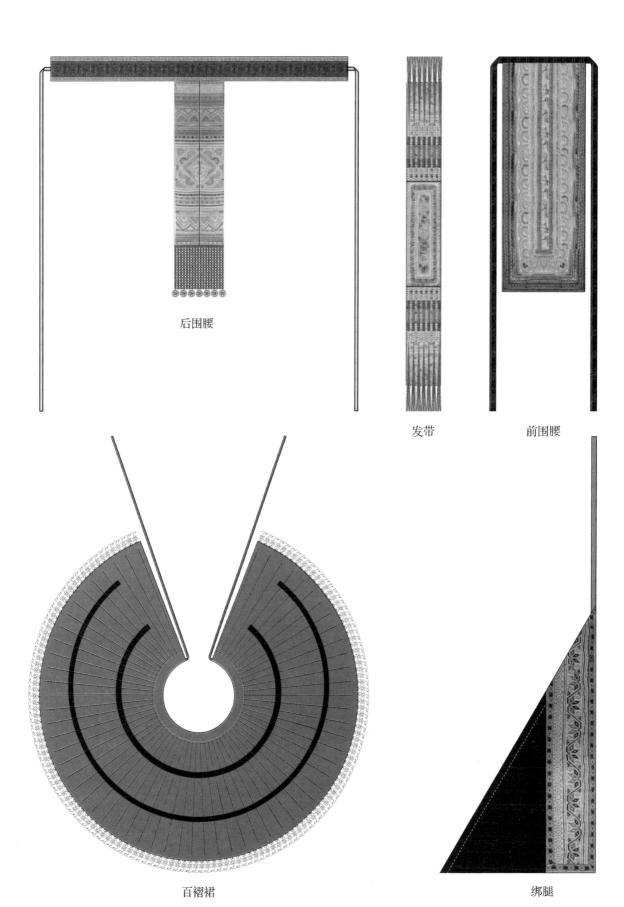

后围腰

发带

前围腰

百褶裙

绑腿

# 九、丘北花苗服饰结构图考——女子配饰结构复原

西畴、丘北花苗的围腰较之广南白苗更加细长，宽度为白苗的一半左右，前后围腰形制区别也较大，装饰多变化。

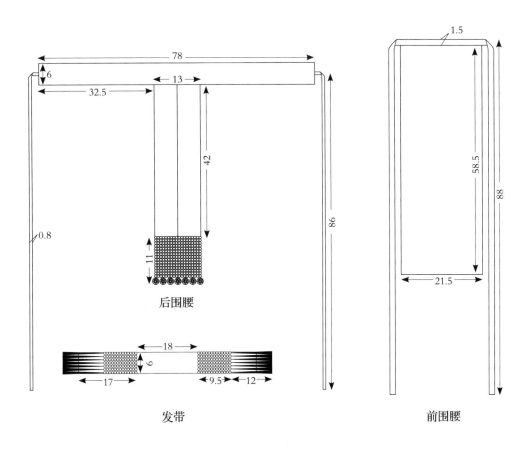

后围腰

发带

前围腰

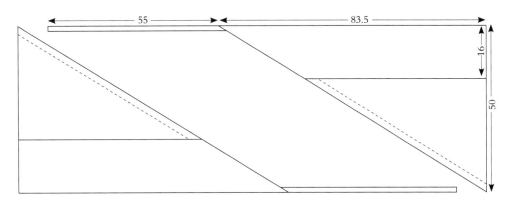

绑腿

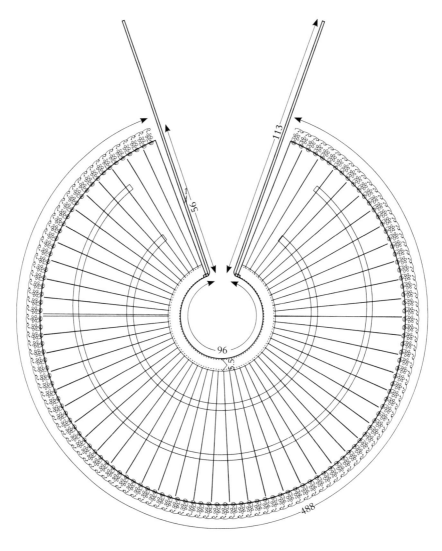

百褶裙

# 第四节　绚丽多彩的苗族服饰在现代文明的冲击下
## 　　　　亟待保护

　　本章的三个苗族支系女子服饰形制总体来说为上身着对襟或偏襟短上衣，窄衣窄袖，保持着中华传统十字型平面结构。其中，融水苗族、白苗、丘北花苗均为对襟，但具体形制又各具特色。融水苗族的对襟下摆相交，白苗是标准的两襟在前中系扣，而丘北花苗则是分开式的对襟，有宋代遗风。领型方面各不相同，融水苗为拼接的交领，白苗是现代化的翻折衬衫领，西畴花苗则是接近传统汉服的直领形制，丘北花苗无领却在后领线上有贴饰背牌，这充分体现了苗族服饰的传统性和多样性。袖子只有融水苗族较特别，是袖中接袖，较肥大，其他苗族支系均是在肩部接袖，且窄长。融水苗族为圆摆，花苗、白苗均为直摆。百褶裙在苗族十分普遍，裙摆宽大，多幅相接，结构上分为腰头和裙身两部分。头部戴头巾或发带，盛装有精美头饰、项圈、手镯，腿部系绑腿。融水苗族上衣内着胸兜，白苗和花苗裙上有围腰。不同地区围腰形制不同，少则前后各一围腰，多则前一后二，大小各不同，前长且窄，后短而宽，原生态保持完整。

　　苗族服饰的变迁在现代主要有两种趋势：一是相邻地域间的相互融合，二是现代工业文明的冲击有杂糅的趋势。

　　融水苗族与三江侗族相邻，无论是从服饰结构的对襟、圆摆、门襟、前中破缝，还是从服饰形制的内着胸兜及对亮布的钟爱，都可以看到侗族的影子；文山地区的花苗、白苗则趋于同化，结构形制区别不大，而作为族群认同的服饰符号甚至丧失了原有的严格界限，更多的是作为传世的装饰元素来使用。

　　外来的现代文明对苗族传统服饰的影响更为剧烈。白苗、花苗的服饰材料几乎全部使用工业制品，传统手工技艺遗失严重，服装的原始平面结构也在逐渐向现代汉族服装靠拢，断缝的位移，衬衫领、领窝的出现，装袖的使用，都清楚地显示出汉化程度的明显，有传统服装礼服化的趋势，日常着装趋同汉化，只在节日时才穿着本民族传统装束，这一点在男装上体现得更为显著。

　　如何在苗族现代化转型的过程中更好地保留自身悠久历史中熠熠生辉的传统文化、技艺，成为当下亟待解决的问题。我们不希望看到中华传统服饰的经典在历史进程中被一次次遗失的悲剧再次发生。苗族服饰文化是绚丽多彩且内涵深厚的，有着令人震惊的独特魅力，无数次令世界各地的民众、艺术家、学者趋之若鹜，其丰富的文化遗产理应得到拥有这些遗产的我们更多的关注和保护，我们需要心存敬畏之心去面对她们。

# 第八章

# 海南少数民族服饰

在海南主要考察了当地人数最多的两大少数民族——黎族和苗族。黎族是海南独有的少数民族，传说上古炎帝时代，和"蚩尤"是东部、南部各族部落的统称，是由众多小部落组成，特别显赫，又称"南蛮""百越""九黎""三苗"，这就是黎族、苗族、壮族等现今南方少数民族的祖先。"蚩尤"部落因为经常叛乱，被黄帝、尧、舜、禹以及以后朝代兼并和驱赶，逐渐向南躲避于山岭，以致其中一支古骆越人（后称"俚人"）人口大量减少，部分人从大陆两广和越南北部一带乘独木舟、竹筏登上海南岛，成为海南最早的居民，这就是黎族的祖先。到了南北朝时，大陆两广一带的"俚人"跟随首领冼夫人，大规模迁移至海南岛，并归附冼夫人统治。海南岛的"俚人"在宋朝以后开始称"黎"至今。黎族主要有"润""美孚""杞""哈""赛"五个支系，因其独特的自然、地理条件和社会因素，服饰上保存了许多原始特征和历史文化基因，极具研究和传承价值。明代嘉靖、万历年间，从广西调防来海南岛戍边的苗族士兵撤防后留了下来，后代变成了现在的苗族，上岛居住历史已有 400 多年，人口约 6 万人，与黎族同居岛的中南部山区，因为入居海南岛时间较晚，加之人少势弱，往往在黎族的居住区里见缝插针，或生活在深山密林之中。因此，相比于内陆的苗族，海南苗族对于传统文化的保留更为纯粹，受外界影响较小，更有利于我们去探寻中华传统的服饰结构形制的真谛。

# 第一节　海南润方言区黎族服饰

　　润黎主要居住在白沙县，人口约占黎族人口的 6%。润黎又称"本地黎"，即最早在海南岛上居住的黎族。史书记载最早的黎族穿"贯头衣"，就是指润黎。润黎男子上身穿麻衣，下身穿两块倒梯形布吊檐，喜欢挂蓝白色玉串珠。女子头缠黑布，脑后梳髻，上插雕刻精细的骨簪。上衣为宽松的贯头式，下身穿紧身的超短筒裙，裙长在 30 厘米左右，最短的仅有 24 厘米。润黎妇女服装整体造型按现代的眼光非常时髦，极富现代感。润黎的织锦织工精细，图案多以先祖、龙、凤为题材。妇女有文身风俗，一般从十二三岁开始至婚前陆续完成，个别有婚后完成的。文身工具是植物刺针、小竹木棒和植物染料。文身的部位主要是脸、颈、胸和四肢等处。不同地区的文身图案差别很大。这种习俗目前已基本消失，仅在偏僻地区老者身上能够见到。

图片来源：海南省博物馆

# 一、润方言区服饰特点

聚居白沙黎族自治县的女子头缠深蓝色头巾；上身穿深蓝色直开领贯头衣，衣服下摆和袖口缝制精致的双面绣绣品；下穿筒裙，以红色为底色，用各种花纹图案的单面织锦面料缝制。男子头缠深蓝色头巾；上穿无领、对襟的麻或棉布上衣，上衣有少量绣饰；腰的前后右系一片遮羞麻或棉布。

1 润黎文面妇女

2 润黎妇女头饰

3 润黎老年服饰

1

2

3

**图片来源:** 海南省博物馆

# 二、润黎服饰结构图考——女子主服外观效果

　　润方言区女子上衣裁剪结构独特而规整，属直开贯头衣类，图案分布讲究而精美，"双面绣"是其最精彩之处。考察中的两件服装是海南黎文化企业家和收藏家收藏的润黎服饰精品，一件是年代更为久远、图案刺绣精致、色彩高雅的原物，另一件是现代高仿制品。

　　润方言区妇女的短筒裙在各方言黎族妇女中最短，筒裙仅长 28 ~ 38 厘米，腰围要求紧贴腰部，不扎腰带，上至肚脐下面，能遮小腹，裙底边只及大腿。由于居住的地理环境不同，黎族筒裙的长度从短及膝上到长及脚踝，各具特色。如沿海平原地区妇女多着长筒裙，深山地区妇女多穿中筒裙或短筒裙。这正反映出服装形制的确立是与生活环境和生产方式的需要相关联。

1 润黎女子上衣双面绣细节

2、3 下摆双面刺绣

图片来源：陈静洁　摄

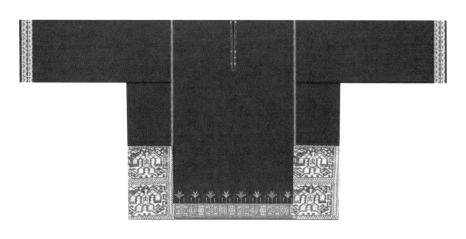

润黎女子上衣款式之一　　　　　　　　润黎女子上衣局部刺绣

润黎女子上衣款式之二　　　　　　　　润黎女子上衣局部双面绣

# 三、润黎服饰结构图考——女子主服结构复原

　　润黎女装堪称是原始服装的活化石，保留了人类原始社会最典型的贯头衣的基因，即人类初期服装文明的"套头式"和东方文明在此基础上发展而来的"对襟式"。幅布在中心纵向开缝为领，套头而穿。衣侧的结构独特，并不是通常所见在侧缝拼接，而是前后衣侧片为整块布沿侧缝翻折，再同前后身衣片相连。与多数南方少数民族前后中断缝都是为了解决布幅宽度不足的缺陷不同，在大中华一统的平面十字型结构下，采用了更为适合本民族贯头衣的巧妙结构。这种结构对海南身处物资匮乏的山区，可以有效地节省布料，她们普遍使用超短筒裙也就不难理解了。

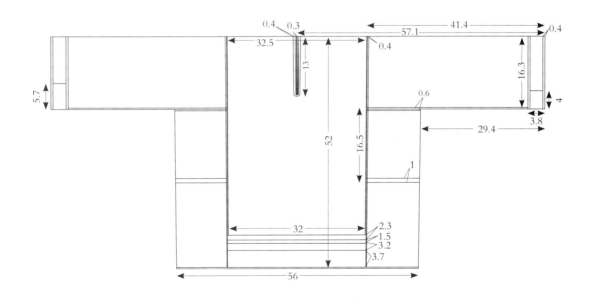

女子上衣结构图

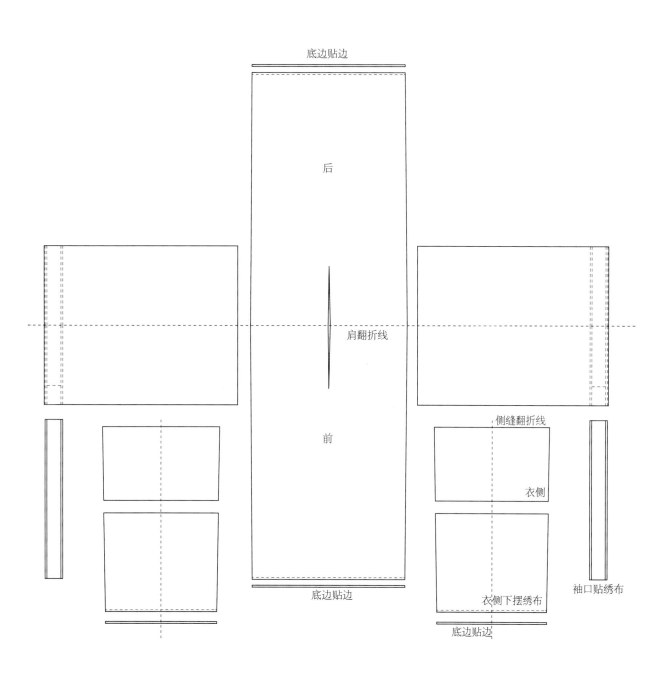

底边贴边

后

肩翻折线

前

底边贴边

侧缝翻折线

衣侧

袖口贴绣布

衣侧下摆绣布

底边贴边

**女子上衣结构分解图**

# 第二节　海南美孚方言区黎族服饰

　　美孚黎主要分布于昌化江下游两岸的东方和昌江两县，人口约占黎族总人数的 4%，是黎族最小的一支。美孚黎被认为来源于海南的俚人。史书中关于"俚"的记载，最早出现在《后汉书·南蛮传》中，东汉建武十二年（公元 36 年），九真徼外有一个叫张游的蛮里人，羡慕内地文明，主动带领族人归属内地，被朝廷封为"归汉里君"。东汉建武十六年（公元 40 年），交趾女子徵侧和妹妹徵贰起兵反叛汉朝，九真、日南、合浦一带的蛮里一呼百应，攻下岭南六十五个城池，徵侧自立为王。于是汉武帝拜马援为伏波将军，率众将南击交趾，于建武十九年（公元 43 年）斩徵侧和徵贰，传首级到洛阳。马援因此而被封为新息侯，岭南全部平定。马援曾在日南郡象林县立下铜柱，表示这是大汉王朝的南界之限。这里提到的"蛮俚"，唐朝李贤解释为"俚"是"蛮"的别称，那个时候就已经称呼为俚人了。

　　三月三是美孚黎的节日，把女人们着筒裙比美的习惯推向高潮。这天，女人们穿上精心绣织的筒裙，斗艳比美，对歌约会，谁的筒裙最标致，谁就成为众星相拥之月；谁的筒裙丑陋，谁就成为众人嘲谑的对象。民间就流传着一姑娘穿着半边裙子来聚会，出尽洋相的趣闻。筒裙如此受到女人们的青睐，自然是婚嫁的必备之品。待嫁少女，总是带着古朴甜美的梦幻与明快强烈的审美意趣，嵌金镶银，精心织绣，竭力追求"绣罗衣裳照暮春，戚金孔雀银麒麟"的艺术效果，以求在婚宴上色惊四座，貌压群芳。事实上美孚黎服饰异常朴实无华，完全不同于南方少数民族服饰繁复的装饰，但用现代的美学标准看，它却有着大家风范。

图片来源：刘瑞璞 摄

# 一、美孚方言区服饰特点

　　聚居东方市和昌江黎族自治县的美孚黎妇女服饰和润黎服饰在形制上堪称黎族服饰的两大主流。但在外观上，润黎的装饰性更明显，双面绣是它的精彩一笔；美孚黎外观朴素，但结构复杂且内涵丰富，传递着很有价值的原始信息。美孚黎典型的女子服饰为上穿深蓝色或黑色似领非领的对襟窄袖上衣，下穿绞缬染织花或织锦长筒裙，头上扎黑白相间的条纹布头巾或缠织锦带穗头巾。男子上身穿深蓝色、黑色大裾或似领非领的对襟窄袖棉布上衣，下着两幅布缝制的围裙，类似氏族部落男人的遮羞布。

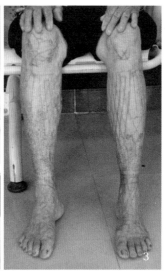

1 美孚黎老人包头
2 美孚黎老人服饰与
　包头细节
3 美孚黎老人文身

**图片来源：** 陈静洁　摄

美孚黎老人服饰素雅，
内涵丰富

**图片来源:** 刘瑞璞 摄

第八章 海南少数民族服饰

# 二、美孚黎服饰结构图考——年轻女子套装外观效果

　　美孚黎年轻女子的上衣颜色以黑色为主，缀以红、白、蓝三色在领边、袖口、开衩处进行装饰。筒裙色彩丰富，由五幅织锦组成，其中从下至上第二幅或为普通彩色织锦或为绞缬织锦。

　　东方地区美孚黎以穿华丽的筒裙为美，她们认为：月有影，女有桶，月亮靠影子做衣裳，黎女靠筒裙巧装扮。她们的裙分两种，一种是通体扎染织，风格高古；另一种是上部彩织下部扎染织，花素相。图案有几何纹、动物纹、竹竿舞纹、古灯舞纹等，可谓"缩千里尺幅，汇万趣于指下"。姑娘们特别喜欢一种织有鸟翼图案（幸福的化身）的彩筒裙，它是用扎染含蓄斑点花纹靛蓝而进行局部彩色条纹织绣完成的。彩色条纹，主体图案并列横排，有形态各异的鸟云纹，鸟有俯身下冲的，有翘首穿云的，橘红色的群鸟嵌以金、白两色形框架，分外富丽，散落其间的蓝色小几何形又给它添了不少情趣。上下织合起来看，彩织的橘红主色与扎染织的靛蓝底色两相对比，产生强烈的色彩冲击力，明艳悦目，而彩织的蓝色小几何形则与扎染的湛蓝底色相呼应，浑然一体。整条裙子花素对比，相映成趣，并于对比中显示出均衡、和谐的美感，恰与现代设计趋势相吻合，所不同的是这些都带有功利性，她们确信美好的饰物会带来美好的憧憬。这种隐而不露的美孚黎装饰随着繁复而巧妙的服饰结构，带来一股远古的智慧和气息。

1 美孚黎年轻女子服饰

2 后领细节

3 美孚黎年轻女子筒裙
　细节

图片来源：陈静洁　摄

美孚黎年轻女子上衣

**图片来源:** 私人收藏

# 三、美孚黎服饰结构图考——年轻女子套装结构复原

美孚黎年轻女子上衣保持了古老的平面、规整的结构特点，对襟、接袖，袖和衣身在袖窿处断开。一字领的结构不禁让我们想起广西的盘瑶，包括领围贴布的形制，当地人叫它"搭肩布"（类似于现代男装衬衣的"过肩"），而它的开缝领口（不挖领口）更加古老。两者地理位置相距遥远又属不同民族，历史上也无交流接触或是杂居的记载，可以大胆推测这种领型结构在黎族、瑶族先民还未分化时就有一字领的存在，在漫长的历史中，黎族、瑶族在隔山望水相距遥远的地方均传承了此结构，虽产生了演化改变，但基本结构形制未变且更具文化价值。筒裙结构和傣族筒裙颇似，但分片更多，由五片长方形布拼接，也都有原始遮羞布的共同特征。这说明远古的朴素认识决定了朴素的造物形态，就如同没有交往、也不可能产生交往的史前文明，都在不同的文明流域产生了象形文字一样的伟大创造。

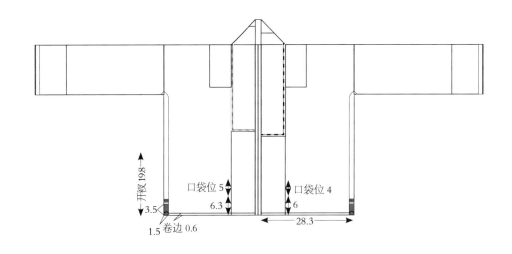

美孚黎年轻女子上衣正面

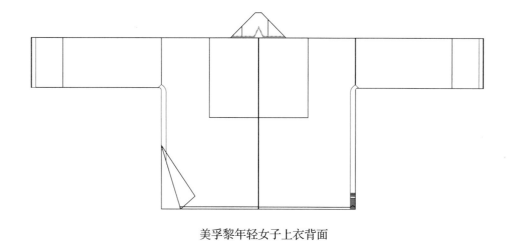

美孚黎年轻女子上衣背面

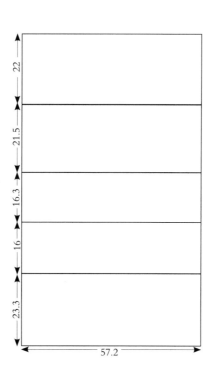

美孚黎年轻女子筒裙

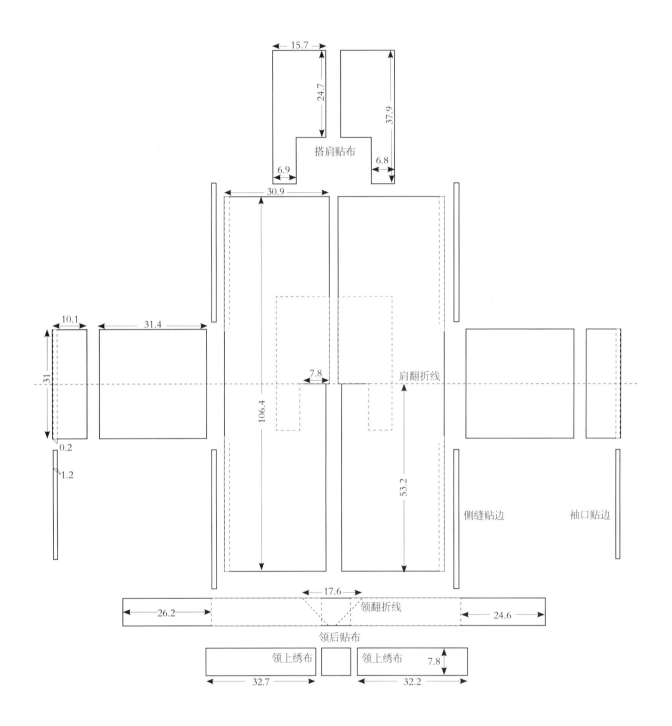

美孚黎年轻女子上衣结构分解图

# 四、美孚黎服饰结构图考——中老年女子套装外观效果

美孚黎中老年女子的上衣较年轻女子上衣朴素，鲜少嵌有彩色装饰饰边，多以深蓝色大身、白色饰边为主，相同的是在结构上它们都有"搭肩布"，这从一定意义上传递了母系氏族社会传承下来的信息（因为它在女性服饰上普遍存在）。中老年女子筒裙色彩质朴，其中，从下至上第二块为绞缬织锦，多以祖先图腾为纹饰。

1 美孚黎妇女服饰

2 ~ 4 美孚黎中老年女子套装细节

**图片来源：** 陈静洁 摄

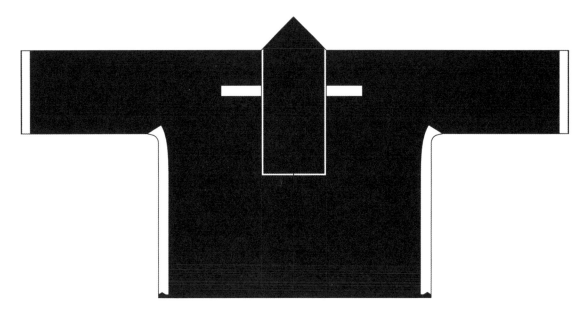

美孚黎中老年女子上衣正面

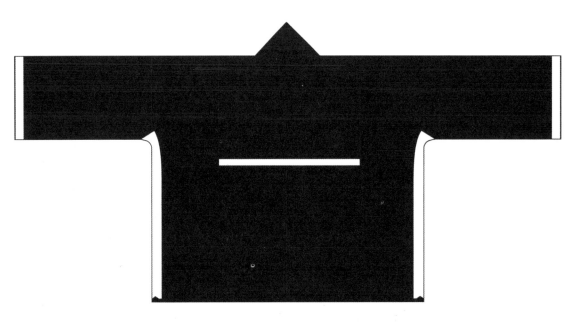

美孚黎中老年女子上衣背面

# 五、美孚黎服饰结构图考——中老年女子套装结构复原

　　美孚黎中老年女子套装结构同青年女子套装结构一致，但拼接较多。对襟，一字领，前后中断缝，接袖，贴布较多，"搭肩布"也可增强耐磨性。

　　筒裙结构规整，由四片布拼接，结构样式很像云南佤族的筒裙。

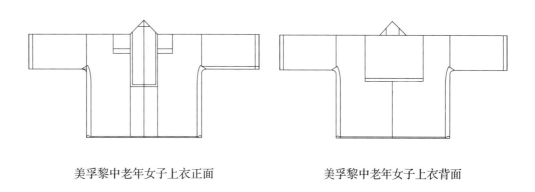

美孚黎中老年女子上衣正面　　　　　　美孚黎中老年女子上衣背面

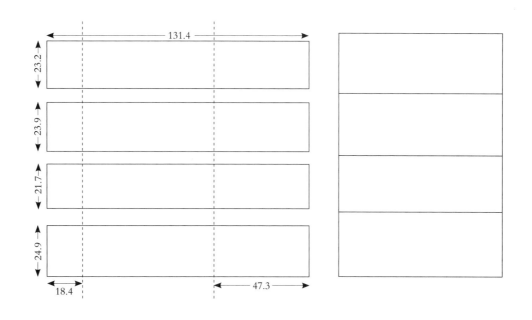

筒裙结构分解图　　　　　　　　　美孚黎中老年女子筒裙

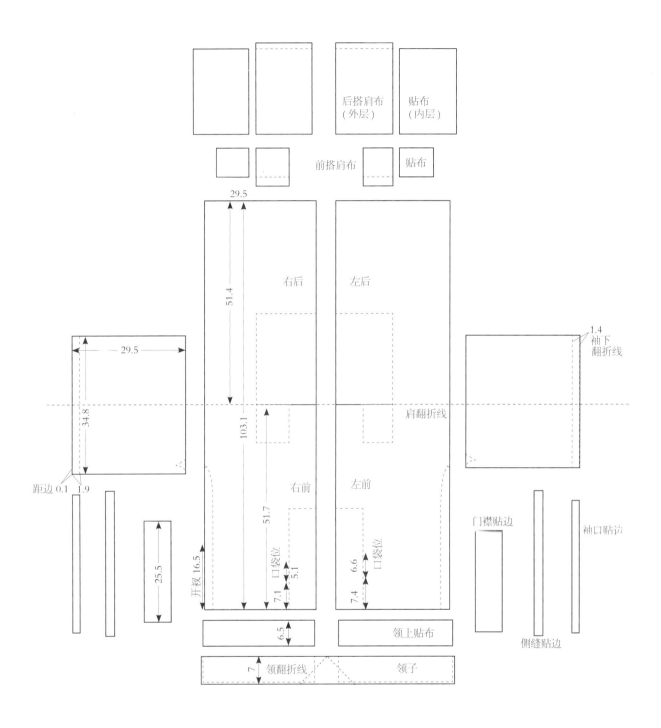

后搭肩布
（外层）

贴布
（内层）

前搭肩布　　贴布

29.5

右后　　左后

51.4

1.4
袖下
翻折线

29.5

34.8

肩翻折线

距边 0.1　1.9

25.5

103.1

右前　　左前

门襟贴边

袖口贴边

51.7

5.1

6.6

口袋位

口袋位

7.1

7.4

开衩 16.5

6.5

领上贴布

侧缝贴边

7　领翻折线　　　领子

美孚黎中老年女子上衣结构分解图

# 六、美孚黎服饰结构图考—— 男子下装外观效果

　　美孚黎男子下身的围裙还带有原始遮羞布的痕迹，相同大小的两片矩形布幅，同在右侧加饰边，腰间捏活褶，交错对齐腰线，再用一条近似梯形的白色宽布条固定腰部，布条两侧系带。

　　据文献记载，美孚黎男子上衣与女子上衣相同，并无差别。据机构村的阿婆叙述，他们村传承下来的男子上衣是没有从前胸到后背中类似"过肩"的"搭肩布"，只有女子服装才有，这是男子与女子上衣的区别所在。但现今仅存的一些资料中并未对这一点进行区分，从田野考察的情形看，带有"搭肩布"的服饰主要出现在女装上，这与传承的说法一致，但它的动机和表达信息还有待进一步考证，但如果综合海南的历史史料和其特殊的地貌以及女性专属这一实证，基本上可以判断，它来源于远古母系氏族社会的信息。

1 美孚黎男子服装
2 美孚黎男子头饰
3 ~ 5 美孚黎男子围
　　裙细节

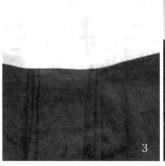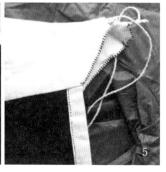

**图片来源：** 陈静洁　摄

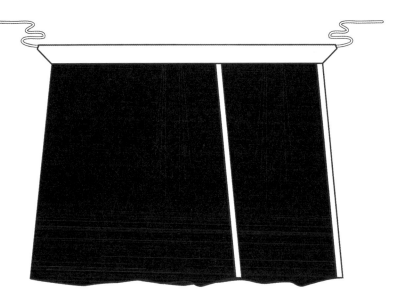

男子围裙正面

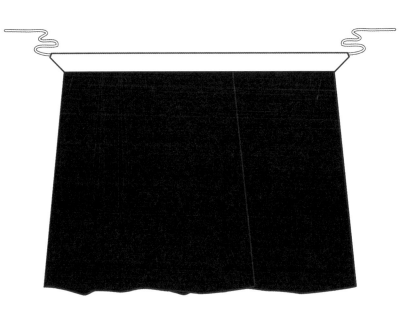

男子围裙背面

# 七、美孚黎服饰结构图考——男子下装结构复原

　　美孚黎男子围裙的结构并不复杂，有些类似于清末民初汉族的马面裙，在正面两片裙身有重叠。裙身较宽大，便于劳作。每片裙布在腰间都有两组共六个褶裥，以适合腰部围度。腰头较长，两层翻折，呈梯形，下接裙身，两端有系带。

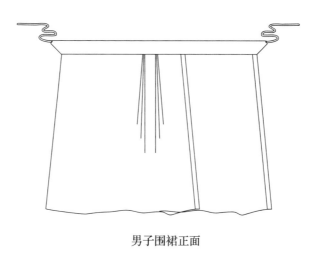

男子围裙正面

男子围裙背面

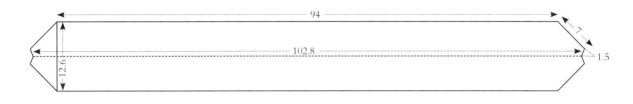

腰头

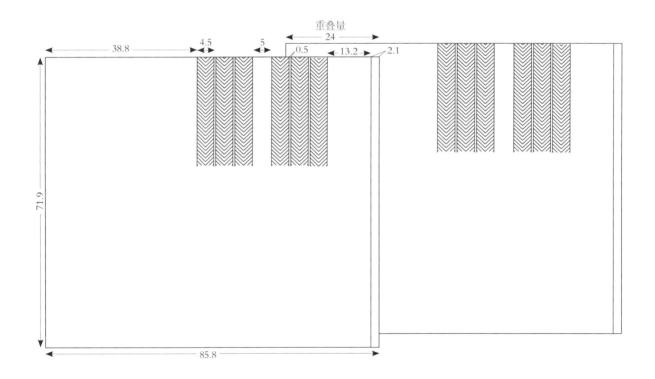

男子围裙结构分解图

# 八、美孚黎服饰结构图考——树皮衣外观效果

用"见血封喉"树（学名箭毒木）制成的树皮布不但经久耐洗，而且柔软、白净，因此被黎族先民当作制作树皮布的首选树种。这可以说是史前先民服饰形态的最后守望者，它是对研究史前服饰文明不可替代的实物标本。

树皮衣的制作方法：

步骤 1　剥取树皮。早期的黎族先民所使用的是一种叫石拍的工具，用石拍拍打树皮，通过拍打使树皮与树干间的结构松动，如此反复，大约 20 分钟，即可用刀割开树皮，将整张树皮剥下。

步骤 2　初步修整。要边清洗边修整。然后把树皮压平，削掉疤节，进行第二次拍打，这样可以使表皮与树皮纤维结构松动而软化。

步骤 3　晒干脱水。好的树皮纤维含有大量的水分，还要晒干脱去水分。

步骤 4　再次修整。对树皮进行第三次捶打。如果树皮布不平整，还要去厚削薄，使纤维分布更均匀，最后再拍打，使其成为柔软片状。

步骤 5　制衣。就地取材，用骨针和韧性好的树皮线缝制。

1 "见血封喉"树（箭
　毒树）
2 剥取树皮
3 修整树皮
4 拍打清洗树皮
5 着树皮衣的美孚黎老人

**图片来源:** 海南黎锦坊博物馆

中华民族服饰结构图考　少数民族编

# 九、美孚黎服饰结构图考——树皮衣结构复原

树皮衣裁剪沿袭着黎族服装固有平面结构，只是不宜拼接太多而是更加规整，与赫哲族的鱼皮衣一样，是中国少数民族非纺织文明之前民族服饰生态的典型，我们可以从中窥探出原始自然经济和物资匮乏的服饰文化形态，这对探究中华服饰的起源提供了一种现实的研究途径和真实的实物证据。

除美孚黎外，中国还有一些少数民族地区如傣族、哈尼族等也有制树皮衣的传统。但没有像美孚黎树皮衣那样原汁原味地保留到今天。据考古也有发现，早在3000多年前，海南黎族就会制作并穿着树皮衣了。让人担心的是，海南的开放，会加速树皮衣的消亡，保护应成为当务之急。

树皮衣结构保持着传统的古老形制，对襟，接袖，一字领。由于受材料限制，树皮衣的尺寸并不是很规整，左右衣片数据有偏差，幅宽也较窄。

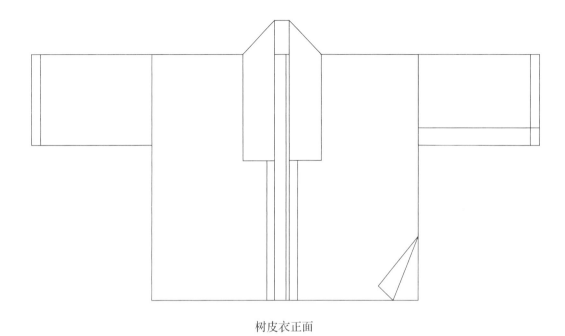

树皮衣正面

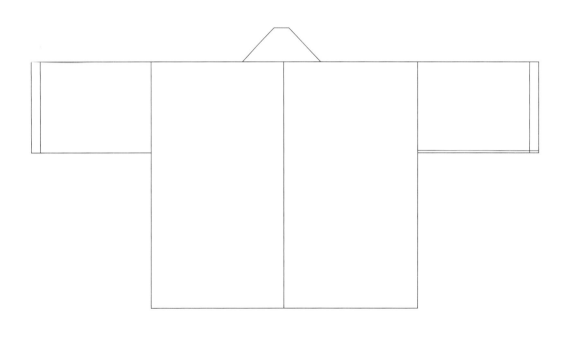

树皮衣背面

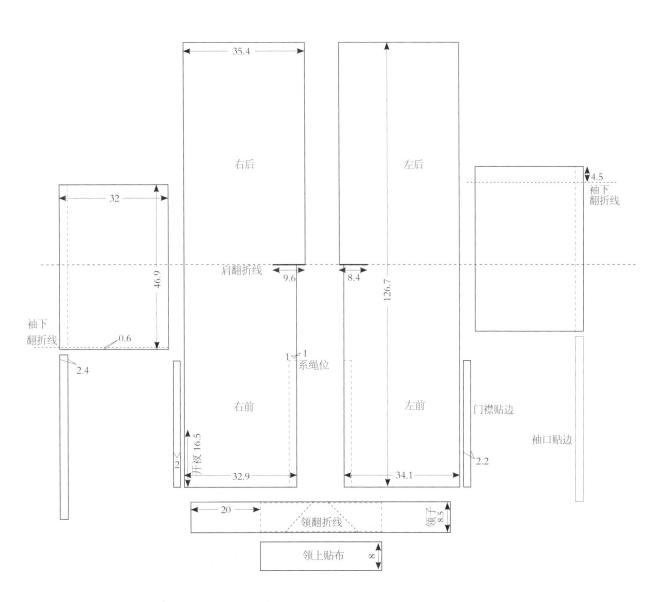

树皮衣结构分解图

# 十、美孚黎服饰结构图考——随葬衣外观效果

对黎族人而言，随葬衣是族群中必不可少的陪葬品。每一位黎族老人的去世，至少都会带走他们生前最好的衣物，如果是女性的话还要陪葬陪伴一生的纺织机。可见服饰是他们一生中最重要的积累和承载族群文化的标志物。

美孚黎的随葬衣从颜色上较其他场合穿着的服装相对朴素，整体黑色，仅以简单的白色棉布镶条装饰，恐怕这也是人类习俗文化的通识。对于美孚黎来说，无论人在何处，家里的老人都会按照传统的习俗为儿女准备将来入棺的衣物。随葬衣的数量则象征着这个家庭的社会地位，数量越多代表这个家庭条件越好，社会地位越高。随葬衣物以奇数递增，分别是 3、5、7 或是更多。即使家庭条件最困难的，其随葬品也不得少于 3 件。随葬衣和孝衣最大的不同是，前者以黑色为主，后者以白色为主，共同的地方不论是男逝者还是女逝者，随葬衣都有神秘的搭肩布。这从一个关键的社会事项证明了搭肩布带着"母性崇拜"的图腾密符意义的。

美孚黎送葬队伍

**图片来源：**《黎族传统文化》

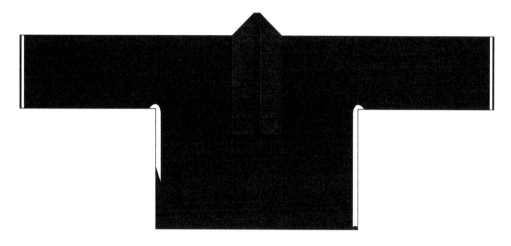

美孚黎随葬衣正面

美孚黎随葬衣背面

美孚黎随葬衣细节

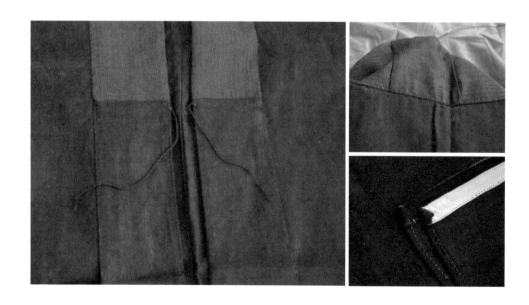

**资料来源：** 私人收藏

# 十一、美孚黎服饰结构图考——随葬衣结构复原

　　美孚黎的随葬衣结构和日常着装相仿，改变的只是颜色等外在因素。一字领，左右均有搭肩布，是它的标志性元素。侧缝用白色贴边。比较特别的是其左袖并不是沿袖片的底缝裁剪，而是错开了 4.5 厘米，使得袖子的接缝线向后转移。这样做的目的或者原因是否带有偶然性，在考察实物中并非个案（如树皮衣），因此仍待考证。

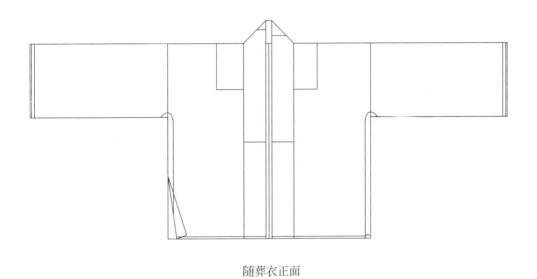

随葬衣正面

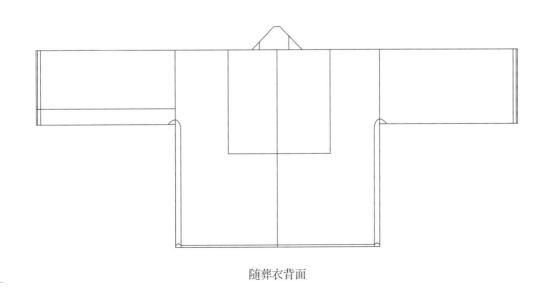

随葬衣背面

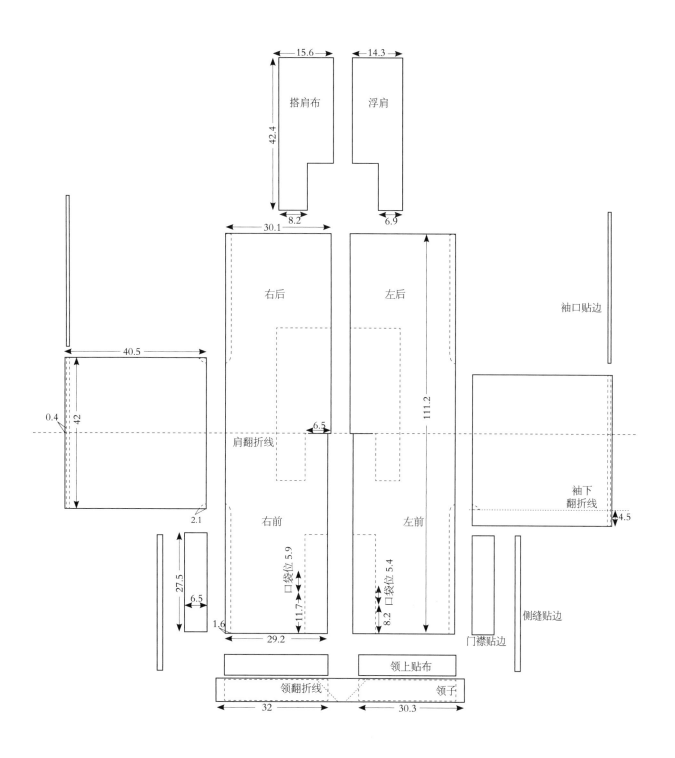

美孚黎随葬衣结构分解图

# 十二、美孚黎服饰结构图考——孝衣外观效果

　　美孚黎家族中有人过世，老人们会专门缝制孝衣给嫡亲穿用，一般小孩不穿孝衣。孝衣需穿满 13 天方可脱下（类似汉族守孝），并悬于村外树枝上使其自然销毁。筒裙的穿法有讲究，在丧事时有一个重要的变化：活着的人的筒裙是要从上往下穿，脱也要从上往下脱，但是去世的人，筒裙则都是从下往上穿脱。美孚黎平时衣服整体都是藏蓝色，白色或其他颜色作装饰；孝衣则是要杜绝一切鲜艳的色彩，只选用白色和藏蓝色，颜色的分布与平时穿着衣物相反，为白色大身，藏蓝色饰边（包括搭肩布）。

美孚黎孝衣里面效果

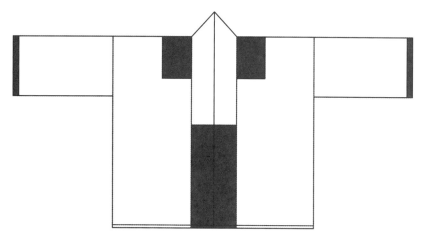

美孚黎孝衣正面

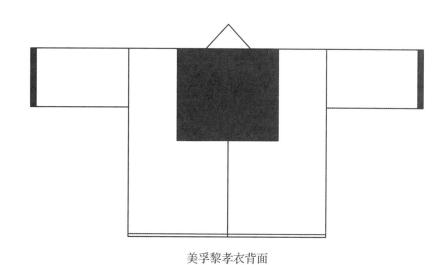

美孚黎孝衣背面

美孚黎孝衣效果与细节

# 十三、美孚黎服饰结构图考——孝衣结构复原

美孚黎孝衣结构和常服结构相同，对襟，接袖，袖口有贴边，一字领延至底边，并有搭肩布，前后中断缝，结构规整、对称，只是相对日常服装简化许多。

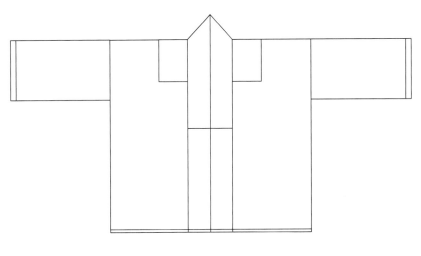

美孚黎孝衣正面

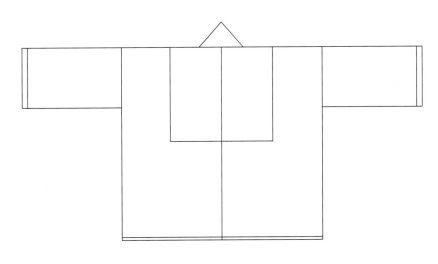

美孚黎孝衣背面

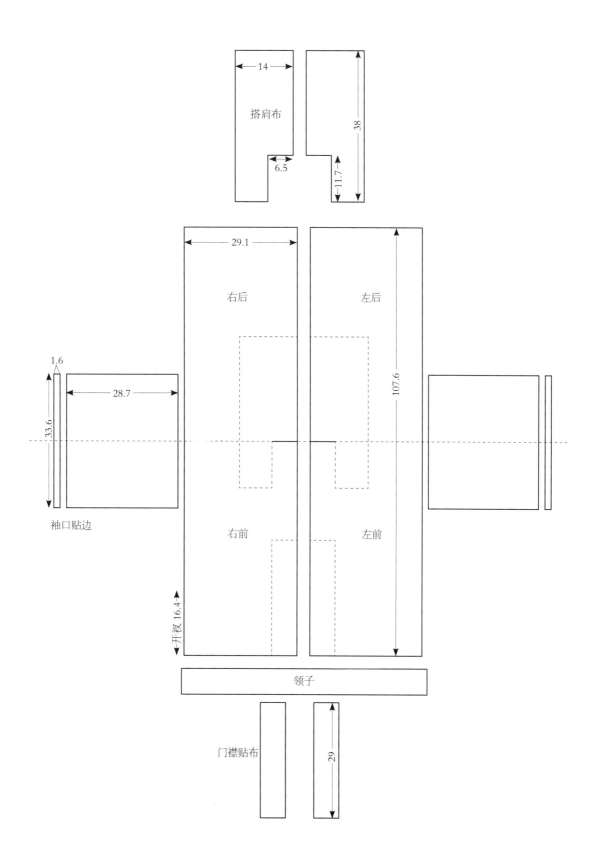

美孚黎孝衣结构分解图

# 十四、美孚黎服饰结构图考——龙被

龙被，也称为崖州被、大被，素有"广幅布"之称。龙被是黎族织锦中的一种，在黎族纺、织、染、绣四大工艺过程中，难度最大、文化品位最高、最具技术含量，是最高的织锦礼俗制品。龙被有五种形式，分别有单幅、双联幅、三联幅、四联幅及五联幅。其中，三联幅居多，五联幅和单幅最少。龙被与其说是实用品，不如说是宗教仪品，因为它主要用在宗教和礼俗仪式上。龙被的花纹图案色彩不同，用途也不相同：红色多用于婚喜事，黑色多用在丧事上。红事如婚礼拜堂、子女祝寿、盖房升梁等；丧事如"做鬼"（一种法事）、盖棺等。以龙为主体的吉祥图案风格受汉族传统影响很大，说明龙被的历史与汉文化长时间的交往有关。

龙被的织制主要有两种方法，一种是使用踞腰织机，另一种是脚踏织机。龙被的织造是一个复杂的过程，从摘棉、脱棉籽、纺纱、染纱到织绣出龙被，约五六个月时间，甚至是一年。一般来说，未成年人不能参与龙被的织制。必须是技术高超且身体健康的人，才能担任织绣龙被的工作。在织绣前要请"三伯公"（道公）来"割红"举行宗教仪式，请神灵保佑织造者眼明手快，早日完成织造任务，然后才能进行织绣。完成后也要举行仪式，感谢神灵保佑使龙被如期完成。从开始起步到完成织绣工作的这段时间里，不管是半年还是一年的时间，每天都不能间断。不论工作多忙多累，都得坚持织绣龙被，如果工作忙不过来，也要拿织物动一动，或者绣一绣，否则龙被就不灵光，先祖也不接纳。在过去，如果父母过世，贫穷人家没有龙被盖棺，都要卖儿买龙被用，否则会被全村人看不起，丧葬也不顺利。可见龙被的宗教作用大于实用，也是美孚黎族倾注全力去做的原因。

1 龙被吉祥图案的细节
2 龙被龙纹的细节
3 龙被上的团龙图案

资料来源：私人收藏

# 第三节 海南杞方言区黎族服饰

杞黎主要分布在保亭、琼中、通什市、乐东尖峰，此外，陵水大里、昌江王下也有部分居住。杞黎支系约占黎族人数的 24%。杞黎是海南古老纺织技艺的最后传承民族，至今还在用原始而便捷的踞腰织机织布，由此保持着黎族服饰原始、纯粹和率真的造物形态。杞黎男子在额前结发，头缠红布或黑布；上身穿无扣麻衣；下身前后围着两块方布，用红巾束腰；颈戴数十个铜钱串成的项圈；手绑红色或蓝色绒线，以祈求平安。妇女头戴方格纹头巾；上衣为藏蓝色，无领，长袖，无扣，开襟，衣襟两边各有一行铝质扁圆形装饰，衣摆有挑花边饰，袖口处镶有三寸宽的白布边；上衣内穿衣裙；颈上戴多个直径不等的银质项圈；下穿紧身及膝筒裙，图案色彩对比鲜明，多以红、黄、绿为主调。

杞黎人是通过名字来区分性别，男性名字前都带"帕"字，女性名字前都带"拍"字，表明氏族文化的遗留。

图片来源：刘瑞璞　摄

# 一、杞方言区服饰特点

　　杞黎以五指山、琼中、保亭等市县居多。女子穿的上衣以深蓝色或黑色为底色，无领，对襟，窄袖，服装下摆、背后和袖口处绣花；筒裙以黑色为底色，用各种花纹图案的织锦或织锦后绣花的面料缝制；头缠黑色或深蓝色头巾，或缠织锦带穗头巾。男子上衣为白色或深蓝色，无领，对襟，无纽，仅用一根小绳系接，由麻或棉布面料制作；腰部前后各系一片遮羞布（围腰），由麻或棉布制作。

1 踞腰织机织布

2 染线

3、4 杞黎妇女头饰

5、6 杞黎妇女和老人们
　　仍保持固有的生活方式

# 二、杞黎服饰结构图考——女子套装外观效果

杞黎女子上衣为藏蓝色，无领，对襟，襟上无扣。前襟更像是一个前中的破缝，样式十分古老原始。在襟边绣着带有原始信息的神秘几何纹样。后摆也有大片的刺绣纹样，为黄色、绿色、红色的菱形纹。筒裙上满是刺绣纹样，以红色为主，裙长至膝。

1 杞黎女子套装正面
2 杞黎女子套装背面
3 后摆刺绣细节

**图片来源：** 潘姝雯　摄

杞黎女子筒裙实物细节

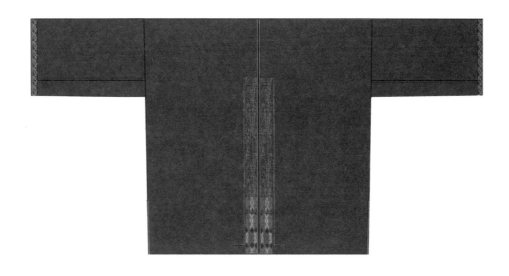

杞黎女子上衣正面

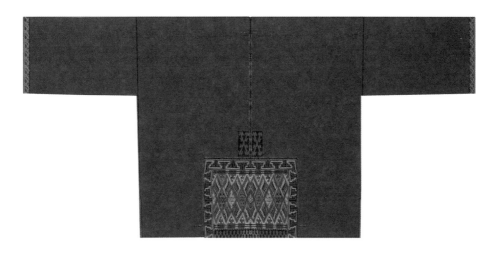

杞黎女子上衣背面

# 三、杞黎服饰结构图考——女子套装结构复原

 杞黎女子上衣保留着十分原始的结构形态，特别是衣领结构独一无二，应该说是黎族贯头衣的原始形制，将领口一字型一直开到前片底边，或是一字领的衣身结构，且没有绱领，通过包缝锁住毛边。衣身结构为长方形，从尺寸上看呈肩宽摆窄状态；后中无缝但有刺绣条；敞开穿着或与腰带组合使用。

 袖子结构特别，袖片中缝和肩翻折线并不重合，形成错位翻折，袖片在袖下翻折后拼接，合袖的缝线向前偏移了4厘米。美孚黎出现过左袖缝线后偏的样式，这里又出现了两袖前偏，究竟是随性而为，还是受制于工艺材料，亦或是寓意独具，仍待考证，但有一点是肯定的，就是这种结构形制不是个案。

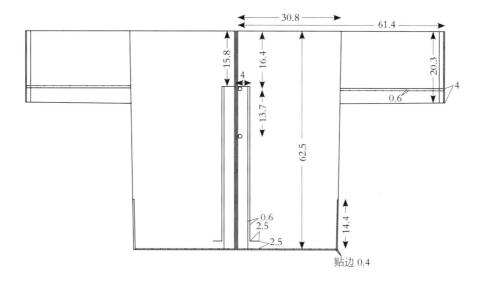

杞黎女子上衣正面

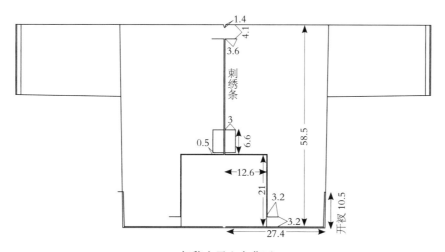

杞黎女子上衣背面

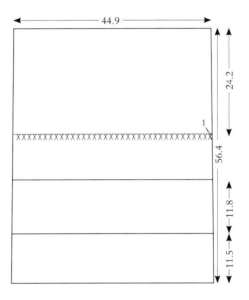

杞黎女子筒裙

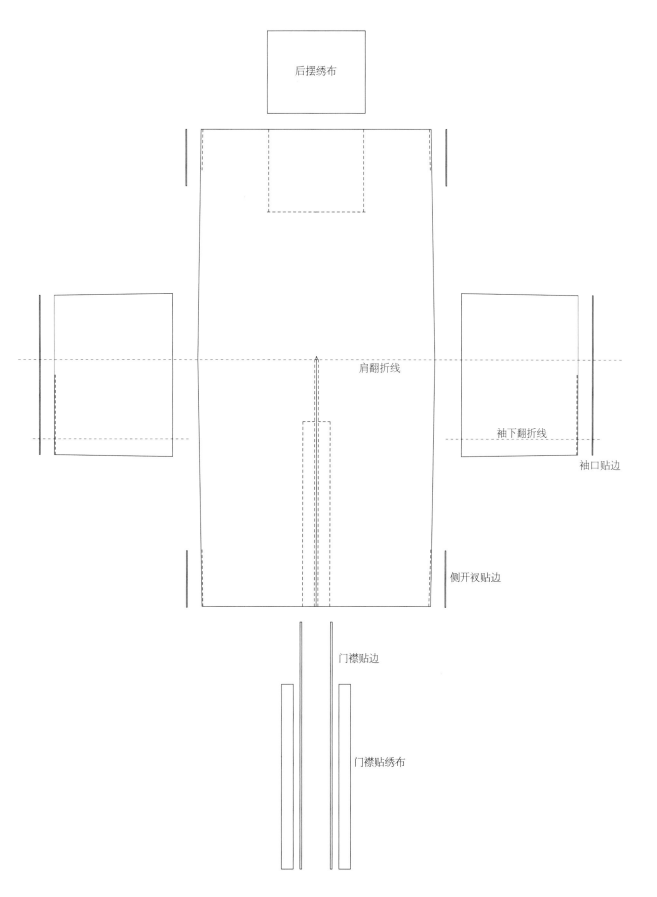

后摆绣布

肩翻折线

袖下翻折线

袖口贴边

侧开衩贴边

门襟贴边

门襟贴绣布

杞黎女子上衣结构分解图

# 第四节　海南哈方言区黎族服饰

　　哈黎主要分布于海南黎族自治州的西南部,以乐东为中心,加上三亚、东方市,形成一个大的聚居区,也有部分散居于白沙、昌江、陵水等地。哈黎人口约占黎族总人口的 58%,是黎族人数最多的一支。哈黎男子上衣多为麻织,原色,衣身底边留穗;下身穿三角布(遮羞布)。女子上衣为对襟;裙装有长筒裙和中筒裙之分。靠近沿海地区的女子多穿着长筒裙,花纹不明显,通常为横条纹或水波纹。山区地带妇女多头裹黑巾;上衣开襟,无领,襟边系铜钱;胸前佩戴银制项圈;下穿中筒裙。罗勿妇女还将长短不同的衣服互套,不掩盖花纹,以显示心灵手巧。乐东县志载仲镇哈黎妇女服装装饰纹样以蛙纹、几何纹为主,黑底色上红、白、蓝、绿纹相间排列分布。

# 一、哈方言区服饰特点

　　哈黎多聚居在乐东黎族自治县。其内部又分为哈应、抱由、抱怀、罗勿、志贡、志强、哈南罗、抱湾等小方言区。传统服饰的样式、花纹图案符号各异。妇女服饰底色为深蓝色，它们构成的基本要素为对襟，无纽，前摆长，后摆短，单层、三层或五层上衣，领、襟、袖口和后背有粗犷的绣饰；筒裙以深蓝色为底色，用各种花纹图案的织锦或织锦后绣花的面料缝制短、中、长筒裙。男子穿织锦面料缝制的短、中、长上衣，或穿麻布、棉布面料缝制的对襟、无纽、有袖或无袖上衣；下系遮羞布；头缠深蓝色或黑色棉布。

1 哈黎女子服饰粗犷的
　　修饰
2 哈黎男子穿麻衣劳作
3、4 哈黎族朴素的
　　服饰

图片来源: 王羿 摄

# 二、哈黎服饰结构图考——女子套装外观效果

　　哈方言黎族女子服饰种类丰富，有日常服和盛装之分。日常服上衣为对襟、长袖、无领、无纽，前下摆长、后下摆短的款式，与通常南方少数民族服装的前短后长刚好相反，这也是很值得研究的课题。花纹图案较为简单，色彩以黑色为主，也有深蓝色。

　　盛装上衣有重叠并且织有几层不同色彩的花纹图案，从外表上看，似穿几件衣服。服饰图案多是反映日常生活、生产劳动以及动物和植物纹样，并且这种纹样一直流传下来，就像文字一样承载了黎族人民的感情和历史信息。

1 哈黎老人套装正面
2 哈黎老人套装侧面
3 哈黎老人套装背面

**图片来源：** 刘瑞璞　摄

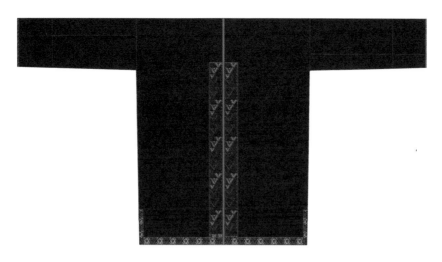

哈黎女子上衣正面

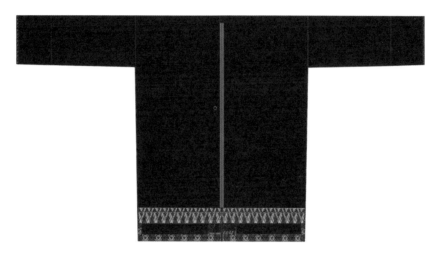

哈黎女子上衣背面

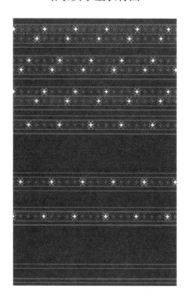

筒裙

# 三、哈黎服饰结构图考——女子套装结构复原

　　哈黎女子上衣对襟无领，前后中均断缝，和杞黎服装结构颇为相似，属于较为标准且原始的平面结构。接袖位置在肩端缝，袖中也有拼接，拼接位置基本以布幅而定。特别值得研究的是，袖接缝不仅不设在"边界"位置，而且左右袖不对称，表现出黎族服饰的独特性与多样性。

　　筒裙分上下两片拼合，上丰下俭，裙长过膝，腰宽 56 厘米，底边宽 55 厘米，这种情形也出现在衣身结构上，有待考证。

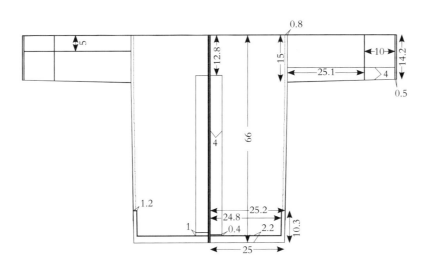

哈黎女子上衣正面

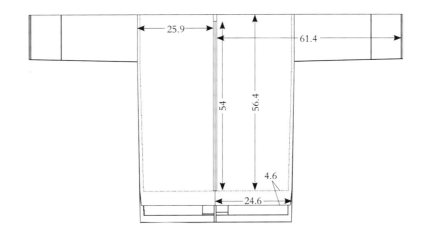

哈黎女子上衣背面

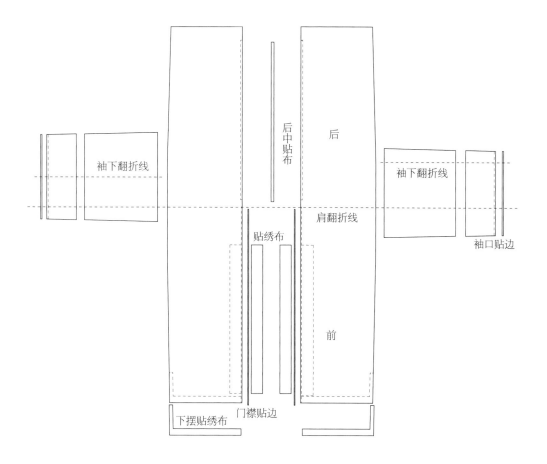

哈黎女子上衣结构分解图

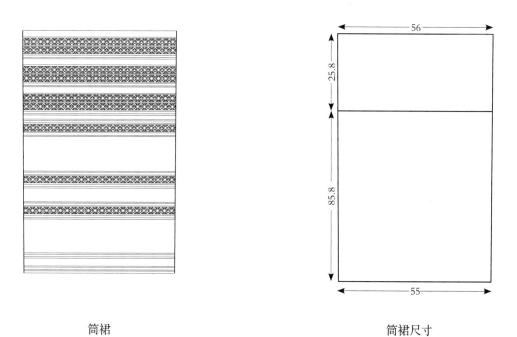

筒裙                    筒裙尺寸

# 四、哈黎服饰结构图考——男子麻衣外观效果

　　包括哈黎在内的海南黎族男子一般头上缠红布或黑布，形状有角状和盘状；上身穿无领、对襟、无纽扣麻衣；腰间前后各挂一块麻织长条布，相传在远古时期，人们便学会了提取麻等纤维材料缝制衣服，麻衣比兽皮衣、羽毛衣更为舒适、容易得到；其缺点是色彩为单一的灰白色，不如兽皮、羽毛漂亮。但重要的是麻布的广泛使用标志着人类进入了非自然经济的手工纺织文明时代。男子麻衣无疑暗示着某种社会地位。

1、2 哈黎男子麻衣
　　穿着效果

图片来源：《黎族传统文化》

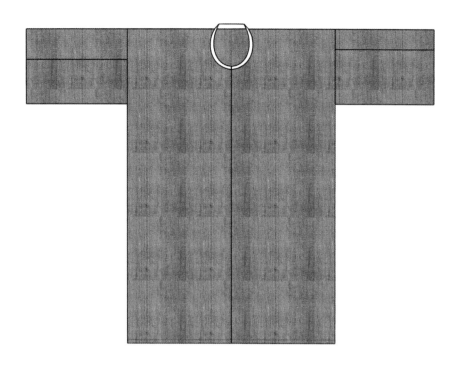

哈黎男子麻衣正面

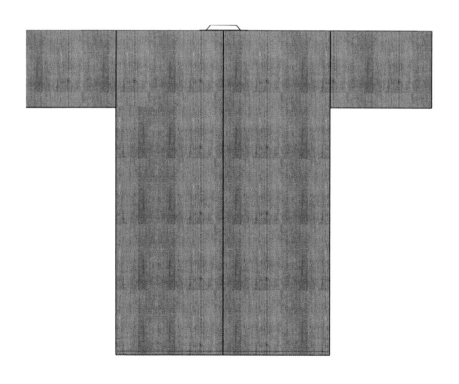

哈黎男子麻衣背面

# 五、哈黎服饰结构图考——男子麻衣结构复原

　　麻衣的裁剪简单而别致，它直接利用布幅，将两块布料按纬向叠起，再根据身材进行裁剪，裁剪后将两块布的前后对折，折线为肩线。前侧挖成圆形领口，缝上棉布花边，上衣没有任何装饰图案，有时在衣底边下方扎较多的穗子。

　　麻衣结构规整，对襟，衣身较长，前后中断缝，袖和衣身在肩端缝断开，袖断缝错位翻折，并不是沿肩翻折线对称，使得袖接缝前移。这种黎族普遍的服装结构，如果从工艺上分析，是有意将袖底缝和衣身侧缝在腋下拐角处避开，这样更有利于加工且腋下接缝少而舒适。这种朴素的造物空间概念，反映了朴素的科学智慧。

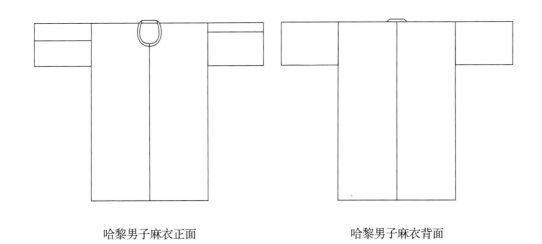

哈黎男子麻衣正面　　　　　　　　哈黎男子麻衣背面

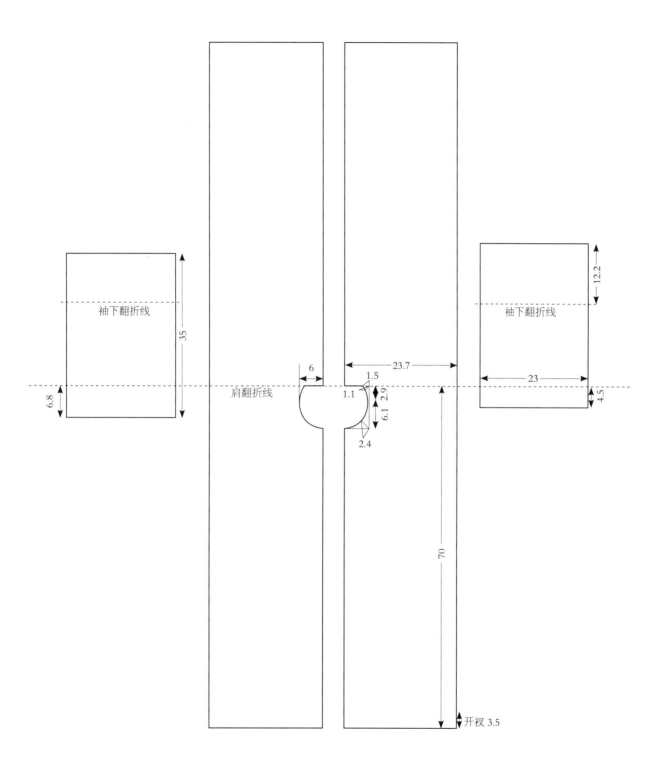

袖下翻折线

肩翻折线

袖下翻折线

开衩 3.5

哈黎男子麻衣结构分解图

# 第五节　海南赛方言区黎族服饰

　　赛黎又称"加茂黎"，主要分布于保宁、陵水、三亚市，人口约占黎族人数的7%。赛黎男子服饰近似通什地区的镶拼绫锦、泥金银绘、刺绣、印染，此外，还有堆绫、贴绢等工艺。妇女上身穿着长袖、立领包胸衣；下身穿长筒裙，多为横条纹或水波纹。盛装时戴绣花巾，头插银钗，耳戴小耳环，颈戴项圈，手戴玉镯，胸挂银牌、珠铃，腰系银链。

图片来源：海南省博物馆

# 一、赛方言区服饰特点

　　赛黎多分布于保亭与陵水交界处。女子上衣造型受传统汉族服装影响很大，直领、右衽斜襟、宽袖、紧身；下穿织锦长筒裙。男子服饰更加本色，上衣为长袖、对襟、无领、无扣，胸前仅用一对小绳代替纽扣；腰前后各系一片遮羞麻或棉布。

1 赛黎女子头饰

2、4 赛黎女子服装
  汉化明显

3 赛黎女子盛装多银
  质胸饰

5 赛黎女子用踞腰织
  机织布

**图片来源:** 海南省博物馆
王羿 摄

# 二、赛黎服饰结构图考——女子套装外观效果

　　赛方言黎族主要居于海南北部，交通发达，汉化明显。女子上衣受汉民族影响，保持着民国时期改良旗袍的造型特点，款式多为紧身、长袖、右衽、立领，和旗袍领相似，银饰较其他方言区更为丰富。女子文身消失。

　　赛黎女子穿长而宽的筒裙，裙腰头和裙身都以黑色为主，并有红、黄、绿等颜色线条装饰。图案纹样最为丰富，多织有人纹、蛙纹，也有植物纹样。妇女在盛装时，戴有月形项圈、手镯、耳环等银饰。

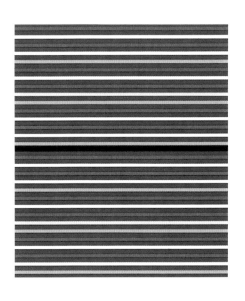

筒裙

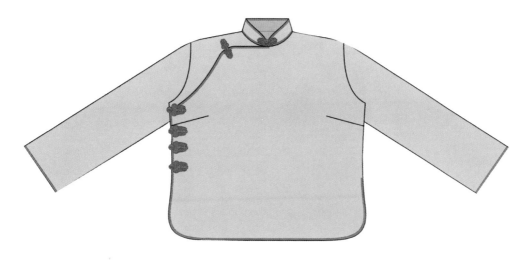

赛黎女子上衣正面

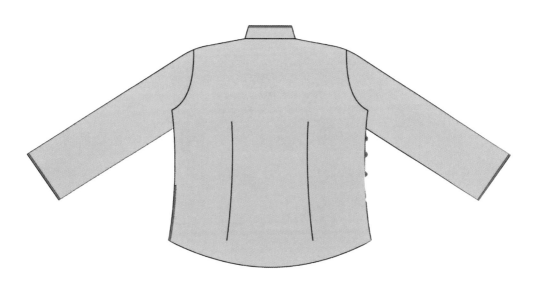

赛黎女子上衣背面

# 三、赛黎服饰结构图考——女子套装结构复原

　　赛黎女上衣结构明显受汉族影响，出现了许多现代服装的结构特征。如装袖、胸省、背省等，都是为了使服装更加贴合人体造型，明显区别于其他几个黎族的服饰。其固有的服装结构是否与其他方言区黎族采用同一系统，尚未发现权威的文献和实物标本。

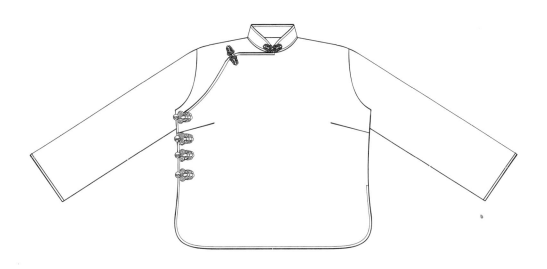

赛黎女子上衣正面

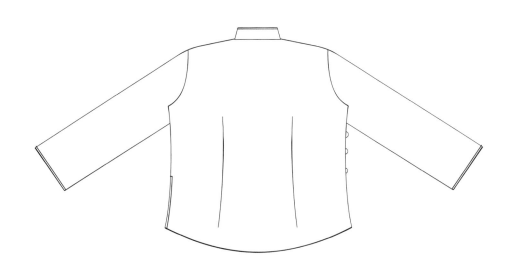

赛黎女子上衣背面

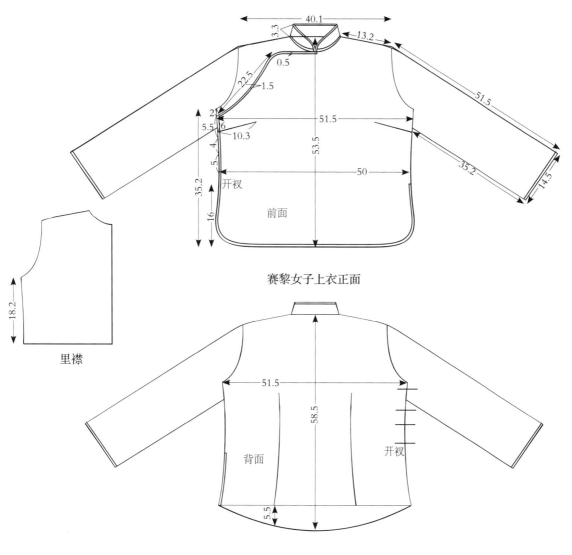

赛黎女子上衣正面

里襟

赛黎女子上衣背面

筒裙

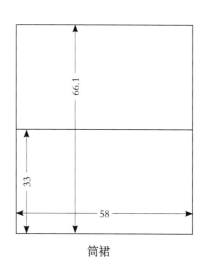

筒裙

# 第六节　海南黎族服饰传统工艺

　　海南黎族服饰的传统工艺几乎覆盖了现代纺织、印染、刺绣的全部工艺，因此有"现代纺织印染活化石"之称。值得注意的是，这些古老的传统工艺仍处在自生自灭的状态，特别需要尽快以整体方式作为重要的物质文化遗产加以保护，学术界和文化界需要设立专题加以研究、整理、抢救和保护，使其以文献、文物研究成果的形式继承下来。这里仅可以说是田野式、博物馆式的调查和梳理。

# 一、纺线

纺纱线，是把棉花脱籽、捻纱以及把纱绕成锭的过程。黎族的纺织、织造工具仍沿用古老的传统工具，如手搓去籽十字棍、木制手摇轧花机、脚踏纺纱机和踞腰织布机等。

黎族聚居区有极为丰富的木棉、野麻等纺织原料的生态植物。在棉纺织品普及之前，野麻纺织品在黎族地区盛行。人们一般在雨季将采集的野麻外皮剥下，经过浸泡、漂洗等工艺，渍为麻匹。麻匹经染色后，用手搓成麻纱，或用纺轮捻线，然后织成布。野麻布质地坚实，多用于制作劳动时穿着的外衣和下裳。楮子藤、火索麻是黎族织麻的主要原料。

海南岛是我国传入和种植棉花最早的地区之一，春秋战国的《尚书·禹贡》记载："岛夷卉服，厥篚织贝。""岛夷"是指海南岛黎族先民，"织贝"是指棉纺织品，可见 2500 年前黎族先民就掌握了棉纺织技术。

海南黎族用于纺线的棉花有两种，一种为木棉，另一种为海岛棉。《崖州志》如此记载："木棉花，有两种，一木可合抱，高可数丈，正月发蕾，二三月开，深红色，望之如华灯烧空，结子如芭蕉，老则折裂，有絮茸茸，黎人取以作衣被。一则今之吉贝，高仅数尺，四月种，秋后即生花结子，壳内藏三四房，壳老房开，有绵吐出，白如雾，纺织为布，曰吉贝布。"

1 绕线

2 捻棉线

3 手捻麻线

4、6 海岛木棉花开

5 晒棉

7 麻纤维

8 麻线

9 染色麻线

**图片来源:** 海南省博物馆和田野考察拍摄

# 二、绞缬染锦

　　海南东方、昌江地区的美孚方言黎族创造了独特的扎染与织造相结合的织锦工艺。其经线多采用缬染法（即扎染），在一个扎线架上编好经线，然后用黑色纱线在经线上扎结，先染色后拆去纱线，即出现蓝地白花的图案，再织进彩色纬线，即绞缬染锦。

1 绞缬（扎染）的古老
  纹样
2 绞缬织锦
3 织机

绞缬织锦扎染过程

4 扎染架、扎结经线
5 扎结完成图
6 扎染
7 除去扎结纱线织纬线

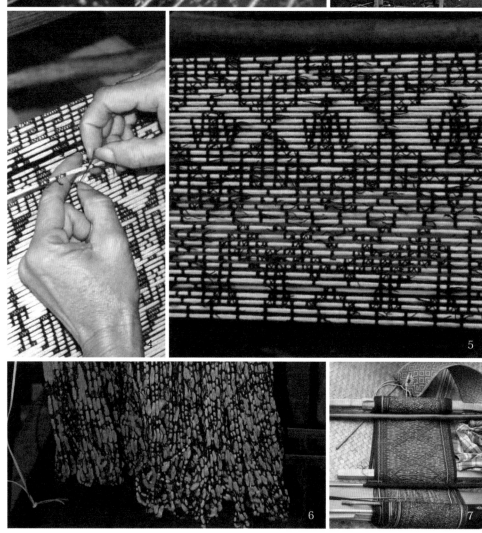

**图片来源:** 田野考察拍摄

# 三、染色技艺

几千年来，心灵手巧的黎族妇女，不仅发明了先进的纺织技术，也成为最优秀的"调色师"。黎族使用的染料多为植物染料，较少使用动物类、矿物类染料。植物染料除了靛蓝类为人工栽培外，其他几乎都是野生的，常用的主要有牛锥木、乌木、姜黄和谷木叶等。

黎族爱穿深色衣服是人类文化形态特异性选择的例证。传统服装多以深蓝色为地，是因为他们很容易获取靛蓝。靛蓝是黎族最常使用的染料，靛染是利用从靛类植物中得到的植物染料对被染物进行染色的方法。用蓝草染色，首先要造靛。造靛是从蓝草中提取靛蓝。先采摘蓝草的嫩茎和叶子，置于缸盆之中，放水浸没曝晒，几天后蓝草腐烂发酵，当蓝草浸泡液由黄绿色变为蓝黑色时要剔除杂质，兑入一定量的石灰水，沉淀以后，底层留下深蓝色的泥状沉淀物，造靛过程便完成。然后将水倒出，缸盆内形成沉淀物，即蓝靛。接着加入草木灰水和米酒，视其发酵程度，放置2~6天。将被染物浸入染液之中染色叫入染。靛染是在常温、常压条件下进行的氧化还原反应。将被染物放入浸泡后取出，经过拧、拍、揉、扯等，再放入缸盆，使其充分浸透，然后再次取出，挤去水分，晾晒氧化。如此，一般都要经过几次甚至十几次反复浸染、晾晒，方能达到预期的效果。直至数日后达到需要的深蓝色。最后将被染物放入清水中漂洗。不理想的再复染，直到满意为止。

牛锥木用于染红色，乌木用于染黑色，姜黄用于染黄色，谷木叶用于染绿色。染红与染黑主要都是通过煮染法将植物中的颜色浸入棉线中。在染棉线的过程中，染色的深浅与染剂中所放染料的多少及染线的次数有关。单纯地用天然原料乌木染黑并不能得到实际意义上所说的黑色，还需通过埋染法将棉线与田间的污泥混合，不断揉搓，随揉随看，大约1~2个小时后再看那暗红色的线，已经变成接近于纯黑色的一种厚重的深灰黑色。用谷木与姜黄染色则是通过捣染法，将原料捣烂，放入棉线不断揉搓，使其颜色浸入棉线中。

染蓝

1 蓝草染蓝
2 蓝靛染膏
3 蓝色染线晒干

染红

4 牛锥木染红
5 煮染法
6 红色染线晒干

染黑

7 乌木染黑
8 埋染法
9 黑色染线晒干

染绿

10 谷木染绿
11 捣染法
12 绿色染线晒干

染黄

13 姜黄染黄
14 捣染法
15 黄色染线晒干

**图片来源:** 田野考察拍摄

# 四、染媒技艺

　　黎族妇女不但知道什么植物染什么颜色，而且还能熟练地使用媒染剂进行染色。媒染剂是使染料和被染物间提高亲和力的物质。在染色工艺之中使用媒染剂是染色技术的一大进步，它扩大了色彩的品种，提高了色彩的鲜艳程度，复合色大大增多，使染料和织物的亲和力极大增强，被染物不易褪色。媒染染色技术比较复杂，只有在长时间实践的基础上才能逐步掌握。芒果核就是一种媒染剂，把剥取的乌木树皮，砍成一片片放进陶锅里，加入芒果核煮一小时左右，并不时用木棒翻动。芒果核起到固定颜色和使颜色鲜亮的媒染作用。然后边放麻线边用细木棍翻动，直到麻线均匀上色，达到所需颜色后取出，这时麻线呈深褐色。即刻埋入黑泥中，边埋边用手揉、搓，使其充分上色，浸埋约一小时，取出清洗、晾晒。褐色麻线就会神奇地变成纯黑色。贝壳灰、草木灰含有多种金属元素，也能起到媒染的作用。在染料中加酒，对于改善色彩也起到了一定的作用，酒还可以加强染料的渗透性，令棉纱有较好的染色效果和固色作用。

1 助染剂贝壳灰的主
  要原料——丝螺
2 助染剂（媒染剂）
  贝壳灰

**图片来源：** 田野考察拍摄

# 五、织锦

黎锦堪称我国纺织史上的"活化石"，黎锦历史已经超过了三千年，是我国最早的棉纺织品。早在春秋战国时期，史书上就称其为"吉贝布"，其纺织技艺领先于中原一千多年。海南岛因黎锦而成为我国棉纺织业的发祥地。

黎锦是以棉线为主，以麻线、丝线和金银线为辅交织而成。织机主要分为脚踏织机和踞腰织机两种。踞腰织机是一种十分古老的织机，与六七千年前半坡氏族村落使用的织机十分相似，目前海南古老的黎族村落妇女还在使用。黎族妇女用踞腰织机可以织出精美华丽的复杂图案，其提花工艺令现代大型提花设备望尘莫及。不同图案、色彩和风格的黎锦是区分具有不同血缘关系部落群体的重要标志，具有极其重要的人文价值。

黎族织锦图案是体现本民族的审美意识、生活风貌、社会习俗、宗教信仰及艺术积累的文化载体。其内容主要是反映黎族社会生产、生活、爱情婚姻、宗教活动以及神话传说中吉祥或美好事物。其中，人形纹、动物纹和植物纹是最常用的织锦图案，是中华文化乃至人类文明独一无二的人文遗产。

1 踞腰织机织麻

2 踞腰织机梭子

3 织麻品

黎族五个方言区织锦

4 杞方言织锦

5 赛方言织锦

6 美孚方言织锦

7 哈方言织锦

8 润方言织锦

**图片来源:** 田野考察拍摄

# 六、刺绣

　　黎族刺绣分为单面绣和双面绣。其中以白沙润方言区女子上衣的双面绣最为著名，其做工精美，堪与苏绣媲美。在我国著名的民族学家梁钊韬先生等所编著的《中国民族学概论》中曾这样描述双面绣："黎族中的本地黎（即润方言黎族）妇女则长于双面绣，而以构图、造型精巧为特点，她们刺出的双面绣，工艺奇美，不逊于苏州地区的汉族双面绣。"双面绣无须靠"撑子"，直接在棉布或麻布上依据"腹稿"和技艺绣出，绣出的背面图案和正面图案一样精美，不露线头，接绣之处天衣无缝，堪称黎绣之绝品。

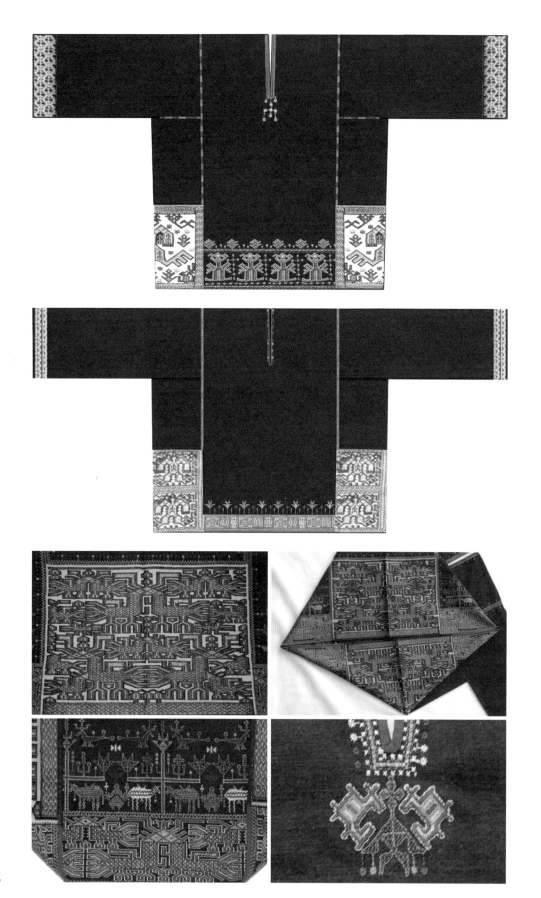

润黎双面绣

资料来源：私人收藏

# 第七节　海南融入苗族服饰

苗族是海南岛的融入民族，也是世居民族。现有人口 6 万余人，居海南少数民族人口总数的第二位。苗族有本民族语言，没有文字。海南苗语属于汉藏语系苗瑶语族中的瑶语支。全岛苗族语言统一，没有方言差异。海南苗族是明代从广西作为士兵征调而来，后落籍海南，史志多称为"苗黎"。很多研究表明，海南苗族实际来源于瑶族，从服饰特征上也可以看出其非常近似于广西的山子瑶。只是经过漫长岁月，在不同的地域发展演化中融入了地方的文化特征。

海南苗族主要分布在海南岛的中南部山区，以农耕和种植业为主，也有走向市场、从事商业的苗族同胞。过去海南苗族没有固定的居住点，他们在深山密林中，过着"一年一砍山，几年一搬家"迁徙不定的游猎生活。"伸手给哥咬个印，越咬越见妹情深，青山不老存痕迹，见那牙痕如见人。"这是流传在海南省苗族的一首歌谣。咬手是海南苗族男女青年表达爱情的一种独特方式。每逢节假日，特别是三月初三，在槟榔树下，芒果林中，小河溪边，山坡草地上，青年男女唱起美妙而动听的歌曲，抒发自己的理想、情趣和心愿，寻求自己的意中人。咬手定情后，他们便各自拿出最心爱的手信，如戒指、耳环、竹笠、腰篓之类的礼品，互相赠送，作为定情物，以示终生相伴。这种习俗仍保持了苗族固有的传统，并在她们的服饰中传承着。

图片来源：田野考察拍摄

1、2 海南苗族儿童头饰

3 海南苗族妇女头饰

4 海南苗族妇女腰饰

5 海南苗族老年妇女
　服饰

6 海南苗族女子服饰

**图片来源:** 田野考察拍摄

# 一、海南苗族服饰结构图考——女子主服外观效果

　　海南苗族女子上衣多为蓝黑棉布，衣服大而长，尺寸因人而异。一般中年妇女的上衣为对襟或略偏右的长襟，无领，肩颈部内有一层蓝布垫衣，领口用五色彩线绣简单的花纹，用粉红彩线锁边，最外层还有一小白布边，胸襟、袖口、侧开衩用红线绕边。图案上为小树，下为几何纹。这种图案花纹主要是采用蜡染方法制作而成。

1 海南苗族女子服饰正面
2 海南苗族女子服饰背面
3 衣身细节

资料来源：私人收藏

女子上衣正面

女子上衣背面

衣身细节

# 二、海南苗族服饰结构图考——女子主服结构复原

　　海南苗族女子长衫结构和广西撒尼彝很相像。半偏襟；前后中断缝；接袖，衣袖从袖根至袖口逐渐收紧；门襟单独接布片；在右片衣领处还接有一小片里襟。衣身很长，达 90.4 厘米。前身右侧里襟较短，两侧有开衩。裁剪属南方少数民族典型的平面结构。

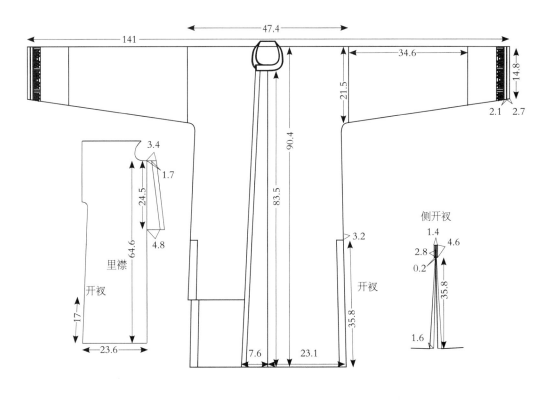

女子上衣正面

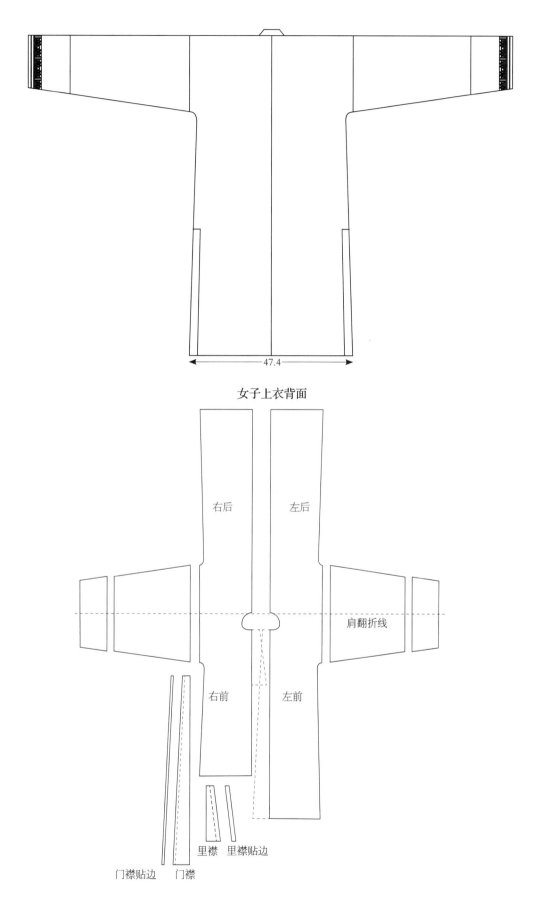

女子上衣背面

右后　　左后

肩翻折线

右前　　左前

里襟　里襟贴边

门襟贴边　门襟

女子上衣结构分解图

# 三、海南苗族服饰结构图考——女子配饰外观效果

苗族女子头饰很特别，平时戴两种头巾帽。一种是盛装时戴的黑布尖顶帽，戴这种帽时，先在帽底下垫一小块绣有花纹、约30厘米见方的方形垫头，垫头一角垂于额前，然后披盖上绣有花边的尖顶头巾，在头上形成尖顶状（稍偏后），帽子后垂下一条长及腿部的红带，头巾连头部也遮盖，直垂至肩部。

苗族女子绑腿布的质地为棉布，一般长200厘米，宽8厘米，另有两条100厘米左右长的红色绑腿带。腰带有三种，组合使用，各自发挥不同用途，短的在内层，长的在中层，细的在外层，表现出一个大民族的文化积淀。

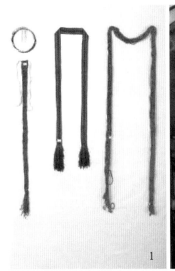  

1 腰带、绑腿带

2 腰带

3 头饰

**图片来源：** 田野考察拍摄

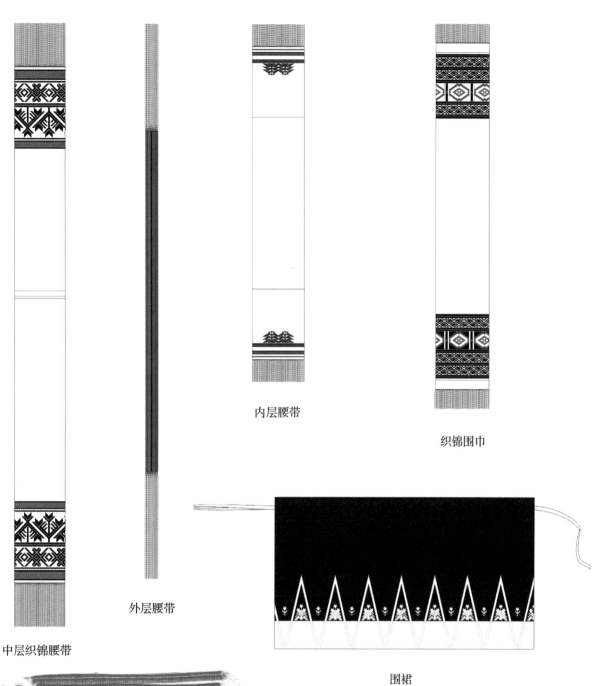

内层腰带

织锦围巾

外层腰带

围裙

中层织锦腰带

头巾实物

**资料来源：** 私人收藏

# 四、海南苗族服饰结构图考——女子配饰结构复原

无论是海南苗族的头饰还是围腰等配饰，很多样式和结构都类似于广西的山子瑶。海南苗族虽然成为海南的融入民族，但其固有的文化传统在女子配饰结构中仍强烈的表达着她的归属性。例如，织锦腰带是采用单独的织锦制品（类似于现代的织袜机制品），多长带及流苏，由于这种制造工艺而限制了布幅，普遍较窄，只能增加长度，所以无论是织锦腰带，还是围巾，都是同一种宽度，而长度因需所制。

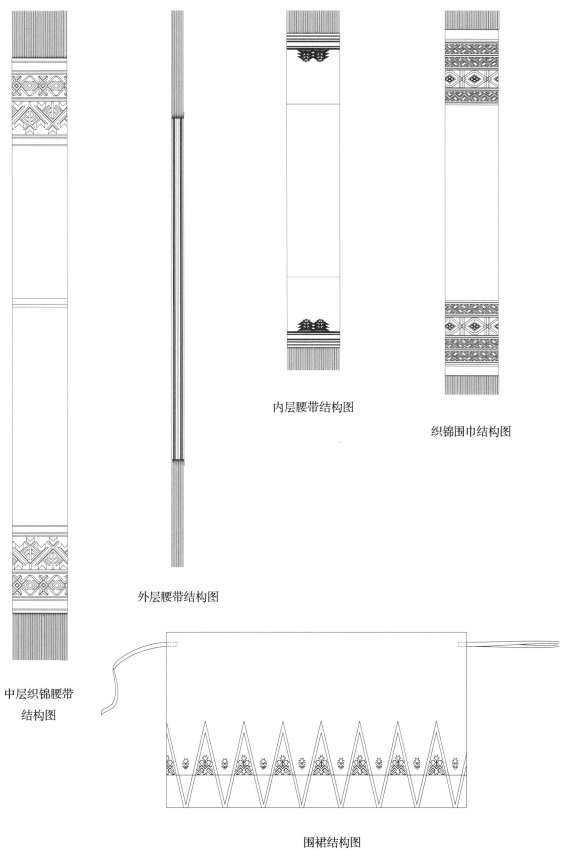

内层腰带结构图

织锦围巾结构图

外层腰带结构图

中层织锦腰带
结构图

围裙结构图

围裙（双层）

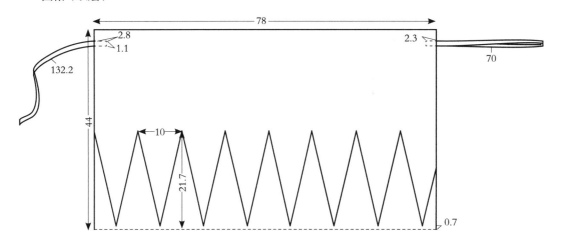

织锦围巾

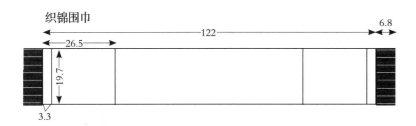

腰带（外层）

腰带（内层）

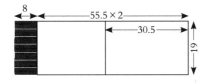

织锦腰带（中层）

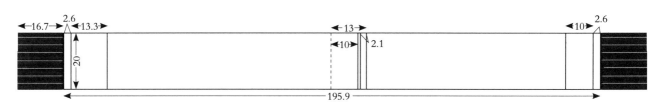

中华民族服饰结构图考　少数民族编

# 五、海南苗族服饰结构图考——男童套装外观效果

　　海南苗族男子服装上衣有两种：一种是本民族的对襟短衣，质地为棉布；另一种是大襟短衣，襟偏向右侧开，有圆球铜扣或布纽扣3枚，无领。工艺简单，制作粗糙，但结实耐穿，很适合苗族人的生产、生活需要。

　　男裤多为管筒长裤，与汉族的缅裆裤相同，色彩多为黑、蓝两色。

　　在许多少数民族地区并无专门的童装，这里选择童装标本进行研究，可以发现在造型结构上与成人并没有太大的区别，基本上是缩小后的成人服装。

1 男童头饰
2 男童装

**图片来源**：田野考察拍摄

男童套装

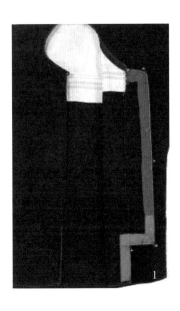

1 里襟

2 侧开衩

3 门襟

**资料来源：**私人收藏

# 六、海南苗族服饰结构图考——男童套装结构复原

由于是平面结构，放松量较现代服装相对较大，不存在省道等立体造型结构，只需根据儿童体型缩小尺寸，可见传统的平面结构服装适应性很强，不贴合人体，一种剪裁可适应多种体型。

因男童装只是缩小版的成年男子服装，故仍可以通过童装来研究海南苗族男子服饰。结构规整对称，袖根较肥，半襟的结构类似于广西一些地区的彝族服饰，下摆前直后弧。

裤子是南方少数民族中常见的缅裆裤，和毛南族、黑衣壮族的女裤结构都很相像。

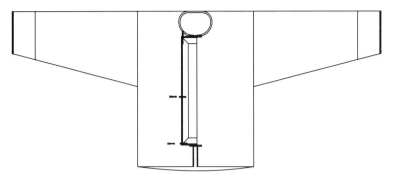

男童上衣正面

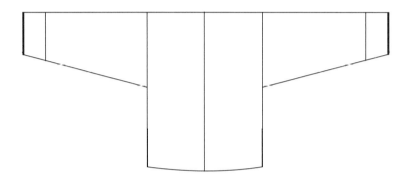

男童上衣背面

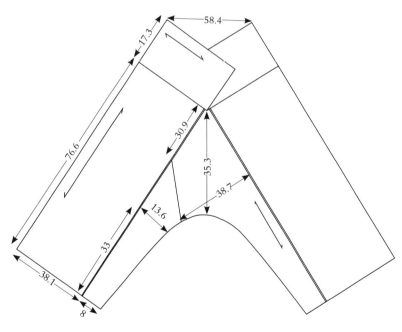

男童裤

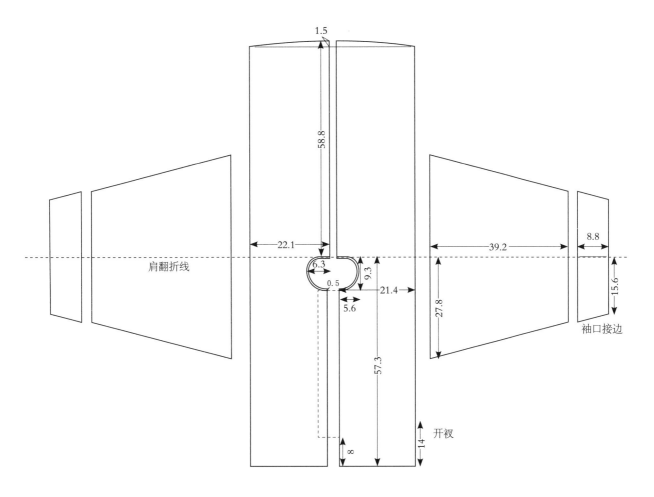

男童上衣结构分解图

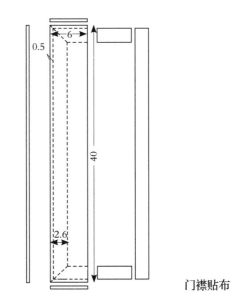

门襟贴边                    门襟贴布

# 第八节　海南原住民和融入民族服饰结构包含着固有形态的纯粹性耐人寻味

在海南实地考察的五个黎族支系和一个海南融入的苗族服饰中，除赛黎汉化较为明显外，其余都保持着较为完整和传统的十字型平面结构特征。

黎族除赛黎外的四个支系，润黎为贯头衣形制，无领无襟；美孚黎多为一字领、对襟；哈黎、杞黎均为无领对襟。四个支系均为接袖，接袖位在肩端缝。润黎前后中不断缝，只在中心纵向开缝以贯头；杞黎前中断缝为襟，后中不断；美孚黎和哈黎前后中均断缝。润黎的贯头衣样式在这几个传统平面结构中表现得最为特别，出现了类似现代西装的侧片，以解决前后中不断缝但布幅不足的问题。普遍为直摆，衣身、袖长均较短，以适应海南岛炎热的气候。最值得研究的是，美孚黎女子服饰中普遍存在的"搭肩布"结构，生动地为今天传递着远古母系氏族社会的人文密符。可以看出，黎族的传统服饰结构较为原始纯粹，平面结构规整对称，且尚没有领窝的意识，在较为封闭的岛屿上，相对完整地传承了先民的服饰文化且较少受外来影响，对于中华传统服饰结构的研究具有重要价值。

海南的苗族服饰女子上衣小立领，右衽半襟，衣身较长，窄衣窄袖，袖中接缝；男子无领半襟，袖根肥大，下摆前直后弧，下着南方少数民族常见的缅裆裤。苗族亦保持了平面结构且演化较少，历史悠久，形制完整。这些都表明，苗族作为海南融入民族，传统基因的保留性大于吸纳性，耐人寻味。

在田野考察中发现海南虽然是孤岛，与内陆交流也不多，但很多却似乎与内陆有千丝万缕的联系，服饰上相似之处比比皆是。美孚黎的一字领结构和广西部分瑶族如出一辙；黎族的筒裙不禁让人联想起佤族的"幅布为裙"以及更为相似的傣族筒裙；海南苗族的半襟同广西部分彝族女装异曲同工，头饰以及流苏装饰更像是山子瑶的近亲。这些惊人的相似之处印证了海南的少数民族和内陆的少数民族有着很亲密的姻缘关系，同祖同源，带来相同的造物意识。通过对其结构的解析，即便他（她）们云游天涯，历史变迁却最终不能湮灭臀上的那块灰迹。

# 参考文献

［1］阮元. 十三经注疏［M］. 北京：中华书局，1980.

［2］杨铭. 氐族史［M］. 长春：吉林教育出版社，1991.

［3］耿少将. 羌族通史［M］. 上海：上海人民出版社，2010.

［4］冉光荣，李绍明，周锡银. 羌族史［M］. 成都：四川民族出版社，1985.

［5］马长寿. 氐与羌［M］. 上海：上海人民出版社，1984.

［6］范晔. 后汉书［M］. 北京：中华书局，1965.

［7］陈寿. 三国志［M］. 北京：中华书局，1982.

［8］方韬. 山海经［M］. 北京：中华书局，2009.

［9］班固. 汉书［M］. 北京：中华书局，2007.

［10］沈从文. 中国古代服饰研究［M］. 增订本. 上海：上海书店出版社，1997.

［11］黄能馥，陈娟娟. 中国服装史［M］. 上海：上海人民出版社，2004.

［12］黄能馥，陈娟娟. 中华历代服饰艺术［M］. 北京：中国旅游出版社，1999.

［13］周锡保. 中国古代服饰史［M］. 北京：中国戏剧出版社，1984.

［14］刘瑞璞，邵新艳，马玲，等. 古典华服结构研究——清末民初典型袍服结构考据［M］. 北京：光明日报出版社，2009.

［15］崔荣荣，张竞琼. 近代汉族民间服饰全集［M］. 北京：中国轻工业出版社，2009.

［16］宗凤英. 清代宫廷服饰［M］. 北京：紫禁城出版社，2004.

［17］读图时代. 图说清代女子服饰［M］. 北京：中国轻工业出版社，2007.

［18］华梅. 中国服装史［M］. 2版. 天津：天津人民美术出版社，1994.

［19］包铭新. 近代中国女装实录［M］. 上海：东华大学出版社，2004.

［20］包铭新. 近代中国男装实录［M］. 上海：东华大学出版社，2004.

［21］杨庭硕，潘盛之. 百苗图抄本汇编［M］. 贵阳：贵州人民出版社，2004.

［22］孙机. 中国古舆服论丛［M］. 北京：文物出版社，1992.

［23］高春明. 中国服饰［M］. 上海：上海外语教育出版社，2002.

［24］赵丰. 纺织品考古新发现［M］. 香港：艺纱堂／服饰出版社，2002.

［25］李肖冰. 中国西域民族服饰研究［M］. 乌鲁木齐：新疆人民出版社，1995.

［26］包铭新. 西域异服：丝绸之路出土古代服饰复原研究［M］. 上海：东华大学出版社，2007.

［27］新疆维吾尔自治区博物馆. 古代西域服饰撷萃［M］. 北京：北京文物出版社，2010.

［28］竺小恩. 中国服饰变革史论［M］. 北京：中国戏剧出版社，2008.

［29］潘鲁生. 中国民间美术全集［M］. 济南：山东教育出版社，山东友谊出版社，1993.

[30] 杨成贵. 中国服装制作全书［M］. 香港：艺苑服装裁剪学校，1999.

[31] 杨明山，袁愈焰. 中国便装［M］. 武汉：湖北科学技术出版社，1985.

[32] 刘瑞璞. 成衣系列产品设计及其纸样技术［M］. 北京：中国纺织出版社，1998.

[33] 刘瑞璞. 服装纸样设计原理与应用：女装编［M］. 北京：中国纺织出版社，2008.

[34] 刘瑞璞. 服装纸样设计原理与应用：男装编［M］. 北京：中国纺织出版社，2008.

[35] 杨正文. 苗族服饰文化［M］. 贵阳：贵州民族出版社，1998.

[36] 江碧贞，方绍能. 苗族服饰图志——黔东南［M］. 台北：辅仁大学织品服装研究所，2000.

[37] 金秀大瑶山瑶族史编纂委员会. 金秀大瑶山瑶族史［M］. 南宁：广西民族出版社，2002.

[38] 覃忠杰，包晓泉. 原原本本白裤瑶［M］. 南宁：广西美术出版社，2007.

[39] 程志方，李安泰. 云南民族服饰［M］. 昆明：云南民族出版社，2000.

[40] 安丽哲. 符号·性别·遗产——苗族服饰的艺术人类学研究［M］. 北京：知识产权出版社，2010.

[41] 何耀华. 石林彝族传统文化与社会经济变迁［M］. 昆明：云南教育出版社，2000.

[42] 郭大烈. 云南民族传统文化变迁研究［M］. 昆明：云南大学出版社，1997.

[43] 黄泽. 西南民族节日文化［M］. 昆明：云南教育出版社，1995.

[44] 刘鸿武，段炳昌，李子贤. 中国少数民族文化简史［M］. 昆明：云南人民出版社，1996.

[45] 诸葛铠，许星，李超德，等. 文明的轮回：中国服饰文化的历程［M］. 北京：中国纺织出版社，2007.

[46] 廖军，许星. 中国服饰百年［M］. 上海：上海文化出版社，2009.

[47] 严勇，房宏俊. 天朝衣冠［M］. 北京：紫禁城出版社，2008.

[48] 科斯格拉芙，普兰温. 时装生活史：人类炫耀自我3500年［M］. 龙靖遥，张莹，郑晓利，译. 上海：东方出版中心，2004.

[49] 吴永红. 从元代长袍和格陵兰长衣看中西方服装结构的差异［D］. 北京：北京服装学院，2006.

[50] 张玲. 东周楚服结构风格研究［D］. 北京：北京服装学院，2006.

[51] 李洪蕊. 中国传统服装"十"字型平面结构初探［D］. 北京：北京服装学院，2006.

[52] 陈静洁. 清末汉族古典华服结构研究［D］. 北京：北京服装学院，2010.

[53] 王佳丽. 中国南方少数民族服装结构研究［D］. 北京：北京服装学院，2010.

[54] 潘姝雯. 海南黎族服装研究及设计实践——以美孚黎服饰为例的服装研究及设计［D］. 北京：北京服装学院，2010.

[55] 周菁葆. 日本正仓院所藏"贯头衣"研究［J］. 浙江纺织服装职业技术学院学报，2010（2）.

[56] 顾韵芬，刘国联，曾慧. 金代女真族服装结构处理技术的探讨［J］. 东华大学学报（社

会科学版），2007，7（4）.

［57］James Laver. Costume and Fashion ［M］. London：Thames & Hudson，2002.

［58］Jennifer Harris. 5000 Years of Textiles ［M］. London：The British Museum Press，2004.

［59］Rosemary Crill，Jennifer Wearden and Verity Wilson.Dress in Detail from Around the World ［M］.London：V&A Publishing，2008.

［60］Anawalt，Patricia Rieff.The Worldwide History of Dress ［M］. New York：Thames & Hudson，2007.

［61］Fukai Akiko. Fashion：a history from the 18th to the 20th century ［M］. Köln：Taschen，2006.

［62］Tortora，Phyllis G.Survey of Historic Costume：a history of western dress ［M］. New York：Fairchild Pub.，1994.

［63］John Gillow. African Textiles：Colour and Creativity Across a Continent ［M］. London：Thames&Hudson，2003.

［64］John Gillow，Bryan Sentence. World Textiles：A Visual Guide to Traditional Techniques［M］. London：Thames & Hudson，2005.

［65］Darielle Mason. Kantha：The Embroidered Quilts of Bengal ［M］. London：Yale University Press，2009.

# 后记

《中华民族服饰结构图考　少数民族编》和《中华民族服饰结构图考　汉族编》由国家出版基金项目资助出版，可谓万事俱备只欠东风。如果没有之前相关学术单位、专业人士、教授、教师和研究生团队方方面面的关注、支持与合作；如果没有从 2005 年初到现在经过田野考察、博物馆标本研究、私人藏品采集、文献整理长达七年的努力；如果没有对这个课题研究相对稳定的团队并在不同阶段取得成果，不会呈现一个中华民族服饰结构图谱的完整梳理和独特的学术成就。国家出版基金项目落在这套书上还得益于中国纺织出版社对这个选题长期的关注，以伯乐之智，锲而不舍，果断决策，精心规划，使我国第一部有关"中华民族服饰结构研究"的专著得以问世。

研究"中华民族服饰结构"的想法由来已久，可以说是我研究服装结构近 30 年来最后的夙愿。因为中华民族服饰结构自古以来依靠口传心授因袭着，没有形成可靠、权威的文献和系统的结构图谱。这就势必造成本学术研究"形而上大于形而下"的现实。当然，这与我国的学术传统自古以来崇尚"重道轻器"有关，就现代服饰学术生态而言，最明显的是"传统服饰结构形制来源装饰"的学说，即"彰显论"，这几乎成为中华服饰史论研究的主流观点。而这个观点在大量的古典服饰结构和传统民族服饰结构系统的整理和研究之后变得苍白无力，或者传统理论因缺少实证的支撑而不够全面。因为"装饰论"等于没有结论。装饰变化的形态总是打上时代的烙印，而相对稳定的结构形制才是服饰文化的基因。通过对民族服饰结构的研究发现，不论是汉民族，还是少数民族服装结构形态，"布幅决定结构"几乎像汉字一样普及和稳固，且在世界文化之林中独树一帜，而装饰的表征却是人类文化的普遍性。究其动机似乎总是与"节俭"这个伟大而原始的普世价值联系着。但值得研究的是，随着历史的发展和社会的进步，物质的丰盈，这种朴素的理念并没有因为富足而放弃它，从有史以来"布幅决定结构"的十字型平面结构的中华服饰基因，到清末民初，就始终没有中断过。我们或许有理由相信，中华服饰稳固的十字型平面结构，是因为从"节俭"的生存价值，经过"尚物"这种敬畏自然的道儒哲学的淬练，升华为中华民族哲学层面的"天人合一"这种真实、生动的"丝绸文明"。我们似乎从西方服饰结构成熟的系统文献成果中找到了我们的坐标。西方学者如何得出西方服饰的"羊毛文明"这个结论。正是因为西方服饰史的研究，几乎是一部以结构的织物科学为核心的科技史，他们从未放弃"形而下"的实证对"形而上"结论的支撑作用。我们提出"丝绸文明"的观点，如果没有长期对包括各民族古典华服结构的研究，无论如何也不会有所顿悟。

最初的研究是1990年在藏家手里得到一些清末民初京津地区汉族服饰典型的实物，它们虽然年代很近，但为什么始终保存着从远古而来的一以贯之的信息（很像今天的汉字但不缺少初创象形文字的信息），称它为中华服饰的活化石亦不为过。因此，总想揭开它们的面纱。第一次机会是2005年8月以"清末民初北京地区汉民族典型服装结构研究"课题，通过了北京市教委人文社科、首都服装产业与服饰文化研究基地项目的立项，结题成果通过对文献和标本相结合的研究，首次得出古典华服十字型平面结构"节俭与敬物"的格物致知的结论，得到学术界的关注。为了进一步完善这个理论，2009年由年轻教师和研究生组建了工作室，2009年6月成功申报了北京市级学术创新团队的资助，其中服装结构设计数字化技术研究中，"中华民族服饰结构研究"成为主要的研究课题，研究中运用了数字化技术，使得软科学结论变得坚实而可靠。2009年11月阶段性成果《古典华服结构研究——清末民初典型袍服结构考据》（作者：刘瑞璞、邵新艳、马玲、李洪蕊）被列为教育部"高校社科文库"学术著作，由光明日报出版社出版。《古典华服结构研究——清末民初典型袍服结构考据》一书的出版，对中华服饰结构研究的学术建构是个开创性的成果，然而对它的研究远没有结束，而是刚刚开始。这就需要从主流的历史文脉到多民族服饰文化的立体框架下找到在结构上的共同点，这是大中华服饰十字型平面结构理论有所突破的关键，这就是对汉民族和其他民族服饰结构共同基因的研究成为不可绕过的技术路线。我们需要可以全方位合作的学术机构——民族服饰博物馆，在这个共同的研究课题下得到了北京服装学院民族服饰博物馆两任馆长徐雯教授、贺阳副教授和馆员们的全力支持、合作和指导。重要的是，我们可以近距离地接触馆藏清末民初的汉族服饰和种类齐全的民族服饰标本，从博物馆服饰标本的提供，到原始数据的采集、结构图的测绘、传统技艺的实验等，成为中华传统服饰结构研究最深入最系统的学术平台，并获得宝贵的一手材料和测绘数据。另一批人马是王羿副教授和她的研究生们也加入了这个课题的研究，从博物馆标本研究、实地海南田野考察到少数民族服饰调查的汇报展览都做了大量的基础性工作并提供了很有价值的基础数据。因此，我们谨将此书献给北京服装学院民族服饰博物馆及为此无私奉献的同仁们。

这里还需要特别提到的是，在对云南、广西贵州、四川等地区少数民族服饰田野考察的过程中，我们和北京联合大学曹建中、倪映疆老师率领的服饰专业本科班的学生们进行了少数民族实地调查实践作业。通过还原场景气氛、模拟现场（学生穿上少数民族服饰与当地原住民服饰装扮）的信息采集，获得了非常珍贵且再无法复制的原始材料，让本书的学术生命变得真实、生动且充满色彩的现场感。在这里对他（她）们的支持、合作与付出表示由衷的感谢。

　　在本书的整体策划和加工编辑等编辑出版过程中，中国纺织出版社不遗余力、全力以赴、精心打造。张晓芳编辑尽心尽力全程策划历时四年之多；魏萌、宗静和终审编辑一丝不苟、纯熟老道的专业素质让人钦佩。在整体书籍装帧版式设计上，出版社选择了最具专业的北京服装学院视觉艺术设计机构郭晓晔团队，为本书的艺术韵味、信息承载和阅读享受增色不少。在此对他们的辛勤付出一并表示感谢。


刘瑞璞

2012 年 12 月于北京服装学院

# 刘瑞璞

1958 年 1 月生。

1977 年下乡插队。

1979 年考入天津美术学院工艺美术系。

1983 年毕业，同年在天津纺织工学院服装系任教（现天津工业大学艺术设计学院）。

历任天津纺织工学院服装系主任、天津师范大学国际女子学院副院长、教授。

现任北京服装学院教授、硕士研究生导师、设计艺术学学科带头人。

研究方向：纸样设计系统（Patten Design System）及国际着装规制 (The Dress Code)。

## 主要教学成果：

国家级教学成果奖：1997 年"纸样设计课程理论体系及其模块化教学研究"获国家级教学成果二等奖。

部委级教学成果奖：2011 年 9 月"构建 TPO 知识系统的男装课群优化研究"获部委级教学成果一等奖。

国家级"十一五""十二五"规划教材：《服装纸样设计原理与应用　男装编》《服装纸样设计原理与应用　女装编》。

北京市精品教材：2005 年《服装纸样设计原理与应用　男装编》《服装纸样设计原理与应用　女装编》；2008 年和 2011 年整套教材《服装纸样设计原理与应用　男装编》《服装纸样设计原理与应用　女装编》《女装款式和纸样系列设计与训练手册》《男装款式和纸样系列设计与训练手册》。

## 主要学术成果:

主持基于"PDS & TDC(纸样设计系统及国际着装规制)的 TPO 知识系统与服装结构设计数字化技术研究",北京市学术创新团队。

2009 年、2012 年出版有关"中华民族服饰结构研究"标志性专著《古典华服结构研究——清末民初典型袍服结构考据》。

### 运用现代先进科技手段研究服装结构成果:

2006 年 10 月《男装纸样设计原理与技巧》(第 2 版),《女装纸样设计原理与技巧》(第 2 版)获部委级科技进步二等奖。

2007 年 10 月"西装纸样设计系统自动生成智能化研究"获部委级科技进步三等奖。

2011 年 8 月 1 日"西装纸样自动生成系统及其方法"获得中华人民共和国发明专利。

2012 年 7 月《男装款式和纸样系列设计与训练手册》《女装款式和纸样系列设计与训练手册》获"'纺织之光'中国纺织工业联合会科学技术奖"三等奖。

### 关于国际着装规制 (TDC) 研究成果:

2002 年出版《男装语言与国际惯例 礼服》。

2010 年 7 月出版《国际化职业装设计与实务》TDC 案例专著。

2010 年 8 月出版《TPO 品牌化女装系列设计与制板技术训练》TDC 技术专著。

2010 年 8 月出版《TPO 品牌化男装系列设计与制板技术训练》TDC 技术专著。

# 何鑫

1987 年 1 月生。

2005 年 9 月考入北京服装学院,攻读服装设计与工程专业,2009 年 7 月毕业。

2009 年 9~2012 年 3 月在北京服装学院,攻读设计艺术学硕士并获得硕士学位,研究课题"中国南方少数民族服饰结构考察与整理"。

# 编辑出版人员名单

项目总监：李炳华

策划：张晓芳

项目执行人：张晓芳　魏萌　宗静

主审：魏大韬　黄崇芬　姜娜琳

责任设计：何建

责任校对：陈红　梁颖　余静雯

责任印制：刘强